Springer-Lehrbuch

Helge Toutenburg • Christian Heumann

Deskriptive Statistik

Eine Einführung in Methoden
und Anwendungen mit R und SPSS

Siebte, aktualisierte und erweiterte Auflage

Mit Beiträgen von
Michael Schomaker

 Springer

Prof. Dr. Dr. Helge Toutenburg
Priv.-Doz. Dr. Christian Heumann
Institut für Statistik
der Ludwig-Maximilians-Universität
München
Akademiestraße 1
80799 München

ISSN 0937-7433
ISBN 978-3-642-01834-3   e-ISBN 978-3-642-01835-0
DOI 10.1007/978-3-642-01835-0
Springer Dordrecht Heidelberg London New York

Die Deutsche Nationalbibliothek verzeichnet diese Publikation in der Deutschen Nationalbibliografie; detaillierte bibliografische Daten sind im Internet über http://dnb.d-nb.de abrufbar.

Einbandentwurf: WMXDesign GmbH, Heidelberg

Gedruckt auf säurefreiem Papier

Springer ist Teil der Fachverlagsgruppe Springer Science+Business Media (www.springer.com)

Vorwort zur siebten Auflage

Die bisherigen sechs Auflagen des Buches „Deskriptive Statistik "haben sich in zahlreichen Lehrveranstaltungen - insbesondere bei einführenden Vorlesungen für Wirtschaftsstudenten - als wertvolles Hilfsmittel bei der Lehre selbst, als auch in den Übungsgruppen und im Selbststudium erwiesen.

Diese 7. Auflage unterscheidet sich von der 6. Auflage durch eine gründliche Überarbeitung der Beispiele, insbesondere ihre inhaltliche Aktualisierung.

Neu aufgenommen wurde ein Abschnitt zur logistischen Regression, die häufig für die modellbasierte Risikoanalyse mit binären Zielvariablen (beispielsweise Verlust/kein Verlust, Leasing–Vertrag erfüllt/nicht erfüllt, Allergie ja/nein) in verschiedenen Bereichen der Wirtschaft (z.B. Banken, Versicherungen, aber auch unabhängigen Finanzierungsgesellschaften) und der Lebenswissenschaften verwendet wird.

Die Einführungen in die Programmpakete SPSS und R wurden um die logistische Regression ergänzt, so dass die praktische Umsetzung möglich ist und beide Prozeduren vergleichbar sind, wie das bei allen anderen Verfahren im Buch durch einheitliche Beispiele der Fall ist.

Wir hoffen, dass diese Verbesserungen bei den Lesern Anklang finden.

Helge Toutenburg, Christian Heumann   München, im Juni 2009

Inhaltsverzeichnis

1. Grundlagen

Ausgangspunkt einer statistischen Analyse ist eine wissenschaftliche Frage- bzw. Aufgabenstellung, das Forschungsproblem. Dieses kann entweder durch Auftraggeber, wie z. B. Behörden, Verbände, Firmen usw. initiiert sein oder aus der Arbeit des Forschers entstehen. Zunächst ist es notwendig, diese Frage- bzw. Aufgabenstellung zu konkretisieren, um bei der Datenerhebung die für die Beantwortung der Fragestellung relevante Information erfassen zu können. Je höher die Qualität der erhobenen Daten ist, desto besser sind die Chancen für eine aussagekräftige statistische Analyse. Wir führen zunächst die grundlegenden Begriffe der deskriptiven Statistik ein, die bei der Konkretisierung der Fragestellung wichtig sind. Darüber hinaus geben wir einen kurzen Einblick in den Bereich der Datenerhebung und -aufbereitung.

1.1 Grundgesamtheit und Untersuchungseinheit

Bei der Konkretisierung der Aufgabenstellung ist zunächst zu klären, was die Datenbasis für die Fragestellung ist. Die Objekte, auf die sich eine statistische Analyse bezieht, heißen **Untersuchungseinheiten**. Sie werden im folgenden durch das Symbol ω dargestellt. Die Zusammenfassung aller Untersuchungseinheiten bildet die **Grundgesamtheit**, die durch das Symbol Ω dargestellt wird. $\omega \in \Omega$ bezeichnet also eine Untersuchungseinheit, die Element der Grundgesamtheit ist.

Beispiele.

- Wenn wir uns für die sozialen Verhältnisse in der Bundesrepublik Deutschland interessieren, so besteht die Grundgesamtheit Ω aus der Wohnbevölkerung der Bundesrepublik Deutschland, die Einwohner sind die Untersuchungseinheiten ω.
- Wollen wir die Wirtschaftskraft der chemischen Industrie in Europa beschreiben, so stellt jedes einzelne Unternehmen eine Untersuchungseinheit dar, die Grundgesamtheit setzt sich aus allen europäischen Unternehmen der chemischen Industrie zusammen.
- Für die Konzeption der Vorlesung Statistik I und die Planung der Klausur wollen wir Informationen über den Hörerkreis der Statistikvorlesungen

sammeln. In diesem Fall besteht die Grundgesamtheit Ω aus allen Studenten der Fächer BWL und VWL, die in diesem Semester die Vorlesung Statistik I hören. Jeder Student ist eine Untersuchungseinheit ω.

Gibt es bei den Untersuchungseinheiten einen direkten zeitlichen Bezug, so lassen sich zwei spezielle Arten von Grundgesamtheiten unterscheiden: Bestands- und Bewegungsmassen. Bei der **Bestandsmasse** wird die Grundgesamtheit Ω durch einen Zeitpunkt abgegrenzt. Die Untersuchungseinheiten ω weisen eine gewisse Verweildauer auf. Ist Ω eine **Bewegungsmasse**, so sind die Untersuchungseinheiten ω Ereignisse, die zu einem gewissen Zeitpunkt eintreten. Man spricht dann auch von einer Ereignismasse. Die Ereignisse werden in einem festgelegten Zeitintervall gemessen.

Beispiele.

- Bestandsmassen sind durch einen Zeitpunkt abgegrenzt, wie z. B.
  - Studenten der Ludwig-Maximilians-Universität München, die zu Beginn des Sommersemesters 2009 immatrikuliert sind,
  - Lagerbestand eines Computerherstellers an Multimedia-PCs am Ersten eines Monats,
  - Bevölkerung der Bundesrepublik Deutschland zum 31.12. eines Jahres.
- Bewegungsmassen sind durch einen Zeitraum abgegrenzt, wie z. B.
  - Anmeldungen für die Statistikklausur im Juli 2009,
  - Zu- und Abgänge in einem Lager für Multimedia-PCs in einem Monat,
  - Geburten in der Bundesrepublik Deutschland im Jahr 2009.

1.2 Merkmal oder statistische Variable

Ist bei einem Forschungsproblem die Grundgesamtheit festgelegt, so ist im nächsten Schritt zu klären, welche Informationen man über diese Grundgesamtheit benötigt. Bestimmte Aspekte oder Eigenschaften einer Untersuchungseinheit bezeichnet man als **Merkmal** oder statistische **Variable** X. Beide Begriffe sind gleichwertig. Meist wird der Begriff Variable im Umgang mit konkreten Zahlen, also bei der Datenerhebung und -auswertung verwendet, während der Begriff Merkmal im theoretischen Vorfeld, also bei der Begriffsbildung und bei der Planung der Erhebungstechnik verwendet wird.

Bei jeder Untersuchungseinheit ω nimmt das Merkmal X eine mögliche Ausprägung x an. Formal lässt sich dies durch folgende Zuordnung ausdrücken: Jeder Untersuchungseinheit $\omega \in \Omega$ wird durch

$$X : \Omega \to S$$
$$\omega \mapsto x \tag{1.1}$$

eine **Merkmalsausprägung** $x \in S$ zugeordnet. Die Merkmalsausprägungen x liegen im sogenannten **Merkmalsraum** oder **Zustandsraum** S. Der Zustandsraum S beschreibt die Menge aller möglichen Merkmalsausprägungen.

Anstelle der Zuweisungsvorschrift (1.1) schreiben wir auch kurz

$$X(\omega) = x$$

bzw.

$$X(\omega_i) = x_i$$

wenn es sich um die Untersuchungseinheit Nummer i handelt.

Beispiele.

- Altersverteilung in Deutschland. Das interessierende Merkmal X ist das 'Alter einer Person in Jahren'. Die Merkmalsausprägungen haben eine natürliche untere Grenze von 0 Jahren, die größte Merkmalsausprägung ist nicht fest vorgegeben. Da es jedoch nur wenige Einwohner gibt, die 100 Jahre und älter sind, erscheint es sinnvoll, diese zur Altersgruppe '100 Jahre und älter' zusammenzufassen. Damit ergibt sich der Merkmalsraum S als $S = \{0, 1, 2, \ldots, 98, 99, \geq 100\}$.
- Ist das Merkmal X der 'Familienstand' einer Person, so sind die möglichen Ausprägungen 'ledig', 'verheiratet', 'geschieden' oder 'verwitwet'.
- Sind wir am Merkmal 'mathematische Vorkenntnisse' von Studenten interessiert, die die Vorlesung Statistik I besuchen, so wären mögliche Ausprägungen 'keine Vorkenntnisse', 'Mathematik Grundkurs', 'Mathematik Leistungskurs' und 'Grundvorlesung Mathematik'. Da wir jedoch nicht sicher sein können, damit alle möglichen Merkmalsausprägungen erfasst zu haben, führen wir zusätzlich die Ausprägung 'Sonstige' ein. Hier sind dann alle weiteren Möglichkeiten für mathematische Vorkenntnisse zusammengefasst.

Bisher haben wir nur jeweils ein einzelnes Merkmal betrachtet. In einer Studie werden jedoch meist mehrere Merkmale gleichzeitig erhoben, die zum einen die Untersuchungseinheiten charakterisieren sollen und zum anderen die für die Fragestellung notwendige Information liefern. Damit liegen neben den univariaten Merkmalen auch mehrdimensionale Merkmale bzw. ein Merkmalsvektor vor. Der Merkmalsraum bzw. Zustandsraum S besteht dann aus allen zulässigen Kombinationen der Merkmalsausprägungen.

Beispiele.

- Erheben wir gleichzeitig die beiden Merkmale 'Familienstand' und 'Alter', so erhalten wir ein zweidimensionales Merkmal bzw. den zweidimensionalen Merkmalsvektor $X = (X_1, X_2)$, wobei X_1 den Familienstand und X_2 das Alter einer Person beschreibt. Wir gehen davon aus, dass es für Jugendliche nicht ohne weiteres möglich ist zu heiraten und legen ein Mindestheiratsalter von 18 Jahren fest. Damit sind bestimmte Kombinationen von Merkmalsausprägungen wie beispielsweise (verheiratet, 10) oder (geschieden, 15) ausgeschlossen. Der Merkmalsraum S ergibt sich dann als

$$S = \big\{ (\text{ledig}, 0), (\text{ledig}, 1), (\text{ledig}, 2), \dots, (\text{ledig}, \geq 100),$$
$$(\text{verheiratet}, 18), (\text{verheiratet}, 19), \dots, (\text{verheiratet}, \geq 100),$$
$$(\text{geschieden}, 18), (\text{geschieden}, 19), \dots, (\text{geschieden}, \geq 100),$$
$$(\text{verwitwet}, 18), (\text{verwitwet}, 19), \dots, (\text{verwitwet}, \geq 100) \big\}.$$

- Wenn wir Informationen über die Statistik I Studenten erheben, stellt beispielsweise ('Studienfach', 'Semesterzahl', 'Geschlecht') einen dreidimensionalen Merkmalsvektor dar. Der Merkmalsraum S lässt sich durch

$$S = \big\{ (\text{BWL}, 1, \text{weiblich}), (\text{BWL}, 1, \text{männlich}), (\text{BWL}, 2, \text{weiblich}), \dots$$
$$(\text{BWL}, 6, \text{männlich}), (\text{VWL}, 1, \text{weiblich}), \dots, (\text{VWL}, 6, \text{männlich}) \big\}$$

beschreiben, sofern nur BWL- und VWL-Studenten die Vorlesung besuchen. Da die Vorlesung Statistik I im Grundstudium gehört wird, haben wir die maximale Semesterzahl auf sechs festgelegt.

Typen von Merkmalen. Die Zuordnung (1.1), die jeder Untersuchungseinheit eine Merkmalsausprägung zuweist, kann auch als 'Messung' bezeichnet werden. 'Messung' ist hier jedoch sehr allgemein aufzufassen. Der Typ des Merkmals bzw. der Variablen resultiert dann aus der Messvorschrift, die für das Merkmal gilt. Wir unterscheiden prinzipiell zwischen **qualitativen** und **quantitativen** Merkmalen. Qualitative Merkmale werden auch als artmäßige Merkmale bezeichnet, da sie sich durch die verschiedenartigen Ausprägungen charakterisieren lassen. Quantitative Merkmale sind messbar und werden durch Zahlen erfasst. Wir bezeichnen sie daher auch als zahlenmäßige Merkmale.

Quantitative Merkmale können weiter in **diskrete** und **stetige** Merkmale unterschieden werden. Ein Merkmal ist diskret, wenn der Zustandsraum S abzählbar ist. Ein Merkmal heißt stetig, wenn S überabzählbar viele Ausprägungen beinhaltet. Die Menge der reellen Zahlen $\mathbb{R}$ oder jedes Intervall $[a, b] \in \mathbb{R}$ ist beispielsweise eine Menge mit überabzählbar vielen Werten. Die Menge der natürlichen Zahlen $\mathbb{N}$ ist abzählbar.

Beispiele.

- qualitative Merkmale
  Augenfarbe, Geschlecht oder Wohnort einer Person, Branchenzugehörigkeit eines Unternehmens, benutztes Verkehrsmittel auf dem Weg zum Arbeitsplatz, mathematische Vorkenntnisse von Statistik I Hörern, Schulnoten, Zufriedenheit mit der Studiensituation am Hochschulort, ...
- quantitative diskrete Merkmale
  Schuhgröße, Semesterzahl, Beschäftigtenzahl in Kleinbetrieben, Semesterstundenzahl eines Studenten, ...
- quantitative stetige Merkmale
  Alter einer Person, Umsatz eines Betriebs, Wohnungsmiete, benötigte Fahrzeit bis zum Arbeitsplatz, Körpergröße, ...

Anmerkung. Die Merkmale 'Schulnote' und 'Zufriedenheit mit der Studiensituation am Hochschulort' wurden als qualitative Merkmale eingestuft, da ihre Ausprägungen 'sehr gut', 'gut', ..., 'mangelhaft' qualitativ (verschiedenartig) sind. Meist ordnet man diesen Ausprägungen zusätzlich die Zahlen 1 bis 5 zu. Dabei wird nur das Ordnungsprinzip der Zahlen zur Unterscheidung der Ausprägungen übernommen, es entsteht durch diese Zuordnung aber kein quantitatives Merkmal.

Wir haben quantitative Merkmale in stetige und diskrete Merkmale unterschieden. Dabei ist zu beachten, dass wegen der endlichen Messgenauigkeit jedes stetige Merkmal tatsächlich nur diskret gemessen werden kann. Aber selbst bei einer endlichen Anzahl von Merkmalsausprägungen kann es sinnvoll sein, das Merkmal als stetig aufzufassen, wenn die Anzahl der Ausprägungen hinreichend groß ist. Derartige Fälle nennt man auch **quasistetige** Merkmale. Beispiele hierfür sind monetäre Größen, wie Preise oder Einkommen, die beliebig genau festgelegt werden können und damit stetige Merkmale sind. Da monetäre Größen aber nur in bestimmten Schritten, die durch die kleinste Geldeinheit festgelegt sind, auch ausgezahlt werden können, kann man diese Merkmale auch als diskret auffassen.

Umgekehrt kann es sinnvoll sein, stetige Merkmale in Klassen bzw. Gruppen zusammenzufassen, da man nicht am konkreten Wert interessiert ist sondern nur daran, ob die Merkmalsausprägung in einem bestimmten Wertebereich liegt. Wir sprechen dann von **klassierten** oder **gruppierten** Merkmalen.

Beispiele.

- Alter als gruppiertes Merkmal mit den Altersklassen wie 'bis 40 Jahre', '41 bis 60 Jahre', 'über 60 Jahre',
- Einkommensklassen wie 'bis 10 000 EUR', '10 000 bis 50 000 EUR', '50 000 bis 100 000 EUR', '100 000 bis 1 000 000 EUR' und 'über 1 000 000 EUR',
- Gruppen für Wohnungsmieten, z. B. 'bis 10 EUR/qm', '10 bis 20 EUR/qm', 'mehr als 20 EUR/qm'.

Eine weitere Unterscheidung quantitativer Merkmale ist die Unterteilung in **extensive** und **intensive** Merkmale. Bei einem extensiven Merkmal ist nur die Summenbildung sinnvoll, bei intensiven Merkmalen ist nur die Mittelwertsbildung sinnvoll. Beispiele für extensive Merkmale sind die 'Einwohnerzahl eines Bundeslandes' oder der 'monatliche Umsatz eines Betriebs'. Intensive Merkmale sind beispielsweise die 'Preise für bestimmte Produkte' oder die 'Tagestemperatur'. Extensive und intensive Merkmale schließen sich jedoch nicht notwendigerweise gegenseitig aus. So kann beispielsweise das Merkmal 'Lohn' sowohl als extensives Merkmal als auch als intensives Merkmal aufgefasst werden. Geht es um die Kosten, die durch Lohnzahlungen entstehen, so ist sicher nur die Summenbildung sinnvoll. Ist man aber daran interessiert, das Lohnniveau zu vergleichen, so kann dies nur anhand von Durchschnittslöhnen geschehen.

Skalierung von Merkmalen. Neben der Unterscheidung nach Merkmals-typen kann man Merkmale auch durch die Skala, auf der sie gemessen werden, unterscheiden. Je nach Art der möglichen Ausprägung eines Merkmals werden verschiedene Skalenniveaus definiert. Für die statistische Analyse ist es wichtig, auf welcher Skala die Ausprägungen gemessen werden. Die Art der Skalierung entscheidet über die Zulässigkeit von Transformationen der Merkmalsausprägungen, wie z. B. der Mittelwertbildung, und damit schließlich über die Zulässigkeit von statistischen Analyseverfahren. Wir unterscheiden folgende Skalenarten.

Nominalskala. Die Ausprägungen eines nominalskalierten Merkmals können nicht geordnet werden (zum Beispiel: Merkmal 'Geschlecht einer Person' mit den Ausprägungen 'männlich' und 'weiblich'). Der einzig mögliche Vergleich ist die Prüfung auf Gleichheit der Merkmalsausprägungen zweier Untersuchungseinheiten.

Ordinal- oder Rangskala. Die Merkmalsausprägungen können gemäß ihrer Intensität geordnet werden. Eine Interpretation der Rangordnung ist möglich, Abstände zwischen den Merkmalsausprägungen können jedoch nicht interpretiert werden.

Metrische Skala. Unter den Merkmalsausprägungen kann eine Rangordnung definiert werden, zusätzlich können Abstände zwischen den Merkmals-ausprägungen gemessen und interpretiert werden. Wir können die metrisch skalierten Merkmale weiter unterteilen in:

Intervallskala. Es sind nur Differenzbildungen zwischen den Merkmals-ausprägungen zulässig. Daher können nur Abstände verglichen werden.

Verhältnisskala. Es existiert zusätzlich ein natürlicher Nullpunkt. Die Bildung eines Quotienten ist zulässig, Verhältnisse sind damit sinnvoll interpretierbar.

Absolutskala. Es kommt zusätzlich eine natürliche Einheit hinzu. Die Absolutskala ist damit ein Spezialfall der Verhältnisskala.

Beispiele.

- Das Merkmal 'Farbe' ist nominalskaliert. Eine Rangordnung der Farben ist nicht möglich. Wir können nicht sagen „Rot ist besser als Blau". Das Merkmal 'Verkehrsmittel' ist ebenfalls nominalskaliert, da sich die verschiedenen Ausprägungen ebenfalls nicht ordnen lassen.
- Das Merkmal 'Schulnote' ist ein Beispiel für ein ordinalskaliertes Merkmal. Es existiert eine Rangordnung zwischen den Zensuren ('sehr gut' ist besser als 'gut', usw.). Diese Zensuren können damit auch durch die Zahlen 1 bis 5 ausgedrückt werden. Wie bereits erwähnt, wird dabei jedoch nur die Ordnungsrelation der Zahlen übernommen. Abstände sind daher nicht vergleichbar. Der Unterschied zwischen den Zensuren 'gut' und 'befriedigend' ist nicht derselbe wie der Unterschied zwischen 'ausreichend' und 'mangelhaft'.

- Das Merkmal 'Temperatur' ist metrisch skaliert. Abstände sind vergleichbar. Der Unterschied zwischen 10 °C und 20 °C ist der gleiche wie der zwischen 20 °C und 30 °C. Eine Aussage wie „Bei einer Temperatur von 20 °C ist es doppelt so warm wie bei einer Temperatur von 10 °C" ist jedoch nicht zulässig, da kein natürlicher Nullpunkt existiert. 0 °C ist kein natürlicher Nullpunkt. Daher handelt es sich um ein intervallskaliertes Merkmal.
- Das Merkmal 'Geschwindigkeit' ist ebenfalls metrisch skaliert. Zusätzlich gibt es einen natürlichen Nullpunkt. Deshalb sind Vergleiche wie „50 km/h ist doppelt so schnell wie 25 km/h" zulässig. 'Geschwindigkeit' ist damit ein verhältnisskaliertes Merkmal.
- Das Merkmal 'Semesterzahl' ist ebenfalls metrisch skaliert. Die Ausprägungen sind Anzahlen und werden daher in einer natürlichen Einheit gemessen. Es liegt also eine Absolutskala vor.

Zwischen den oben vorgestellten Skalenarten besteht eine Rangordnung, die sich auch in der Zulässigkeit der statistischen Verfahren bei den jeweiligen Skalen widerspiegelt. Das niedrigste Niveau besitzt die Nominalskala, das höchste die Verhältnis- bzw. Absolutskala. Jedes Merkmal kann auch auf einer niedrigeren Skala gemessen werden, dies ist jedoch mit einem Informationsverlust verbunden. So können wir beispielsweise das Merkmal 'Temperatur' auch auf einer Ordinalskala mit den Ausprägungen 'kalt', 'normal', 'warm' und 'heiß' messen. Die so gemessenen Temperaturangaben sind jedoch wesentlich weniger aussagekräftig als Temperaturen, die auf der Celsius-Skala gemessen wurden.

1.3 Datenerhebung

Wenn wir anhand der Fragestellung die Grundgesamtheit und die Untersuchungseinheiten definiert haben und die für die Fragestellung interessierenden Merkmale ausgewählt sind, ist im nächsten Schritt zu klären, wie die benötigte Information über die Untersuchungseinheiten beschafft werden soll. Die Beschaffung der Information bzw. die Gewinnung der Daten wird als **Erhebung** bezeichnet. Da die Qualität der aus der statistischen Analyse resultierenden Aussagen wesentlich von der Qualität der erhobenen Daten abhängt, sollte bereits bei der Konzeption der Datenbeschaffung berücksichtigt werden, welche statistischen Methoden zur Beantwortung der Fragestellung herangezogen werden können. Bei der Planung der Datenerhebung stellen sich zunächst die beiden folgenden Fragen:

- Wie werden die Daten erhoben?
- Wieviele Untersuchungseinheiten werden benötigt?

Der zweite Aspekt betrifft die Größe der Erhebung. Werden alle Untersuchungseinheiten der Grundgesamtheit erhoben, so spricht man von einer

Totalerhebung. Ein Beispiel hierfür ist die Volkszählung. Durch eine Totalerhebung erhalten wir eine vollständige Information über die Grundgesamtheit, mögliche Unsicherheiten aufgrund fehlender Informationen sind somit ausgeschlossen. Das Problem einer Totalerhebung liegt jedoch meist darin, dass es nur selten möglich ist, alle Untersuchungseinheiten zu erheben. Dies kann zum einen daran liegen, dass Untersuchungseinheiten die Erhebung verweigern, oder aber dass eine Totalerhebung aus logistischen Gründen oder aufgrund eines beschränkten Budgets nicht möglich ist. Daher werden meist nur die Merkmale für einen Teil der Grundgesamtheit – eine **Stichprobe** – erhoben. Die Auswahl der Untersuchungseinheiten, die in die Stichprobe gelangen, muss für die Grundgesamtheit repräsentativ sein. Weiterhin hängt die Qualität der statistischen Analyse auch von der Anzahl der erhobenen Untersuchungseinheiten – dem Stichprobenumfang – ab. Diese Probleme sind Inhalt der Stichprobentheorie, auf die wir im Rahmen der deskriptiven Statistik nicht weiter eingehen wollen. Der interessierte Leser sei beispielsweise auf Stenger (1986) verwiesen.

Meist werden die für die Fragestellung benötigten Informationen direkt erhoben, d. h., die Datenerhebung wird als

- Befragung,
- Beobachtung,
- Experiment

durchgeführt. Diese Art der Datenerhebung wird als **Primärerhebung** bezeichnet. Alternativ können wir aber auch auf die Daten aus anderen Erhebungen zu ähnlichen Fragestellungen, auf in der Literatur veröffentlichte Daten oder auf Daten aus anderen Quellen zugreifen. Dies bezeichnet man als **Sekundärerhebung.** Für welche Art der Datenerhebung man sich entscheidet, hängt vom zur Verfügung stehenden Budget, dem Zeitaufwand und der Anwendbarkeit ab. Die Verwendung der Daten aus Sekundärerhebungen ist zwar kostengünstig, kann aber sehr zeitaufwendig sein. Weiter muss die Sekundärstatistik auf der gleichen Grundgesamtheit beruhen, die Definition der Merkmale muss übereinstimmen und die Auswahl der Untersuchungseinheiten muss passend sein. Dies schränkt die Verwendbarkeit von Sekundärstatistiken bei der Datenerhebung häufig ein. Die Wahl zwischen Befragung, Beobachtung und Experiment hängt ebenfalls vom zur Verfügung stehenden Budget und vom Zeitaufwand ab. Daneben spielt aber vor allem das Fachgebiet, aus dem die Fragestellung kommt, eine wichtige Rolle. So überwiegen Beobachtung und Experiment in Naturwissenschaft und Technik, während in den Wirtschafts- und Sozialwissenschaften meist Befragungen durchgeführt werden. Wir beschreiben im folgenden kurz diese drei Erhebungstechniken. Eine ausführliche Darstellung und praktische Anleitung findet man z.B. in Schnell, Hill und Esser (1992).

Befragung. Die Befragung kann mündlich, schriftlich oder telefonisch durchgeführt werden. Für welche der Befragungstechniken man sich entscheidet, hängt wieder von Kriterien wie Kosten, benötigte Zeit, Stichprobenumfang usw. ab. Weitere Kriterien, die die Entscheidung beeinflussen, sind die Möglichkeit der Situationskontrolle und das Problem der Repräsentativität. Bei einer schriftlichen oder telefonischen Befragung ist eine Kontrolle der Umgebung, in der die Befragung erfolgt, nicht möglich. Darüber hinaus kann es bei einer schriftlichen Befragung passieren, dass die Person, die befragt werden soll, entweder nicht antwortet oder die Antworten mit Unterstützung anderer Personen gegeben werden. Dies führt dann in der Regel dazu, dass die eigentlich gewünschte Repräsentativität der Befragung gefährdet ist. Grundlage ist bei allen Befragungstechniken ein **Fragebogen**. Der Gestaltung dieses Fragebogens kommt dabei zentrale Bedeutung zu. Die Art der Fragestellung, die Vorgabe von Antworten, die Auswahl der Antwortmöglichkeiten, die Reihenfolge der Fragen usw. sind Punkte, die man bei der Fragebogenerstellung zu beachten hat.

Führt man eine mündliche oder telefonische Befragung durch, so kann das Interview entweder in einer standardisierten oder in einer nichtstandardisierten Form ablaufen. Bei einer nichtstandardisierten Befragung kommt dem Interviewer eine wichtige Rolle zu. Dieser kann eine Befragung entscheidend steuern, indem er dem Befragten beim Interview Zeit zur Beantwortung der Fragen lässt und die Antworten lediglich notiert, oder aber indem er durch das Drängen auf Anworten, Kommentierung der Fragen usw. das Interview steuert. Dies kann zwar auch bei einem standardisierten Vorgehen vorkommen, ist aber dann auf das Fehlverhalten des Interviewers zurückzuführen. Daran wird deutlich, dass eine unzureichende Schulung des Interviewers die Qualität der Erhebung in Frage stellen kann.

Beispiel 1.3.1. Für die Konzeption der Vorlesung Statistik I und die Planung der Klausur wollen wir Informationen über den Hörerkreis der Statistikvorlesungen sammeln. Hierzu führen wir eine Studentenbefragung unter dem Titel „Statistik für Wirtschaftswissenschaftler" durch, deren Datenmaterial wir auch in den folgenden Kapiteln beispielhaft analysieren wollen. Der für diese Studie konzipierte Fragebogen (Abbildung 1.1) lässt sich in drei Fragenkomplexe unterteilen. Zum einen sind wir an den Rahmenbedingungen für die Vorlesung interessiert. Hierzu zählen wir die Vorkenntnisse des Studenten und seine zeitliche Belastung während des Semesters. Die Vorkenntnisse werden durch die Merkmale 'mathematische Vorkenntnisse' und 'wievielter Versuch' erfragt. Die zeitliche Belastung wird durch die Merkmale 'nebenbei jobben' und die 'Zahl der Semesterwochenstunden' erhoben. Der zweite Fragenkomplex dient der Vorbereitung der Klausur, indem wir die für den jeweiligen Studenten gültige 'Prüfungsordnung' erfragen. Der letzte Komplex dient der Charakterisierung der Erhebungseinheiten, indem wir das 'Studienfach', die Wohnsituation und weitere demografische Merkmale erheben. Ein ähnlicher Teil ist in der Regel am Ende jedes Fragebogens zu finden. Da neben den Studenten der Betriebswirtschaftslehre und Volkswirtschaftslehre auch Studenten aus anderen Studienfächern an der Vorlesung teilnehmen, haben wir

Institut für Statistik
Ludwig-Maximilians-Universität München

Statistik für Wirtschaftswissenschaftler

Bitte beantworten Sie die nachfolgenden Fragen entweder durch das Ankreuzen ⊗ einer der vorgeschlagenen Antwortmöglichkeiten oder durch Angabe eines entsprechenden Wertes.

Welches (Haupt-)Verkehrsmittel benutzen Sie für den Weg zur Uni?

○ Deutsche Bahn

○ öffentlicher Nahverkehr

○ Pkw, Motorrad, Mofa

○ Fahrrad

○ anderes:

Wie lange benötigen Sie für den Weg zur Uni? ...... min

Was studieren Sie?

○ BWL

○ VWL

○ anderes:

Für BWL- oder VWL-Studenten: Nach welcher Studienordnung studieren Sie?

○ alte Prüfungsordnung   ○ neue Prüfungsordnung

Ist dies Ihr erster, zweiter oder dritter Versuch in Statistik I?

○ 1.Versuch   ○ 2.Versuch   ○ 3.Versuch

Wann haben Sie Ihr Studium aufgenommen? WS/SS 20......

Wieviele Semesterwochenstunden haben Sie in diesem Semester? ...... SWS

Welche mathematischen Vorkenntnisse haben Sie?

○ keine   ○ Mathe-Grundkurs   ○ Mathe-Leistungskurs   ○ Vorlesung Mathematik

Sind Sie Bafög-Empfänger?

○ ja   ○ nein

Jobben Sie nebenbei?

○ ja   ○ nein

Wie hoch ist ihre monatliche Kaltmiete? ...... EUR (Bitte '0' eintragen, falls Sie keine Miete zahlen)

Zu Ihrer Person:

○ männlich   ○ weiblich

○ ledig   ○ verheiratet   ○ geschieden   ○ verwitwet

Alter: ...... Jahre   Körpergröße: ...... cm   Körpergewicht: ...... kg

Abb. 1.1. Fragebogen der Studentenbefragung „Statistik für Wirtschaftswissenschaftler" (Beispiel 1.3.1)

die Antwortkategorie 'anderes' beim Studienfach hinzugenommen. Da diese Erhebung begleitend zur Vorlesung Statistik I in jedem Sommersemester durchgeführt wird, liegen uns bereits Fragebögen aus früheren Jahren vor.

Beobachtung. Die Beobachtung als Datenerhebungstechnik ist ebenso wie die Befragung systematisiert, d. h., sie ist geplant und benötigt analog zum Fragebogen ein Erhebungsinstrumentarium – das Beobachtungsprotokoll – mit dessen Hilfe das Beobachtete festgehalten werden kann. Die Erhebung wird vom Beobachter durchgeführt. Wir unterscheiden verschiedene Formen der Beobachtung, die von der Rolle des Beobachters abhängen. Wenn der Beobachter am Geschehen aktiv teilnimmt, so wird dies als teilnehmende Beobachtung bezeichnet. Eine Beobachtung, bei der sich der Beobachter nicht zu erkennen gibt, wird als verdeckte Beobachtung bezeichnet, ansonsten spricht man von einer offenen Beobachtung. Dies macht deutlich, dass sowohl der Konzeption des Beobachtungsprotokolls als auch der Schulung des Beobachters eine wichtige Rolle zukommt.

Beispiel 1.3.2. Bei einem Zulieferbetrieb der Automobilbranche ist der Ausschussanteil zu hoch. Das Unternehmen möchte daher die möglichen Ursachen erforschen. Dazu wird im ersten Schritt eine Beobachtung der laufenden Produktion durchgeführt. Mit den daraus gewonnenen Ergebnissen soll die Planung von gezielten Versuchen zur Qualitätsverbesserung ermöglicht werden. Bei dieser Beobachtungsstudie werden Merkmale wie 'Temperatur', 'Viskosität', 'Druck', 'Zusammensetzung der Rohmaterialien' usw. bei bestimmten Produktionsschritten, die Zeiten für die einzelnen Schritte und die Anzahl der guten und mangelhaften Stücke erhoben. Die Daten werden von einem am Produktionsprozess beteiligten Mitarbeiter erhoben. Es handelt sich hier also um eine offene, teilnehmende Beobachtung.

Experiment. Das Experiment wird meist in den Naturwissenschaften oder im technischen Bereich eingesetzt. Dort kann es die Planung eines neuen Produkts oder die Qualitätsverbesserung unterstützen. In diesem Zusammenhang kann die statistische Versuchsplanung sowohl der Planung des Experiments als auch der Auswertung der gewonnenen Daten dienen. Wir wollen darauf nicht weiter eingehen und verweisen beispielsweise auf Toutenburg (2002b) und Toutenburg, Gössl und Kunert (1997).

Beispiel 1.3.3. Der Zulieferbetrieb aus Beispiel 1.3.2 hat bei der Analyse der Beobachtungsstudie die Temperatur, die Viskosität und der Druck als Ursachen für den Ausschuss ermittelt. Mit Hilfe eines geplanten Experiments soll nun die optimale Einstellung gefunden werden. Dazu wird der notwendige Versuchsplan, der die verschiedenen Einstellungskombinationen festlegt, mit statistischen Methoden entwickelt. Für die drei Faktoren 'Temperatur', 'Viskosität' und 'Druck' wurden jeweils die Faktorstufen 'niedrig', 'mittel' und 'hoch', denen die Zahlen -1, 0 und 1 zugeordnet sind, festgelegt. Bei Verwendung eines Box-Behnken-Designs erhalten wir einen Versuchsplan mit 15 Läufen, deren Einstellungen in Tabelle 1.1 festgehalten sind.

Anmerkung. Nach der Festlegung der Erhebungstechnik und der Entwicklung des Erhebungsinstrumentariums muss das jeweilige Instrumentarium

Auto-Teile GmbH
Entenhausen

Produktionsprotokoll

Chargennummer: □□□□□

Chargengröße: □□□□□□ Stück

Produktionsbeginn:

Datum: □□.□□20□□   Uhrzeit: □□:□□

Temperatur: □□,□°C

Viskosität: □□,□

Druck: □□,□bar

Produktionsende:

Datum: □□.□□20□□   Uhrzeit: □□:□□

Ausschuß: □□□□Stück

Bearbeiter: _____

Abb. 1.2. Beobachtungsprotokoll eines Zulieferbetriebes der Automobilbranche (Beispiel 1.3.2)

einem sogenannten **Pretest** unterzogen werden. Dabei wird der Fragebogen, das Beobachtungsprotokoll oder der Versuchsaufbau an einer geringen Anzahl von Erhebungseinheiten getestet, um sicherzustellen, dass Fragen richtig formuliert sind, die Antwortmöglichkeiten geeignet ausgewählt wurden, bei einer Beobachtung alle wichtigen Gesichtspunkte erhoben werden, die Ver-

Tabelle 1.1. Box-Behnken-Versuchsplan mit 15 Läufen (Beispiel 1.3.3)

Lauf	Temperatur	Viskosität	Druck
1	−1	−1	0
2	−1	1	0
3	1	−1	0
4	1	1	0
5	0	−1	−1
6	0	−1	1
7	0	1	−1
8	0	1	1
9	−1	0	−1
10	1	0	−1
11	−1	0	1
12	1	0	1
13	0	0	0
14	0	0	0
15	0	0	0

suchsbedingungen geeignet sind usw. Erst wenn der Pretest zum gewünschten Ergebnis führt, sollte man in die eigentliche Datenerhebung einsteigen.

1.4 Datenaufbereitung

In der Regel erheben wir die Daten zunächst mit einem Fragebogen, Beobachtungsprotokoll oder einem Versuchsplan. Im Zeitalter der EDV ist es selbstverständlich, die erhobenen Daten mit einer geeigneten Software zu verwalten. Daher müssen wir die schriftlich fixierten Daten im nächsten Schritt, der **Dateneingabe**, in eine elektronisch gespeicherte Form übertragen. Für die Dateneingabe eignen sich

- Datenbanksysteme wie dBase, Paradox, Access
- Tabellenkalkulationsprogramme wie Excel, Lotus 1-2-3
- Statistikpakete wie SPSS, SAS, SPlus
- oder auch einfache Editoren, die ASCII Dateien erzeugen.

Durch die Dateneingabe werden die Beobachtungen in einer Datenmatrix (Abbildung 1.3) gesammelt. Dabei entspricht jede Zeile einem der n erhobenen Fragebögen, Beobachtungsprotokolle oder Einstellungskombinationen des Versuchsplans für eine Untersuchungseinheit ω. Die Spalten entsprechen den erhobenen Merkmalen X. Damit stellt beispielsweise x_{12} die Ausprägung des zweiten Merkmals bei der ersten Untersuchungseinheit oder x_{2p} die Ausprägung des p-ten Merkmals bei der zweiten Untersuchungseinheit dar. Zur eindeutigen Identifikation der Untersuchungseinheiten wird meist zusätzlich ein Zuordnungs- bzw. ID-Merkmal verwendet. Dies kann am einfachsten durch eine fortlaufende Nummerierung geschehen.

ID	Merkmal 1	Merkmal 2	$\cdots$	Merkmal p
1	x_{11}	x_{12}	$\cdots$	x_{1p}
2	x_{21}	x_{22}	$\cdots$	x_{2p}
$\vdots$	$\vdots$	$\vdots$		$\vdots$
n	x_{n1}	x_{n2}	$\cdots$	x_{np}

Abb. 1.3. Datenmatrix

Da es nicht möglich ist, mit Zeichenketten zu rechnen, müssen qualitative Merkmale für die statistische Analyse mit einer Statistik-Software geeignet aufbereitet werden. Dazu werden den Merkmalsausprägungen Zahlen zugeordnet, die dann die entsprechende Ausprägung repräsentieren. Diesen Vorgang bezeichnet man als **Kodierung**. Bei der Datenerhebung – speziell bei der Befragung – kann es vorkommen, dass bei den Befragten jeweils einzelne Merkmale nicht erhoben wurden. Dies kann entweder bei Antwortverweigerung durch den Befragten oder auch durch Interviewerfehler entstehen. Auch diese fehlenden Werte können, wie im Fall der Antwortverweigerung, Information über die Entstehung des fehlenden Wertes beinhalten. Sie sind daher sowohl bei nominalen bzw. ordinalen wie auch bei metrisch skalierten Merkmalen geeignet zu kodieren. Dabei muss ein Wert verwendet werden, der ansonsten nicht auftreten kann, d. h., der nicht im Zustandsraum S liegt. Dies kann entweder durch das Leerlassen des Feldes in der Datenmatrix oder ein Zeichen bzw. eine Zahl geschehen, wobei für die verschiedenen Ursachen für fehlende Werte auch verschiedene Zeichen verwendet werden müssen.

Beispiel 1.4.1. Wir wollen nun die ausgefüllten Fragebögen der Statistik I Hörer aus Beispiel 1.3.1 in den Dateneditor von SPSS eingeben. Dazu müssen wir zunächst die Merkmalsausprägungen der einzelnen Fragen geeignet kodieren. Die Ausprägungen 'Deutsche Bahn', 'öffentlicher Nahverkehr', 'Pkw, Motorrad, Mofa', 'Fahrrad' und 'anderes' des Merkmals 'Verkehrsmittel' werden mit den Zahlen 1 bis 5 kodiert. Damit fassen wir alle möglichen anderen Verkehrsmittel unter einer Ausprägung zusammen. Alternativ könnte man bei der Dateneingabe jede unter 'anderes' genannte Ausprägung wie z. B. 'Inline-Skates' oder 'zu Fuß' als eigene Merkmalsausprägung auffassen und ihr eine Kodierung zuweisen. Für das metrische Merkmal 'Fahrzeit' ist keine Kodierung notwendig, die Werte können direkt eingegeben werden. Für fehlende Werte müssen wir ebenfalls eine Kodierung festlegen. Dies kann entweder für jedes Merkmal separat oder global für alle Merkmale geschehen. Wir entscheiden uns für letzteres und verwenden die Zahl '-1' als Fehlendkodierung, die nicht im Zustandsraum S des jeweiligen Merkmals liegt. Die Kodierung der anderen Merkmale sei dem Leser überlassen (Aufgabe 1.10).

Anmerkung. Im Fragebogen wird das Merkmal 'Studienbeginn' im Prinzip durch zwei Merkmale – 'Jahr des Studienbeginns' und 'Sommer- oder Win-

Tabelle 1.2. Kodierliste

Merkmal	Merkmalsausprägung	Kodierung
Verkehrsmittel	Deutsche Bahn	1
	öffentlicher Nahverkehr	2
	Pkw, Motorrad, Mofa	3
	Fahrrad	4
	anderes	5
	fehlend	-1
Fahrzeit	$1, 2, \ldots$	$1, 2, \ldots$
	fehlend	-1

tersemester' erhoben. Deshalb werden auch bei der Dateneingabe diese beiden Variablen gebildet. Damit kann dann nach Sommer-/ Wintersemester unterschieden werden, falls diese Gruppenbildung von Interesse ist. Zum anderen kann natürlich die Information beider Variablen zusammen als ein Datum betrachtet werden, um z. B. die Studiendauer zu untersuchen.

Ist die Kodierliste vollständig, so kann mit der eigentlichen Eingabe der Daten begonnen werden. Die resultierende Datenmatrix zeigt Abbildung 1.4. Der erste Student fährt mit der Deutschen Bahn, wobei er 20 Minuten bis zur Universität benötigt. Sein Körpergewicht beträgt 65 kg. Student Nr. 2 kommt mit dem Fahrrad zur Uni und benötigt für den Weg 10 Minuten. Sein Körpergewicht beträgt 70 kg. Student Nr. 3 benutzt keines der vorgeschlagenen Verkehrsmittel. Da wir nicht die detaillierte Antwort erfasst haben, haben wir keinerlei Information, um welches Verkehrsmittel es sich handelt. Wir vergeben die Kodierung '5' für 'anderes'.

ID	Verkehrsmittel	Fahrzeit	$\cdots$	Gewicht
1	1	20	$\cdots$	65
2	4	10	$\cdots$	70
3	5	13	$\cdots$	85
$\vdots$	$\vdots$	$\vdots$		$\vdots$

Abb. 1.4. Ausschnitt aus der Datenmatrix zur Umfrage „Statistik für Wirtschaftswissenschaftler"

Bevor wir mit der eigentlichen statistischen Auswertung der Daten beginnen, sollten wir zunächst sicherstellen, dass die Daten möglichst fehlerfrei sind, d. h., etwaige Fehler bei der Datenerhebung oder bei der Dateneingabe sollten korrigiert werden. Dies bezeichnet man als **Datenvalidierung**. Zur Datenvalidierung gibt es verschiedene Überprüfungstechniken wie z. B.:

- Kontrolle der vorkommenden Ausprägungen je Variable
- Betrachtung der Häufigkeitsverteilungen der einzelnen Variablen (Kapitel 2)

- Überprüfung der zweidimensionalen Merkmalsvektoren durch die Kreuz-validierung (Kapitel 4).

Beispiel 1.4.2. Nachdem wir die Daten aller Fragebögen unserer Studenten-befragung eingegeben haben, wollen wir sicherstellen, dass uns kein Eingabe-fehler unterlaufen ist und dass kein Student Angaben gemacht hat, die auf Grund des angegebenen Wertes offensichtlich falsch sind. Dazu betrachten wir beispielsweise die Häufigkeitsverteilung der Variablen 'Verkehrsmittel' im SPSS-Listing in Abbildung 1.5.

(Haupt-)Verkehrsmittel auf dem Weg zur Uni

		Frequency	Percent	Valid Percent	Cumulative Percent
Valid	0	1	.4	.4	.4
	Deutsche Bahn	15	5.9	5.9	6.3
	öffentl. Nahverkehr	192	75.9	75.9	82.2
	Pkw, Motorrad, Mofa	11	4.3	4.3	86.6
	Fahrrad	24	9.5	9.5	96.0
	anderes	10	4.0	4.0	100.0
	Total	253	100.0	100.0	
Total		253	100.0		

Abb. 1.5. Häufigkeitsverteilung der Variablen 'Verkehrsmittel'

Wir stellen fest, dass die Ausprägung '0' vorkommt, obwohl diese in unse-rer Kodierliste nicht definiert ist. Da es sich hier um einen Eingabefehler han-delt, müssen wir den entsprechenden Fragebogen ermitteln und die Eingabe korrigieren. Das nächste Listing in Abbildung 1.6 zeigt uns die angegebe-nen Fahrzeiten, falls der Student die Deutsche Bahn als Hauptverkehrsmittel genannt hat.

Als Ausprägung taucht die '1' auf. Da eine Fahrzeit von einer Minute in Kombination mit dem Verkehrsmittel 'Deutsche Bahn' sehr unrealistisch ist, sollte anhand des Fragebogens zunächst die Richtigkeit der Eingaben geprüft werden. Falls kein Eingabefehler vorliegt, sollte sowohl das Verkehrsmittel als auch die Fahrzeit als fehlend ($= \ '-1'$) kodiert werden, da in diesem Fall nicht klar ist, welcher Wert falsch ist.

Im Zuge der Datenaufbereitung ist es teilweise notwendig, die erhobenen Variablen zu transformieren. Bei einer **Transformation** werden die Aus-prägungen eines Merkmals mit Hilfe einer Zuordnungsvorschrift auf neue Ausprägungen des gleichen oder eines anderen Merkmals übertragen. Die bereits angesprochene Kodierung nominaler oder ordinaler Merkmale durch Zahlen kann damit als einfachste Transformation angesehen werden. Wei-tere Gründe für Transformationen, die in unserem Fall meist der besseren Interpretierbarkeit oder Vergleichbarkeit dienen, sind unterschiedliche oder

Fahrzeit zur Uni in Minuten

		Frequency	Percent	Valid Percent	Cumulative Percent
Valid	1	1	6.7	6.7	6.7
	32	1	6.7	6.7	13.3
	50	3	20.0	20.0	33.3
	60	3	20.0	20.0	53.3
	70	3	20.0	20.0	73.3
	80	2	13.3	13.3	86.7
	90	1	6.7	6.7	93.3
	120	1	6.7	6.7	100.0
	Total	15	100.0	100.0	
Total		15	100.0		

Abb. 1.6. Häufigkeitsverteilung der 'Fahrzeit' bei 'Verkehrsmittel = Deutsche Bahn'

ungeeignete Maßeinheiten. Die Art der zulässigen Transformationen hängt vom jeweiligen Skalenniveau ab.

Nominalskala. Es dürfen alle eineindeutigen Transformationen der Merkmalsausprägungen angewandt werden.

Ordinalskala. Zulässige Transformationen sind solche, die die Ordnung erhalten.

Intervallskala. Zulässige Transformationen sind von der Form

$$g(x) = a + bx, \quad b > 0. \tag{1.2}$$

Verhältnisskala. Zulässige Transformationen sind von der Form

$$g(x) = bx, \quad b > 0. \tag{1.3}$$

Hier ist ein natürlicher Nullpunkt vorhanden, der nicht verschoben werden darf, daher ist $a = 0$. Die Transformation muss sicherstellen, dass die Verhältnisse von Merkmalsausprägungen gleich bleiben.

Beispiele.

• Wir fassen die beiden Ausprägungen 'Deutsche Bahn' und 'öffentlicher Nahverkehr' des Merkmals 'Verkehrsmittel' zur Ausprägung 'öffentliches Verkehrsmittel' zusammen. Damit haben wir das Merkmal Verkehrsmittel wie folgt transformiert: 'Deutsche Bahn' ↦ 'öffentliches Verkehrsmittel'; 'öffentlicher Nahverkehr' ↦ 'öffentliches Verkehrsmittel'; 'Pkw, Motorrad, Mofa' ↦ 'Pkw, Motorrad, Mofa'; 'Fahrrad' ↦ 'Fahrrad'; 'anderes' ↦ 'anderes'. Ein Grund hierfür könnte beispielsweise sein, dass in einer früheren Erhebung nur eine gröbere Unterscheidung verwendet wurde und die Daten beider Erhebungen zusammen ausgewertet werden sollen.

- Wir messen Schulnoten auf der Notenskala von '1' bis '6' mit Zwischenstufen '+' und '−'. Eine zulässige Transformation ist gegeben durch den Übergang zur Punkteskala (15 bis 0) wie in der Kollegstufe an deutschen Gymnasien üblich.
- Die Temperatur in °F ergibt sich aus der Temperatur in °C gemäß

$$\text{Temperatur in } °F = 32 + 1.8 \text{ Temperatur in } °C$$
$$g(x) = a + b \qquad x$$

25 °C entsprechen damit $(32 + 1.8 \cdot 25)\,°F = 77\,°F$.
- Die Umrechnung von Preisen in EUR zu US\$ wird durch die Transformation

$$\text{Preis in US\$} = a \cdot \text{Preis in EUR}$$

bestimmt, wobei a der aktuelle Wechselkurs ist.

1.5 Aufgaben und Kontrollfragen

Aufgabe 1.1: Was ist bei folgenden Fragestellungen die Grundgesamtheit, was die Untersuchungseinheit?

a) Mitarbeiterzufriedenheit in einem Unternehmen
b) Notenverteilung bei der letzten Statistik I Klausur
c) Medizinische Studie zum Vergleich zweier Medikamente gegen Bluthochdruck

Aufgabe 1.2: Erklären Sie den Unterschied zwischen Bestands- und Bewegungsmassen.

Aufgabe 1.3: Handelt es sich bei folgenden Grundgesamtheiten um Bestands- oder Bewegungsmassen?

a) Anzahl der erzielten Tore in der 1. Fußball-Bundesliga in der Saison 08/09
b) Zuschauerzahl am 34. Spieltag in der Saison 08/09
c) Todesfälle in Bayern im Jahr 2008
d) Mitarbeiter eines Unternehmens im Jahr 2008
e) Mitarbeiter eines Unternehmens am 31. 12. 2008

Aufgabe 1.4: Welche Unterscheidungen gibt es für Merkmale, welche Skalenniveaus kennen Sie?

Aufgabe 1.5: Geben Sie an, auf welchem Skalenniveau die folgenden Untersuchungsmerkmale gemessen werden:

a) Augenfarbe von Personen
b) Produktionsdauer
c) Alter von Personen
d) Kalenderzeit ab Christi Geburt

e) Preis einer Ware in EUR
f) Matrikelnummer
g) Körpergröße in cm
h) Platzierung in einem Schönheitswettbewerb
i) Gewicht von Gegenständen in kg
j) Schwierigkeitsgrad einer Klettertour
k) Intensität von Luftströmungen

Aufgabe 1.6: Auf welcher Skala werden die Merkmale des Fragebogens in Beispiel 1.3.1 gemessen? Welcher Merkmalsart sind diese Merkmale zuzuordnen?

Aufgabe 1.7: Erklären Sie die verschiedenen Datenerhebungstechniken.

Aufgabe 1.8: Was ist bei der Datenaufbereitung zu beachten?

Aufgabe 1.9: Welche Art der Datenerhebung würden Sie bei den folgenden Fragestellungen verwenden? Welche Merkmale sollten erhoben werden? Geben Sie mögliche Merkmalsräume für diese Merkmale an.

a) Zufriedenheit der Mitarbeiter in einem Unternehmen
b) Einfluss der Bewässerung und der Düngung auf den Ertrag verschiedener Getreidesorten
c) Eignung neuer Spielgeräte für Kleinkinder
d) Arbeitsmarktsituation für Akademiker
e) Konjunktursituation bei Kleinbetrieben

Aufgabe 1.10: Führen Sie eine geeignete Kodierung der Merkmale des Fragebogens in Beispiel 1.3.1 durch. Wie behandeln Sie fehlende Werte?

2. Häufigkeitsverteilungen

In Kapitel 1 haben wir neben der Definition der Merkmale die Grundlagen der Datenerhebung kennengelernt. In den folgenden Kapiteln behandeln wir statistische Techniken zur Charakterisierung und Verdichtung der erhobenen Daten.

Es soll ein Merkmal X untersucht werden, z.B. Geschlecht oder Körpergrößen von Personen. Dazu wird eine Stichprobe vom Umfang n gezogen und wir erhalten Daten für jede Untersuchungseinheit, $x_1, \ldots, x_n$. Diese Daten enthalten zwar alle Information über die Stichprobe, jedoch sind sie – insbesondere bei einer größeren Anzahl n von Beobachtungen – nicht sehr übersichtlich. Deshalb soll die in den Daten enthaltene Information durch Verdichtung möglichst kompakt dargestellt werden. Durch die dadurch verbesserte Übersicht fallen mögliche Strukturen in den Daten schneller auf. Dabei muss beachtet werden, dass die einzelnen Messniveaus von Merkmalen unterschiedliche Möglichkeiten der Darstellung bieten.

2.1 Absolute und relative Häufigkeiten

2.1.1 Qualitative Merkmale

Bei qualitativen Merkmalen sind die Merkmalsausprägungen Kategorien. Die Kategorien sind bei einem nominalskalierten Merkmal ungeordnet und bei einem ordinalskalierten Merkmal geordnet. Bei ordinalskalierten Merkmalen erlaubt die Ordnungsstruktur mehr Darstellungsmöglichkeiten als bei nominalskalierten Merkmalen.

In der Regel ist die Anzahl k der beobachteten Merkmalsausprägungen a_j viel kleiner als die Anzahl n der Beobachtungen. Anstatt die n Beobachtungen $x_1, \ldots, x_n$ anzugeben, gehen wir dazu über, die **Häufigkeiten** n_j der einzelnen Merkmalsausprägungen $a_1, \ldots, a_k$ festzuhalten.

Die **absolute Häufigkeit** n_j ist die Anzahl der Untersuchungseinheiten, die die Merkmalsausprägung a_j, $j = 1, \ldots, k$ besitzen. Die Summe der absoluten Häufigkeiten aller Merkmalsausprägungen ergibt die Gesamtzahl n der Beobachtungen: $\sum_{j=1}^{k} n_j = n$. Es gilt formal

$$n_j = \sum_{i=1}^{n} \mathbf{1}_{\{a_j\}}(x_i), \quad j = 1, \dots, k, \tag{2.1}$$

mit der Indikatorfunktion[1]

$$\mathbf{1}_{\{a_j\}}(x_i) = \begin{cases} 1 & \text{falls } x_i = a_j \\ 0 & \text{sonst.} \end{cases}$$

Ob der Wert einer absoluten Häufigkeit klein oder groß ist, hängt von dem Stichprobenumfang n ab. Sind 9 Personen von 12 Personen weiblich, so ist das viel; sind hingegen 9 Personen von 120 Personen weiblich, so ist dies wenig. Wir beziehen die absolute Häufigkeit auf den Stichprobenumfang und erhalten die **relativen Häufigkeiten** f_j

$$f_j = f(a_j) = \frac{n_j}{n}, \quad j = 1, \dots, k. \tag{2.2}$$

Sie geben den Anteil der Untersuchungseinheiten in der Erhebung an, die die Ausprägung a_j besitzen. Es gilt $0 \le f_j \le 1$ und

$$\sum_{j=1}^{k} f_j = \sum_{j=1}^{k} \frac{n_j}{n} = \frac{1}{n} \sum_{j=1}^{k} n_j = \frac{n}{n} = 1.$$

Sollen zwei Erhebungen mit unterschiedlichem Stichprobenumfang bezüglich eines Merkmals vergleichen werden, so sind nur die relativen Häufigkeiten zum Vergleich geeignet, da sie nicht mehr vom Stichprobenumfang abhängen.

Die tabellarische Zusammenfassung der Merkmalsausprägungen a_j, der Häufigkeiten n_j und der relativen Häufigkeiten f_j für alle Merkmalsausprägungen $j = 1, \dots, k$ wird als **Häufigkeitstabelle** bezeichnet. Die folgende Tabelle stellt den Aufbau einer Häufigkeitstabelle exemplarisch dar.

j	a_j	n_j	f_j
1	a_1	n_1	f_1
$\vdots$	$\vdots$	$\vdots$	$\vdots$
k	a_k	n_k	f_k
$\sum$		n	1

Beispiel. Betrachten wir die Ergebnisse der Umfrage „Statistik für Wirtschaftswissenschaftler" aus Beispiel 1.3.1. Die absoluten Häufigkeiten n_j des nominalen Merkmals 'Verkehrsmittel' aller 253 Fragebögen sind in der folgenden Tabelle angegeben.

---

[1] Für eine Menge A gilt: $\mathbf{1}_A(x) = 1$ wenn $x \in A$, $\mathbf{1}_A(x) = 0$ wenn $x \notin A$.

j	Merkmalsausprägung a_j	Absolute Häufigkeit n_j
1	Deutsche Bahn	15
2	öffentlicher Nahverkehr	193
3	Pkw, Motorrad, Mofa, ...	11
4	Fahrrad	24
5	anderes	10

Die relativen Häufigkeiten errechnen wir als

$$f_1 = \frac{n_1}{n} = \frac{15}{253} = 0.059$$

$$f_2 = \frac{n_2}{n} = \frac{193}{253} = 0.763$$

$$f_3 = \frac{n_3}{n} = \frac{11}{253} = 0.043$$

$$f_4 = \frac{n_4}{n} = \frac{24}{253} = 0.095$$

$$f_5 = \frac{n_5}{n} = \frac{10}{253} = 0.040$$

Beispiel 2.1.1. Zusätzlich zu den Daten der Studentenbefragung liegen die Ergebnisse der Statistik I Klausuren der Vorjahre vor, wobei jedoch keine Zuordnung der Fragebögen zu den Klausurergebnissen möglich ist. Betrachten wir das Ergebnis der Klausur eines Jahres, die von $n = 282$ Teilnehmern abgelegt wurde. Die möglichen Merkmalsausprägungen a_j sind durch die Noten '1' bis '5' gegeben, ein ordinales Merkmal. Wir erhalten damit folgende Tabelle der absoluten Häufigkeiten n_j:

Ausprägung a_j	1	2	3	4	5
absolute Häufigkeit n_j	21	70	87	67	37

Berechnen wir daraus die relativen Häufigkeiten, so erhalten wir folgende Tabelle der relativen Häufigkeiten $f(a_j)$.

Ausprägung a_j	1	2	3	4	5
relative Häufigkeit $f(a_j) = f_j$	$\frac{21}{282}$	$\frac{70}{282}$	$\frac{87}{282}$	$\frac{67}{282}$	$\frac{37}{282}$
	0.074	0.248	0.309	0.238	0.131

In Abbildung 2.1 ist der SPSS-Output zu diesen Beispieldaten angegeben. Die Spalte 'Frequency' entspricht den absoluten Häufigkeiten n_j, die Spalte 'Percent' den relativen Häufigkeiten f_j (in %).

2.1.2 Quantitative Merkmale

Die Merkmalsausprägungen quantitativer Merkmale sind Zahlen, mit denen man rechnen darf. Im Gegensatz zu qualitativen Merkmalen besteht deshalb bei quantitativen Merkmalen eine Vielzahl zusätzlicher Möglichkeiten der

NOTE

		Frequency	Percent	Valid Percent	Cumulative Percent
Valid	1	21	7.4	7.4	7.4
	2	70	24.8	24.8	32.3
	3	87	30.9	30.9	63.1
	4	67	23.8	23.8	86.9
	5	37	13.1	13.1	100.0
	Total	282	100.0	100.0	
Total		282	100.0		

Abb. 2.1. SPSS-Output zu den Daten in Beispiel 2.1.1

Auswertung. Ausgangspunkt ist bei allen quantitativen Merkmalen die Urliste $x_1, x_2, \ldots, x_n$. Auch bei metrischen Merkmalen bestimmen wir absolute Häufigkeiten.

Diskrete Merkmale

Bei **diskreten Merkmalen** mit einer überschaubaren Menge an Ausprägungen gehen wir bei der Bestimmung der Häufigkeitsverteilung genauso vor wie bei ordinalskalierten Merkmalen.

Beispiel 2.1.2. Ein Beispiel für ein diskretes Merkmal mit einer überschaubaren Menge an Ausprägungen finden wir in der Befragung aus dem Beispiel 1.3.1. Der 'Studienbeginn' der Studierenden wurde dabei in Jahreszahlen gemessen und es gab nur 5 Ausprägungen.

j	a_j	n_j	f_j
1	1991	3	0.012
2	1992	11	0.044
3	1993	25	0.1
4	1994	106	0.422
5	1995	106	0.422
$\sum$		251	1

Die Frage nach dem Beginn ihres Studiums wollten 2 Studierende nicht beantworten, so dass wir nur 251 Antworten erhielten und 2 fehlende Werte.

Wenn die Ausprägungen eines diskreten Merkmals unübersichtlich viele sind, so müssen wir eine andere Form der tabellarischen Darstellung der Häufigkeiten durch Klassenbildung finden. Diese Merkmale werde auch als quasistetig bezeichnet, ein Beispiel dafür ist das Alter in Jahren, welches die Ausprägungen $0, 1, \ldots 100+$ haben kann. Diese Merkmale werden genauso wie stetige Merkmale behandelt.

Stetige Merkmale

Bei stetigen Merkmalen sowie manchen diskreten Merkmalen (quasistetige Merkmale) ist die Anzahl k der beobachteten Merkmalsausprägungen sehr groß oder sogar gleich der Anzahl der Beobachtungen n. Dann sind die relativen Häufigkeiten f_j in der Regel gleich $\frac{1}{n}$. Damit erhalten wir eine Häufigkeitsverteilung, die nur geringe Aussagekraft hat, jede Ausprägung hat ungefähr dieselbe Häufigkeit. In der Praxis behandeln wir also quantitative Merkmale als stetig, wenn sie sehr viele Merkmalsausprägungen besitzen.

Um eine interpretierbare und überschaubare Verteilung zu erhalten, fassen wir mehrere Merkmalsausprägungen zu einer Klasse zusammen. Die Breite der Klassen, und damit deren Anzahl, kann sich entweder an sachlogischen Gegebenheiten orientieren oder rein willkürlich sein. Um eine brauchbare Verteilung zu erhalten, sollten etwa $k = \sqrt{n}$ Klassen gebildet werden. Wir führen dazu folgende Bezeichnungen ein:

$$
\begin{array}{ll}
k & \text{Anzahl der Klassen} \\
e_{j-1} & \text{untere Klassengrenze der } j\text{-ten Klasse} \\
e_j & \text{obere Klassengrenze der } j\text{-ten Klasse} \\
d_j = e_j - e_{j-1} & \text{Klassenbreite der } j\text{-ten Klasse} \\
a_j = \frac{1}{2}(e_j + e_{j-1}) & \text{Klassenmitte der } j\text{-ten Klasse} \\
n_j & \text{Anzahl der Beobachtungen in der } j\text{-ten Klasse.}
\end{array}
$$

Damit lassen sich dann absolute und relative Häufigkeiten je Klasse gemäß (2.1) und (2.2) berechnen, wobei wieder die Indikatorfunktion

$$
\mathbf{1}_{[e_{j-1}, e_j)}(x_i) = \begin{cases} 1 \text{ wenn } x_i \text{ in die Klasse } j \text{ fällt,} \\ 0 \text{ sonst} \end{cases}
$$

verwendet wird. Also werden alle Datenwerte, die größer gleich der Klassenuntergrenze e_{j-1} und kleiner als die Klassenobergrenze e_j sind, in der Klasse j gezählt.

Die Häufigkeitstabelle enthält dann die Anzahl der Klassen j, die Klassengrenzen e_{j-1} und e_j, sowie manchmal auch die Klassenbreite, die absolute Häufigkeit der Klassen n_j und die relative Häufigkeit der Klassen f_j. Dieser Aufbau sei in der folgenden Tabelle nochmals dargestellt.

j	$[e_{j-1}, e_j)$	d_j	n_j	f_j
1	$[e_0, e_1)$	d_1	n_1	f_1
$\vdots$	$\vdots$	$\vdots$	$\vdots$	$\vdots$
k	$[e_{k-1}, e_k)$	d_k	n_k	f_k
$\sum$			n	1

Beispiel 2.1.3. Wir betrachten wieder die Situation aus Beispiel 2.1.1, wählen als Merkmal jedoch nicht die 'Klausurnote', sondern die in der Klausur 'erreichten Punkte'. Bei der Klausur konnten maximal 100 Punkte erreicht werden. Die Zuordnung der Noten zu den Punktzahlen wurde wie folgt festgelegt:

Punkte	Note ungerundet	Note gerundet
[0 ; 30)	5.3	
[30 ; 40)	5.0	5
[40 ; 45)	4.7	
[45 ; 50)	4.3	
[50 ; 55)	4.0	4
[55 ; 59)	3.7	
[59 ; 63)	3.3	
[63 ; 69)	3.0	3
[69 ; 73)	2.7	
[73 ; 77)	2.3	
[77 ; 84)	2.0	2
[84 ; 88)	1.7	
[88 ; 91)	1.3	
[91 ; 96)	1.0	1
[96 ; 100]	0.7	

Die Einteilung der Klassen (z. B. $[59; 63) = 59$ bis unter 63 Punkte) wurde vom Prüfungsamt vorgeschrieben, d. h., es lagen sachlogische Gegebenheiten vor, die die Klasseneinteilung bestimmen. Wir haben $k = 5$ Klassen unterschiedlicher Breite bei den gerundeten Noten bzw. $k = 15$ Klassen unterschiedlicher Breite bei den ungerundeten Noten (vgl. obige Tabelle).

Ordnen wir die Punktzahlen der 282 Einzelergebnisse den entsprechenden Klassen der gerundeten Noten zu, so erhalten wir:

Note	Klasse j	e_{j-1}	e_j	d_j	a_j	n_j	f_j
5	1	0	45	45	22.5	37	0.131
4	2	45	59	14	52.0	67	0.238
3	3	59	73	14	66.0	87	0.309
2	4	73	88	15	80.5	70	0.248
1	5	88	100	12	94.0	21	0.074

Klassenbreite. Für die Wahl der Klassenbreite gibt es kaum feste Regeln. Am besten ist es, wenn es sachlogische Zusammenhänge gibt, die die Klassengrenzen definieren, vgl. 2.1.3.

Gibt es diese Zusammenhänge nicht, so muss man die Klassengrenzen willkürlich setzen. Dies schafft Raum zur Manipulation der Häufigkeitsstruktur.

Beispiel 2.1.4. Betrachten wir dazu das 'Alter der Studenten' aus der Umfrage 1.3.1. Das Alter hat die Ausprägungen $19, 20, \ldots, 43$. Wählen wir als Klassenbreite $d_j = 5$, so erhalten wir folgende Häufigkeitstabelle.

j	e_{j-1}	e_j	d_j	n_j	f_j
1	19	24	5	200	0.797
2	24	29	5	41	0.163
3	29	34	5	7	0.028
4	34	39	5	1	0.004
5	39	44	5	2	0.008
$\sum$				251	1

Durch diese Klasseneinteilung sind die meisten Studierenden in der ersten Klasse $[19, 24)$ und relativ wenig Studierende in den Gruppen mit den höheren Altersklassen.

Alternativ kann man, da man weiß, dass Studenten eher unter 25 sind, wenn sie am Anfang ihres Studium stehen, für den Bereich unter 25 Jahren eine feinere Einteilung wählen als für den Bereich über 25.

j	e_{j-1}	e_j	d_j	n_j	f_j
1	19	21	2	54	0.215
2	21	23	2	122	0.486
3	23	25	2	39	0.155
4	25	30	5	29	0.116
5	30	44	14	7	0.028
$\sum$				251	1

Als dritte Alternative können zum Beispiel die Klassen so gebildet werden, dass die absoluten Häufigkeiten ein halbwegs symmetrisches Bild ergeben.

j	e_{j-1}	e_j	d_j	n_j	f_j
1	19	21	2	54	0.215
2	21	22	1	76	0.303
3	22	24	2	70	0.279
4	24	44	20	51	0.203
$\sum$				251	1

Offene Klassen. Bisher sind wir davon ausgegangen, dass alle Klassengrenzen angegeben werden können. Im obigen Beispiel der Examensklausur konnten z. B. minimal 0 und maximal 100 Punkte erreicht werden. Es gibt jedoch auch Anwendungsbeispiele, bei denen dies nicht ohne weiteres möglich ist. Betrachten wir z. B. das Merkmal 'monatliches Einkommen' einer Person, so ist zwar als untere Grenze Null fest gegeben, eine Beschränkung nach oben ist jedoch nicht vorhanden. Hier wird bei der Klasseneinteilung typischerweise die oberste Klasse durch Angaben wie 'mehr als 100 000 EUR' bestimmt. Für die Berechnung der absoluten und der relativen Häufigkeiten stellt dies noch kein Problem dar. Für die in den nächsten Abschnitten vorgestellten empirischen Verteilungsfunktionen und Histogramme werden jedoch auch die Klassengrenzen e_j, die Klassenbreiten d_j und insbesondere die Klassenmitten a_j benötigt, die im Falle offener Klassen nicht mehr eindeutig definiert sind.

2.2 Empirische Verteilungsfunktion

Läßt sich eine sinnvolle Ordnung der Merkmalsausprägungen eines Merkmals angeben, so dient die **empirische Verteilungsfunktion** dazu, die Häufigkeitsverteilung des Merkmals beziehungsweise der Merkmalsausprägungen zu beschreiben. Sie ist damit bei mindestens ordinalskalierten Merkmalen zulässig und bei nominalskalierten nicht zulässig.

Sind nun die Beobachtungen $x_1, \ldots, x_n$ des Merkmals X der Größe nach als $x_{(1)} \leq x_{(2)} \leq \ldots \leq x_{(n)}$ geordnet, so ist die empirische Verteilungsfunktion an der Stelle $x \in \mathbb{R}$ die kumulierte relative Häufigkeit aller Merkmalsausprägungen a_j, die kleiner oder gleich x sind:

$$F(x) = \sum_{a_j \leq x} f(a_j) \,. \tag{2.3}$$

Die empirische Verteilungsfunktion $F(x)$ ist monoton wachsend, rechtsstetig, und es gilt stets $0 \leq F(x) \leq 1$ sowie $\lim_{x \to -\infty} F(x) = 0$, $\lim_{x \to +\infty} F(x) = 1$.

2.2.1 Ordinale Merkmale und diskrete Merkmale

Ist das Merkmal X ordinalskaliert oder diskret, so ist die empirische Verteilungsfunktion eine **Treppenfunktion** (vgl. Abbildung 2.3). Die Werte der Verteilungsfunktion können als weitere Spalte in die Häufigkeitstabelle eingetragen werden.

Beispiel 2.2.1. Betrachten wir wieder das Klausurbeispiel (Beispiel 2.1.1). Aus den relativen Häufigkeiten der 'Noten' berechnen wir die empirische Verteilungsfunktion $F(a_j)$:

Note a_j	n_j	f_j	$F(a_j)$
1	21	0.074	0.074
2	70	0.248	0.322
3	87	0.309	0.631
4	67	0.238	0.869
5	37	0.131	1.000

In Abbildung 2.2 sind die Ergebnisse dieser Berechnungen mit SPSS angegeben. Dabei entsprechen die Spalten 'Frequency' den absoluten Häufigkeiten n_j, 'Percent' den relativen Häufigkeiten f_j (in %) [2], 'Valid Percent' den relativen Häufigkeiten f_j (in %) [3], 'Cumulative Percent' den Werten der empirischen Verteilungsfunktion $F(a_j)$ (in %), sie werden aus den 'Valid Percent' bestimmt.

---

[2] Diese Prozente berücksichtigen noch fehlende Werte in den Daten, da hier aber keine Werte fehlen entspricht diese Spalte auch f_j. gibt es fehlende Werte so weicht diese Spalte von f_j ab.

[3] Hier würden die fehlenden Werte dann nicht berücksichtigt werden.

NOTE				
	Frequency	Percent	Valid Percent	Cumulative Percent
Valid 1	21	7.4	7.4	7.4
2	70	24.8	24.8	32.3
3	87	30.9	30.9	63.1
4	67	23.8	23.8	86.9
5	37	13.1	13.1	100.0
Total	282	100.0	100.0	
Total	282	100.0		

Abb. 2.2. Ergebnisse der Berechnungen zu Beispiel 2.2.1 mit SPSS

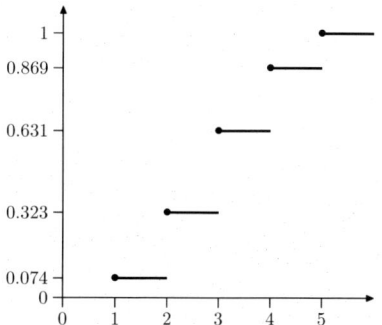

Abb. 2.3. Empirische Verteilungsfunktion des ordinalskalierten Merkmals 'Klausurnote' bei der Statistik I
Klausur (Noten als X-Achsen-Skala)

Neben den relativen Häufigkeiten $f(a_j)$ der Ausprägungen a_j eines Merkmals X und der empirischen Verteilungsfunktion ist man oft an der relativen
Häufigkeit von mehreren Ausprägungen interessiert. So kann man z. B. nach
dem Anteil der Studenten fragen, die in einer Klausur eine '2' oder eine '3'
erhalten haben.

Um die relative Häufigkeit des Auftretens von Merkmalsausprägungen in
Intervallen $(c, d]$ bzw. $[c, d)$, $[c, d]$ oder (c, d) bestimmen zu können, führen
wir folgende Definition ein:

$H(c \leq x \leq d) =$ relative Häufigkeit der Beobachtungen x mit $c \leq x \leq d$.

Unter Verwendung der empirischen Verteilungsfunktion aus (2.3) können wir
somit für diskrete Merkmale folgende Regeln für relative Häufigkeiten ableiten.

$$H(x \leq a_j) = F(a_j)$$
$$H(x < a_j) = H(x \leq a_j) - f(a_j) = F(a_j) - f(a_j)$$
$$H(x > a_j) = 1 - H(x \leq a_j) = 1 - F(a_j)$$

$$H(x \geq a_j) = 1 - H(X < a_j) = 1 - F(a_j) + f(a_j)$$
$$H(a_{j_1} \leq x \leq a_{j_2}) = F(a_{j_2}) - F(a_{j_1}) + f(a_{j_1})$$
$$H(a_{j_1} < x \leq a_{j_2}) = F(a_{j_2}) - F(a_{j_1})$$
$$H(a_{j_1} < x < a_{j_2}) = F(a_{j_2}) - F(a_{j_1}) - f(a_{j_2})$$
$$H(a_{j_1} \leq x < a_{j_2}) = F(a_{j_2}) - F(a_{j_1}) - f(a_{j_2}) + f(a_{j_1})$$

Beispiel. Betrachten wir das Merkmal 'Klausurnote' aus Beispiel 2.1.1. Hier sind z. B.

$$F(2) = 0.322$$
$$F(3) = 0.631$$
$$F(4) = 0.869$$
$$f(3) = 0.309$$

und damit

$$H(3 \leq x \leq 4) = F(4) - F(3) + f(3) = 0.869 - 0.631 + 0.309 = 0.547$$

oder alternativ

$$H(2 < x \leq 4) = F(4) - F(2) = 0.869 - 0.322 = 0.547\,.$$

Die relative Häufigkeit der Klausurteilnehmer, die mindestens mit der Note '4', aber nicht besser als mit der Note '3' abgeschnitten haben, beträgt 0.547. Dies entspricht der relativen Häufigkeit der Klausurteilnehmer, die mindestens mit der Note '4', aber schlechter als mit der Note '2' abgeschnitten haben.

2.2.2 Stetige Merkmale

Bei einem stetigen Merkmal oder bei einem diskreten Merkmal mit vielen Ausprägungen kann die empirische Verteilung aus den Orginalwerten mit Hilfe von (2.3) berechnet werden. Liegen aber klassierte Daten vor, so wird innerhalb der Klassen eine Gleichverteilung der Merkmalsausprägungen unterstellt. Dies bedeutet, dass angenommen wird, dass sich die Beobachtungen gleichmäßig über den Bereich der jeweiligen Klasse erstrecken. Die empirische Verteilungsfunktion ist damit im Bereich einer Klasse eine Gerade, die die Punkte $(e_{j-1}, F(e_{j-1}))$ und $(e_j, F(e_j))$ verbindet. Wir erhalten damit für die empirische Verteilungsfunktion einen **Polygonzug** durch die Punkte $(0,0)$, $(e_1, F(e_1))$, $(e_2, F(e_2))$ ..., $(e_k, 1)$ (vgl. Abbildung 2.5 auf Seite 32). Die empirische Verteilungsfunktion lässt sich dabei sukzessiv berechnen durch

$$F(x) = \begin{cases} 0\,, & x < e_0 \\ F(e_{j-1}) + \frac{f_j}{d_j}(x - e_{j-1})\,, & x \in [e_{j-1}, e_j) \\ 1\,, & x \geq e_k \end{cases} \qquad (2.4)$$

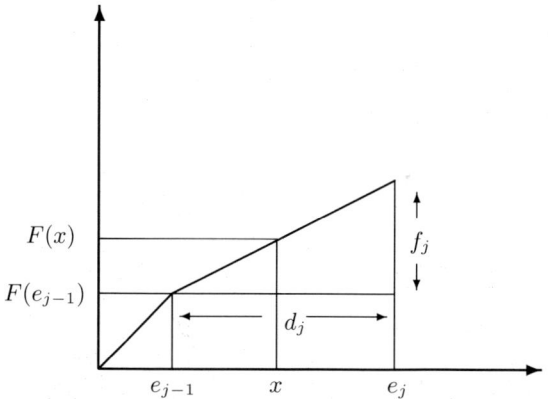

Abb. 2.4. Schematische Darstellung der empirischen Verteilungsfunktion

mit $F(e_0) = 0$. Die Intuition der Formel (2.4) soll mit Hilfe der Abbildung 2.4 gezeigt werden.

Um die Verteilungsfunktion bei klassierten Daten an der Stelle x auszuwerten, muss der Verteilungsfunktionswert an der zugehörigen Untergrenze $F(e_{j-1})$ betrachtet werden. Zu diesem Wert muss aber noch die kumulierte relative Häufigkeit bis x addiert werden. Diese erhält man indem man die Steigung in der Klasse, gegeben durch $\frac{f_j}{d_j}$, mit dem Abstand von x zu der Untergrenze e_{j-1} multipliziert.

Stehen noch die Originalwerte eines stetigen Merkmals zur Verfügung, so ist die empirische Verteilungsfunktion ein Polygonzug durch die Punkte, die durch die der Größe nach geordneten Merkmalsausprägungen und die zugehörigen Werte der empirischen Verteilungsfunktion $\bigl(a_j, F(a_j)\bigr)$ gegeben sind. Besitzen alle Beobachtungen verschiedene Merkmalsausprägungen, so geht die empirische Verteilungsfunktion durch die Punkte $(x_{(i)}, \frac{i}{n})$. Dabei bezeichnet $x_{(1)} \le x_{(2)} \le \ldots \le x_{(n)}$ die der Größe nach geordnete Merkmalsreihe.

Beispiel 2.2.2. Wir analysieren die Altersverteilung von 844 im Rahmen einer zahnmedizinischen Studie untersuchten Kindergartenkindern. Betrachten wir das Alter als stetiges klassiertes Merkmal, so erhalten wir mit den Werten in Tabelle 2.1 die Darstellung als Polygonzug wie in Abbildung 2.5.

Stehen zusätzlich zu den klassierten Daten auch noch die Orginalwerte x_i zur Verfügung, so lässt sich die empirische Verteilungsfunktion wie in Abbildung 2.6 darstellen. Hierzu wird zu jeder beobachteten Merkmalsausprägung x_i der Wert $F(x_i)$ berechnet und diese Punktepaare werden durch einen Polygonzug verbunden.

Anmerkung. Betrachten wir die Abbildungen 2.5 und 2.6, so stellen wir fest, dass die oben angesprochene Annahme der Gleichverteilung innerhalb der Klassen für die Klasse $[2; 3)$ wohl nicht erfüllt ist. In der Klasse '2 bis unter 3 Jahre' sind vornehmlich fast dreijährige Kinder enthalten.

Tabelle 2.1. Werte der empirischen Verteilungsfunktion des Merkmals Alter aus Beispiel 2.2.2 (vgl. Polygonzug in Abbildung 2.5)

Alter	j	e_{j-1}	e_j	n_j	f_j	$F(e_j)$
$[0;2]$	1	0	2	0	0.000	0.000
$(2;3]$	2	2	3	14	0.017	0.017
$(3;4]$	3	3	4	174	0.206	0.223
$(4;5]$	4	4	5	281	0.333	0.556
$(5;6]$	5	5	6	317	0.375	0.931
$(6;7]$	6	6	7	58	0.069	1.000

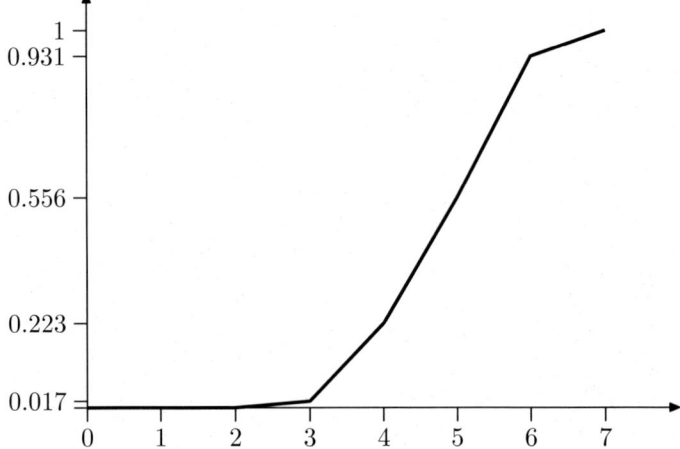

Abb. 2.5. Empirische Verteilungsfunktion des Merkmals 'Lebensalter' als stetiges klassiertes Merkmal

Für **stetige** Merkmale gilt für beliebige Werte c und d, dass man die Anteile wie folgt berechnet:

$$H(x < d) = H(x \leq d) = F(d)$$
$$H(x > c) = 1 - H(x \leq c) = 1 - F(c)$$
$$H(c \leq x \leq d) = F(d) - F(c).$$

Ein stetiges Merkmal nimmt theoretisch alle Werte aus einem Intervall an und es gibt demnach unendliche viele Ausprägungen in diesem Intervall. Somit ist die relative Häufigkeit für einen Punkt in diesem Intervall de facto Null.

Bei klassierten Merkmalen sieht man das, da die empirische Verteilungsfunktion wegen der angenommenen Gleichverteilung innerhalb der Klassen ein „Polygonzug" ist, der keine Sprungstellen besitzt. Für die Berechnung der Verteilungsfunktionswerte $F(x)$ aus klassierten Daten muss man (2.4) nutzen.

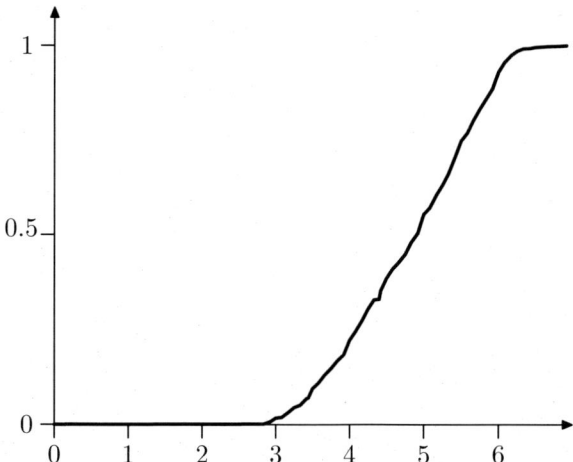

Abb. 2.6. Empirische Verteilungsfunktion des Merkmals 'Lebensalter' aus den Originalwerten x_i

Beispiel 2.2.3. Betrachten wir das klassierte Merkmal 'Kaltmiete' aus der Studentenbefragung (vgl. Beispiel 1.3.1) mit den Klassen $[0; 100)$, $[100; 200)$, $[200; 300)$, $[300; 400)$, $[400; 500]$. Die Werte der empirischen Verteilungsfunktion an den Klassengrenzen sind in Tabelle 2.2 angegeben.

Tabelle 2.2. Empirische Verteilungsfunktion des klassierten Merkmals 'Kaltmiete'

Intervall $[e_{j-1}; e_j)$	$f([e_{j-1}; e_j))$	$F(e_j)$
$[0; 100)$	0.103	0.103
$[100; 200)$	0.213	0.316
$[200; 300)$	0.075	0.391
$[300; 400)$	0.490	0.881
$[400; 500)$	0.119	1.0

Mit (2.4) erhalten wir hier z. B.

$$F(225) = 0.316 + \frac{0.075}{300 - 200}(225 - 200)$$
$$= 0.316 + 0.019 = 0.335$$
$$F(325) = 0.391 + \frac{0.490}{400 - 300}(325 - 300)$$
$$= 0.391 + 0.1225 = 0.5135$$

und damit für $H(225 \leq x \leq 325) = F(325) - F(225) = 0.5135 - 0.335 = 0.1785$. Das heißt, 17.85 % der Studenten zahlen eine Kaltmiete zwischen 225 und 325 EUR.

2.3 Grafische Darstellung

Die Häufigkeitstabelle stellt eine erste Möglichkeit zur Veranschaulichung der Daten dar. Meist wird jedoch eine grafische Darstellungsform verwendet, da diese leichter verständlich ist und die Information 'auf einen Blick' liefert. Es sollte dabei jedoch stets im Auge behalten werden, dass Grafiken auch leicht fehlinterpretiert werden können, insbesondere wenn nicht die gesamte in der Grafik enthaltene Information (wie z. B. die Achsenskalierung) berücksichtigt wird. Im vorherigen Abschnitt haben wir bereits die grafische Darstellung der empirischen Verteilungsfunktion kennengelernt, einmal als Treppenfunktion und einmal als Polygonzug. In den folgenden Abschnitten werden die wichtigsten grafischen Darstellungsformen der Häufigkeitsstruktur von Daten vorgestellt.

2.3.1 Stab- oder Balkendiagramme

Die einfachste grafische Darstellungsmöglichkeit ist das Stab- oder Balkendiagramm. Dieser Diagrammtyp lässt sich sinnvoll nur für diskrete Merkmale mit wenigen Ausprägungen verwenden. Bei diskreten Daten kann man die Ordnung und die Abstände auf der X-Achse vernünftig interpretieren (vgl. Abbildung 2.10).

Allerdings wird das Diagramm auch häufig für qualitative Daten genutzt. Bei nominalen Daten ist zu beachten, dass die Anordnung der Merkmalsausprägungen auf der X-Achse willkürlich ist, da nominale Daten nicht der Größe nach zu ordnen sind (vgl. Abbildung 2.7). Um das Problem zu umgehen, werden die Merkmalsausprägungen nach ihrer Häufigkeit geordnet, beginnend mit dem häufigsten Wert bis zum seltensten Wert. Dieser Diagrammtyp wird als Paretodiagramm bezeichnet (vgl. Abbildung 2.8).

Bei ordinalskalierten Daten hat man zwar eine Ordnung der Daten aber man kann die Abstände nicht interpretieren. Also werden die Abstände gleichbreit gewählt (vgl. Abbildung 2.9).

Jeder Merkmalsausprägung wird ein Strich oder Balken zugeordnet, dessen Länge der absoluten (vgl. Abbildung 2.9) oder relativen Häufigkeit entspricht (vgl. Abbildung 2.7).

Beispiel. Als nominales Merkmal aus der Umfrage „Statistik für Wirtschaftswissenschaftler" (Beispiel 1.3.1) bietet sich das Merkmal 'Verkehrsmittel' an. Betrachten wir zuerst das Balkendiagramm mit den relativen Häufigkeiten so erhalten wir Abbildung 2.7.

In Abbildung 2.8 wird das Merkmal als Paretodiagramm mit den absoluten Häufigkeiten dargestellt.

Betrachten wir das Merkmal 'Vorkenntnisse in Mathematik'. Wenn wir davon ausgehen, dass die möglichen Merkmalsausprägungen 'keine Vorkenntnisse', 'Grundkurs Mathematik', 'Leistungskurs Mathematik', 'Vorlesung Mathematik' in dem Sinne geordnet sind, dass 'Grundkurs Mathematik'

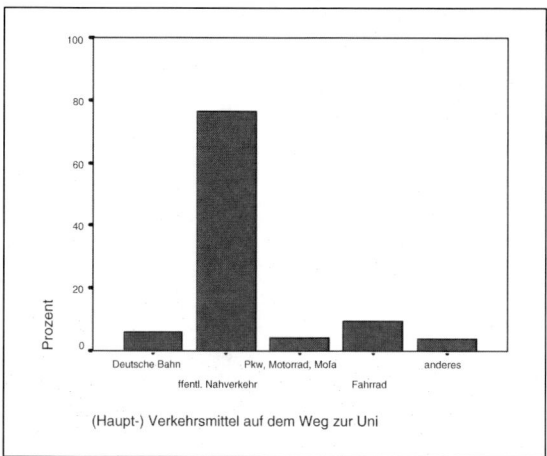

Abb. 2.7. Balkendiagramm des Merkmals 'Verkehrsmittel'

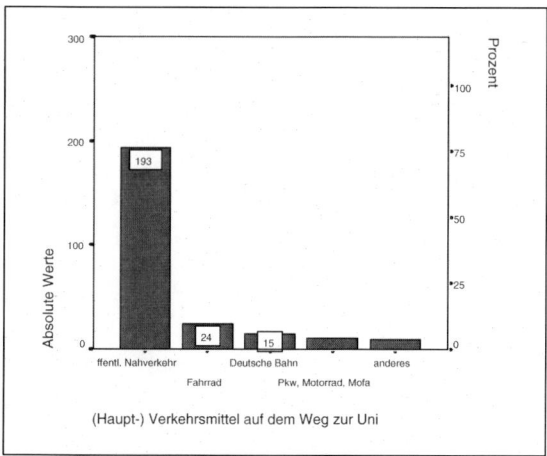

Abb. 2.8. Paretodiagramm des Merkmals 'Verkehrsmittel'

geringere Vorkenntnisse als 'Leistungskurs Mathematik' und 'Leistungskurs Mathematik' geringere Vorkenntnisse als 'Vorlesung Mathematik' bedeutet, so können wir das Merkmal 'Vorkenntnisse in Mathematik' als ordinales Merkmal auffassen. Die Anordnung der Balken in Abbildung 2.9 ist hier also nicht beliebig, allerdings lassen sich die Abstände nicht interpretieren.

Als Beispiel für ein diskretes Merkmal wählen wir 'Studienbeginn' und erhalten das Diagramm in Abbildung 2.10.

Hier lassen sich die Abstände auf der X-Achse interpretieren.

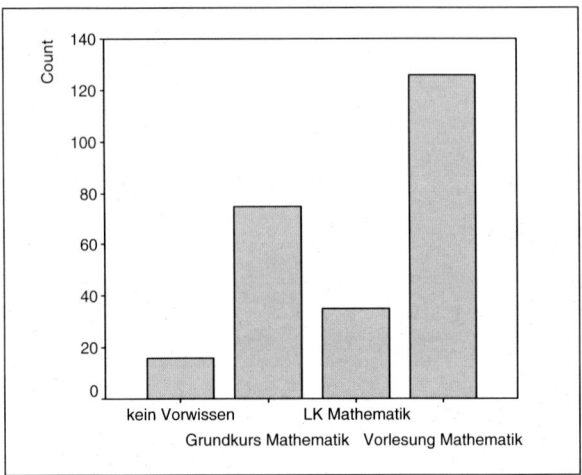

Abb. 2.9. Balkendiagramm des Merkmals 'Vorkenntnisse in Mathematik'

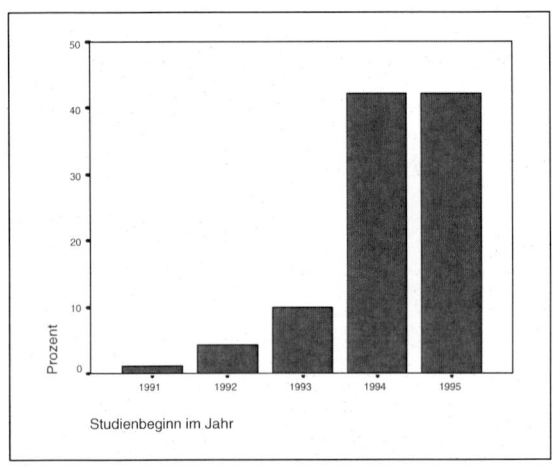

Abb. 2.10. Balkendiagramm des Merkmals 'Studienbeginn'

2.3.2 Kreisdiagramme

Kreisdiagramme eignen sich zur Darstellung von Häufigkeiten qualitativer, diskreter oder klassierter Merkmale. Allerdings ist dabei zu beachten, dass das Kreisdiagramm keine Ordnug in den Daten darstellen kann und deshalb besonders geeignet ist für nominalskalierte Merkmale. Für mindestens ordinalskalierte wird die Ordnung der Daten nicht dargestellt, so dass andere Diagramme zu bevorzugen sind.

Die Aufteilung des Kreises in die einzelnen Sektoren, die die Merkmalsausprägungen repräsentieren, ist dabei proportional zu den absoluten bzw. relativen Häufigkeiten. Die Größe eines Kreissektors, also sein Winkel, kann damit aus der relativen Häufigkeit f_j gemäß Winkel $= f_j \cdot 360°$ bestimmt werden.

Beispiel. In Abbildung 2.11 ist ein Kreisdiagramm des nominalen Merkmals 'Verkehrsmittel' der Umfrage „Statistik für Wirtschaftswissenschaftler" dargestellt. Etwa 3/4 der befragten Studenten benutzen den öffentlichen Nahverkehr, das Fahrrad ist das zweithäufigste Verkehrsmittel, die restlichen Verkehrsmittel werden in etwa gleich häufig verwendet.

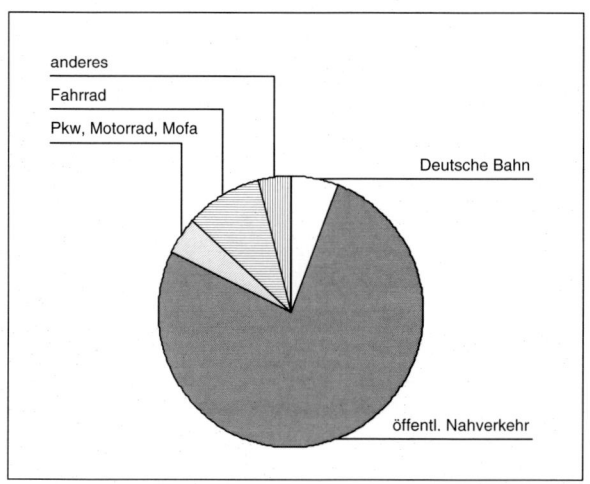

Abb. 2.11. Kreisdiagramm des Merkmals 'Verkehrsmittel'

2.3.3 Stamm-und-Blatt-Diagramme

Das Stamm-und-Blatt-Diagramm (stem-and-leaf plot) stellt die einfachste Möglichkeit dar, metrische Daten zu veranschaulichen. Merkmalsausprägungen eines metrischen Merkmals werden dabei der Größe nach geordnet und in einen Stamm- und einen Blattanteil zerlegt. Gleiche Merkmalsausprägungen werden nicht durch ihre Häufigkeit sondern direkt wiedergegeben. Damit ist es möglich, auch die Verteilung innerhalb von Klassen zu betrachten. Abbildung 2.12 zeigt ein derartiges Stamm-und-Blatt-Diagramm. Eine detaillierte Beschreibung kann etwa in Tukey (1977) und Polasek (1994) gefunden werden.

Für die Erstellung eines Stamm-und-Blatt-Diagramms gehen wir in folgenden Schritten vor:

1. Wir sortieren die Daten nach dem Wert der Merkmalsausprägungen und erhalten die geordneten Daten $x_{(1)}, \ldots, x_{(n)}$ mit dem kleinsten beobachteten Wert $x_{(1)}$ und dem größten beobachteten Wert $x_{(n)}$. Damit steht der

Wertebereich der Merkmalsausprägungen, gegeben durch $x_{(1)}$ und $x_{(n)}$, fest. $X_{(i)}$ heißt auch i–te Ordnungsstatistik.

2. Wir unterteilen den Wertebereich in Intervalle gleicher Breite, wobei wir die Breite jeweils als das 0.5–, 1–, oder 2–fache einer Zehnerpotenz wählen.

3. Die beobachteten Merkmalsausprägungen werden in einen Stamm- und einen Blattanteil zerlegt.

4. Die so gefundenen Werte sowie die zugehörigen Häufigkeiten werden aufgetragen.

Beispiel 2.3.1. Die Erstellung eines Stamm-und-Blatt-Diagramms wollen wir nun an einem Beispiel demonstrieren. Wir betrachten das Merkmal 'monatliche Kaltmiete' der Umfrage „Statistik für Wirtschaftswissenschaftler" (Beispiel 1.3.1). Die 157 beobachteten Merkmalsausprägungen nehmen Werte im Bereich von 130 bis 445 an. Die der Größe nach geordneten Werte (mit dem Faktor 2 multipliziert) und ihre Häufigkeiten sind

x_i	Anzahl	x_i	Anzahl	x_i	Anzahl	x_i	Anzahl
260	1	390	6	630	2	760	9
270	3	400	4	640	2	770	1
280	2	410	1	650	4	780	6
290	1	420	2	660	2	790	7
300	4	430	4	670	4	800	1
310	3	440	1	680	4	810	6
320	7	470	1	690	6	820	2
330	5	490	1	700	4	830	1
340	3	540	1	710	1	840	4
350	5	560	1	720	1	850	1
360	5	570	1	730	8	860	3
370	5	580	2	740	1	870	1
380	4	620	1	750	1	890	1

Wir unterteilen den Wertebereich in die gleichbreiten Intervalle $[250; 300)$, $[300; 350)$, ..., $[850; 900)$. Damit erhalten wir den Stamm der Breite 50:

2 .	*für das Intervall*	$[250; 300)$
3 .	*für das Intervall*	$[300; 350)$
3 .	*für das Intervall*	$[350; 400)$
4 .	*für das Intervall*	$[400; 450)$
4 .	*für das Intervall*	$[450; 500)$
5 .	*für das Intervall*	$[500; 550)$
5 .	*für das Intervall*	$[550; 600)$
6 .	*für das Intervall*	$[600; 650)$
6 .	*für das Intervall*	$[650; 700)$
7 .	*für das Intervall*	$[700; 750)$
7 .	*für das Intervall*	$[750; 800)$
8 .	*für das Intervall*	$[800; 850)$
8 .	*für das Intervall*	$[850; 900)$

Gleiche Ausprägungen werden mehrfach eingetragen. Links neben dem Stamm wird schließlich noch die Anzahl der Werte jeder Zeile des Diagramms angegeben. Um aus dem Diagramm die Ursprungswerte ablesen zu können, muss noch die Einheit angegeben werden (hier 2 für die Multiplikation der Werte des Stamms mit 10^2, im SPSS-Chart 2.12 ist dies die Angabe 'Stem width: 100'). Die beobachteten Werte werden dann als Blätter eingetragen, wobei jeweils ein Wert direkt angegeben wird. So wird z. B. die Ausprägung '260' durch eine '6' hinter der zweiten '2' des Stamms wiedergeben (2 . 6). Mit obigen Beispieldaten erhalten wir dann das vollständige Stamm-und-Blatt-Diagramm wie in Abbildung 2.12.

```
monatliche Kaltmiete Stem-and-Leaf Plot

 Frequency    Stem &  Leaf

      7.00      2 .  6777889
     22.00      3 .  0000111222222233333444
     25.00      3 .  5555566666777778888999999
     12.00      4 .  000012233334
      2.00      4 .  79
      1.00      5 .  4
      4.00      5 .  6788
      5.00      6 .  23344
     20.00      6 .  55556677778888999999
     15.00      7 .  000012333333334
     24.00      7 .  566666666678888889999999
     14.00      8 .  01111112234444
      6.00      8 .  566679

 Stem width:      100
 Each leaf:       1 case(s)
```

Abb. 2.12. Stamm-und-Blatt-Diagramm des Merkmals 'monatliche Kaltmiete'

Anmerkung. Bei der Erstellung eines Stamm-und-Blatt-Diagramms mit SPSS werden gegebenenfalls mehrere Beobachtungen zu einem Wert zusammengefasst. Dies wird in der Legende des Diagramms angegeben. Im SPSS-Diagramm in Abbildung 2.13 geschieht dies durch 'Each leaf: 2 case(s)'. Entstehen dadurch unvollständige Blätter, d. h. Blätter, die nur aus einer Beobachtung bestehen, bzw. Blätter, die verschiedene Ausprägungen repräsentieren, so werden sie durch ein eigenes Zeichen dargestellt und dies wird in der Legende angegeben ('& denotes fractional leaves.'). Zusätzlich ist noch anzumerken, dass bei der SPSS-Ausgabe sogenannte 'extreme Werte', d. h., sehr kleine oder sehr große Werte gesondert ausgegeben werden (vgl. hierzu die Definition von Box-Plots in Abschnitt 3.4).

```
Körpergröße in cm Stem-and-Leaf Plot

Frequency    Stem &  Leaf

    2.00 Extremes    (=<152)
     .00     15 .
    4.00     15 .  &&
   14.00     16 .  00224&
   24.00     16 .  5556778999
   41.00     17 .  0000001122233334444
   50.00     17 .  555555566666788888888999
   55.00     18 .  000000000000011222233334444
   40.00     18 .  5555555555666777889
    7.00     19 .  02&
    2.00     19 .  &

Stem width:       10
Each leaf:       2 case(s)
& denotes fractional leaves.
```

Abb. 2.13. Stamm-und-Blatt-Diagramm des Merkmals 'Körpergröße in cm'

2.3.4 Histogramme

Liegt ein metrisches, stetiges Merkmal vor, so kann die Häufigkeitsverteilung nicht von vornherein durch ein Balkendiagramm dargestellt werden, da hier im allgemeinen sehr viele Balken entstehen würden, die fast alle die Höhe $1/n$ hätten. Um eine sinnvolle Häufigkeitsverteilung zu erhalten, muss das Merkmal zunächst, wie in Abschnitt 2.1 beschrieben, klassiert werden. Die hieraus resultierende Häufigkeitsverteilung kann dann in einem Histogramm grafisch veranschaulicht werden (vgl. Abbildung 2.15). Die Histogrammflächen sind proportional zu den relativen Häufigkeiten f_j, die Höhe h_j des Rechtecks über der j-ten Klasse berechnet sich somit gemäß

$$h_j = \frac{f_j}{d_j},$$

mit der Klassenbreite $d_j = e_j - e_{j-1}$.
Die Abbildung 2.14 verdeutlicht diesen Sachverhalt grafisch.

Sind alle Klassenbreiten gleich eins, so ist die Höhe die relative Häufigkeit; das Histogramm ist dann äquivalent zum Balkendiagramm.

Beispiel 2.3.2. Betrachten wir nun ein Beispiel für die Erstellung eines Histogramms. Wir erstellen das Histogramm des Merkmals 'Körpergröße' der Umfrage „Statistik für Wirtschaftswissenschaftler" (Beispiel 1.3.1). Die 'Körpergröße' ist ein stetiges Merkmal, welches in 'cm' gemessen wurde, $n = 239$ Studenten gaben ihre Größe an.
Zuerst wird das Merkmal gruppiert, als Klassenbreite wird $d_j = 5$ willkürlich gewählt. Wir erhalten folgende Häufigkeitstabelle.

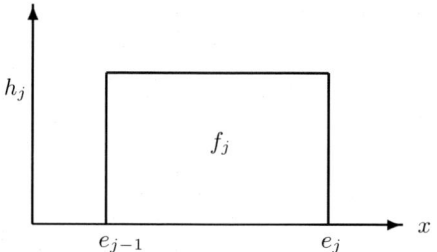

Abb. 2.14. Der Zusammenhang zwischen relativer Häufigkeit und der Höhe

j	$[e_{j-1}, e_j)$	d_j	n_j	f_j	h_j
1	$[150, 155)$	5	2	0.008	0.0016
2	$[155, 160)$	5	4	0.017	0.0034
3	$[160, 165)$	5	14	0.059	0.0118
4	$[165, 170)$	5	24	0.1	0.02
5	$[170, 175)$	5	41	0.172	0.0344
6	$[175, 180)$	5	50	0.209	0.0418
7	$[180, 185)$	5	55	0.23	0.046
8	$[185, 190)$	5	40	0.167	0.0334
9	$[190, 195)$	5	7	0.029	0.0058
10	$[195, 200)$	5	2	0.008	0.0016
$\sum$			239	1	

Werden die Höhen in den Klassen h_j gegen die Klassen abgetragen erhalten wir das Histogramm in Abbildung 2.15.

Beispiel 2.3.3. Wir wollen die Problematik der Klassenbreiten hier noch einmal kurz aufgreifen. Dazu betrachten wir die Histogramme zu den unterschiedlichen Häufigkeitstabellen aus Beispiel 2.1.4. Das Histogramm mit der Klassenbreite 5 ist in Abbildung 2.16 mit der Überschrift 'Alternative 1' versehen.

Man sieht, dass rund 80% der Studierenden im Alter zwischen 19 und 24 sind. Deshalb bietet sich eine feinere Einteilung des Alters zwischen 19 und 24 an. Wir wählen als Klasseneinteilung $[19, 21), [21, 23), [23, 25), [25, 30), [30, 44)$ und erhalten 'Alternative 2' in Abbildung 2.16.

Die dritte Alternative war, die Klassen so zu bilden, dass die Häufigkeiten eine symmetrische Struktur haben, dass Histogramm dazu ist in Abbildung 2.16 'Alternative 3'. Aufgrund der unterschiedlichen Klassenbreiten ergibt sich aber ein schiefes Bild bei dem Histogramm, obwohl die Häufigkeiten halbwegs symmetrisch waren.

Anmerkung. Bei Verwendung von SPSS zur Histogrammdarstellung kann die Festlegung der Klassengrenzen variiert werden. Damit ist eine interaktive explorative Analyse der Verteilung eines Merkmals möglich. SPSS-Histogramme lassen jedoch nur gleich breite Klassen zu. Damit sind die Rechteckshöhen

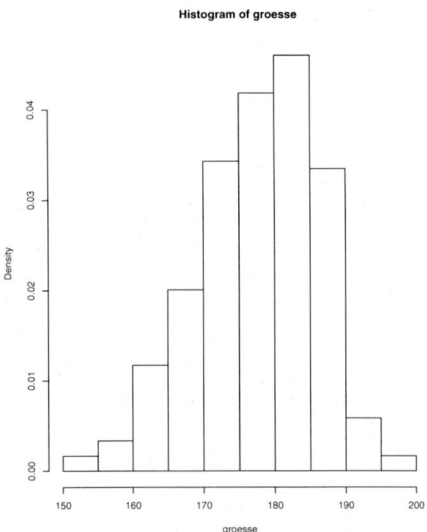

Abb. 2.15. Histogramm des Merkmals 'Körpergröße'

h_j stets proportional zu den relativen und absoluten Häufigkeiten. Ist die Klassenbreite gleich 1, so ist die Rechteckshöhe gleich der relativen Häufigkeit. SPSS-Histogramme tragen als Voreinstellung im Gegensatz zu der oben gegebenen Definition an der y-Achse die absoluten Häufigkeiten der Klassen ein. Dies kann durch Veränderung der Auswertfunktion in 'Prozente' geändert werden. Da die relativen und die absoluten Häufigkeiten aber zueinander proportional sind, bleibt die Gestalt des Histogramms jedoch unberührt.

2.3.5 Kerndichteschätzer

Kerndichteschätzer stellen gewissermaßen eine Verallgemeinerung des Konzepts von Histogrammen dar. Bei Histogrammen sind die Klassenbreiten und besonders die Klassengrenzen entscheidend für die Form des Histogramms. Ein weiterer Nachteil des Histogramms besteht darin, dass eine stetige Funktion als Treppenfunktion dargestellt wird. Rosenblatt (1956) behandelt eine Methode, die anstelle fester Klasseneinteilungen variable Klasseneinteilungen verwendet, um diesen Problemen zu begegnen. Seine 'gleitenden Histogramme' sind durch die relativen Häufigkeiten $f_n(x)$ an der Stelle x,

$$f_n(x) = \frac{F_n(x + h_n) - F_n(x - h_n)}{2h_n}, \quad h_n > 0$$

definiert. Die Größe h_n bezeichnet die sogenannte Bandbreite, die die Klassenbreite ersetzt. Eine Verallgemeinerung der gleitenden Histogramme sind die sogenannten Kerndichteschätzer, deren allgemeine Definition durch

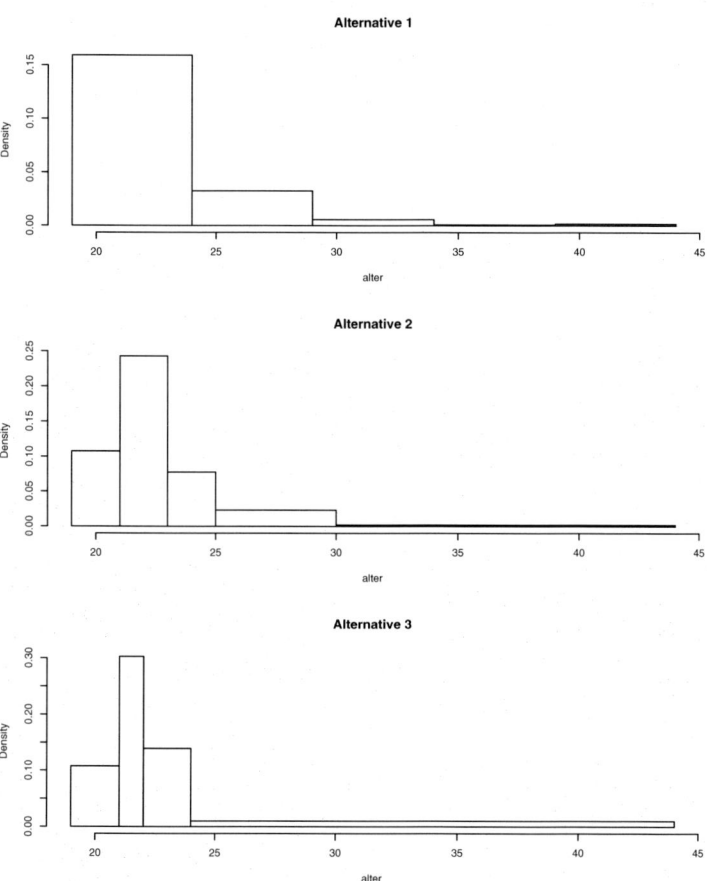

Abb. 2.16. Histogramme des Merkmals 'Alter'

$$\hat{f}_n(x) = \frac{1}{nh} \sum_{i=1}^{n} K\left(\frac{x - x_i}{h}\right), \quad h > 0, \qquad (2.5)$$

mit dem Kern K und der Bandbreite h gegeben ist. Beispiele für K sind die folgenden Funktionen (vgl. Abbildung 2.17):

$$K(x) = \begin{cases} \frac{1}{2} \text{ falls } -1 \leq x \leq 1 \\ 0 \text{ sonst} \end{cases} \quad \text{(Rechteckskern)}$$

$$K(x) = \begin{cases} 1 - |x| \text{ für } |x| < 1 \\ 0 \qquad \text{sonst} \end{cases} \quad \text{(Dreieckskern)}$$

$$K(x) = \begin{cases} \frac{3}{4}(1 - x^2) \text{ für } |x| < 1 \\ 0 \qquad \text{sonst} \end{cases} \quad \text{(Epanechnikow-Kern)}$$

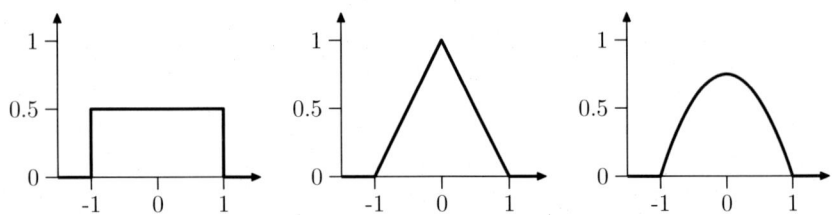

Abb. 2.17. Rechteckskern, Dreieckskern und Epanechnikow-Kern

Für alle Funktionen $K(x)$, die als Kern Verwendung finden können, muss gelten, dass

- sie symmetrisch um Null sind, $K(-x) = K(x)$,
- sie stets Werte größer oder gleich Null annehmen, $K(x) \geq 0$,
- die Fläche unter der Funktion Eins ergibt, $\int K(x)\, dx = 1$.

Beispiel 2.3.4. Wir betrachten das Merkmal 'Körpergröße' der Umfrage „Statistik für Wirtschaftswissenschaftler", das wir bereits in Beispiel 2.3.1 untersucht haben. Dieses Merkmal nimmt Werte im Bereich von 150 bis 198 an. Die Kerndichteschätzungen mit dem Rechteckskern, dem Dreieckskern und dem Epanechnikow-Kern sind in Abbildung 2.18 dargestellt. Die Histogrammdarstellung dieser Daten ist bereits in Abbildung 2.15 angegeben.

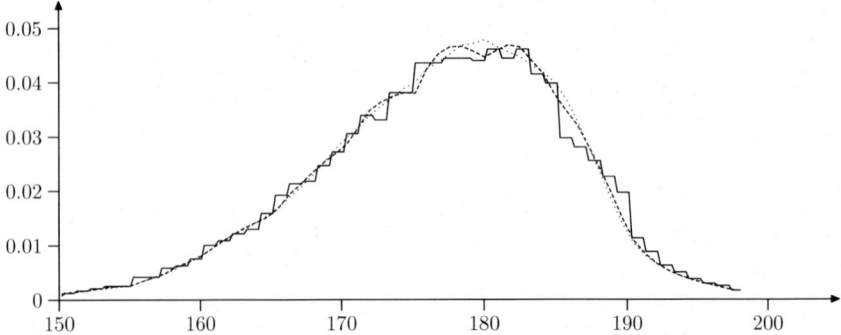

Abb. 2.18. Kerndichteschätzungen für das Merkmal 'Körpergröße': Rechteckskern (durchgezogene Linie), Dreieckskern (gepunktete Linie) und Epanechnikow-Kern (gestrichelte Linie) bei Bandbreite $h = 5\,\text{cm}$

2.4 Aufgaben und Kontrollfragen

Aufgabe 2.1: In welchen Situationen ist die Darstellung einer Häufigkeitsverteilung anhand von absoluten Häufigkeiten sinnvoll, wann sind relative Häufigkeiten zu bevorzugen?

Aufgabe 2.2: Bei einer Statistikklausur sind 18 Aufgaben zu bearbeiten, wobei pro Aufgabe ein Punkt erzielt werden kann. Als *nicht bestanden* gilt eine Klausur, wenn ein Kandidat weniger als fünf Punkte erreicht. Die Korrektur einer Klausur ergab folgende Häufigkeitsverteilung der erreichten Punktezahlen a_j:

a_j	0	1	2	3	4	5	6	7	8	9	10	11	12	13	14	15	16	17	18
n_j	4	1	1	0	7	5	6	4	7	7	17	22	13	16	1	5	2	2	0

a) Stellen Sie die Häufigkeitsverteilung mit den absoluten Häufigkeiten grafisch dar.

b) Stellen Sie die empirische Verteilungsfunktion grafisch dar.

c) Wie groß ist der Anteil der Studenten, die die Klausur nicht bestanden haben?

Aufgabe 2.3: Worin unterscheiden sich Balkendiagramm und Histogramm?

Aufgabe 2.4: In einer Befragung im Jahr 1999 wurde bei 22 100 Privathaushalten das Monatseinkommen ermittelt. Die folgende Tabelle zeigt die Häufigkeitsverteilung:

	Monatseinkommen		Anzahl der Haushalte
	unter	1 200 €	4 500
1 200 €	bis unter	1 800 €	5 200
1 800 €	bis unter	3 000 €	5 000
3 000 €	bis unter	5 000 €	2 700
5 000 €	bis unter	10 000 €	3 400
10 000 €	und mehr		1 300

a) Berechnen Sie die empirische Verteilungsfunktion und stellen Sie diese grafisch dar.

b) Wie groß ist der Anteil der Privathaushalte mit einem Monatseinkommen von

- bis zu 1 500 €?
- mehr als 5 400 €?
- zwischen 1 500 € und 3 500 €?

Aufgabe 2.5: In einer medizinischen Untersuchung wurde an einer Gruppe von 200 Personen eine Schlankheitsdiät getestet. Das Ergebnis der Diät ist in der folgenden Tabelle festgehalten:

Gewichtsverlust pro Monat				$F(x)$
0	bis unter	2	Pfund	0.25
2	bis unter	4	Pfund	0.65
4	bis unter	8	Pfund	0.75
8	bis unter	12	Pfund	0.95
12	bis unter	20	Pfund	1.00

a) Berechnen Sie die absoluten Häufigkeiten des Merkmals 'Gewichtsverlust'.

b) Zeichnen Sie das Histogramm.
c) Wieviel % der Personen haben mindestens 9 Pfund pro Monat abgenommen?
d) Wieviel % der Personen haben zwischen 2 und 6 Pfund pro Monat abgenommen?

Aufgabe 2.6: Eine empirisch ermittelte Verteilung der Dauer von Telefongesprächen im Stadtbereich, welche nicht länger als 8 Minuten dauern, ist in folgender Abbildung dargestellt:

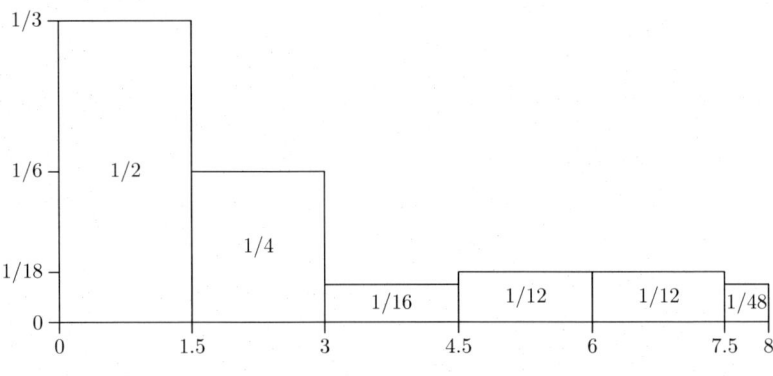

Abb. 2.19. Dauer in Minuten

a) Wie nennt man diese Art von Diagramm? Gibt die Höhe der Rechtecke in diesem Diagramm einen Hinweis auf die relative Häufigkeit von Gesprächen einer bestimmten Dauer? Begründen Sie Ihre Antwort.
b) Wir betrachten nun Gespräche im Stadtbereich, die höchstens 8 Minuten dauern und im Zeitraum von 9 bis 18 Uhr stattfinden. Bis zum 31.12.2003 kostete ein solches Telefongespräch 23 Cent. Zum 1.1.2004 wurde die Gebührenstruktur geändert: Im Stadtbereich kostet ein Gespräch von bis zu 90 Sekunden Dauer nun 12 Cent, jeder weitere angefangene Zeittakt von 90 Sekunden kostet weitere 12 Cent. Berechnen Sie die relative Preisänderung eines Gesprächs, dessen Dauer bei Zugrundelegung der obigen Verteilung in der Klasse der größten Häufigkeit liegt.

Aufgabe 2.7: Ein Kioskbesitzer notiert sich an einem Tag die Zeit (in Minuten), die er auf einen Kunden warten muss. Er hatte an dem Tag 20 Kunden und erhielt folgende Daten.

$$
\begin{array}{cccccccccc}
56 & 2 & 7 & 0 & 42 & 118 & 35 & 29 & 10 & 21 \\
50 & 92 & 28 & 14 & 11 & 0 & 6 & 25 & 17 & 64
\end{array}
$$

a) Wählen Sie die Klassengrenzen $[0, 8.5), [8.5, 23) [23, 46), [46, 119)$ und erstellen Sie die Häufigkeitstabelle.

b) Zeichnen Sie das Histogramm.

c) Vergleichen Sie das Histogramm und die Klassengrenzen mit den Quartilen und dem Boxplot (vgl. Abschnitt 3.4).

d) Wieviele Stunden hatte der Kioskbesitzer sein Kiosk mindestens auf?

Aufgabe 2.8: Ein Wirtschaftsinstitut hat Betriebe über ihre derzeitige Wirtschaftslage befragt. Neben der Art des Unternehmens wurde der Umsatz des Jahres 1996 (in T€) sowie die erwartete Umsatzentwicklung für das Jahr 1997 erhoben. Im folgenden sind die Antworten von 10 Kleinbetrieben aufgelistet:

Nr.:	Unternehmensart:	Umsatz 2006:	Einschätzung 2007:
1	*Gaststätte*	*1 050*	○ sehr gut ⊗ gut ○ normal ○ schlecht
2	*Handwerk*	*800*	○ sehr gut ○ gut ⊗ normal ○ schlecht
3	*Handwerk*	*400*	○ sehr gut ○ gut ⊗ normal ○ schlecht
4	*Einzelhandel*	*600*	○ sehr gut ○ gut ⊗ normal ○ schlecht
5	*Einzelhandel*	*500*	○ sehr gut ○ gut ○ normal ⊗ schlecht
6	*Handwerk*	*1 100*	○ sehr gut ⊗ gut ○ normal ○ schlecht
7	*Gaststätte*	*700*	○ sehr gut ○ gut ○ normal ⊗ schlecht
8	*Einzelhandel*	*350*	○ sehr gut ○ gut ⊗ normal ○ schlecht
9	*Einzelhandel*	*450*	○ sehr gut ○ gut ○ normal ⊗ schlecht
10	*Gaststätte*	*550*	○ sehr gut ○ gut ○ normal ⊗ schlecht

a) Wie würden Sie die Verteilungen der drei erhobenen Merkmale grafisch darstellen?

b) Die Merkmalsausprägungen des Merkmals 'Umsatz 2006' werden in die drei Klassen '0 bis unter 500 T€', '500 T€ bis unter 1 000 T€' und '1 000 T€ und mehr' eingeteilt. Bestimmen Sie den Anteil der Kleinbetriebe, deren Umsatz im Jahr 2006 mehr als 400 T€ und höchstens 600 T€ beträgt, wenn Sie nur die Information der Häufigkeitstabelle zur Verfügung haben.

Aufgabe 2.9: In einer bayerischen Kleinstadt wurde die Umsatzverteilung der dort ansässigen 100 Betriebe im Jahr 2006 untersucht. Das sich dabei ergebende Histogramm hat die in der folgenden Tabelle zusammengestellten Rechteckshöhen:

Umsatz in Mio. EUR	Rechteckshöhen
0 bis unter 0.5	1.28
0.5 bis unter 1	0.32
1 bis unter 3	0.08
3 bis unter 7	0.01

Bestimmen Sie die Anzahl der Betriebe in den vier Klassen.

Aufgabe 2.10: Bei einer Statistikklausur wird die Bearbeitungszeit notiert. Die Zeit in Minuten von 14 Studenten ist nachfolgend angegeben.

93   87   96   77   73   91   82   71   98   74   95   89   79   88

Erstellen Sie ein Stamm-und-Blatt-Diagramm.

Aufgabe 2.11: Die folgenden Daten geben die erzielten Punkte von 19 Studenten in einer Klausur an:

84   92   63   75   81   97   73   69   46   58
94   84   78   43   77   82   69   98   84

Erstellen Sie ein Stamm-und-Blatt-Diagramm.

Aufgabe 2.12: Wie würden Sie die Verteilung der Merkmale des Fragebogens in Beispiel 1.3.1 grafisch darstellen? Begründen Sie Ihre Antwort.

3. Maßzahlen und Grafiken für eindimensionale Merkmale

Die in Kapitel 2 beschriebenen Darstellungen von eindimensionalen Verteilungen durch Tabellen oder Grafiken vermitteln einen Eindruck von der Gestalt und der Lage der Verteilung. Dieser Eindruck muss objektiviert, d. h., durch quantitative Größen messbar gemacht werden, um insbesondere Vergleiche zwischen den Verteilungen verschiedener Merkmale durchführen zu können. Dabei werden verschiedene Aspekte einer Verteilung quantifiziert. Wir behandeln nun die wichtigsten Maßzahlen für

- die Lage
- die Streuung
- die Schiefe und die Wölbung
- die Konzentration

einer Verteilung.

3.1 Lagemaße

Lageparameter beschreiben in bestimmter Weise ausgezeichnete Werte, wie z. B. das Zentrum (Schwerpunkt) einer Häufigkeitsverteilung. Sie dienen zur Beschreibung des mittleren Niveaus eines Merkmals. Beispiele sind das Durchschnittseinkommen, die mittlere Lebensdauer eines technischen Geräts, das normale Heiratsalter oder das am häufigsten genannte Studienfach. Wir wollen im folgenden die wichtigsten Lageparameter sowie das jeweils vorauszusetzende Skalenniveau angeben.

Eine wichtige Forderung an Lageparameter der Verteilung eines Merkmals ist die sogenannte **Translationsäquivarianz**. Für eine Lineartransformation der Daten, d. h., eine Transformation der Form $y_i = a + bx_i$ mit a, b beliebige reelle Zahlen, soll gelten

$$L(y_1, \ldots, y_n) = a + bL(x_1, \ldots, x_n).$$

Mit $L(\cdot)$ wird hierbei der Lageparameter bezeichnet.

Beispiel. Wir messen täglich die Mittagstemperatur in °C und ermitteln daraus eine Jahresdurchschnittstemperatur in °C. Messen wir nun die Temperatur in °F und ermitteln eine Jahresdurchschnittstemperatur, so soll das °F-Ergebnis dem transformierten °C-Ergebnis entsprechen. Es sei hierbei zunächst dahingestellt, wie gut eine mittlere Temperatur klimatische Bedingungen beschreibt. Die Transformation von °F in °C lautet dabei °F $= 32 + 1.8\,°$C, es ist also $a = 32$ und $b = 1.8$. Angenommen, die Jahresdurchschnittstemperatur betrage 17°C, so ergibt die Umrechnung als Jahresdurchschnittstemperatur in °F den Wert $32 + 1.8 * 17°F = 62.6°$F.

3.1.1 Modus oder Modalwert

Als Modus oder Modalwert $\bar{x}_M$ bezeichnet man den häufigsten oder dichtesten Wert einer Verteilung. Bei diskreten Daten ist der Modus die Merkmalsausprägung, die am häufigsten auftritt:

$$\bar{x}_M = a_j \Leftrightarrow n_j = \max\{n_1, n_2, \ldots, n_k\} \; . \tag{3.1}$$

Falls es mehrere Maxima gibt, ist der Modus nicht eindeutig definiert. Für gruppierte Daten ist der Modus $\bar{x}_M$ definiert als die Klassenmitte der am dichtesten besetzten Gruppe:

$$\bar{x}_M = \frac{e_{j-1} + e_j}{2} \; , \tag{3.2}$$

(bzw. falls bekannt, als Modus dieser Gruppe), wobei e_{j-1} und e_j die untere bzw. obere Grenze derjenigen Gruppe ist, für die gilt

$$\frac{f_j}{d_j} = \max\left\{\frac{f_1}{d_1}, \ldots, \frac{f_k}{d_k}\right\} \; . \tag{3.3}$$

Die am dichtesten besetzte Gruppe ist damit die Gruppe mit der größten Histogrammhöhe $h_j = f_j/d_j$ (vgl. Abbildung 3.1) und damit abhängig von der Gruppeneinteilung.

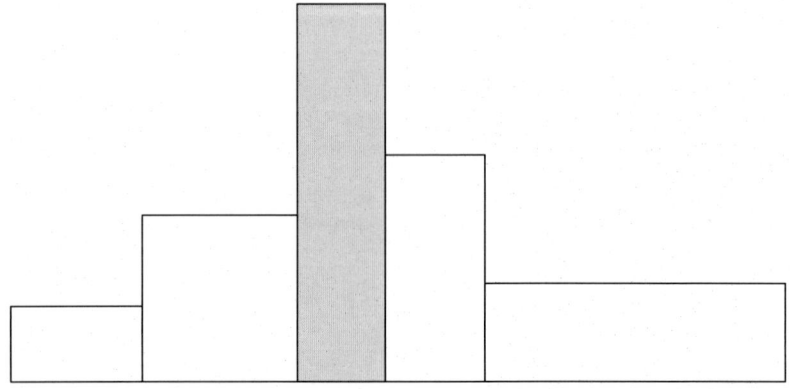

Abb. 3.1. Die modale Klasse im Histogramm

Die Verwendung des Modus ist bei jedem Skalenniveau möglich. Für nominalskalierte Daten ist der Modus der einzige zulässige Lageparameter. Eine sinnvolle Beschreibung der Daten mit Hilfe des Modus ergibt sich bei jedem Datenniveau aber nur für den Fall einer eingipfligen (unimodalen) Verteilung (vgl. Abbildung 3.2). Der Modus ist translationsäquivariant. Das bedeutet, dass der Modus der linear transformierten Werte (z. B. Transformation °C nach °F) gleich der linearen Transformation des Modus der ursprünglichen Werte ist.

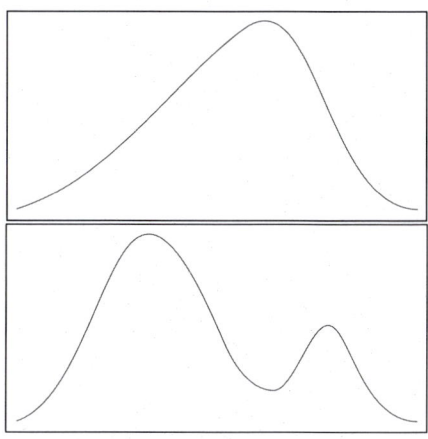

Abb. 3.2. Ein- und mehrgipflige Verteilungen

Beispiel. Umgangssprachlich benutzt man den Begriff des normalen Heiratsalters. Gemeint ist damit der Modus des Merkmals 'Heiratsalter'. Die Werte in Tabelle 3.1 sind in Abbildung 3.3 als Histogramm dargestellt. Der Modus ist die Mitte der am dichtesten besetzten Klasse: $\bar{x}_M = \frac{25+26}{2} = 25.5$ Jahre.

Beispiel. Betrachten wir eine Examensklausur an der 334 Studenten teilgenommen haben. Die absoluten Häufigkeiten der 5 möglichen Merkmalsausprägungen des Merkmals 'Note' sind in der folgenden Tabelle 3.2 dargestellt.

Aus Tabelle 3.2 entnehmen wir, dass die am häufigsten beobachtete Merkmalsausprägung die Note '4' ist. Es gilt $\bar{x}_M = 4$. Betrachten wir obige Daten als gruppiert (die Note '4' z. B. repräsentiert alle Ergebnisse von 3.7 bis 4.3), so erhalten wir

$$\bar{x}_M = \frac{3.7 + 4.3}{2} = 4\,.$$

Hätten wir folgende Examensergebnisse erhalten (Tabelle 3.3), so gilt ebenfalls $\bar{x}_M = 4$. Eine sinnvolle Interpretation ist hier jedoch nicht möglich, da eine zweigipflige Verteilung vorliegt.

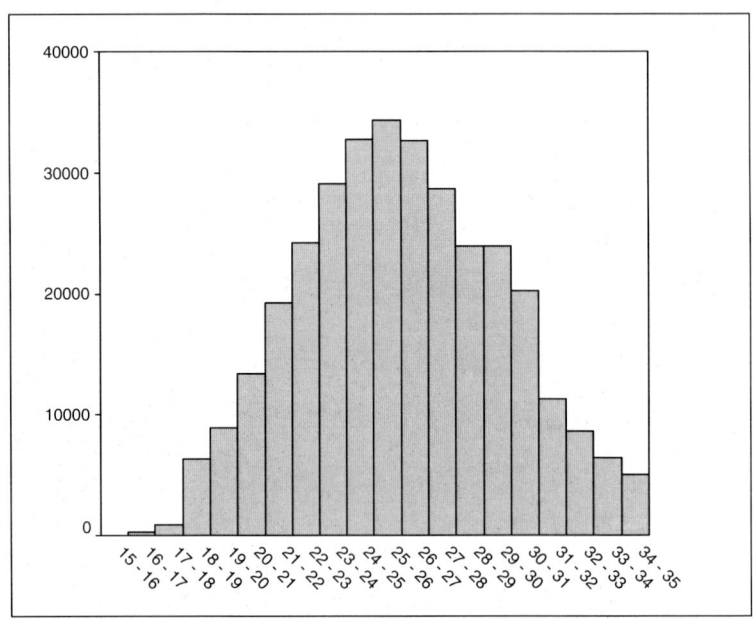

Abb. 3.3. Heiratsalter (Erstehe) für Frauen

Tabelle 3.1. Erstehen von Frauen im Alter bis 35 Jahre. Angaben gemäß Statistischem Jahrbuch für die Bundesrepublik 1995, Tabelle 3.27: Eheschließende nach dem bisherigen Familienstand sowie Heiratsziffern Lediger

Alter	Erstehen	Alter	Erstehen
unter 16	37	25–26	34 392
16–17	288	26–27	32 677
17–18	870	27–28	28 697
18–19	6 397	28–29	23 879
19–20	8 924	29–30	23 960
20–21	13 394	30–31	20 234
21–22	19 264	31–32	11 285
22–23	24 195	32–33	8 662
23–24	29 053	33–34	6 436
24–25	32 747	34–35	5 037

3.1.2 Median und Quantile

Können die Merkmalsausprägungen x_i der Größe nach angeordnet werden, so ist der Wert als Lageparameter von Interesse, der in der Mitte dieser geordneten Zahlenreihe liegt, da er das Zentrum beschreibt. Der **Median** oder **Zentralwert** wird aus der geordneten Beobachtungsreihe $x_{(1)} \leq \ldots \leq x_{(n)}$ gewonnen und ist damit nicht für nominale sondern nur für ordinal oder metrisch skalierte Merkmale definiert. Er wird durch die Forderung bestimmt, dass höchstens 50 % der beobachteten Werte kleiner oder gleich und höchstens

Tabelle 3.2. Häufigkeitstabelle für 'Note'

Note	Anzahl
1	27
2	33
3	66
4	140
5	68
	334

Tabelle 3.3. Alternative Häufigkeitsverteilung

Note	Anzahl
1	137
2	13
3	56
4	140
5	58
	404

50 % der beobachteten Werte größer oder gleich dem Median sein sollen. Er wird mit $\tilde{x}_{0.5}$ bezeichnet.

Eine alternative Formulierung für die Bestimmung des Medians ist durch die Forderung $F(\tilde{x}_{0.5}) = 0.5$ gegeben, wobei F die empirische Verteilungsfunktion ist. Diese Gleichung hat je nach Gestalt von F entweder keine oder genau eine oder sogar unendlich viele Lösungen.

Der Median $\tilde{x}_{0.5}$ ist definiert als

$$\tilde{x}_{0.5} = \begin{cases} x_{((n+1)/2)} & \text{falls } n \text{ ungerade} \\ \frac{1}{2}(x_{(n/2)} + x_{(n/2+1)}) & \text{falls } n \text{ gerade.} \end{cases} \tag{3.4}$$

Für ungerades n ist der Median der mittlere Wert der Beobachtungsreihe, also ein tatsächlich beobachteter Wert. Für gerades n ist der Median im Fall $x_{(n/2)} = x_{(n/2+1)}$ ein beobachteter Wert (vgl. Beispiel 3.1.1), ansonsten kein beobachteter Wert. Der Median ist translationsäquivariant und unempfindlich (robust) gegenüber Extremwerten.

Anmerkung. Falls das betrachtete Merkmal nur ordinal skaliert ist, so ist bei der Berechnung des Medians $\tilde{x}_{0.5}$ gemäß (3.4) zu beachten, dass die Mittelung von $x_{(n/2)}$ und $x_{(n/2+1)}$ für den Fall n gerade nicht sinnvoll ist, es sei denn $x_{(n/2)}$ und $x_{(n/2+1)}$ sind gleich. Im Falle verschiedener Werte erfüllt sowohl $x_{(n/2)}$ als auch $x_{(n/2+1)}$ die Forderung an den Median (höchstens 50 % der Werte kleiner oder gleich und höchstens 50 % der Werte größer oder gleich dem Median), so dass dieser nicht mehr eindeutig bestimmt werden kann.

Beispiel 3.1.1. Beim theoretischen Teil der Führerscheinprüfung wurden bei 6 Prüflingen folgende Beobachtungen $x_1, \ldots, x_6$ des Merkmals 'Fehlerpunkte' gemacht. Die geordnete Beobachtungsreihe $x_{(1)}, \ldots, x_{(6)}$ ist in der folgenden Arbeitstabelle ebenfalls angegeben.

i	x_i	$x_{(i)}$
1	3	0
2	6	1
3	1	3
4	7	3
5	0	6
6	3	7

$n = 6$ ist gerade, also gilt

$$\tilde{x}_{0.5} = \frac{1}{2}(x_{(3)} + x_{(4)}) = \frac{3+3}{2} = 3.$$

Für den Fall, dass metrische Daten in Klassen gruppiert vorliegen, kann die exakte Merkmalsausprägung des Medians nicht bestimmt werden. Unter der Annahme der Gleichverteilung der Beobachtungen innerhalb der Klassen lässt sich der Median durch lineare Interpolation wie folgt bestimmen.

Seien $K_1, \ldots, K_k$ die k Klassen mit den Besetzungen $n_1, \ldots, n_k$. Wir bestimmen zunächst die Klasse K_m, die den Median enthält. Für K_m gilt mit den relativen Häufigkeiten $f_j = \frac{n_j}{n}$

$$\sum_{j=1}^{m-1} f_j < 0.5 \quad \text{und} \quad \sum_{j=1}^{m} f_j \geq 0.5. \tag{3.5}$$

Der Median ist dann durch lineare Interpolation gemäß

$$\tilde{x}_{0.5} = e_{m-1} + \frac{0.5 - \sum_{j=1}^{m-1} f_j}{f_m} d_m \tag{3.6}$$

definiert, wobei e_{m-1} die untere Grenze und d_m die Breite der Klasse K_m sind.

Beispiel 3.1.2. Wir betrachten die Altersverteilung von zahnmedizinisch untersuchten Kindergartenkindern. Es wurden $n = 844$ Kinder untersucht.

j	Alter	Anzahl der Kinder	f_j	$\sum f_j$
1	$(2, 3]$	14	0.017	0.017
2	$(3, 4]$	174	0.206	0.223
3	$(4, 5]$	281	0.333	0.556
4	$(5, 6]$	317	0.375	0.931
5	$(6, 7]$	58	0.069	1.000

Die Intervalle (wie z. B. $(2, 3]$ = '2 bis 3 Jahre') ergeben Klassen gleicher Breite. Wir suchen zunächst die Klasse K_m, die den Median enthält. Dies ist die Klasse '4 bis 5 Jahre'. Der Median wird dann berechnet als

$$\tilde{x}_{0.5} = 4 + \frac{0.5 - 0.223}{0.333} = 4 + \frac{0.277}{0.333} = 4.831 \, .$$

Quantile. Eine Verallgemeinerung der Idee des Medians sind die Quantile. Sei α eine Zahl zwischen Null und Eins. Das α-Quantil $\tilde{x}_\alpha$ wird durch die Forderung $F(\tilde{x}_\alpha) = \alpha$ definiert. Bei diskreten Daten bedeutet dies, dass höchstens $n\alpha$ Werte kleiner oder gleich $\tilde{x}_\alpha$ sind und höchstens $n(1 - \alpha)$ Werte größer oder gleich $\tilde{x}_\alpha$ sind. Wie wir sehen, ist der Median gerade das 0.5-Quantil $\tilde{x}_{0.5}$. Für feste Werte von α werden die α-Quantile oft auch als $\alpha \cdot 100\,\%$-Quantile bezeichnet (z. B. $10\,\%$-Quantil für $\alpha = 0.1$).

Sei wieder $x_{(1)} \leq \ldots \leq x_{(n)}$ die geordnete Beobachtungsreihe, so bestimmt man als α-Quantil $\tilde{x}_\alpha$ dieser Daten den Wert

$$\tilde{x}_\alpha = \begin{cases} x_{(k)} & \text{falls } n\alpha \text{ keine ganze Zahl ist,} \\ & k \text{ ist dann die kleinste ganze Zahl } > n\alpha, \\ \frac{1}{2}(x_{(n\alpha)} + x_{(n\alpha+1)}) & \text{falls } n\alpha \text{ ganzzahlig ist.} \end{cases} \quad (3.7)$$

Ist $n\alpha$ ganzzahlig, so gilt die Forderung (3.7) für alle Zahlen im Intervall zwischen $x_{(n\alpha)}$ und $x_{(n\alpha+1)}$. Wir müssen uns für eine dieser Zahlen entscheiden und wählen deshalb den Mittelwert dieser beiden Intervallgrenzen. Hierbei ist zu beachten, dass dies wie bei der Bestimmung des Medians nur im Falle mindestens quantitativ skalierter Merkmale sinnvoll ist. Bei ordinalen Merkmalen ist in diesem Fall das α-Quantil nicht eindeutig bestimmt, falls $x_{(n\alpha)}$ und $x_{(n\alpha+1)}$ verschieden sind.

Liegen die Daten nur gruppiert vor, so erfolgt die Bestimmung des α-Quantils $\tilde{x}_\alpha$ analog zur Bestimmung des Medians in (3.6) gemäß

$$\tilde{x}_\alpha = e_{m-1} + \frac{\alpha - \sum_{j=1}^{m-1} f_j}{f_m} d_m, \quad (3.8)$$

wobei wir m so wählen, dass für die Klasse K_m gilt

$$\sum_{j=1}^{m-1} f_j < \alpha \quad \text{und} \quad \sum_{j=1}^{m} f_j \geq \alpha.$$

Beispiel. Wir demonstrieren die Bestimmung eines α-Quantils. Dazu verwenden wir die Daten aus Beispiel 3.1.2 und wählen z. B. $\alpha = 0.1$. Wir suchen zunächst die Klasse K_m, die das 0.1-Quantil $\tilde{x}_{0.1}$ enthält. Dies ist die Klasse '3 bis 4 Jahre'. Damit gilt

$$\tilde{x}_{0.1} = 3 + \frac{0.1 - 0.017}{0.206}$$
$$= 3 + \frac{0.083}{0.206}$$
$$= 3 + 0.403 = 3.403.$$

10 % der Kinder waren also höchstens 3.403 Jahre alt. Die Berechnungen mit SPSS ergeben die Werte in der folgenden Tabelle. Die Differenzen zu den oben berechneten Werten erklären sich durch Rundungsfehler in den obigen Berechnungen.

Statistics

Alter (gruppiert)

N	Valid	844
	Missing	0
Median		4,8127[a]
Percentiles 10		3,3234[b]

a. Calculated from grouped data.

b. Percentiles are calculated from grouped data.

Abb. 3.4. Berechnung des Medians und des 10 %-Quantils des gruppierten Alters mit SPSS (vgl. auch Beispiel 3.1.2)

Beispiel. Wir berechnen das 80%-Quantil der Fehlerpunkte aus Beispiel 3.1.1. Mit $\alpha = 0.8$ erhalten wir $n\alpha = 4.8$ und damit $k = 5$, also ist das 0.8-Quantil gleich

$$\tilde{x}_{0.8} = x_{(5)} = 6.$$

Quartile. Für die Charakterisierung von Verteilungen sind neben dem Median die 0.25- und 0.75-Quantile, d. h. $\tilde{x}_{0.25}$ und $\tilde{x}_{0.75}$, von besonderer Bedeutung. Sie werden auch als **unteres** bzw. **oberes Quartil** bezeichnet.

Beispiel 3.1.3. In einer ersten Schulklasse sind $n = 10$ Schüler. Das Merkmal X sei das 'Taschengeld (in EUR) pro Woche'. Wir betrachten folgende Situationen

a) Alle Kinder erhalten gleichviel Taschengeld: $x_{(1)} = x_{(2)} = \ldots = x_{(10)} = 5$ EUR. Wir bestimmen den Modus, den Median und die Quartile.

$$\bar{x}_M = 5$$
$$\tilde{x}_{0.5} = \frac{1}{2}\left(x_{(5)} + x_{(6)}\right) = \frac{5+5}{2} = 5 \qquad (n \text{ gerade})$$
$$\tilde{x}_{0.25} = x_{(3)} = 5 \qquad (n \cdot 0.25 = 2.5 \text{ nicht ganzzahlig})$$
$$\tilde{x}_{0.75} = x_{(8)} = 5 \qquad (n \cdot 0.75 = 7.5 \text{ nicht ganzzahlig})$$

b) Ein Schüler erhält extrem viel Taschengeld: $x_{(1)} = x_{(2)} = \ldots = x_{(9)} = 5\,\text{EUR}$, $x_{(10)} = 100\,\text{EUR}$.

$$\bar{x}_M = 5$$
$$\tilde{x}_{0.5} = 5, \quad \tilde{x}_{0.25} = 5, \quad \tilde{x}_{0.75} = 5$$

Falls wir den Wert $x_{(10)}$ weiter anwachsen ließen, würden sich obige Lagemaße nicht verändern. Sie sind robust gegenüber Extremwerten und Ausreißern.

c) Jedes Kind erhält einen anderen Betrag: $x_{(1)} = 1\,\text{EUR}$, $x_{(2)} = 2\,\text{EUR}$, $x_{(3)} = 3\,\text{EUR}$, ..., $x_{(10)} = 10\,\text{EUR}$.

$$\bar{x}_M \quad \text{ist nicht definiert.}$$
$$\tilde{x}_{0.5} = \frac{1}{2}\left(x_{(5)} + x_{(6)}\right) = \frac{5+6}{2} = 5.50$$
$$\tilde{x}_{0.25} = x_{(3)} = 3, \qquad \tilde{x}_{0.75} = x_{(8)} = 8$$

3.1.3 Quantil-Quantil-Diagramme (Q-Q-Plots)

Wir gehen jetzt davon aus, dass wir zwei Erhebungen desselben Merkmals (z. B. 'Punktwerte' x_i von BWL-Studenten, 'Punktwerte' y_i von VWL-Studenten bei der Statistikklausur) zur Verfügung haben und diese grafisch vergleichen wollen. Dazu ordnen wir beide Datensätze jeweils der Größe nach:

$$x_{(1)} \leq x_{(2)} \leq \ldots \leq x_{(n)} \quad \text{und}$$
$$y_{(1)} \leq y_{(2)} \leq \ldots \leq y_{(m)}\,.$$

Wir bestimmen für ausgewählte Anteile α_i die Quantile $\tilde{x}_{\alpha_i}$ und $\tilde{y}_{\alpha_i}$ und tragen sie in ein x-y-Koordinatensystem ein. Als α_i-Werte wählt man standardmäßig die Werte 0.1, 0.2, ..., 0.9 oder 0.25, 0.50, 0.75. Diese Darstellung heißt **Quantil-Quantil-Diagramm** oder kurz **Q-Q-Plot**. Sind beide Datensätze gleich groß ($n = m$), so hat sich folgende Festlegung bewährt: Man wählt $\alpha_i = \frac{i}{n}$, $i = 1, \ldots, n-1$. Die α-Quantile sind dann (wegen $n\alpha_i = i$ ganzzahlig, vgl. (3.7)) die Mittelwerte benachbarter Daten, d. h. $\tilde{x}_{\frac{i}{n}} = \frac{1}{2}(x_{(i)} + x_{(i+1)})$ und $\tilde{y}_{\frac{i}{n}} = \frac{1}{2}(y_{(i)} + y_{(i+1)})$. Als Näherungslösung für diesen Q-Q-Plot wählt man die Darstellung aller Originalwerte $(x_{(i)}, y_{(i)})$ und erspart sich die Berechnung der Quantile.

Q-Q-Plots können eine Vielzahl von Mustern aufweisen. Wir wählen folgende interessante Spezialfälle aus:

a) Alle Quantilpaare liegen auf der Winkelhalbierenden. Dies deutet auf Übereinstimmung hin.
b) Die y-Quantile sind kleiner als die x-Quantile.
c) Die x-Quantile sind kleiner als die y-Quantile.
d) Bis zu einem Breakpoint sind die y-Quantile kleiner als die x-Quantile, danach sind die y-Quantile größer als die x-Quantile.

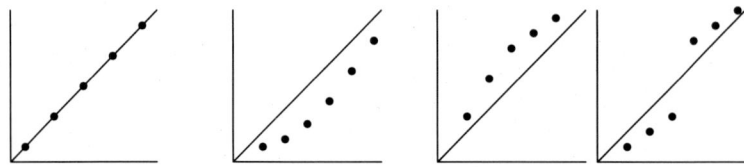

Abb. 3.5. Typische Quantil-Quantil-Diagramme. Vergleiche Beispiele 3.1.4 und 3.1.6.

Beispiel 3.1.4. An einer Statistik I Klausur haben $n = 10$ BWL-Studenten und $m = 10$ VWL-Studenten teilgenommen und folgende Punkte erzielt:

BWL	$x_{(i)}$	25	35	39	42	50	55	60	70	85	90
VWL	$y_{(i)}$	40	45	55	60	61	70	71	75	90	100

Da $n = m$ gilt, wählen wir statt der Quantile zu $\alpha_i = \frac{i}{10}, i = 1, \ldots, 9$, die Originalwerte $(x_{(i)}, y_{(i)})$ als Näherung für den Q-Q-Plot.

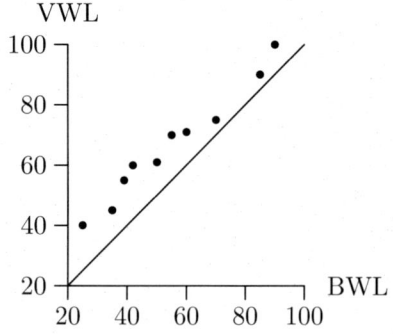

Abb. 3.6. Q-Q-Plot zu Beispiel 3.1.4

Der resultierende Q-Q-Plot in Abbildung 3.6 zeigt die Situation c) aus Abbildung 3.5. Der y-Datensatz ist gegenüber dem x-Datensatz nach rechts (in die besseren Punktwerte) verschoben, die VWL-Studenten schneiden durchgängig besser ab als die BWL-Studenten.

Beispiel 3.1.5. Die Studenten aus Beispiel 3.1.4 schreiben nach 6 Monaten die Statistik II Klausur mit folgendem Ergebnis:

BWL	$x_{(i)}$	40	45	47	50	60	62	65	70	85	90
VWL	$y_{(i)}$	30	35	37	48	60	68	71	75	90	95

Der Q-Q-Plot in Abbildung 3.7 zeigt Situation d) aus Abbildung 3.5. Die schwächeren BWL-Studenten haben die schwächeren VWL-Studenten leistungsmäßig überholt, die Gruppe der leistungsstarken VWL-Studenten (ab 50 Punkte) bleibt besser als die leistungsstarke Gruppe der BWL-Studenten.

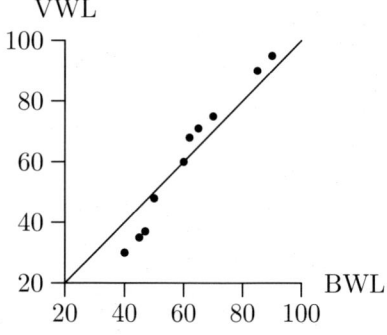

Abb. 3.7. Q-Q-Plot zu Beispiel 3.1.5

Beispiel 3.1.6. Eine Gruppe von $n = 5$ Kugelstoßern wechselt in ein Leistungszentrum mit Spezialtraining. Wir vergleichen die Leistungen vor und nach dem Wechsel.

vorher	$x_{(i)}$	15.10	15.50	16.00	16.40	17.00
nachher	$y_{(i)}$	15.70	16.10	16.30	16.70	17.50

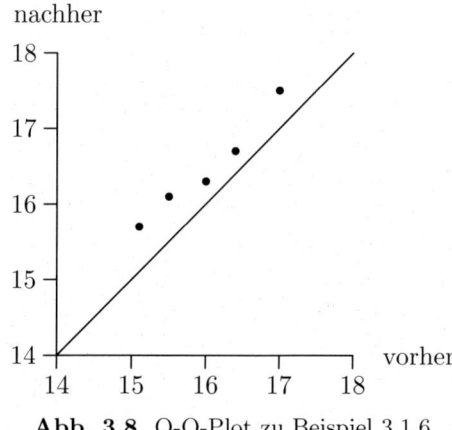

Abb. 3.8. Q-Q-Plot zu Beispiel 3.1.6

Das Spezialtraining hat die Leistung der Gruppe insgesamt verbessert (vgl. Abbildung 3.8), d. h. es liegt Situation c) aus Abbildung 3.5 vor.

3.1.4 Arithmetisches Mittel

Der am häufigsten benutzte Lageparameter der Verteilung eines quantitativen Merkmals ist das arithmetische Mittel, das umgangssprachlich auch oft einfach als Mittelwert oder Mittel bezeichnet wird. Eine sinnvolle Verwendung des arithmetischen Mittels erfordert metrisch skalierte Merkmale. Erinnern wir uns an die Beispiele im Abschnitt 1.2 über die Skalierungsarten, so sehen wir, dass z. B. für Schulnoten ein arithmetisches Mittel eigentlich unpassend ist.

Das arithmetische Mittel $\bar{x}$ errechnet sich als Durchschnittswert aller Beobachtungen

$$\bar{x} = \frac{1}{n} \sum_{i=1}^{n} x_i \,. \tag{3.9}$$

Jeder Wert x_i geht also mit dem gleichen Gewicht $1/n$ in die Berechnung ein. Diese Gleichbehandlung aller Daten setzt voraus, dass sie in Wirklichkeit auch gleichberechtigt sind. Dies ist bei extrem schiefen Verteilungen oder bei Ausreißern (vgl. dazu Box-Plots, Abschnitt 3.4) nicht gegeben. Das arithmetische Mittel ist – anders als der Median – empfindlich gegenüber Ausreißern und Extremwerten.

Beispiel. Für die Werte 1, 3, 5, 7, 9 erhalten wir $\bar{x} = \tilde{x}_{0.5} = 5$. Für die Werte 1, 3, 5, 7, 90 erhalten wir ebenfalls $\tilde{x}_{0.5} = 5$, aber $\bar{x} = \frac{106}{5} = 21.2$. Hieran wird deutlich, dass eine einzige Beobachtung den Wert des arithmetischen Mittels deutlich verändern kann, während der Wert des Medians hiervon unberührt bleibt. Diese Tatsache ist bei der Beurteilung der Lage einer Verteilung anhand des arithmetischen Mittels zu berücksichtigen.

Falls die Daten bereits in der komprimierten Form einer Häufigkeitstabelle vorliegen:

$$\text{Merkmalsausprägung}: a_1, a_2, \ldots a_k$$
$$\text{Häufigkeit}: n_1, n_2, \ldots n_k \,,$$

wobei

$$n = \sum_{j=1}^{k} n_j$$

der Gesamtumfang der Erhebung ist, vereinfacht sich die Berechnung von $\bar{x}$ zu

$$\bar{x} = \frac{1}{n} \sum_{j=1}^{k} n_j a_j = \sum_{j=1}^{k} f_j a_j \tag{3.10}$$

mit $f_j = \frac{n_j}{n}$ (relative Häufigkeit von a_j). Diese Form bezeichnet man als **gewogenes** oder **gewichtetes arithmetisches Mittel**.

Beispiel 3.1.7. Bei Einkommensverteilungen tritt häufig das Problem von Extremwerten auf. Nehmen wir den stark überzogenen Fall eines Ölscheichtums mit folgender Einkommensverteilung pro Monat:

$$x_{(1)} = \ldots = x_{(1\,000)} = a_1 = 1\,000\,\$, \quad n_1 = 1\,000 \text{ Erdölarbeiter}$$

$$x_{(1001)} = a_2 = 1\,000\,000\,\$, \quad n_2 = 1 \text{ Scheich}$$

Formale Anwendung des arithmetischen Mittels nach (3.10) ergibt

$$\bar{x} = f_1 a_1 + f_2 a_2 = \frac{1\,000}{1\,001} \cdot 1\,000 + \frac{1}{1\,001} \cdot 1\,000\,000 = \frac{2\,000\,000}{1\,001} = 1\,998,$$

also rund den doppelten Monatslohn der Erdölarbeiter. Wir sehen, dass dies kein sinnvoller Repräsentant für ein Durchschnittseinkommen in diesem Staat ist. Hier wäre der Median $\tilde{x}_{0.5} = 1\,000$ angebracht. Die Berechnungen mit SPSS ergeben die folgende Tabelle.

Statistics

	N			
	Valid	Missing	Mean	Median
Einkommen	1001	0	1998.0020	1000.0000

Abb. 3.9. Berechnung des arithmetischen Mittels und des Medians des Merkmals 'Einkommen'

Liegen gruppierte Daten vor, so wird $\bar{x}$ berechnet als

$$\bar{x} = \frac{1}{n} \sum_{j=1}^{k} n_j a_j = \sum_{j=1}^{k} f_j a_j . \tag{3.11}$$

Bei gruppierten Daten wird für a_j (falls bekannt) das arithmetische Mittel der j-ten Gruppe, also $\bar{x}_j$ verwendet, sonst verwendet man die Klassenmitte $(e_{j-1} + e_j)/2$. Hierbei sind e_{j-1} und e_j die untere bzw. obere Grenze der Klasse K_j.

Anmerkung. Sind Daten gruppiert und sind die Originaldaten nicht bekannt, so wird $\bar{x}$ nach Formel (3.11) im allgemeinen vom wahren Wert abweichen. Diese Abweichung wird um so größer, je schlechter die Klassenmitten die Verteilung ihrer Klasse repräsentieren.

Eigenschaften des arithmetischen Mittels. Die Summe der Abweichungen der Beobachtungen von ihrem arithmetischen Mittel ist Null:

$$\sum_{i=1}^{n}(x_i - \bar{x}) = \sum_{i=1}^{n} x_i - n\bar{x} = n\bar{x} - n\bar{x} = 0 . \tag{3.12}$$

Sei a eine beliebige Konstante. Dann gilt folgender Verschiebungssatz

$$\sum_{i=1}^{n}(x_i - a)^2 = \sum_{i=1}^{n}(x_i - \bar{x})^2 + n(\bar{x} - a)^2 \,. \qquad (3.13)$$

Der Beweis ist leicht zu führen. Wir schreiben

$$x_i - a = x_i - \bar{x} + \bar{x} - a$$

und quadrieren beide Seiten und bilden die Summe

$$\sum_{i=1}^{n}(x_i - a)^2 = \sum_{i=1}^{n}(x_i - \bar{x})^2 + \sum_{i=1}^{n}(\bar{x} - a)^2 + 2\sum_{i=1}^{n}(x_i - \bar{x})(\bar{x} - a)$$

$$= \sum_{i=1}^{n}(x_i - \bar{x})^2 + n(\bar{x} - a)^2 \,.$$

Wegen (3.12) gilt, dass $2(\bar{x} - a)\sum_{i=1}^{n}(x_i - \bar{x}) = 0$. Da $n(\bar{x} - a)^2 \geq 0$ ist, folgt schließlich $\sum_{i=1}^{n}(x_i - a)^2 \geq \sum_{i=1}^{n}(x_i - \bar{x})^2$.

Das arithmetische Mittel ist translationsäquivariant. Für eine lineare Transformation der Daten gemäß $y_i = a + bx_i$ gilt $\bar{y} = a + b\bar{x}$.

Beispiel 3.1.8. Wir betrachten als Merkmal X das 'monatliche Gehalt (in EUR)' und erheben Daten in einem Unternehmen an 6 Führungskräften. Die beobachteten Merkmalsausprägungen x_i sind im folgenden angegeben.

$$\begin{matrix} i & x_i \\ \begin{pmatrix} 1 & 3\,442 \\ 2 & 2\,195 \\ 3 & 4\,500 \\ 4 & 3\,871 \\ 5 & 2\,810 \\ 6 & 4\,150 \end{pmatrix} \end{matrix}$$

Damit haben wir als durchschnittliches Gehalt je Mitarbeiter

$$\bar{x} = \frac{1}{6}(3\,442\,\text{EUR} + \ldots + 4\,150\,\text{EUR}) = \frac{20\,968}{6}\,\text{EUR} = 3\,494.67\,\text{EUR}\,.$$

Nach einer Gehaltserhöhung für alle Mitarbeiter von 5 % und der Einführung einer zusätzlich zum Gehalt gezahlten monatlichen Fahrkostenpauschale von 50 EUR berechnen wir die neue gesamte Gehaltssumme

$$y = (3\,442\,\text{EUR} \cdot 1.05 + \ldots + 4\,150\,\text{EUR} \cdot 1.05 + 6 \cdot 50\,\text{EUR})$$

$$= 22\,316.40\,\text{EUR}$$

und damit das neue durchschnittliche Gehalt $\bar{y}$ als

$$\bar{y} = \frac{y}{6} = 3\,719.40\,\text{EUR}\,.$$

Da das arithmetische Mittel translationsäquivariant ist, hätten wir dies auch mit der linearen Transformation $\bar{y} = a + b\bar{x}$, d. h.

$$\bar{y} = 50\,\text{EUR} + 1.05 \cdot \bar{x}\,\text{EUR}$$
$$= 50\,\text{EUR} + 1.05 \cdot 3\,494.67\,\text{EUR}$$
$$= 3\,719.40\,\text{EUR}$$

berechnen können.

Wir wollen nun den Effekt des Übergangs von Originaldaten zu klassierten Daten auf die Berechnung des arithmetischen Mittels demonstrieren. Wir gruppieren die ursprünglichen Gehaltsdaten x_i (vor der Gehaltserhöhung):

j	$[e_{j-1}, e_j)$	n_j	f_j	$\bar{x}_j$
1	$[2\,000, 3\,000)$	2	$1/3$	$2\,502.50$
2	$[3\,000, 4\,000)$	2	$1/3$	$3\,656.50$
3	$[4\,000, 5\,000)$	2	$1/3$	$4\,325.00$

Für die Klassenrepräsentanten a_j werden wir, da die Originaldaten bekannt sind, die Klassenmittelwerte $a_j = \bar{x}_j$ nehmen. Wir berechnen (in EUR)

$$\bar{x}_1 = \frac{2\,195 + 2\,810}{2} = 2\,502.50\,,$$

$$\bar{x}_2 = \frac{3\,442 + 3\,871}{2} = 3\,656.50\,,$$

$$\bar{x}_3 = \frac{4\,500 + 4\,150}{2} = 4\,325.00\,.$$

Damit erhalten wir den gleichen Wert wie mit der Formel $\bar{x} = \frac{1}{n}\sum_{i=1}^{n} x_i$:

$$\bar{x} = \sum_{j=1}^{k} f_j a_j = \frac{1}{3}(2\,502.50\,\text{EUR} + 3\,656.50\,\text{EUR} + 4\,325.00\,\text{EUR})$$

$$= \frac{10\,484}{3}\,\text{EUR} = 3\,494.67\,\text{EUR}\,.$$

Angenommen, wir hätten nicht die tatsächlichen Gehälter erfragt sondern nur die Gehaltsgruppen, so wird als Repräsentant für die j-te Klasse der Wert $a_j = (e_{j-1} + e_j)/2$ gewählt.

j	$[e_{j-1}, e_j)$	a_j	n_j	f_j
1	$[2\,000, 3\,000)$	$2\,500$	2	$1/3$
2	$[3\,000, 4\,000)$	$3\,500$	2	$1/3$
3	$[4\,000, 5\,000)$	$4\,500$	2	$1/3$

Damit erhalten wir

$$\bar{x} = \sum_{j=1}^{k} f_j a_j = \frac{1}{3}(2\,500\,\text{EUR} + 3\,500\,\text{EUR} + 4\,500\,\text{EUR}) = \frac{10\,500}{3}\,\text{EUR} =$$
$$= 3\,500\,\text{EUR}\,.$$

Das so berechnete arithmetische Mittel weicht in diesem Beispiel nur geringfügig vom arithmetischen Mittel aus den Originaldaten ab. Das folgende Beispiel soll demonstrieren, dass derartige Abweichungen weitaus gravierender ausfallen können, wenn die Annahme einer Gleichverteilung der Originalwerte innerhalb der Klassen enorm verletzt ist.

Beispiel 3.1.9. Im Immobilienteil einer Münchner Tageszeitung finden wir die Monatsmieten für fünf Appartements.

i	Original- daten	gruppiert	a_j	f_j
1	500	[500,700)	600	2/5
2	600			
3	700			
4	800	[700,1 000)	850	3/5
5	900			

Wir erhalten aus den Originaldaten $\bar{x} = 700$. Mit den Klassenmitten $a_j = \frac{e_{j-1}+e_j}{2}$ erhalten wir

$$\bar{x} = \frac{2}{5}600 + \frac{3}{5}850 = \frac{1\,200 + 2\,550}{5} = 750$$

Mit den arithmetischen Mitteln $\bar{x}_j$ der Originaldaten je Klasse für a_j erhalten wir schließlich

$$\bar{x} = \frac{2}{5}550 + \frac{3}{5}800 = \frac{1\,100 + 2\,400}{5} = 700.$$

Am nächsten Tag werden folgende fünf Appartements angeboten:

i	Original- daten	gruppiert	a_j	f_j
1	500	[500,700)	600	2/5
2	510			
3	700			
4	710	[700,1 000)	850	3/5
5	720			

Jetzt erhalten wir aus den Originaldaten

$$\bar{x} = \frac{3\,140}{5} = 628,$$

mit den Klassenmitten a_j (wie vorher, die Klassengrenzen haben sich nicht geändert)

$$\bar{x} = 750$$

und mit den arithmetischen Mitteln $\bar{x}_j$ der Originaldaten je Klasse für a_j

$$\bar{x} = \frac{2}{5}505 + \frac{3}{5}710 = \frac{1\,010 + 2\,130}{5} = 628.$$

Da jetzt die Klassenmitten $a_1 = 600$, $a_2 = 850$ wesentlich stärker von den neuen Mittelwerten $\bar{x}_1 = 505$, $\bar{x}_2 = 710$ abweichen, ist auch die Abweichung zwischen $\bar{x} = 628$ (Originaldaten) und $\bar{x} = 750$ (Klassenmitten $a_j = \frac{e_{j-1}+e_j}{2}$) wesentlich größer als vorher.

3.1.5 Geometrisches Mittel

Falls die Merkmalsausprägungen sich auf einen Ausgangswert beziehen und relative Änderungen bezogen auf diesen Ausgangswert repräsentieren, d. h., falls bei den Merkmalen eine multiplikative statt einer additiven Verknüpfung (wie z. B. der Gesamtumsatz als Summe der Einzelumsätze) vorliegt, so ist das arithmetische Mittel als Lageparameter ungeeignet. Hier wird das **geometrische Mittel** berechnet. Beispiele sind 'jährliche Lohnerhöhungen bezogen auf das Vorjahr', 'Änderungen des Aktienpreises bezogen auf den Ausgabewert', 'Leistungssteigerung eines Zehnkämpfers bezogen auf den Vorjahreswert' usw., also allgemein Wachstumsprozesse.

Das geometrische Mittel setzt wie das arithmetische Mittel metrisch skalierte Merkmale voraus. Zusätzlich sind für die Berechnung des geometrischen Mittels Merkmale erforderlich, deren Ausprägungen nur positive Werte annehmen.

Liegen die Beobachtungen $x_1, \ldots, x_n$ mit $x_i > 0$ für alle i vor, so ist das geometrische Mittel definiert als

$$\bar{x}_G = \sqrt[n]{\prod_{i=1}^{n} x_i} = \left(\prod_{i=1}^{n} x_i\right)^{\frac{1}{n}}, \tag{3.14}$$

bzw. als

$$\bar{x}_G = \sqrt[n]{\prod_{j=1}^{k} a_j^{n_j}} = \left(\prod_{j=1}^{k} a_j^{n_j}\right)^{\frac{1}{n}} \tag{3.15}$$

bei gruppierten Daten. Hier sind die a_j die Klassenmitten oder ebenfalls geometrische Mittel innerhalb der k Klassen.

Anmerkung. Der Zusammenhang zwischen arithmetischem und geometrischem Mittel lässt sich ausdrücken als

$$\ln \bar{x}_G = \frac{1}{n}\sum_{i=1}^{n} \ln x_i, \tag{3.16}$$

bzw.

$$\ln \bar{x}_G = \frac{1}{n}\sum_{j=1}^{k} n_j \ln a_j \tag{3.17}$$

bei gruppierten Daten. Der Logarithmus des geometrischen Mittels ist das arithmetische Mittel der logarithmierten Daten. Für die Berechnung des geometrischen Mittels mit Statistik-Software kann dieser Zusammenhang ausgenutzt werden, wenn keine direkte Prozedur zur Berechnung des geometrischen Mittels verfügbar ist.

Wir behandeln nun den in den obigen Ausführungen beschriebenen Fall von Wachstumsprozessen und bestimmen eine durchschnittliche Wachstumsrate durch Berechnung des geometrischen Mittels.

Wir definieren dazu einen Anfangsbestand B_0 zu einem Zeitpunkt 0. In den folgenden Zeitpunkten $t = 1, \ldots, n$ liege jeweils der Bestand B_t vor. Bei Wachstumsprozessen ist man weniger an absoluten Veränderungen, d. h. den Differenzen $\Delta_t = B_t - B_{t-1}$, als vielmehr an den relativen Veränderungen interessiert. Wir können die Veränderung der Bestände zwischen zwei Zeitpunkten durch die absolute Differenz $\Delta_t = B_t - B_{t-1}$ oder durch die relative Differenz

$$\delta_t = \frac{B_t - B_{t-1}}{B_{t-1}} = \frac{B_t}{B_{t-1}} - \frac{B_{t-1}}{B_{t-1}} = x_t - 1$$

ausdrücken, wobei

$$x_t = \frac{B_t}{B_{t-1}}$$

der sogenannte t-te Wachstumsfaktor ist. Als Wachstumsrate r_t bezeichnet man die prozentuale Abweichung des Wachstumsfaktors x_t von Eins

$$r_t = (x_t - 1) \cdot 100\% = \delta_t \cdot 100\%.$$

Wir fassen einen Wachstumsprozess in der folgenden Tabelle zusammen:

Zeit t	Bestand B_t	absolute Differenz Δ_t	relative Differenz δ_t	Wachstums- faktor x_t
0	B_0	—	—	—
1	B_1	$\Delta_1 = B_1 - B_0$	$\delta_1 = \frac{\Delta_1}{B_0}$	$x_1 = B_1/B_0$
2	B_2	$\Delta_2 = B_2 - B_1$	$\delta_2 = \frac{\Delta_2}{B_1}$	$x_2 = B_2/B_1$
$\vdots$	$\vdots$	$\vdots$	$\vdots$	$\vdots$
T	B_T	$\Delta_T = B_T - B_{T-1}$	$\delta_T = \frac{\Delta_T}{B_{T-1}}$	$x_T = B_T/B_{T-1}$

Ein Bestand B_t $(t = 1, \ldots, T)$ lässt sich direkt mit Hilfe der tatsächlichen Wachstumsfaktoren bestimmen

$$B_t = B_0 \cdot x_1 \cdot \ldots \cdot x_t.$$

Der durchschnittliche Wachstumsfaktor von B_0 bis B_T wird mit dem geometrischen Mittel der Wachstumsfaktoren berechnet:

$$\bar{x}_G = \sqrt[T]{x_1 \cdot \ldots \cdot x_T}$$

$$= \sqrt[T]{\frac{B_0 \cdot x_1 \cdot \ldots \cdot x_T}{B_0}}$$

$$= \sqrt[T]{\frac{B_T}{B_0}}. \qquad (3.18)$$

Damit können wir den Bestand B_t zum Zeitpunkt t berechnen als $B_t = B_0 \cdot \bar{x}_G^t$.

Beispiel. Wir betrachten zwei Unternehmen A (Großunternehmen) und B (Kleinbetrieb). Unternehmen A habe 1990 einen Umsatz von 1 000 Tsd.€, Unternehmen B von 100 Tsd.€ erzielt. In den folgenden Jahren können beide Unternehmen ihre Umsätze jeweils um 100 Tsd.€ jährlich steigern.

Unternehmen A			
t	B_t	Δ_t	δ_t	x_t
1990	1 000	–	–	–
1991	1 100	100	0.100	1.100
1992	1 200	100	0.091	1.091
1993	1 300	100	0.083	1.083
1994	1 400	100	0.077	1.077
1995	1 500	100	0.071	1.071

Unternehmen B			
t	B_t	Δ_t	δ_t	x_t
1990	100	–	–	–
1991	200	100	1.000	2.000
1992	300	100	0.500	1.500
1993	400	100	0.333	1.333
1994	500	100	0.250	1.250
1995	600	100	0.200	1.200

Der durchschnittliche Wachstumsfaktor bei den Umsätzen beträgt damit für Unternehmen A:

$$\bar{x}_G = \sqrt[5]{1.1 \cdot 1.091 \cdot 1.083 \cdot 1.077 \cdot 1.071}$$

$$= \sqrt[5]{\frac{1\,500}{1\,000}} = 1.084$$

und für Unternehmen B:

$$\bar{x}_G = \sqrt[5]{2.000 \cdot 1.500 \cdot 1.333 \cdot 1.250 \cdot 1.200}$$

$$= \sqrt[5]{\frac{600}{100}} = 1.431.$$

Das Großunternehmen A hat also ein durchschnittliches jährliches Umsatzwachstum von 8.4 %, der Kleinbetrieb B ein durchschnittliches jährliches Umsatzwachstum von 43.1 %.

Beispiel 3.1.10. Eine Zulieferfirma eines Autokonzerns produziert Tanks, die sie bis zum Abruf lagert. In der folgenden Tabelle sind die Bestände im Lager sowie die zugehörigen Wachstumsfaktoren angegeben.

Zeitpunkt	Bestand	Wachstumsfaktor	Wachstumsrate
0	3 442	—	—
1	2 195	0.6377	−36.23 %
2	4 500	2.0501	105.01 %
3	3 871	0.8602	−13.98 %
4	2 810	0.7259	−27.41 %
5	4 150	1.4769	47.69 %

Gemäß (3.14) erhalten wir als mittleren Wachstumsfaktor

$$\bar{x}_G = (0.6377 \cdot 2.0501 \cdot 0.8602 \cdot 0.7259 \cdot 1.4769)^{\frac{1}{5}} = 1.0381\,.$$

Alternativ hätten wir (3.18) verwenden können:

$$\bar{x}_G = \sqrt[5]{\frac{4\,150}{3\,442}} = 1.0381\,.$$

Beispiel 3.1.11. Ein junger Zehnkämpfer erreicht 2000 im Wettkampf 7 000 Punkte. 2001 wechselt er in ein Leistungszentrum und steigert jährlich seine Leistungen gemäß folgender Tabelle

Jahr	Punktzahl
2000	7 000
2001	7 350
2002	7 497
2003	8 022
2004	8 262
2005	8 891

Daraus berechnen wir die Leistungssteigerungen (Wachstumsraten) und die Wachstumsfaktoren für die einzelnen Jahre. Für das Jahr 2001 erhalten wir z. B. den Wachstumsfaktor

$$x_{2001\,1} = \frac{7\,350}{7\,000} = 1.05$$

und die Wachstumsrate (Leistungssteigerung)

$$r_{2001} = (1.05 - 1) \cdot 100\,\% = 5\,\%\,.$$

Jahr	Wachstums-rate	Wachstums-faktor
2000	—	—
2001	5 %	1.05
2002	2 %	1.02
2003	7 %	1.07
2004	3 %	1.03
2005	8 %	1.08

Gemäß (3.14) erhalten wir als mittleren Wachstumsfaktor

$$\bar{x}_G = (1.05 \cdot 1.02 \cdot 1.07 \cdot 1.03 \cdot 1.08)^{\frac{1}{5}} = 1.049 \,.$$

Die alternative Berechnung über das arithmetische Mittel der logarithmierten Werte ergibt

$$\ln \bar{x}_G = \frac{1}{5}(\ln 1.05 + \ln 1.02 + \ln 1.07 + \ln 1.03 + \ln 1.08) = 0.048 \,,$$

$$\bar{x}_G = \exp(0.048) = 1.049 \,.$$

Wie wir sehen, hat das geometrische Mittel die Eigenschaft, das durchschnittliche Wachstum in folgendem Sinne zu beschreiben: Berechnung des Bestandes B_T mit

den tatsächlichen Wachstumsfaktoren als $B_T = B_0 \cdot x_1 \cdot \ldots \cdot x_T$,

dem durchschnittlichen Wachstum als $B_T = B_0 \cdot \bar{x}_G \cdot \ldots \cdot \bar{x}_G = B_0 \cdot \bar{x}_G^T$.

Anmerkung. Bei Merkmalen wie Gehaltssteigerung, Leistungsveränderung usw., die einem Wachstumsprozeß unterliegen, sind Mittelwerte wie mittleres Gehalt der letzten 10 Jahre, mittlerer Punktwert eines Zehnkämpfers der letzten 5 Jahre usw. eigentlich ohne Interesse. Bei Beständen wie im Beispiel 3.1.10 kann man dagegen durchaus an einem mittleren Bestand interessiert sein, den man dann als arithmetisches Mittel der Bestände B_t berechnet: $\bar{B} = \frac{1}{1+T} \sum_{t=0}^{T} B_t$ (in Beispiel 3.1.10 ergibt dies $\bar{B} = \frac{1}{6} 20\,968 = 3\,494.67$).

3.1.6 Harmonisches Mittel

Liegen Daten vor, die mit unterschiedlichen Gewichten in einen Mittelwert eingehen sollen, so muss statt des arithmetischen Mittels das harmonische Mittel gebildet werden. Beispiele hierfür sind die Berechnung einer Durchschnittsgeschwindigkeit für eine Fahrt mit verschiedenen Verkehrsmitteln (mit verschiedenen Geschwindigkeiten und Wegstrecken) oder die Bildung eines Durchschnittspreises in einem Warenkorb, der aus Waren verschiedener Mengen und Preise besteht.

Den Werten x_i müssen Gewichte w_i zugeordnet werden, damit sie proportional in den Gesamtdurchschnitt eingehen. Das Merkmal X habe die Ausprägungen $x_1, \ldots, x_k$. Das harmonische Mittel wird berechnet als

$$\bar{x}_H = \frac{w_1 + w_2 + \ldots + w_k}{\frac{w_1}{x_1} + \frac{w_2}{x_2} + \ldots + \frac{w_k}{x_k}} = \frac{\sum\limits_{i=1}^{k} w_i}{\sum\limits_{i=1}^{k} \frac{w_i}{x_i}} \, . \tag{3.19}$$

Daraus ergibt sich, dass die Forderung $x_i \neq 0$ für alle i erfüllt sein muss, um $\bar{x}_H$ berechnen zu können. Die Gewichte w_i erhalten wir aus den Anteilen n_i an einem Gesamtwert n, die den Merkmalsausprägungen x_i zugeordnet sind: $w_i = \frac{n_i}{n}$.

- Es werden n Kilometer zurückgelegt mit Teilstrecken von $n_1, \ldots, n_k$ Kilometern, bei denen die konstanten Geschwindigkeiten jeweils x_i km/h $(i = 1, \ldots, k)$ betragen.
- Es werden n Waren an einem Tag verkauft, die sich auf k verschiedene Produkte mit Mengen $n_1, \ldots, n_k$ und Preisen $x_1, \ldots, x_k$ verteilen.

Durch die Wahl der Gewichte als $w_i = \frac{n_i}{n}$ ergibt sich $\sum_{i=1}^{k} w_i = \sum_{i=1}^{k} \frac{n_i}{n} = 1$. Damit vereinfacht sich (3.19) zu

$$\bar{x}_H = \frac{1}{\sum\limits_{i=1}^{k} \frac{w_i}{x_i}} = \frac{n}{\sum\limits_{i=1}^{k} \frac{n_i}{x_i}} \, . \tag{3.20}$$

Werden Originaldaten in Gruppen (Klassen) $K_1, \ldots, K_k$ eingeteilt, so berechnet man das harmonische Mittel gemäß der Formel

$$\bar{x}_H = \frac{1}{\sum\limits_{j=1}^{k} \frac{f_j}{a_j}} = \frac{n}{\sum\limits_{j=1}^{k} \frac{n_j}{a_j}} \tag{3.21}$$

für gruppierte Daten. Die a_j bezeichnen wieder die Klassenmitten oder falls bekannt, ebenfalls harmonische Mittel innerhalb der Klassen. Die Gewichte w_j entsprechen den jeweiligen relativen Häufigkeiten f_j der Klassen.

Berechnung von Durchschnittspreisen. Betrachten wir die Beziehung zwischen Preisen P_j und Mengen M_j für k verschiedene Waren und daraus resultierenden Umsätzen $U_j = P_j M_j$. Der Gesamtumsatz U ergibt sich als

$$U = \sum_{j=1}^{k} U_j = \sum_{j=1}^{k} P_j M_j$$

bzw. mit dem Durchschnittspreis P und der Gesamtmenge $M = \sum_{j=1}^{k} M_j$ als

$$U = P \cdot M \, .$$

Der Durchschnittspreis berechnet sich damit als

$$P = \frac{U}{M} = \frac{U}{\sum\limits_{j=1}^{k} M_j}$$

$$= \frac{U}{\sum\limits_{j=1}^{k} \frac{U_j}{P_j}} \qquad (U_j = M_j P_j, \text{ also } M_j = \frac{U_j}{P_j})$$

$$= \frac{1}{\sum\limits_{j=1}^{k} \frac{w_j}{P_j}}$$

mit den Gewichten $w_j = \frac{U_j}{U}$. Der Durchschnittspreis ist also das harmonische Mittel $\bar{x}_H$ der Einzelpreise, wobei als Gewichte w_j die Umsatzanteile der Waren verwendet werden (vgl. (3.21)).

Beispiel 3.1.12. Ein Händler verkauft in einer Woche folgende Waren (k=4)

j	Ware	Preis P_j	Menge M_j	Umsatz U_j
1	Kühlschrank	500	10	5 000
2	Waschmaschine	700	20	14 000
3	Elektroherd	1 200	5	6 000
4	Boiler	900	15	13 500
			$n = 50$	$U = 38\,500$

Wir berechnen den Durchschnittspreis P je Ware „Elektrogerät" gemäß

$$P = \frac{1}{\sum_{j=1}^{4} \frac{w_j}{P_j}}$$

$$= \frac{1}{\frac{5\,000/38\,500}{500} + \frac{14\,000/38\,500}{700} + \frac{6\,000/38\,500}{1\,200} + \frac{13\,500/38\,500}{900}} = \frac{38\,500}{50} = 770.$$

In analoger Weise werden Durchschnittsgeschwindigkeiten berechnet. Hier ermittelt man das harmonische Mittel als gewogenes Mittel der Geschwindigkeiten der einzelnen Teilstrecken, wobei als Gewichte die Anteile der Teilstrecken an der Gesamtstrecke verwendet werden.

Beispiel 3.1.13. Ein Auto fährt zwischen zwei Orten A und B einmal hin und einmal zurück. Die Entfernung von A nach B betrage 50 km. Auf der Hinfahrt fährt das Auto mit einer Geschwindigkeit von 40 km/h, auf der Rückfahrt mit 100 km/h. Da sich die Geschwindigkeiten auf dieselbe Strecke von A nach B beziehen, ergeben sich als Gewichte w_i jeweils $w_i = \frac{50}{100} = 0.5$. Es ist $x_1 = 40$ km/h, $x_2 = 100$ km/h und damit

$$\bar{x}_H = \frac{1}{\frac{0.5}{40\,\text{km/h}} + \frac{0.5}{100\,\text{km/h}}} = 57.14\,\text{km/h}.$$

Wir machen dieses Ergebnis durch folgende Überlegung plausibel: Die zurückgelegte Gesamtstrecke beträgt $2 \cdot 50$ km $= 100$ km. Für die Hinfahrt benötigt das Auto $\frac{50\,\text{km}}{40\,\text{km/h}} = 1.25$ h, für die Rückfahrt $\frac{50\,\text{km}}{100\,\text{km/h}} = 0.5$ h, also insgesamt 1.75 h. Damit erhalten wir

$$\text{Durchschnittsgeschwindigkeit} = \frac{\text{Gesamtstrecke}}{\text{Gesamtzeit}} = \frac{100\,\text{km}}{1.75\,\text{h}} = 57.14\,\text{km/h}\,.$$

Eine fälschliche Anwendung des arithmetischen Mittels $\bar{x}$ hätte den Wert $\bar{x} = 70$ km/h ergeben, was eine Gesamtstrecke von 70 km/h$\cdot 1.75$ h $= 122.5$ km ergibt, die nicht der tatsächlichen Gesamtstrecke von 100 km entspricht.

Beispiel 3.1.14. Ein Autofahrer fährt 100 km und zwar

- 10 km in der Stadt mit einer Geschwindigkeit von 50 km/h
- 30 km auf der Landstraße mit einer Geschwindigkeit von 80 km/h
- 60 km auf der Autobahn mit einer Geschwindigkeit von 120 km/h

Die unterschiedlichen Teilstrecken müssen berücksichtigt werden, die einzelnen Geschwindigkeiten sind also zu gewichten. Die Durchschnittsgeschwindigkeit beträgt nach (3.20)

$$\bar{x}_H = \frac{100\,\text{km}}{\frac{10\,\text{km}}{50\,\text{km/h}} + \frac{30\,\text{km}}{80\,\text{km/h}} + \frac{60\,\text{km}}{120\,\text{km/h}}} = 93.02\,\text{km/h}\,.$$

Beispiel 3.1.15. In einem Betrieb fertigen $n = 3$ Maschinen verschiedener Baujahre Schokoladenosterhasen. Das Merkmal X ist die 'Fertigungszeit (in Minuten je Hase)'. Die Maschinen produzieren unterschiedliche Stückzahlen pro Stunde und sind am Arbeitstag mit unterschiedlichen Einsatzzeiten in Betrieb.

Maschine i	Einsatzzeit (in Minuten)	Fertigungszeit (in Minuten/Hase)
1	480	2
2	220	5
3	300	3

Die durchschnittliche Fertigungszeit je Hase ist dann nach (3.20) mit den Gewichten $w_i =$ Einsatzzeit der Maschine i/Gesamteinsatzzeit aller Maschinen

$$\bar{x}_H = \frac{1}{\sum_{i=1}^{3} \frac{w_i}{x_i}} = \frac{1}{\frac{480/1\,000}{2} + \frac{220/1\,000}{5} + \frac{300/1\,000}{3}} = 2.6 \text{ Minuten/Hase}.$$

3.2 Streuungsmaße

Lagemaße allein charakterisieren die Verteilung nur unzureichend. Dies wird deutlich, wenn wir folgende Beispiele betrachten:

- Zwei Bankkunden A und B hatten 1996 folgende Kontostände

	Jan	Feb	Mär	Apr	Mai	Jun	Jul	Aug	Sep	Okt	Nov	Dez
A	0	0	0	0	0	0	0	0	0	0	0	0
B	−100	+100	−100	+100	−100	+100	−100	+100	−100	+100	−100	+100

Im arithmetischen Mittel stimmen A und B überein: $\bar{x}_A = \bar{x}_B = 0$, Kunde B zeigt jedoch ein völlig anderes („dynamischeres") Verhalten als Kunde A.

- Ein Zulieferer der Autoindustrie soll Türen der Breite 1.00 m liefern. Seine Türen haben die Maße 1.05, 0.95, 1.05, 0.95, ... Er hält also im Mittel die Forderung von 1.00 m ein, seine Lieferung ist jedoch völlig unbrauchbar.

Zusätzlich zur Angabe eines Lagemaßes wird eine Verteilung durch die Angabe von Streuungsmaßen charakterisiert. Diese können jedoch nicht bei nominal skalierten Merkmalen verwendet werden, da Abstände gemessen und interpretiert werden.

3.2.1 Spannweite und Quartilsabstand

Der **Streubereich** einer Häufigkeitsverteilung ist der Bereich, in dem die Merkmalsausprägungen liegen. Die Angabe des kleinsten und des größten Wertes beschreibt ihn vollständig. Die Breite des Streubereichs nennt man **Spannweite** oder **Range** einer Häufigkeitsverteilung. Sie ist gegeben durch

$$R = x_{(n)} - x_{(1)}, \tag{3.22}$$

wobei $x_{(1)}$ den kleinsten und $x_{(n)}$ den größten Wert der geordneten Beobachtungsreihe $x_{(1)} \leq \ldots \leq x_{(n)}$ bezeichnet.

Betrachten wir nur den größten und den kleinsten Wert, so kann es sein, dass diese extrem stark von den restlichen Werten abweichen.

Der **Quartilsabstand** ist ein Streuungsmaß, das nicht so empfindlich auf Extremwerte reagiert, wie dies bei der Spannweite der Fall ist. Betrachten wir die Definition des α-Quantils in Gleichung (3.7), so erhalten wir mit $\alpha = 0.25$ und $\alpha = 0.75$ das untere bzw. obere Quartil. Der Quartilsabstand ist dann gegeben durch

$$d_Q = \tilde{x}_{0.75} - \tilde{x}_{0.25} . \tag{3.23}$$

Er definiert den zentralen Bereich einer Verteilung, in dem 50% der Werte liegen.

Beispiel 3.2.1. Wir betrachten das Merkmal 'Körpergröße' aus der Studentenbefragung. Mit SPSS erhalten wir das untere und das obere Quartil sowie den Median $\tilde{x}_{0.5}$:

Die Range beträgt hier also $R = 198$ cm $- 150$ cm $= 48$ cm, der Quartilsabstand beträgt 183.0 cm $-$ 171.0 cm $= 12.0$ cm.

Statistics							
					Percentiles		
	Valid	Median	Range	Minimum	Maximum	25	50	75
Körpergröße in cm	239	178.00	48	150	198	171.00	178.00	183.00

Abb. 3.10. Median, Range, Minimum, Maximum und Quartile des Merkmals 'Körpergröße'

3.2.2 Mittlere absolute Abweichung vom Median

Größen, die eine durchschnittliche Abweichung von einem mittleren Wert der Beobachtungsreihe messen, lassen sich als Streuungsmaße verwenden. Je nachdem, ob der Median $\tilde{x}_{0.5}$ oder das arithmetische Mittel $\bar{x}$ als geeigneter Lageparameter für den durchschnittlichen Wert verwendet wird, bestimmt man das entsprechende Streuungsmaß in Bezug auf $\tilde{x}_{0.5}$ oder $\bar{x}$. Sei der Median $\tilde{x}_{0.5}$ der gewählte Lageparameter. Dann wird als Streuungsmaß die **mittlere absolute Abweichung vom Median** berechnet. Wir definieren sie als

$$\tilde{d}_{0.5} = \frac{1}{n} \sum_{i=1}^{n} |x_i - \tilde{x}_{0.5}|, \qquad (3.24)$$

bzw.

$$\tilde{d}_{0.5} = \frac{1}{n} \sum_{j=1}^{k} |a_j - \tilde{x}_{0.5}| n_j \qquad (3.25)$$

bei diskreten Merkmalen mit Ausprägungen a_j und Häufigkeiten n_j.

Bei gruppierten Daten bezeichnet a_j wieder die Klassenmitte bzw. das Klassenmittel $\bar{x}_j = \frac{1}{n_j} \sum_{x_i \in K_j} x_i$, falls bekannt. Es kann auch der Klassenmedian verwendet werden.

Beispiel 3.2.2. Betrachten wir die Gehaltsdaten aus Beispiel 3.1.8. Wir berechnen den Median

$$\tilde{x}_{0.5} = \frac{3\,442 + 3\,871}{2} = 3\,656.50\,.$$

und die absoluten Abweichungen der Beobachtungen vom Median

i	x_i	$|x_i - \tilde{x}_{0.5}|$
1	3 442	214.50
2	2 195	1 461.50
3	4 500	843.50
4	3 871	214.50
5	2 810	846.50
6	4 150	493.50
$\sum$		4 074.00

Mit $\sum_{i=1}^{6} |x_i - \tilde{x}_{0.5}| = 4\,074.00$ erhalten wir die mittlere absolute Abweichung vom Median

$$\tilde{d}_{0.5} = \frac{1}{6}\,4\,074.00 = 679\,.$$

3.2.3 Varianz und Standardabweichung

Im vorigen Abschnitt haben wir als Streuungsmaß die absolute Abweichung vom Median betrachtet. Hier wollen wir zum gebräuchlichsten Streuungsmaß – der Varianz – übergehen, das angewendet wird, falls $\bar{x}$ der geeignete Lageparameter ist.

Die **Varianz** s^2 misst die mittlere quadratische Abweichung vom arithmetischen Mittel $\bar{x}$. Sie ist bei stetigen Originaldaten definiert als

$$s^2 = \frac{1}{n} \sum_{i=1}^{n} (x_i - \bar{x})^2\,. \qquad (3.26)$$

Wir können (3.26) auch wie folgt umformen

$$s^2 = \frac{1}{n} \sum_{i=1}^{n} (x_i - \bar{x})^2 = \frac{1}{n}\Big(\sum_{i=1}^{n} x_i^2 - n\bar{x}^2\Big) = \frac{1}{n} \sum_{i=1}^{n} x_i^2 - \bar{x}^2\,. \qquad (3.27)$$

Der Übergang von (3.26) zu (3.27) wird als **Verschiebungssatz für die Varianz** bezeichnet. Wir beweisen diesen Satz. Es gelten die folgenden Identitäten

$$\sum_{i=1}^{n} (x_i - \bar{x})^2 = \sum_{i=1}^{n} x_i^2 + \sum_{i=1}^{n} \bar{x}^2 - 2 \sum_{i=1}^{n} x_i \bar{x}$$
$$= \sum_{i=1}^{n} x_i^2 + n\bar{x}^2 - 2\bar{x} \sum_{i=1}^{n} x_i$$
$$= \sum_{i=1}^{n} x_i^2 + n\bar{x}^2 - 2n\bar{x}^2$$
$$= \sum_{i=1}^{n} x_i^2 - n\bar{x}^2\,,$$

so dass nach Division durch n der Verschiebungssatz bewiesen ist.

Beispiel. $n = 5$ Studenten, die in München und Umgebung wohnen, messen an einem Montagmorgen im Oktober die Temperatur an ihrem Wohnort. Wir erhalten folgende Temperaturwerte x_i und benutzen die Arbeitstabelle zur Berechnung der Varianz

i	x_i	$x_i - \bar{x}$	$(x_i - \bar{x})^2$	x_i^2
1	5	−4	16	25
2	7	−2	4	49
3	9	0	0	81
4	11	2	4	121
5	13	4	16	169
	$\bar{x} = 9$		$\sum(x_i - \bar{x})^2 = 40$	$\sum x_i^2 = 445$

Wir berechnen mit Formel (3.26):

$$s^2 = \frac{1}{5} \sum_{i=1}^{5} (x_i - \bar{x})^2 = \frac{40}{5} = 8$$

und alternativ nach dem Verschiebungssatz (3.27)

$$s^2 = \frac{1}{5} \sum_{i=1}^{5} x_i^2 - \bar{x}^2 = \frac{445}{5} - 81 = 89 - 81 = 8.$$

Im Falle diskreter Daten a_j mit absoluten Häufigkeiten n_j ist $\bar{x} = \frac{1}{n} \sum_{j=1}^{k} n_j a_j$ (vgl. (3.10)). In diesem Falle ist die Varianz s^2 definiert als

$$s^2 = \frac{1}{n} \sum_{j=1}^{k} n_j (a_j - \bar{x})^2 \tag{3.28}$$

$$= \frac{1}{n} \Big(\sum_{j=1}^{k} n_j a_j^2 - n\bar{x}^2 \Big) = \frac{1}{n} \sum_{j=1}^{k} n_j a_j^2 - \bar{x}^2. \tag{3.29}$$

Anmerkung. In der deskriptiven Statistik wird die Varianz s^2 als arithmetisches Mittel der Abweichungsquadrate $(x_i - \bar{x})^2$ berechnet, also mit dem Faktor $\frac{1}{n}$. In der induktiven Statistik, die nicht auf vollständigen Grundgesamtheiten sondern auf Stichproben basiert, wird aus mathematischen Gründen (Erwartungstreue eines Schätzers) der Faktor $\frac{1}{n-1}$ verwendet. SPSS berechnet stets die Stichprobenvarianz $s^2 = \frac{1}{n-1} \sum_{i=1}^{n} (x_i - \bar{x})^2$.

Liegen die Beobachtungen nur in gruppierter Form vor, so berechnet sich die Varianz als

$$s_0^2 = \frac{1}{n} \sum_{j=1}^{k} n_j (a_j - \bar{x})^2 \tag{3.30}$$

$$= \frac{1}{n} \Big(\sum_{j=1}^{k} n_j a_j^2 - n\bar{x}^2 \Big) = \frac{1}{n} \sum_{j=1}^{k} n_j a_j^2 - \bar{x}^2, \tag{3.31}$$

wobei a_j die Klassenmitten sind. Sind die Daten gruppiert und sind die Originaldaten noch bekannt, so kann man den j-ten Gruppenmittelwert $\bar{x}_j$

$$\bar{x}_j = \frac{1}{n_j} \sum_{x_i \in K_j} x_i \, . \tag{3.32}$$

berechnen. Benutzt man die Gruppenmittelwerte $\bar{x}_j$ anstelle der Originaldaten zur Berechnung der Varianz gemäß

$$s_0^2 = \frac{1}{n} \sum_{j=1}^{k} n_j (\bar{x}_j - \bar{x})^2 \, , \tag{3.33}$$

so gilt stets

$$s_0^2 \leq s^2 \, , \tag{3.34}$$

wobei s^2 gemäß (3.26) die Originaldaten verwendet. Dies liegt daran, dass in (3.33) anstelle der n_j Originalwerte x_i einer Klasse j jeweils n_j-mal das Klassenmittel $\bar{x}_j$ verwendet wird. Damit wird die **Varianz innerhalb der Klassen** bei der Berechnung von s_0^2 vernachlässigt. s_0^2 heißt auch die **Varianz zwischen den Klassen** (andere Bezeichnung: s_{zwischen}^2).

Allgemein gilt folgende Beziehung: Die Varianz der Beobachtungsreihe ist die Summe aus der Varianz zwischen den Klassen und der Varianz innerhalb der Klassen, also

$$s^2 = s_{\text{zwischen}}^2 + s_{\text{innerhalb}}^2 \tag{3.35}$$

wobei die Varianz innerhalb der Klassen sich als

$$s_{\text{innerhalb}}^2 = \frac{1}{n} \sum_{j=1}^{k} n_j s_j^2 \tag{3.36}$$

ergibt. Die Varianz innerhalb der j-ten Klasse ist

$$s_j^2 = \frac{1}{n_j} \sum_{x_i \in K_j} (x_i - \bar{x}_j)^2 \, . \tag{3.37}$$

Die Varianz innerhalb der Klassen $s_{\text{innerhalb}}^2$ ist also das mit den Klassenumfängen n_j gewichtete Mittel der Varianzen s_j^2.

Wir beweisen die Relation (3.35). Unter Berücksichtigung der Klasseneinteilung wird Formel (3.26) zu:

$$s^2 = \frac{1}{n} \sum_{j=1}^{k} \sum_{x_i \in K_j} (x_i - \bar{x})^2$$

$$= \frac{1}{n} \sum_{j=1}^{k} \sum_{x_i \in K_j} (x_i - \bar{x}_j + \bar{x}_j - \bar{x})^2$$

$$= \frac{1}{n} \sum_{j=1}^{k} \sum_{x_i \in K_j} (x_i - \bar{x}_j)^2 \quad [i]$$

$$+\frac{1}{n}\sum_{j=1}^{k}\sum_{x_i\in K_j}(\bar{x}_j - \bar{x})^2 \quad [ii]$$

$$+\frac{2}{n}\sum_{j=1}^{k}\sum_{x_i\in K_j}(x_i - \bar{x}_j)(\bar{x}_j - \bar{x}) \quad [iii]$$

Wir erhalten für die Summanden $[i] - [iii]$ folgende Ausdrücke:

$$[i] = \frac{1}{n}\sum_{j=1}^{k}n_j\frac{1}{n_j}\sum_{x_i\in K_j}(x_i - \bar{x}_j)^2$$

$$= \frac{1}{n}\sum_{j=1}^{k}n_j s_j^2 = s_{\text{innerhalb}}^2\,,$$

$$[ii] = \frac{1}{n}\sum_{j=1}^{k}n_j(\bar{x}_j - \bar{x})^2 = s_0^2\,,$$

$$[iii] = \frac{2}{n}\sum_{j=1}^{k}(\bar{x}_j - \bar{x})\sum_{x_i\in K_j}(x_i - \bar{x}_j)$$

$$= \frac{2}{n}\sum_{j=1}^{k}(\bar{x}_j - \bar{x})\,0 = 0\,.$$

Damit ist (3.35) bewiesen.

Die **Standardabweichung** s ist die positive Wurzel aus der Varianz:

$$s = \sqrt{\frac{1}{n}\sum_{i=1}^{n}(x_i - \bar{x})^2}\,. \qquad (3.38)$$

Die Standardabweichung ist ein Streuungsmaß, das gegenüber der Varianz den Vorteil hat, in der gleichen Einheit wie die Beobachtungswerte gemessen zu werden. Wird X z. B. in kg gemessen, so sind $\bar{x}$ und s ebenfalls in kg angegeben, s^2 jedoch in kg^2, was nicht zu interpretieren ist.

Beispiel 3.2.3. $n = 10$ Studenten wurden nach ihren Kosten (in EUR) für eine Fahrt von ihrer Wohnung zur Universität befragt. Es wurden folgende Fahrkosten genannt

$$
\begin{array}{cc}
\text{Student} & \text{Fahrkosten} \\
\left(\begin{array}{cc}
1 & 1 \\
2 & 2 \\
3 & 3 \\
4 & 4 \\
5 & 4.5 \\
6 & 5 \\
7 & 5 \\
8 & 5.5 \\
9 & 6 \\
10 & 7
\end{array}\right)
\end{array}
$$

Gemäß (3.9) bestimmen wir das arithmetische Mittel des Merkmals 'Fahrkosten' (X) als $\bar{x} = 4.3$. Zur Berechnung der Varianz gemäß (3.26) erstellen wir die folgende Arbeitstabelle:

i	x_i	$x_i - \bar{x}$			$(x_i - \bar{x})^2$		
1	1	$1 - 4.3$	$=$	-3.3	$(-3.3)^2$	$=$	10.89
2	2	$2 - 4.3$	$=$	-2.3	$(-2.3)^2$	$=$	5.29
3	3	$3 - 4.3$	$=$	-1.3	$(-1.3)^2$	$=$	1.69
4	4	$4 - 4.3$	$=$	-0.3	$(-0.3)^2$	$=$	0.09
5	4.5	$4.5 - 4.3$	$=$	0.2	$(0.2)^2$	$=$	0.04
6	5	$5 - 4.3$	$=$	0.7	$(0.7)^2$	$=$	0.49
7	5	$5 - 4.3$	$=$	0.7	$(0.7)^2$	$=$	0.49
8	5.5	$5.5 - 4.3$	$=$	1.2	$(1.2)^2$	$=$	1.44
9	6	$6 - 4.3$	$=$	1.7	$(1.7)^2$	$=$	2.89
10	7	$7 - 4.3$	$=$	2.7	$(2.7)^2$	$=$	7.29
$\sum$	43						30.60

Daraus ergibt sich $s^2 = \frac{1}{10} 30.60 = 3.06$ (EUR^2) und $s = \sqrt{3.06} = 1.75$ EUR.

Wir gruppieren die Fahrkosten gemäß der Einteilung ≤ 4, $4.5 - 5.5$ und ≥ 6 und erhalten folgende Tabelle:

j		n_j	$\bar{x}_j$	$(\bar{x}_j - \bar{x})^2$	$(\bar{x}_j - \bar{x})^2 \cdot n_j$
1	$1 \leq x \leq 4$	4	2.5	$(2.5 - 4.3)^2 = 3.24$	$3.24 \cdot 4 = 12.96$
2	$4.5 \leq x \leq 5.5$	4	5	$(5 - 4.3)^2 = 0.49$	$0.49 \cdot 4 = 1.96$
3	$6 \leq x \leq 7$	2	6.5	$(6.5 - 4.3)^2 = 4.84$	$4.84 \cdot 2 = 9.68$
$\sum$					24.60

Damit ist $s_0^2 = \frac{1}{10} 24.60 = 2.46$. Die Varianzen innerhalb der 3 Klassen berechnen wir mit $\bar{x}_1 = 2.5$, $\bar{x}_2 = 5$ und $\bar{x}_3 = 6.5$ als

$$
s_1^2 = \frac{1}{4}[(1 - 2.5)^2 + (2 - 2.5)^2 + (3 - 2.5)^2 + (4 - 2.5)^2] = 1.250
$$

$$
s_2^2 = \frac{1}{4}[(4.5 - 5)^2 + (5 - 5)^2 + (5 - 5)^2 + (5.5 - 5)^2] = 0.125
$$

$$
s_3^2 = \frac{1}{2}[(6 - 6.5)^2 + (7 - 6.5)^2] = 0.25
$$

und erhalten die Varianz innerhalb der Klassen gemäß (3.36)

$$s^2_{\text{innerhalb}} = \frac{1}{10}(4 \cdot 1.25 + 4 \cdot 0.125 + 2 \cdot 0.25) = 0.60\,.$$

Mit (3.35) ist $s^2 = 2.46 + 0.60 = 3.06$.

Anmerkung. Die oben demonstrierte Zerlegung von s^2 in s^2_0 und $s^2_{\text{innerhalb}}$ gilt für beliebig gebildete Klassen, d. h. nicht nur für gruppierte Daten wie in Beispiel 3.2.3. Liegen Ergebnisse einer bereits durchgeführten Erhebung (Sekundärstatistiken) vor und werden neue Daten gleicher Struktur erhoben, so lässt sich mit (3.35) ebenfalls die Gesamtvarianz ermitteln. Ein Beispiel dazu liefert Aufgabe 3.5.

Lineare Transformation der Daten. Führt man eine lineare Transformation $y_i = a + bx_i$ ($b \neq 0$) der Originaldaten x_i ($i = 1, \ldots, n$) durch, so gilt für das arithmetische Mittel der transformierten Daten $\bar{y} = a + b\bar{x}$ und für ihre Varianz

$$s^2_y = \frac{1}{n}\sum_{i=1}^{n}(y_i - \bar{y})^2 = \frac{b^2}{n}\sum_{i=1}^{n}(x_i - \bar{x})^2$$
$$= b^2 s^2_x\,. \tag{3.39}$$

Beispiel 3.2.4. Wird die Zeitmessung von Stunden auf Minuten umgestellt, d. h., führen wir die lineare Transformation $y_i = 60\,x_i$ durch, so gilt $s^2_y = 60^2 s^2_x$.

Standardisierung. Ein Merkmal Y heißt **standardisiert**, falls $\bar{y} = 0$ und $s^2_y = 1$ gilt. Ein beliebiges Merkmal X mit Mittelwert $\bar{x}$ und Varianz s^2_x wird in ein standardisiertes Merkmal Y mittels folgender Transformation übergeführt:

$$y_i = \frac{x_i - \bar{x}}{s_x} = -\frac{\bar{x}}{s_x} + \frac{1}{s_x}x_i = a + bx_i\,.$$

3.2.4 Variationskoeffizient

Varianz und Standardabweichung benutzen als Bezugspunkt das arithmetische Mittel $\bar{x}$. Sie werden jedoch nicht in Relation zu $\bar{x}$ gesetzt. Die Angabe der Varianz ohne Angabe des arithmetischen Mittels ist demnach für den Vergleich zweier Beobachtungsreihen oft nicht ausreichend. Der Variationskoeffizient v ist ein von $\bar{x}$ bereinigtes Streuungsmaß. Es ist nur sinnvoll definiert, wenn ausschließlich positive Merkmalsausprägungen vorliegen (und $\bar{x} \neq 0$ ist). Der Variationskoeffizient ist definiert als

$$v = \frac{s}{\bar{x}}\,. \tag{3.40}$$

Dies ist ein dimensionsloses Streuungsmaß, das insbesondere beim Vergleich von zwei oder mehr Messreihen desselben Merkmals eingesetzt wird.

Beispiel 3.2.5. Die Analyse der Reparaturkosten von Armbanduhren ergab

Werkstatt in Deutschland: $\bar{x}_D = 16\,\text{EUR}$ $s_D = 4\,\text{EUR}$
Werkstatt in der Schweiz: $\bar{x}_{CH} = 20\,\text{SFR}$ $s_{CH} = 4\,\text{SFR}$,

also

$$v_D = \frac{4\,\text{EUR}}{16\,\text{EUR}} = 0.25 \qquad\qquad (3.41)$$

$$v_{CH} = \frac{4\,\text{SFR}}{20\,\text{SFR}} = 0.20\,, \qquad\qquad (3.42)$$

d. h. $v_D > v_{CH}$ und damit eine geringere Streuung der Reparaturkosten in der Schweiz bezogen auf die mittleren Reparaturkosten.

3.3 Schiefe und Wölbung

Schiefe und Wölbung sind weitere Maßzahlen, die die Form der Verteilung charakterisieren. Eine sinnvolle Verwendung ergibt sich jedoch nur im Fall eingipfliger Verteilungen. Eingipflige Verteilungen können symmetrisch, links- oder rechtsschief sein (vgl. Abbildung 3.11).

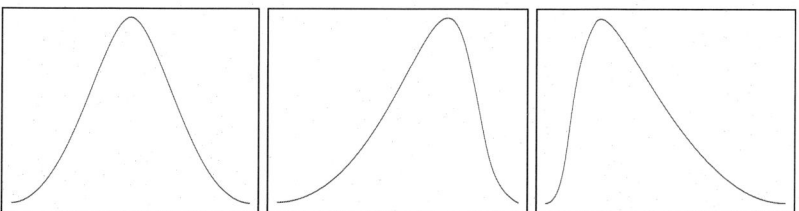

Abb. 3.11. Symmetrische, linksschiefe und rechtsschiefe Verteilungen

3.3.1 Schiefe

Die Maßzahl Schiefe gibt die Richtung und eine Größenordnung der Schiefe der Verteilung an. Bei Beobachtungswerten $x_1, \ldots, x_n$ mit arithmetischem Mittel $\bar{x}$ ist die Schiefe definiert als

$$g_1 = \frac{\frac{1}{n}\sum_{i=1}^{n}(x_i - \bar{x})^3}{\sqrt{\left(\frac{1}{n}\sum_{i=1}^{n}(x_i - \bar{x})^2\right)^3}}\,. \qquad\qquad (3.43)$$

Die Häufigkeitsverteilung ist symmetrisch, wenn $g_1 = 0$ gilt. Ist $g_1 < 0$, so heißt die Häufigkeitsverteilung linksschief, für $g_1 > 0$ heißt die Häufigkeitsverteilung rechtsschief. Der Absolutbetrag von g_1 gibt das Ausmaß der Schiefe an.

Für gruppierte Daten mit Klassenmitteln $\bar{x}_1, \ldots, \bar{x}_k$ ist die Schiefe definiert als

$$g_1 = \frac{\frac{1}{n} \sum_{j=1}^{k} (\bar{x}_j - \bar{x})^3 n_j}{\sqrt{\left(\frac{1}{n} \sum_{j=1}^{k} (\bar{x}_j - \bar{x})^2 n_j \right)^3}} . \qquad (3.44)$$

Die $\bar{x}_j$ werden, falls unbekannt, durch die Klassenmitten ersetzt.

3.3.2 Wölbung

Eine weitere Maßzahl zur Beschreibung der Gestalt von eingipfligen Verteilungen ist die Wölbung (Kurtosis). Sie ist gegeben durch

$$g_2 = \frac{\frac{1}{n} \sum_{i=1}^{n} (x_i - \bar{x})^4}{\left(\frac{1}{n} \sum_{i=1}^{n} (x_i - \bar{x})^2 \right)^2} . \qquad (3.45)$$

Der **Exzess** leitet sich aus der Wölbung ab:

$$\text{Exzess} = g_2 - 3 .$$

Er ist ein Maß für die Abweichung gegenüber einer Normalverteilung (vgl. hierzu z. B. Toutenburg und Heumann, 2008) mit gleichem arithmetischem Mittel und gleicher Varianz in der Umgebung des arithmetischen Mittels. Die Wölbung einer Normalverteilung ist 3, der Exzess einer Normalverteilung ist damit 0.

Für positive Werte von $g_2 - 3$ ist das Maximum der Häufigkeitsverteilung größer als das einer Normalverteilung mit gleicher Varianz, für negative Werte von $g_2 - 3$ ist das Maximum der Häufigkeitsverteilung kleiner als das einer Normalverteilung mit gleicher Varianz.

Für gruppierte Daten wird folgende Formel für die Wölbung angewandt:

$$g_2 = \frac{\frac{1}{n} \sum_{j=1}^{k} (\bar{x}_j - \bar{x})^4 n_j}{\left(\frac{1}{n} \sum_{j=1}^{k} (\bar{x}_j - \bar{x})^2 n_j \right)^2} \qquad (3.46)$$

mit $\bar{x}_j$ als Klassenmittel der j-ten Klasse. Liegen die Klassenmittel nicht vor, so wird an dieser Stelle wieder die Klassenmitte verwendet.

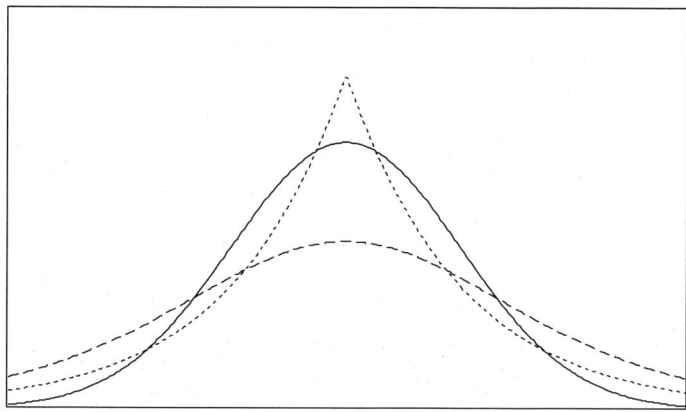

Abb. 3.12. Normalverteilung (durchgezogen), Verteilung mit geringerer Wölbung (gestrichelt) und mit stärkerer Wölbung (gepunktet)

Weichen Schiefe und Exzess einer Häufigkeitsverteilung wesentlich von 0 ab, so ist das ein Hinweis dafür, dass die zugrundeliegende Verteilung der Grundgesamtheit von der Normalverteilung abweicht.

3.4 Box-Plots

Bei der deskriptiven Analyse von Daten, insbesondere von größeren Datenmengen, bedient man sich neben der Berechnung von Maßzahlen häufig grafischer Methoden. Sie sollen einen Eindruck vom Verhalten der Daten wie Konzentration, Ausdehnung oder Symmetrie vermitteln. Neben vielen anderen Darstellungen hat sich in der Praxis der sogenannte Box-Plot (auch Box-Whisker-Plot) als diagnostisches Instrument bewährt. Box-Plots stellen als Werkzeug zur grafischen Analyse eines Datensatzes die Lage

- des Medians
- der 25 %- und 75 %-Quantile (unteres und oberes Quartil) und
- der Extremwerte und Ausreißer

grafisch dar. In Abbildung 3.13 sind die einzelnen Elemente eines Box-Plot erklärt.

Die untere bzw. obere Grenze der Box ist durch das untere bzw. obere Quartil gegeben, d. h., die Hälfte der beobachteten Werte liegt in der Box. Die Länge der Box ist somit der Quartilsabstand $d_Q = \tilde{x}_{0.75} - \tilde{x}_{0.25}$ (vgl. (3.23)).

Die Linie innerhalb der Box gibt die Lage des Medians wieder. Die Werte außerhalb der Box werden dargestellt als

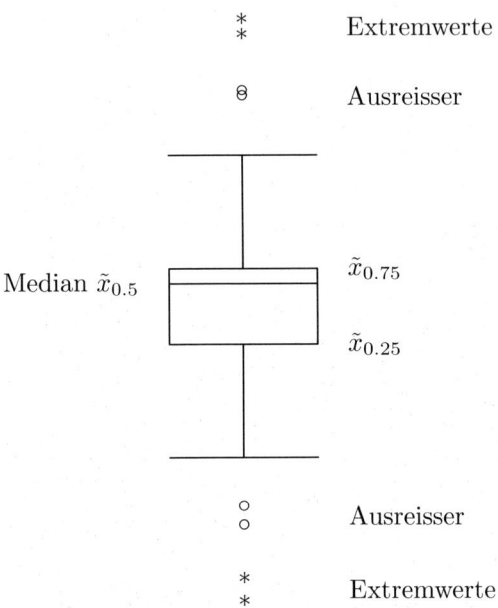

Abb. 3.13. Komponenten eines Box-Plot

- Extremwerte (mehr als 3 Box-Längen vom unteren bzw. oberen Rand der Box entfernt), wiedergegeben durch einen '∗' und
- Ausreißer (zwischen 1.5 und 3 Box-Längen vom unteren bzw. oberen Rand der Box entfernt), wiedergegeben durch einen 'o'.

Der kleinste und der größte beobachtete Wert, die nicht als Ausreißer eingestuft werden, sind durch die äußeren Striche dargestellt.

Box-Plots eignen sich besonders zum Vergleich zweier oder mehrerer Gruppen einer Gesamtheit in bezug auf ein Merkmal (vgl. Kapitel 4).

Beispiel. Wir betrachten wieder die Daten der Studentenbefragung. Als Merkmal X untersuchen wir die 'Körpergröße'. Wir erhalten mit SPSS den Box-Plot in Abbildung 3.14. Männer sind im Mittel größer als Frauen, die Streuung ist bei beiden Gruppen in etwa gleich.

3.5 Konzentrationsmaße

Wir wenden uns nun einem anderen Problem der deskriptiven Beschreibung eines metrisch skalierten Merkmals X zu – der Messung der Konzentration. Dazu betrachten wir die Merkmalssumme $\sum_{i=1}^{n} x_i$ und fragen danach, wie sich dieser Gesamtbetrag aller Merkmalswerte auf die einzelnen Beobachtungen aufteilt.

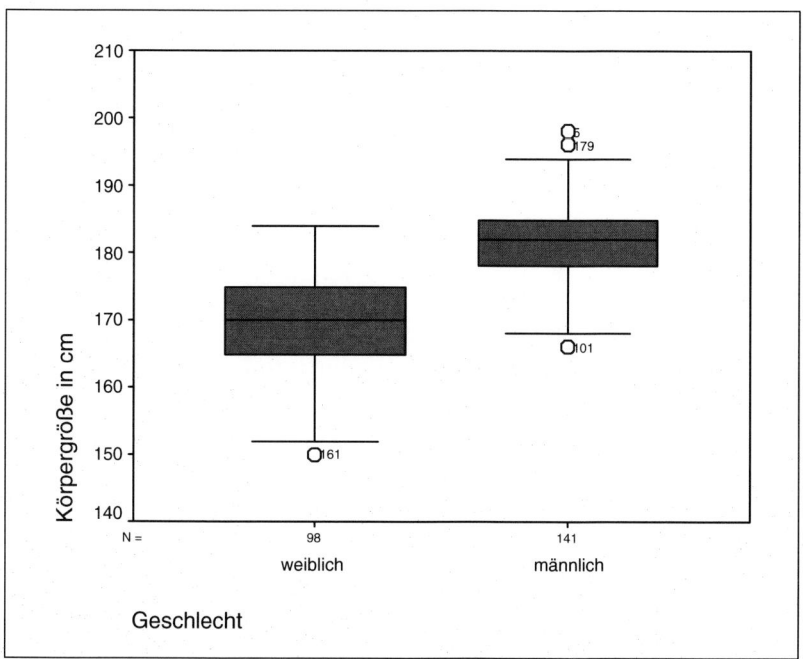

Abb. 3.14. Box-Plot der Körpergröße der Studenten getrennt nach Geschlecht

Beispiel. In einer Gemeinde wird bei allen landwirtschaftlichen Betrieben die Größe der Nutzfläche in ha erfasst. Von Interesse ist nun die Aufteilung der Nutzfläche auf die einzelnen Betriebe. Haben alle Betriebe annähernd gleich große Nutzflächen oder besitzen einige wenige Betriebe fast die gesamte Nutzfläche der Gemeinde?

Wir betrachten dazu folgendes Zahlenbeispiel. Die Gemeinde umfasst eine landwirtschaftliche Nutzfläche von 100 ha. Diese Fläche teilt sich auf die Betriebe wie folgt auf:

Betrieb i	x_i (Fläche in ha)
1	20
2	20
3	20
4	20
5	20
	$\sum_{i=1}^{5} x_i = 100$

Die Nutzfläche ist also gleichmäßig auf alle Betriebe verteilt, es liegt keine Konzentration vor. In einer anderen Gemeinde liegt dagegen folgende Situation vor:

Betrieb i	x_i (Fläche in ha)
1	0
2	0
3	0
4	0
5	100
$\sum_{i=1}^{5} x_i = 100$	

Die gesamte Nutzfläche konzentriert sich auf einen Betrieb. Ein sinnvolles Konzentrationsmaß müsste dem ersten Fall die Konzentration Null, dem zweiten Fall die Konzentration Eins zuweisen. Im folgenden Abschnitt werden wir ein solches Maß definieren und ein grafisches Hilfsmittel zur Veranschaulichung der Konzentration kennenlernen.

3.5.1 Lorenzkurven

Betrachten wir an n Untersuchungseinheiten ein metrisch skaliertes häufbares Merkmal X, welches nur positive Ausprägungen besitzt. Der Gesamtbetrag aller Merkmalswerte ist $\sum_{i=1}^{n} x_i = n\bar{x}$. Liegen gruppierte Daten vor, bestimmen wir den Gesamtbetrag aller Merkmalswerte als $\sum_{j=1}^{k} a_j n_j$, wobei die n_j wieder die Klassenbesetzungen sind, die a_j die Klassenmitten bzw., falls bekannt, die Klassenmittelwerte $\bar{x}_j$.

Zur grafischen Darstellung der Konzentration der Merkmalswerte verwenden wir die sogenannte Lorenzkurve. Dazu werden die Größen

$$u_i = \frac{i}{n}, \quad i = 0, \dots, n \tag{3.47}$$

und

$$v_i = \frac{\sum_{j=1}^{i} x_{(j)}}{\sum_{j=1}^{n} x_{(j)}}, \quad i = 1, \dots, n; \ v_0 := 0 \tag{3.48}$$

aus den der Größe nach geordneten Beobachtungswerten $0 \leq x_{(1)} \leq x_{(2)} \leq \dots \leq x_{(n)}$ berechnet. Die v_i sind die Anteile der Merkmalsausprägungen der Untersuchungseinheiten $(1), \dots, (i)$ an der Merkmalssumme aller Untersuchungseinheiten.

Für gruppierte Daten mit Klassenmitten $a_1 < a_2 < \dots < a_k$ verwenden wir $\tilde{u}_i$ und $\tilde{v}_i$ gemäß

$$\tilde{u}_i = \sum_{j=1}^{i} f_j, \quad i = 1, \dots, k; \ \tilde{u}_0 := 0 \tag{3.49}$$

und

$$\tilde{v}_i = \frac{\sum\limits_{j=1}^{i} f_j a_j}{\sum\limits_{j=1}^{k} f_j a_j} \tag{3.50}$$

$$= \frac{\sum\limits_{j=1}^{i} n_j a_j}{n\bar{x}}, \quad i = 1, \ldots, k; \ \tilde{v}_0 := 0. \tag{3.51}$$

Die Lorenzkurve ergibt sich schließlich als der Streckenzug, der durch die Punkte $(u_0, v_0), (u_1, v_1), \ldots, (u_n, v_n)$, bzw. $(\tilde{u}_0, \tilde{v}_0), (\tilde{u}_1, \tilde{v}_1), \ldots, (\tilde{u}_k, \tilde{v}_k)$ im gruppierten Fall, verläuft (vgl. Abbildung 3.15).

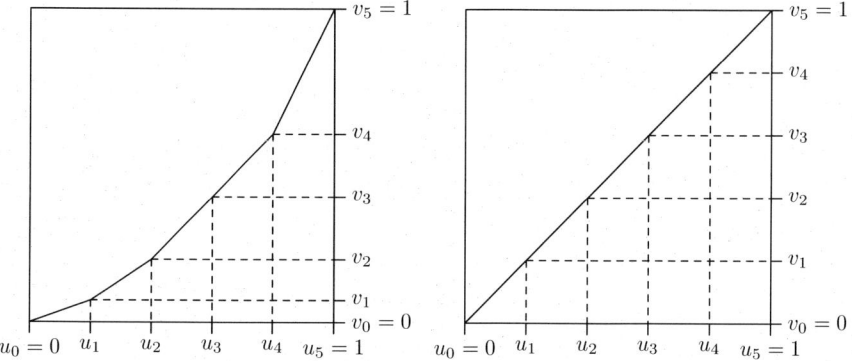

Abb. 3.15. Beispiel für Lorenzkurven

Die Lorenzkurve stimmt mit der Diagonalen überein, wenn keine Konzentration vorliegt (im obigen Beispiel: alle Betriebe bearbeiten jeweils die gleiche Nutzfläche). Mit zunehmender Konzentration „hängt die Kurve durch" (unabhängig von dem Bereich der Konzentration). Ein Punkt der Lorenzkurve (u_i, v_i) beschreibt den Zusammenhang, dass auf $u_i \cdot 100\,\%$ der Untersuchungseinheiten $v_i \cdot 100\,\%$ des Gesamtbetrags aller Merkmalsausprägungen entfällt.

3.5.2 Gini-Koeffizient

Der Gini-Koeffizient bzw. das Lorenzsche Konzentrationsmaß ist eine Maßzahl, die das Ausmaß der Konzentration beschreibt. Er ist definiert als

$$G = 2 \cdot F, \tag{3.52}$$

wobei F die Fläche zwischen der Diagonalen und der Lorenzkurve ist (vgl. Abbildung 3.16).

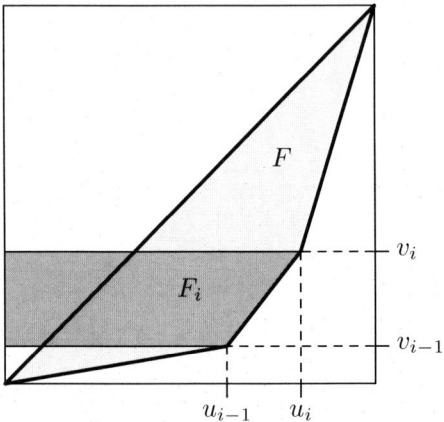

Abb. 3.16. Lorenzsches Konzentrationsmaß oder Gini-Koeffizient

Für die praktische Berechnung von G aus den Wertepaaren (u_i, v_i) stehen folgende alternative Formeln zur Verfügung (vgl. die Herleitung weiter unten).

$$G = \frac{2\sum_{i=1}^{n} ix_{(i)} - (n+1)\sum_{i=1}^{n} x_{(i)}}{n\sum_{i=1}^{n} x_{(i)}} \qquad (3.53)$$

oder alternativ

$$G = 1 - \frac{1}{n}\sum_{i=1}^{n}(v_{i-1} + v_i), \qquad (3.54)$$

bzw. bei gruppierten Daten

$$G = 1 - \frac{1}{n}\sum_{j=1}^{k} n_j(\tilde{v}_{j-1} + \tilde{v}_j). \qquad (3.55)$$

Die Fläche F kann auch mittels der Summe der Trapezflächen F_i berechnet werden:

$$F = \sum_{i=1}^{n} F_i - 0.5 \qquad (3.56)$$

mit den Trapezflächen F_i (vgl. Abbildung 3.16)

$$F_i = \frac{u_{i-1} + u_i}{2}(v_i - v_{i-1}). \qquad (3.57)$$

Für den Gini-Koeffizienten gilt stets

$$0 \leq G \leq \frac{n-1}{n}, \qquad (3.58)$$

weswegen auch der normierte Gini-Koeffizient (Lorenz-Münzner-Koeffizient)

$$G^+ = \frac{n}{n-1}G \tag{3.59}$$

betrachtet wird. Durch die Normierung hat G^+ Werte zwischen 0 (keine Konzentration) und 1 (vollständige Konzentration).

Beispiel 3.5.1. Wir untersuchen 7 landwirtschaftliche Betriebe und betrachten das Merkmal X 'Nutzfläche in ha'. Die beobachteten Merkmalsausprägungen sind in folgender Tabelle angegeben:

Betrieb Nr.	1	2	3	4	5	6	7
x_i	20	14	59	9	36	23	3

Wir ordnen die x_i der Größe nach und erhalten mit (3.47), (3.48) und $\sum_{i=1}^{7} x_i = 164$ die Werte in folgender Tabelle, mit denen sich das Bild in Abbildung 3.17 ergibt.

i	$x_{(i)}$	u_i	v_i
1	3	$\frac{1}{7} = 0.1429$	$\frac{3}{164} = 0.0183$
2	9	$\frac{2}{7} = 0.2857$	$\frac{12}{164} = 0.0732$
3	14	$\frac{3}{7} = 0.4286$	$\frac{26}{164} = 0.1585$
4	20	$\frac{4}{7} = 0.5714$	$\frac{46}{164} = 0.2805$
5	23	$\frac{5}{7} = 0.7143$	$\frac{69}{164} = 0.4207$
6	36	$\frac{6}{7} = 0.8571$	$\frac{105}{164} = 0.6402$
7	59	$\frac{7}{7} = 1.0000$	$\frac{164}{164} = 1.0000$

Der Gini-Koeffizient wird als

$$G = \frac{2(1 \cdot 3 + 2 \cdot 9 + 3 \cdot 14 + 4 \cdot 20 + 5 \cdot 23 + 6 \cdot 36 + 7 \cdot 59) - (7+1) \cdot 164}{7 \cdot 164}$$

$$= \frac{2 \cdot 887 - 8 \cdot 164}{7 \cdot 164} = \frac{462}{1\,148} = 0.4024$$

berechnet. Es gilt $G = 0.4024 \leq \frac{6}{7} = \frac{n-1}{n}$. Der normierte Gini-Koeffizient lautet

$$G^+ = \frac{7}{6}G = \frac{7}{6} \cdot 0.4024 = 0.4695\,.$$

Herleitung von G: Nach (3.52) ist G definiert als $G = 2 \cdot F$. Gemäß Abbildung 3.16 ist die Fläche F gleich der Summe aller Trapezflächen F_i, wobei die zuviel gezählte Fläche oberhalb der Diagonalen – also 0.5 – abzuziehen ist (vgl. (3.56)):

$$F = \sum_{i=1}^{n} F_i - 0.5\,, \tag{3.60}$$

so dass

$$G = 2\sum_{i=1}^{n} F_i - 1 \tag{3.61}$$

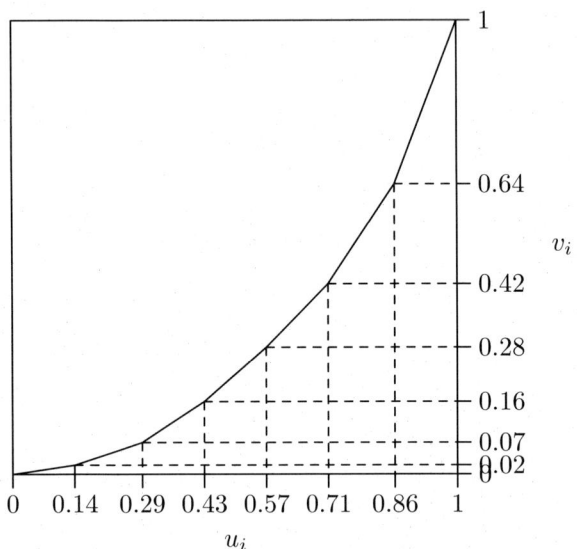

Abb. 3.17. Lorenzkurve im Beispiel 3.5.1

folgt.

Mit $u_i = \frac{i}{n}$ und $v_i = \frac{\sum_{j=1}^{i} x_{(j)}}{\sum_{j=1}^{n} x_{(j)}}$ erhalten wir aus (3.57)

$$2F_i = \frac{(i-1+i)\left(\sum_{j=1}^{i} x_{(j)} - \sum_{j=1}^{i-1} x_{(j)}\right)}{n} \frac{}{\sum_{j=1}^{n} x_{(j)}}$$

$$= \frac{2i-1}{n} \frac{x_{(i)}}{\sum_{j=1}^{n} x_{(j)}} \,.$$

Damit wird G (vgl. (3.61))

$$G = 2\sum_{i=1}^{n} F_i - 1$$

$$= \frac{2\sum_{i=1}^{n} ix_{(i)} - \sum_{i=1}^{n} x_{(i)}}{n\sum_{i=1}^{n} x_{(i)}} - \frac{n\sum_{i=1}^{n} x_{(i)}}{n\sum_{i=1}^{n} x_{(i)}}$$

$$= \frac{2\sum_{i=1}^{n} ix_{(i)} - (n+1)\sum_{i=1}^{n} x_{(i)}}{n\sum_{i=1}^{n} x_{(i)}} \,.$$

Dies ist die Formel (3.53). Wir beweisen nun die Übereinstimmung mit (3.54), indem wir (3.54) umformen (man beachte dabei $v_0 = 0$ und $v_n = 1$)

$$1 - \frac{1}{n}\sum_{i=1}^{n}(v_{i-1} + v_i) = 1 - \frac{1}{n}(v_0 + v_1 + v_1 + \ldots + v_{n-1} + v_n)$$

$$= 1 - \frac{1}{n}\left(2\sum_{i=1}^{n-1} v_i + 1\right)$$

$$= \frac{(n-1) - 2\sum_{i=1}^{n-1} v_i}{n}$$

$$= \frac{(n-1)}{n} - \frac{2}{n}\sum_{i=1}^{n-1} \frac{\sum_{j=1}^{i} x_{(j)}}{\sum_{j=1}^{n} x_{(j)}} \qquad (v_i \ (3.48) \ \text{eingesetzt})$$

$$\overset{(*)}{=} \frac{(n-1)\sum_{i=1}^{n} x_{(i)} - 2\sum_{i=1}^{n}(n-i)x_{(i)}}{n\sum_{i=1}^{n} x_{(i)}}$$

$$= \frac{2\sum_{i=1}^{n} ix_{(i)} - (n+1)\sum_{i=1}^{n} x_{(i)}}{n\sum_{i=1}^{n} x_{(i)}}$$

Dies ist aber gerade (3.53), so dass die Übereinstimmung mit (3.54) bewiesen ist. Die mit $(*)$ gekennzeichnete Gleichheit kann wie folgt gezeigt werden:

$$\begin{aligned}
\sum_{i=1}^{n-1}\sum_{j=1}^{i} x_{(j)} = \ & x_{(1)} \\
& + x_{(1)} + x_{(2)} \\
& + x_{(1)} + x_{(2)} + x_{(3)} \\
& + \ldots + \\
& + x_{(1)} + x_{(2)} + x_{(3)} + \ldots + x_{(n-1)} \\
= \ & (n-1)\,x_{(1)} \\
& + (n-2)\,x_{(2)} \\
& + \ldots + \\
& + (n-(n-1))\,x_{(n-1)} \\
= \ & \sum_{i=1}^{n}(n-i)\,x_{(i)}
\end{aligned}$$

3.6 Aufgaben und Kontrollfragen

Aufgabe 3.1: Welche Lage- und Streuungsmaße kennen Sie? Nennen Sie die Vor- und Nachteile der einzelnen Maßzahlen.

Aufgabe 3.2: Berechnen Sie die geeigneten Lage- und Streuungsmaße für das Merkmal 'Punkte' in der Statistikklausur aus Aufgabe 2.2.

Aufgabe 3.3: Die Preise für eine Portion Kaffee wurden 1995 in München in 8 und in Wien in 7 Cafés festgestellt:

Preise in München in DM	4.20	3.90	3.50	3.70	3.40	4.60	3.80	4.00
Preise in Wien in öS	28	32	38	42	40	36	32	

Vergleichen Sie die beiden Verteilungen anhand geeigneter Maßzahlen.

Aufgabe 3.4: Studierende der Wirtschaftswissenschaften an den Universitäten in München und in Dresden wurden nach der Höhe des Stundenlohns befragt, den sie in ihrem letzten Praktikum erhielten. Es kamen folgende Antworten (Angaben in EUR):

München	8	9.5	12.5	0	9.5	13	17	21	19	14.5	14	18
Dresden	6	8.5	0	11.5	13	20	0	7.5	8	15.5		

a) Berechnen Sie aus diesen Angaben für München und für Dresden jeweils das arithmetische Mittel und den Median der Stundenlöhne. Berechnen Sie das arithmetische Mittel aller angegebenen Stundenlöhne.

b) Ein Q-Q-Plot (Quantil-Quantil-Diagramm) bietet eine Möglichkeit, die beiden Verteilungen der Stundenlöhne grafisch zu vergleichen. Zeichnen Sie einen Q-Q-Plot, wobei nur der Median und die Quartile zu berücksichtigen sind. Interpretieren Sie diesen Plot.

c) Berechnen Sie für beide Verteilungen jeweils die Standardabweichung. Ist ein direkter Vergleich der beiden Werte fair? Welches Streuungsmaß schlagen Sie statt dessen vor?

Aufgabe 3.5: Wir betrachten wieder die Befragung der 10 Kleinbetriebe aus Aufgabe 2.7.

a) Gibt es Lage- und Streuungsmaßzahlen, durch welche sich die Verteilungen der drei erhobenen Merkmale jeweils sinnvoll charakterisieren lassen? Begründen Sie Ihre Antwort und berechnen Sie – soweit sinnvoll – das am besten geeignete Lage- und Streuungsmaß.

b) In einer zweiten Befragung wurden weitere 90 Betriebe befragt, deren durchschnittlicher Umsatz im Jahr 2006 700 T€ bei einer Standardabweichung von 200 T€ betrug. Berechnen Sie den durchschnittlichen Umsatz 2006 sowie die Standardabweichung aller Betriebe.

Aufgabe 3.6: Welche Lage- und Streuungsmaße charakterisieren die Merkmale unseres Fragebogens aus Beispiel 1.3.1 am besten?

Aufgabe 3.7: Ein Unternehmen der Möbelbranche hat für den abgelaufenen Monat seine Aufträge nach den einzelnen Sparten (Wohnzimmer, Schlafzimmer, Büromöbel) aufschlüsseln lassen. Leider ging ein Teil der Ergebnisse verloren. Es stehen noch folgende Daten zur Verfügung:

	Anzahl der Aufträge	arith. Mittel des Auftragswerts (in Tsd.EUR)	Standardabweichung des Auftragswerts (in Tsd.EUR)
Wohnzimmer	50	120	$\sqrt{20}$
Schlafzimmer	30	100	$\sqrt{30}$
Büromöbel	?	?	?
Gesamt	100	112	10

Berechnen Sie die fehlenden Maßzahlen.

Aufgabe 3.8: Dem Jahresbericht eines Industriebetriebs entnimmt man die folgenden Angaben über die Umsatzentwicklung:

Periode	1995	1996	1997	1998	1999	2000
Veränderungen des Umsatzes gegenüber dem Vorjahr (in %)	−3	−2	+2	+10	+18	+12

Man berechne die durchschnittliche jährliche Umsatzsteigerung in Prozent.

Aufgabe 3.9: Die Mitgliederzahlen eines Sportvereins wachsen im Verlauf von 4 Jahren wie folgt:

Jahr	1998	1999	2000	2001	2002
Mitgliederstand zum 31.12.	100	120	135	135	108

a) Wie groß ist die durchschnittliche Wachstumsrate?
b) Welcher Mitgliederbestand (gerundet) wäre aufgrund dieser durchschnittlichen Wachstumsrate zum 31.12.2003 zu erwarten?

Aufgabe 3.10: Die Bevölkerung eines Landes habe sich in den Jahren 1984 bis 1994 wie folgt entwickelt:

Ende 1984 bis Ende 1985:   jährliche Zunahme um 12 %
Ende 1985 bis Ende 1989:   jährliche Zunahme um 5 %
Ende 1989 bis Ende 1994:   jährliche Zunahme um 1 %

a) Berechnen Sie die durchschnittliche jährliche Wachstumsrate in diesen Jahren.
b) Das Land lasse sich in 3 Besiedlungszonen aufteilen. Aus dem Jahr 1994 liegen folgende Daten über die Besiedlungsdichte (Einwohnerzahl pro km^2) und die Einwohnerzahl (in Mio.) vor:

Zone	I	II	III
Besiedlungsdichte	150	10	2
Einwohnerzahlen	9	0.9	0.1

Berechnen Sie die Besiedlungsdichte des Landes im Jahre 1994.
c) Welche Besiedlungsdichte lag Ende 1987 jeweils in den 3 Besiedlungszonen vor, wenn man von den Wachstumsraten der Teilaufgabe a) ausgeht? (bei unveränderter Fläche und einer zum Gesamtwachstum analogen Entwicklung in den einzelnen Zonen!)

Aufgabe 3.11: Ein Auto fährt von A nach B mit einer Durchschnittsgeschwindigkeit von 30 km/h. Für den Rückweg von B nach A beträgt die Durchschnittsgeschwindigkeit 60 km/h. Berechnen Sie die Durchschnittsgeschwindigkeit für die Gesamtfahrt von A nach B und zurück. Die Entfernung zwischen A und B betrage 20 km. Wie verändert sich die Durchschnittsgeschwindigkeit für eine Gesamtfahrt, wenn A und B nicht 20 km sondern 40 km voneinander entfernt wären?

Aufgabe 3.12: Bei einer Statistik-Klausur wird die Zeit (in Minuten) notiert, die zur Lösung einer bestimmten Aufgabe benötigt wird (14 Studenten nehmen an dieser Klausur teil).

93 87 96 77 73 91 82 71 98 74 95 89 79 88

Erstellen Sie den zugehörigen Box-Plot.

Aufgabe 3.13: Für die Bevölkerung der Regionen der Erde werden folgende Sexualproportionen – d. h. Männer je 100 Frauen – angegeben (Zeitschr. f. Bev. Wiss. 11, 1985, S. 498):

94   96   95   96   98   97   102   97   98   95   100
101 100 100 99 103 99 107 106 101 108 88

Erstellen Sie den zugehörigen Box-Plot.

Aufgabe 3.14: In einer Großgemeinde gibt es 10 Facharztpraxen, die sich in kleinere, mittlere und große Praxen einteilen lassen (wobei einfachheitshalber angenommen wird, dass innerhalb einer Gruppe jeweils das gleiche Einkommen erzielt wurde). 2002 erzielten alle 10 Ärzte zusammen ein Einkommen von 3 Millionen EUR. Allein 40 Prozent davon entfielen auf die einzige große Facharztpraxis, während die 5 kleinen Praxen nur insgesamt ein Einkommen von 600 000 EUR erzielten.

a) Zeichnen Sie die Lorenzkurve.
b) Berechnen Sie den Gini-Koeffizienten.

Aufgabe 3.15: In der BRD besaßen im Jahr 1999 die oberen 28 % aller landwirtschaftlichen Betriebe 67 % der gesamten landwirtschaftlichen Fläche. Man bestimme die sich aus dieser Information ergebende Lorenzkurve und das dazugehörige Konzentrationsmaß. Ist letzteres größer oder kleiner als das Maß, das sich ergeben würde, wenn mehr Information über die Verteilung der Fläche auf die Betriebe vorhanden wäre?

Aufgabe 3.16: In Aufgabe 2.8 haben wir die relativen und absoluten Häufigkeiten für den Umsatz von Betrieben in einer bayerischen Kleinstadt berechnet.

a) Berechnen Sie nun das arithmetische Mittel und die Standardabweichung des Merkmals 'Umsatz'.
b) Die Betriebe mit den Umsätzen bis zu 0.5 Mio. EUR erzielten insgesamt einen Umsatz von 12 Mio. EUR, die Betriebe mit den Umsätzen zwischen 3 und 7 Mio. EUR vereinigten ein Viertel des gesamten Umsatzes von 80 Mio. EUR auf sich. Der Gesamtumsatz in Klasse 3 war drei mal so groß wie in Klasse 2. Bestimmen und zeichnen Sie die entsprechende Lorenzkurve!

Aufgabe 3.17: Von den 15 Haushalten in einem Wohnblock sind jeweils ein Drittel Single-Haushalte, Zwei-Personen-Haushalte und Drei-Personen-Haushalte.

a) Berechnen Sie die Gesamtzahl der Personen in den 15 Haushalten.

b) Berechnen Sie den Anteil der Personen in Single-, Zwei-Personen- bzw. Drei-Personen-Haushalten.

c) Die Konzentration der Personen auf die 15 Haushalte kann in einer Lorenzkurve dargestellt werden. Skizzieren Sie diese.

d) In welcher Weise müssten sich die Personen auf die 15 Haushalte verteilen, damit das Maß für die Konzentration in c) gleich Null wird? Skizzieren Sie die zugehörige Lorenzkurve.

Aufgabe 3.18: In einem Land sind 90 % des gesamten Privatvermögens in der Hand von 20 % der Bevölkerung, der sogenannten Oberschicht. Es sei angenommen, dass das Privatvermögen unter den Angehörigen der Oberschicht gleichmäßig verteilt ist. Gleiches gilt für die Aufteilung des Privatvermögens unter den übrigen Bewohnern des Landes.

a) Zeichnen Sie die Lorenzkurve für die Vermögenskonzentration im Land.

b) Wir nehmen nun an, dass es in dem Land zu einer Revolution kommt. Diese verläuft unblutig und ist insofern erfolgreich, als alle Angehörigen der Oberschicht völlig enteignet und deren ehemaliger Besitz gleichmäßig auf alle übrigen Bewohner des Landes verteilt wird. Zeichnen Sie die Lorenzkurve für die Vermögenskonzentration nach der Revolution.

c) Nehmen wir nun zusätzlich an, dass die gesamte nach der Revolution enteignete Oberschicht das Land verlässt. Wie verläuft nun die Lorenzkurve für die Vermögenskonzentration im Land?

4. Maßzahlen und Grafiken für den Zusammenhang zweier Merkmale

Wir haben uns in den bisherigen Kapiteln mit der Darstellung der Verteilung eines Merkmals und mit Maßzahlen zur Charakterisierung ihrer Gestalt beschäftigt. Wie in Kapitel 1 angesprochen, werden in der Regel mehrere Merkmale gleichzeitig erhoben. Neben der Verteilung der einzelnen Merkmale interessieren wir uns daher auch für die gemeinsame Verteilung zweier (oder mehrerer) Merkmale und den Zusammenhang zwischen den Merkmalen. In diesem Kapitel behandeln wir Maßzahlen, die die Stärke und – falls dies sinnvoll interpretierbar ist – die Richtung des Zusammenhangs angeben. Diese Maßzahlen hängen zum einen vom Skalenniveau der beiden Merkmale ab. Zum anderen haben die verschiedenen Maßzahlen, die bei einem Skalenniveau Anwendung finden, in bestimmten Situationen unterschiedliche Eigenschaften, was bei ihrer Anwendung und Interpretation zu berücksichtigen ist. Liegt ein Zusammenhang vor, so kann dieser Zusammenhang auch durch ein Modell, d. h. durch eine funktionale Beziehung zwischen den beiden Merkmalen ausgedrückt werden. In Kapitel 5 wird diese Modellbildung ausführlich behandelt.

4.1 Darstellung der Verteilung zweidimensionaler Merkmale

Bevor wir die einzelnen Zusammenhangsmaße und deren Eigenschaften behandeln, beschäftigen wir uns zunächst mit den verschiedenen Darstellungsformen für die Verteilungen eines zweidimensionalen Merkmals. Die Darstellung hängt dabei – ebenso wie die Maßzahlen – vom Skalenniveau der einzelnen Merkmale ab.

4.1.1 Kontingenztafeln bei diskreten Merkmalen

Sind die beiden Merkmale X und Y diskret, so gibt es nur eine definierte endliche Anzahl an möglichen Kombinationen von Merkmalsausprägungen. Seien $x_1, \ldots, x_k$ die Merkmalsausprägungen von X und $y_1, \ldots, y_l$ die Merkmalsausprägungen von Y. Dann können die gemeinsamen Merkmalsausprägungen (x_i, y_j) und ihre jeweiligen absoluten Häufigkeiten n_{ij}, $i = 1, \ldots, k$;

$j = 1, \ldots, l$ in der folgenden $k \times l$-**Kontingenztafel** (Tabelle 4.1) angegeben werden.

Tabelle 4.1. Schema einer $k \times l$-Kontingenztafel

		Merkmal Y				
		y_1		y_j	y_l	
	x_1	n_{11}	$\cdots$	n_{1j}	n_{1l}	n_{1+}
		$\vdots$	$\vdots$	$\vdots$	$\vdots$	$\vdots$
Merkmal X	x_i	n_{i1}	$\cdots$	n_{ij}	n_{il}	n_{i+}
		$\vdots$	$\vdots$	$\vdots$	$\vdots$	$\vdots$
	x_k	n_{k1}	$\cdots$	n_{kj}	n_{kl}	n_{k+}
		n_{+1}	$\cdots$	n_{+j}	n_{+l}	n

Die Notation n_{i+} bezeichnet die i-te Zeilensumme, d.h. Summation über den Index j gemäß $n_{i+} = \sum_{j=1}^{l} n_{ij}$. Analog erhält man die j-te Spaltensumme n_{+j} durch Summation über den Index i als $n_{+j} = \sum_{i=1}^{k} n_{ij}$. Der Gesamtumfang aller Beobachtungen ist dann

$$n = \sum_{i=1}^{k} n_{i+} = \sum_{j=1}^{l} n_{+j} = \sum_{i=1}^{k} \sum_{j=1}^{l} n_{ij} .$$

Vier-Felder-Tafeln. Ein Spezialfall ist die sogenannte Vier-Felder-Tafel bzw. 2×2-Kontingenztafel. Die beiden Merkmale sind in diesem Fall binär oder dichotom. Hierfür gibt es zum einen spezielle Maßzahlen, wie wir im Folgenden sehen werden. Zum anderen verwendet man hier eine spezielle Notation (Tabelle 4.2).

Tabelle 4.2. Schema einer 2×2-Kontingenztafel

		Merkmal Y		
		y_1	y_2	
Merkmal X	x_1	a	b	$a+b$
	x_2	c	d	$c+d$
		$a+c$	$b+d$	n

Beispiel 4.1.1. Wir wollen 20 Fragebögen unserer Studentenbefragung exemplarisch in eine Kontingenztafel eintragen. Hierzu betrachten wir das Merkmal 'Geschlecht' (X) und das Merkmal 'Studienfach' (Y), die in zwei (männlich, weiblich) bzw. drei Kategorien (BWL, VWL und Sonstige) vorliegen. Die Datenmatrix in Abbildung 4.1 zeigt die Ausgangsdaten.

Student 1 ist männlich und studiert BWL, er liefert also einen Eintrag/Strich in der Zelle (männlich, BWL) der 2×3-Kontingenztafel:

ID	Geschlecht	Studienfach
1	männlich	BWL
2	weiblich	VWL
3	männlich	Sonstige
4	weiblich	BWL
5	männlich	VWL
6	weiblich	Sonstige
7	weiblich	BWL
8	männlich	VWL
9	männlich	VWL
10	weiblich	Sonstige
11	weiblich	Sonstige
12	weiblich	BWL
13	männlich	VWL
14	männlich	Sonstige
15	weiblich	BWL
16	männlich	BWL
17	männlich	VWL
18	weiblich	Sonstige
19	weiblich	VWL
20	weiblich	Sonstige

Abb. 4.1. Beobachtete Werte der 20 Fragebögen

	BWL	VWL	Sonstige
männlich	|		
weiblich			

Student 2 ist weiblich und studiert VWL. Es kommt also ein Eintrag in die Zelle (weiblich, VWL) hinzu:

	BWL	VWL	Sonstige
männlich	|		
weiblich		|	

Nach Eintrag aller Studenten in die Kontingenztafel erhalten wir:

	BWL	VWL	Sonstige
männlich	||	₥	||
weiblich	||||	||	₥

bzw.

	BWL	VWL	Sonstige	$\sum$
männlich	2	5	2	9
weiblich	4	2	5	11
$\sum$	6	7	7	20

Alternativ hätten wir auch eine dazu gleichwertige 3 × 2-Tafel durch Vertauschen von X und Y erzeugen können:

	männlich	weiblich	$\sum$
BWL	2	4	6
VWL	5	2	7
Sonstige	2	5	7
$\sum$	9	11	20

Mit Hilfe der Kontingenztafel ist es uns also gelungen, die bereits bei 20 Beobachtungen unübersichtliche Datenmenge aus Abbildung 4.1 in kompakter Form darzustellen.

Gemeinsame Verteilung, Randverteilung und bedingte Verteilung.
In der Kontingenztafel in Tabelle 4.1 sind die absoluten Häufigkeiten angegeben. Alternativ können auch die relativen Häufigkeiten $f_{ij} = \frac{n_{ij}}{n}$ verwendet werden. Die Häufigkeiten n_{ij} bzw. f_{ij}, $i = i, \dots, k$; $j = 1, \dots, l$ stellen die **gemeinsame Verteilung** des zweidimensionalen Merkmals dar. Die Häufigkeiten n_{i+} bzw. f_{i+} sind die Häufigkeiten der **Randverteilung** von X, die Häufigkeiten n_{+j} bzw. f_{+j} sind die Häufigkeiten der Randverteilung von Y. Die Randverteilungen sind dabei nichts anderes als die jeweiligen Verteilungen der Einzelmerkmale.

Daneben ist man häufig an der Verteilung eines Merkmals bei Vorliegen einer bestimmten Ausprägung des anderen Merkmals interessiert. So könnte beispielsweise die Geschlechtsverteilung bei den BWL-Studenten von Interesse sein. Damit sind die relativen Häufigkeiten nicht durch Adjustierung auf den Gesamtstichprobenumfang n, sondern auf den Teilstichprobenumfang n_{BWL} gegeben. Allgemein ist die **bedingte Verteilung** von X gegeben $Y = y_j$ definiert durch

$$f_{i|j} = \frac{n_{ij}}{n_{+j}}. \tag{4.1}$$

Beispiel 4.1.2. Nehmen wir die in Beispiel 4.1.1 erzeugte 2×3-Kontingenztafel. Ihre gemeinsame Verteilung mit den relativen Häufigkeiten ist gegeben durch

	BWL	VWL	Sonstige
männlich	0.1	0.25	0.1
weiblich	0.2	0.1	0.25

Die Randverteilungen von X und Y sind gegeben durch

	männlich	weiblich
f_i	0.45	0.55

	BWL	VWL	Sonstige
f_j	0.3	0.35	0.35

Die bedingten Verteilungen von X gegeben Y sind

	männlich	weiblich
$f_{i|BWL}$	0.33	0.67

	männlich	weiblich
$f_{i|VWL}$	0.71	0.29

	männlich	weiblich
$f_{i|Sonstige}$	0.29	0.71

und die bedingten Verteilungen von Y gegeben X sind

	BWL	VWL	Sonstige
$f_{j|\text{männlich}}$	0.22	0.56	0.22

	BWL	VWL	Sonstige
$f_{j|\text{weiblich}}$	0.36	0.18	0.46

In Abbildung 4.2 ist die gemeinsame Verteilung als SPSS-Kontingenztafel sowohl mit den absoluten als auch mit den relativen Häufigkeiten dargestellt. Zusätzlich sind die beiden Randverteilungen angegeben. In Abbildung 4.3 sind die bedingten Verteilungen des Geschlechts gegeben das Studienfach und die bedingten Verteilungen des Studienfachs gegeben das Geschlecht als Kontingenztafel dargestellt.

			Studienfach			
			BWL	VWL	Sonstige	Total
Geschlecht	männlich	Count	2	5	2	9
		% of Total	10.0%	25.0%	10.0%	45.0%
	weiblich	Count	4	2	5	11
		% of Total	20.0%	10.0%	25.0%	55.0%
Total		Count	6	7	7	20
		% of Total	30.0%	35.0%	35.0%	100.0%

Abb. 4.2. Kontingenztafel Geschlecht $\times$ Studienfach in SPSS

% within Studienfach

		Studienfach			
		BWL	VWL	Sonstige	Total
Geschlecht	männlich	33.3%	71.4%	28.6%	45.0%
	weiblich	66.7%	28.6%	71.4%	55.0%
Total		100.0%	100.0%	100.0%	100.0%

% within Geschlecht

		Studienfach			
		BWL	VWL	Sonstige	Total
Geschlecht	männlich	22.2%	55.6%	22.2%	100.0%
	weiblich	36.4%	18.2%	45.5%	100.0%
Total		30.0%	35.0%	35.0%	100.0%

Abb. 4.3. Bedingte Verteilungen in SPSS-Darstellung

4.1.2 Grafische Darstellung bei diskreten Merkmalen

In Anlehnung an die Darstellung in der Kontingenztafel könnte man die gemeinsame Verteilung zweier diskreter Merkmale in einer dreidimensionalen Grafik darstellen. Die Merkmalsausprägungen der beiden Merkmale würden dann eine Ebene aufspannen und die absoluten bzw. relativen Häufigkeiten stellen analog zum Balkendiagramm die Balkenhöhe in der dritten Dimension dar. Bei der Visualisierung dreidimensionaler Grafiken besteht jedoch das Problem, dass diese Grafik in den zweidimensionalen Raum (Bildschirm,

Papier) projiziert wird. Damit hängt die Darstellung stark vom Betrachtungspunkt ab. Dies birgt die Gefahr von Fehlinterpretationen, falls der Betrachtungspunkt ungünstig gewählt wurde. Daher ist es sinnvoller, die notwendige Projektion bereits von vornherein durchzuführen, indem man in einem zweidimensionalen Balkendiagramm innerhalb jeder Ausprägung des ersten Merkmals die verschiedenen Ausprägungen des anderen Merkmals angibt (Abbildung 4.4). Alternativ zu dieser genesteten Darstellung kann man auch die gestapelte Form wählen, bei der die Balken innerhalb des ersten Merkmals nicht nebeneinander sondern übereinander angeordnet sind (Abbildung 4.5).

Die Darstellung der Randverteilungen entspricht dem eindimensionalen Balkendiagramm aus Abschnitt 2.3.1. Bei der grafischen Darstellung der bedingten Verteilungen können wir entweder die genestete Form wählen, wobei jeweils die gleichfarbigen Balken eine bedingte Verteilung darstellen (Abbildung 4.6), oder wir verwenden die gestapelte Darstellung (Abbildung 4.7), bei der die verschieden schraffierten Anteile eines Balkens die bedingte Verteilung charakterisieren.

Beispiel 4.1.3. Wir stellen nun die Verteilungen aus Beispiel 4.1.2 grafisch dar. Abbildung 4.4 zeigt die gemeinsame Verteilung der beiden Merkmale in genesteter Form. Die Balkenhöhen entsprechen den absoluten Häufigkeiten. Die gestapelte Darstellung der gemeinsamen Verteilung findet man in Abbildung 4.5. Die gesamte Balkenhöhe entspricht dabei der kumulierten absoluten Häufigkeit der Männer bzw. Frauen. Damit ist zugleich die Randverteilung des Merkmals 'Geschlecht' dargestellt. Die verschiedenfarbigen Abschnitte eines Balkens charakterisieren die absoluten Häufigkeiten der gemeinsamen Verteilung. In SPSS kann die gemeinsame Verteilung nur mit den absoluten Häufigkeiten dargestellt werden. Da der Übergang zu den relativen Häufigkeiten nur die Achsenbeschriftung, nicht aber die Verteilungsgestalt beeinflusst, ist dies kein entscheidender Nachteil.

Die grafische Darstellung der bedingten Verteilung ist sowohl mit Hilfe der genesteten als auch mit der gestapelten Form möglich. Abbildung 4.6 zeigt die verschachtelte Darstellung der bedingten Verteilungen des Geschlechts gegeben die verschiedenen Studienfächer. Die Balken gleicher Farbe stellen jeweils eine bedingte Verteilung dar. Abbildung 4.7 stellt die bedingten Verteilungen des Studienfachs gegeben das Geschlecht in gestapelter Form dar, wobei jeder Balken eine bedingte Verteilung mit den kumulierten relativen Häufigkeiten charakterisiert.

Die gemeinsame Verteilung der ersten 20 Fragebögen in Abbildung 4.4 zeigt, dass die Kombinationen (männlich, VWL) und (weiblich, Sonstiges) am häufigsten vorkommen. In der gestapelten Darstellung können wir zusätzlich ablesen, dass bei Männern und Frauen die absolute Häufigkeit der Wirtschaftswissenschaftler (BWL und VWL) fast gleich ist. Bei den bedingten Verteilungen erkennt man, dass die meisten Männer VWL studieren, während bei BWL und Sonstigen die Frauen überwiegen.

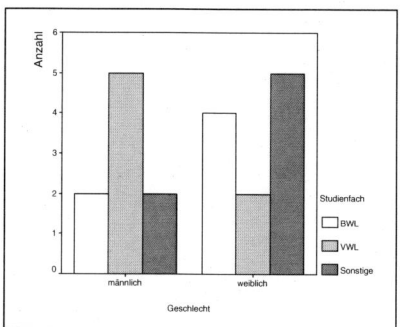 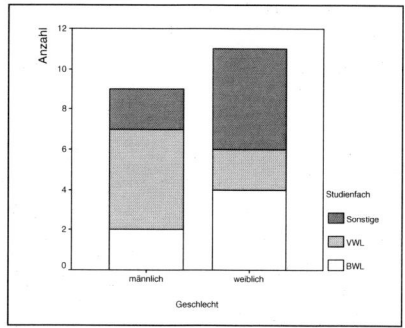

Abb. 4.4. Gemeinsame Verteilung mit den absoluten Häufigkeiten

Abb. 4.5. Gemeinsame Verteilung in 'gestapelter' Darstellung

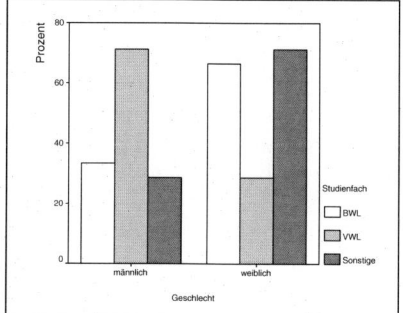 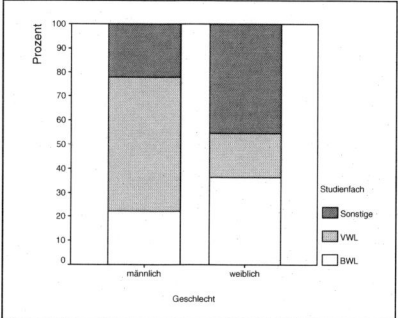

Abb. 4.6. Bedingte Verteilungen des Geschlechts gegeben das Studienfach

Abb. 4.7. Bedingte Verteilungen des Studienfachs gegeben das Geschlecht

4.1.3 Maßzahlen zur Beschreibung der Verteilung bei stetigen und gemischt stetig-diskreten Merkmalen

Ist eines der beiden Merkmale stetig, so gibt es in der Regel sehr viele verschiedene Kombinationen von Merkmalsausprägungen. Die Auflistung der vorkommenden Merkmalsausprägungen bietet damit keinen Informationsgewinn im Vergleich zu den einzelnen Beobachtungen. Ist das eine Merkmal diskret und das andere Merkmal stetig, so ist in der Regel die Darstellung der bedingten Verteilungen des stetigen Merkmals gegeben die Ausprägungen des diskreten Merkmals die gebräuchliche Darstellung. In Analogie zu Kapitel 3 können wir diese bedingten Verteilungen durch die dort behandelten Lage- und Streuungsmaßzahlen beschreiben. Sind beide Merkmale stetig, so liegen in jeder bedingten Verteilung nur eine oder wenige Beobachtungen. Ihre Darstellung ist daher weder praktikabel noch sinnvoll, da beispielsweise die Frage nach der Verteilung des Gewichts gegeben eine Körpergröße von exakt 173 cm nicht interessiert. Die gemeinsame Verteilung der beiden stetigen Merkmale kann im Gegensatz dazu durch Maßzahlen charakterisiert werden. Hierzu gibt man den Vektor der Maßzahlen der einzelnen Randverteilungen an. Das arithmetische Mittel ist dann beispielsweise $(\bar{x}, \bar{y})$ usw. Eine Maßzahl, die nicht auf die Randverteilung sondern direkt auf die gemeinsame Verteilung zweier stetiger Merkmale abzielt, ist die Kovarianz, die in Abschnitt 4.4 behandelt wird.

Beispiel 4.1.4. Zusätzlich zu den Merkmalen 'Geschlecht' und 'Studienfach' sind in Abbildung 4.8 die Werte der Merkmale 'Gewicht' und 'Körpergröße' für die ersten 20 Fragebögen angegeben.

ID	Geschlecht	Studienfach	Körpergröße	Gewicht
1	männlich	BWL	183	90
2	weiblich	VWL	179	54
3	männlich	Sonstige	164	50
4	weiblich	BWL	176	61
5	männlich	VWL	180	80
6	weiblich	Sonstige	171	64
7	weiblich	BWL	177	80
8	männlich	VWL	192	72
9	männlich	VWL	180	65
10	weiblich	Sonstige	171	61
11	weiblich	Sonstige	174	54
12	weiblich	BWL	178	73
13	männlich	VWL	186	85
14	männlich	Sonstige	179	70
15	weiblich	BWL	168	62
16	männlich	BWL	180	80
17	männlich	VWL	178	67
18	weiblich	Sonstige	175	57
19	weiblich	VWL	169	60
20	weiblich	Sonstige	150	50

Abb. 4.8. Werte der ersten 20 Fragebögen

Betrachten wir zunächst das zweidimensionale Merkmal (Y, X), bestehend aus der 'Körpergröße' (Y) und dem 'Geschlecht' (X). Da es sich um ein gemischt stetig-diskretes Merkmal handelt, ist die Darstellung der bedingten Verteilungen der Körpergröße für die Männer bzw. Frauen von Interesse. Die entsprechenden Lage- und Streuungsmaßzahlen sind im SPSS-Output in Abbildung 4.9 angegeben. Interessieren wir uns für das stetige zweidimensionale Merkmal 'Körpergröße' (X) und 'Körpergewicht' (Y), so können wir nur die Maßzahlen der beiden Randverteilungen heranziehen (Abbildung 4.10).

Während die bedingten Verteilungen das zweidimensionale Merkmal (Körpergröße, Geschlecht) gut charakterisieren, können die Randverteilungen von Körpergröße und Körpergewicht keinen Aufschluss über den Zusammenhang der beiden Merkmale geben. Hier benötigt man die im nächsten Abschnitt beschriebene grafische Darstellung.

Geschlecht		Valid N	Mean	Median	Mode	Std. Deviation	Variance
männlich	Körpergröße in cm	9	180.22	180.00	180	7.50	56.19
weiblich	Körpergröße in cm	11	171.64	174.00	171	8.05	64.85

Abb. 4.9. Lage- und Streuungsmaßzahlen der bedingten Verteilungen der Körpergröße gegeben das Geschlecht

	Valid N	Mean	Median	Mode	Std. Deviation	Variance
Körpergröße in cm	20	175.50	177.50	180	8.77	77.00
Körpergewicht in kg	20	66.75	64.50	80	11.71	137.04

Abb. 4.10. Lage- und Streuungsmaßzahlen der Randverteilungen der Körpergröße und des Körpergewichts

4.1.4 Grafische Darstellung der Verteilung stetiger bzw. gemischt stetig-diskreter Merkmale

Neben der Darstellung der Verteilungen durch Maßzahlen können wir auch grafische Darstellungsformen wählen, die insbesondere bei stetigen Merkmalen die gemeinsame Verteilung besser charakterisieren. Zur Darstellung der gemeinsamen Verteilung verwendet man den sogenannten **Scatterplot** (Streudiagramm). Hier werden die Wertepaare (x_i, y_i) in ein X-Y-Koordinatensystem eingezeichnet. Abbildung 4.11 zeigt den Scatterplot zweier stetiger Merkmale. Im Scatterplot in Abbildung 4.12 ist das eine Merkmal diskret. In diesem Fall ist die Darstellung der bedingten Verteilung der Darstellung der gemeinsamen Verteilung vorzuziehen. Hierzu verwenden wir die in den Kapiteln 2 und 3 vorgestellten Histogramme (Abbildung 4.14) bzw. Box-Plots (Abbildung 4.15). Die bedingten Verteilungen können aber auch als empirische Verteilungsfunktion (Abbildung 4.13) dargestellt werden.

Beispiel. Betrachten wir die Ergebnisse aller 253 Fragebögen der Umfrage „Statistik für Wirtschaftswissenschaftler" aus Beispiel 1.3.1. Die gemeinsame Verteilung der beiden stetigen Merkmale 'Körpergröße' und 'Körpergewicht' ist als Scatterplot (Abbildung 4.11) dargestellt. Es ist ein Zusammenhang zwischen den beiden Merkmalen erkennbar, da große Personen auch hohe Gewichtswerte haben und kleine Personen niedrige Gewichtswerte.

Der Scatterplot des stetig-diskreten Merkmals 'Körpergröße' und 'Geschlecht' (Abbildung 4.12) zeigt, dass die verschiedenen Körpergrößen bei den Männern bzw. Frauen jeweils auf einer Linie liegen. Der Abstand zwischen diesen beiden Punktlinien ist rein willkürlich durch die Kodierung 1 = Frauen und 2 = Männer. Er hat aber keine interpretierbare Bedeutung, da bei diskreten Merkmalen keine Abstände definiert sind. Deshalb ist die Darstellung der bedingten Verteilung wesentlich sinnvoller. Zur Darstel-

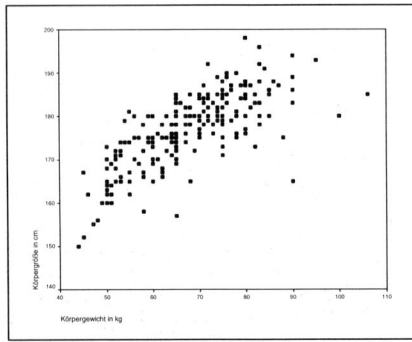

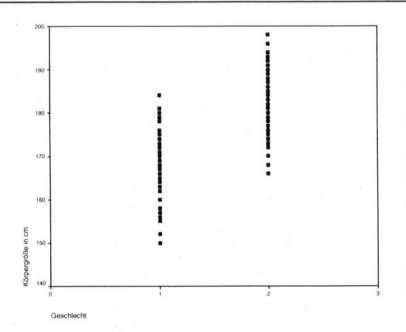

Abb. 4.11. Scatterplot der Merkmale 'Körpergröße' und 'Körpergewicht'

Abb. 4.12. Scatterplot der Merkmale 'Geschlecht' und 'Körpergröße'

lung der bedingten empirischen Verteilungsfunktion berechnen wir zunächst die Punkte $(e_j, F(e_j))$ der beiden bedingten Verteilungen, wie in Abschnitt 2.2 und zeichnen dann beide Kurven in ein Diagramm ein (Abbildung 4.13).

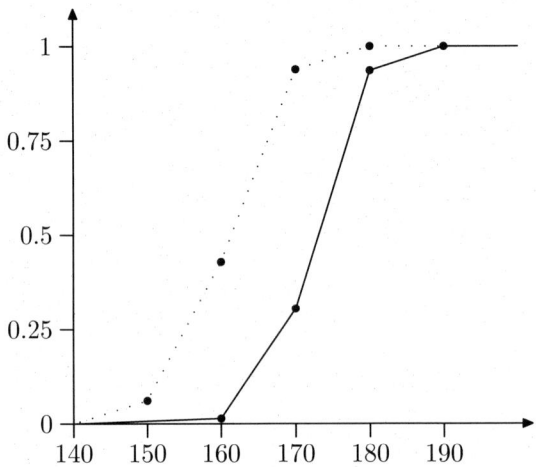

Abb. 4.13. Verteilungsfunktion des Merkmals Körpergröße, gruppiert nach dem Merkmal Geschlecht; gepunktete Linie: Verteilungsfunktion der Körpergröße bei den Frauen; durchgezogene Linie: Verteilungsfunktion bei den Männern

Alternativ können wir die bedingten Verteilungen auch durch Histogramme (Abbildung 4.14) bzw. Box-Plots (Abbildung 4.15) darstellen. In SPSS ist beim Histogramm im Gegensatz zu den Box-Plots die Anordnung in einer einzigen Grafik nicht möglich.

Die Verteilungsfunktionen zeigen, dass bei jedem Wert der Körpergrößenskala der kumulierte Frauenanteil stets größer oder gleich dem kumulierten Männeranteil ist. Die Verteilung der Körpergröße bei den Frauen ist also

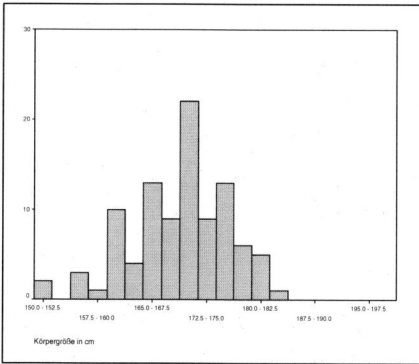
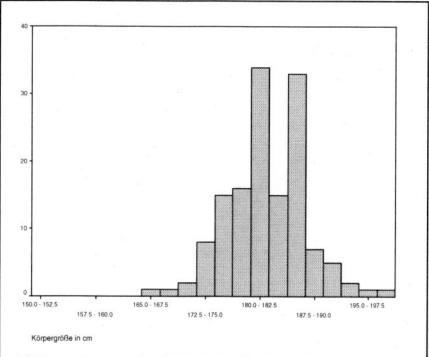

Abb. 4.14. Bedingte Verteilung der Körpergröße bei Frauen (links) bzw. Männern (rechts) als Histogramm

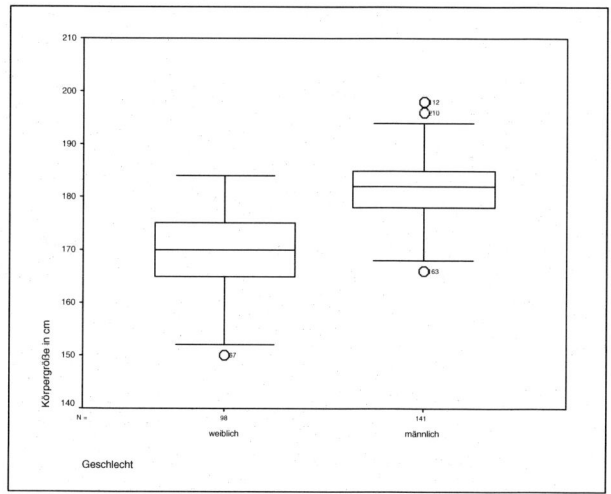

Abb. 4.15. Box-Plot der bedingten Verteilungen der Körpergröße gegeben Geschlecht

gegenüber der der Männer nach links verschoben, was auch durch den Vergleich der Histogramme deutlich wird. Das heißt, Frauen scheinen kleiner als Männer zu sein. Der Box-Plot zeigt darüber hinaus, dass die Streuung bei den Männern geringer ist als bei den Frauen.

4.2 Maßzahlen für den Zusammenhang zweier nominaler Merkmale

Wir behandeln zunächst Maßzahlen für den Zusammenhang nominaler Merkmale. Da bei nominalen Merkmalen die Anordnung der Merkmalsausprägungen willkürlich ist, geben diese Maßzahlen nur an, ob ein Zusammenhang vorliegt. So ist bei einem Zusammenhang zwischen nominalen Merkmalen beispielsweise die Angabe einer Richtung im Gegensatz zu ordinalen oder metrischen Merkmalen nicht möglich. Man spricht daher allgemein von **Assoziation**. Eine Ausnahme stellt die Vier-Felder-Tafel dar. Da es nur jeweils zwei Ausprägungen gibt, kann die Art des Zusammenhangs in diesem Fall durch eine Richtungsangabe beschrieben werden.

Unabhängigkeit. Wir beschäftigen uns im folgenden mit Maßzahlen, die den Zusammenhang zwischen zwei Merkmalen messen. Vorher müssen wir aber erst festlegen, was wir unter der **Unabhängigkeit** der Merkmale – d. h. zwischen ihnen besteht kein Zusammenhang – verstehen. Intuitiv würden wir zwei Merkmale als voneinander unabhängig betrachten, wenn die Ausprägung eines Merkmals keinen Einfluss auf die Ausprägung des anderen Merkmals hat. Formal entspricht dies der Tatsache, dass alle bedingten Verteilungen eines Merkmals gegeben das andere Merkmal gleich sind. Sie sind dann auch gleich der Randverteilung:

$$f_{i|j} = f_{i+} \quad \text{und} \quad f_{j|i} = f_{+j}, \quad i = 1, \ldots, k; j = 1, \ldots, l \qquad (4.2)$$

Die gemeinsame Verteilung zweier Merkmale lässt sich allgemein darstellen als $f_{ij} = f_{i|j}f_{+j}$ bzw. als $f_{ij} = f_{j|i}f_{i+}$. Damit gilt im Fall der Unabhängigkeit, dass die gemeinsame Verteilung gleich dem Produkt der Randverteilungen ist

$$f_{ij} = f_{i+}f_{+j} . \qquad (4.3)$$

Die mit Hilfe von (4.3) berechneten relativen Häufigkeiten bezeichnet man auch als (unter der Annahme der Unabhängigkeit) **erwartete relative Häufigkeiten**. Die erwarteten absoluten Häufigkeiten berechnen sich daraus als

$$n_{ij} = n\, f_{ij} = n\frac{n_{i+}}{n}\frac{n_{+j}}{n} = \frac{n_{i+}n_{+j}}{n} .$$

Ein **exakter Zusammenhang** liegt vor, falls durch die Kenntnis der Merkmalsausprägung des einen Merkmals auch die Merkmalsausprägung des anderen Merkmals bekannt ist. Im Fall der quadratischen $k \times k$-Tafel ist diese Beziehung symmetrisch. In diesem Fall ist in jeder Zeile und jeder Spalte nur eine Zelle besetzt, wobei die gemeinsame Häufigkeit gleich den Randhäufigkeiten ist. Diese Situation ist in Tabelle 4.3 dargestellt. Im Fall einer $k \times l$-Kontingenztafel, bei der $k < l$ ist, sprechen wir von einem exakten Zusammenhang, falls bei Kenntnis der Merkmalsausprägung von Y (des Merkmals mit der größeren Anzahl an Ausprägungen) die Merkmalsausprägung von X bekannt ist. In diesem Fall ist also in jeder Spalte nur eine Zelle besetzt, die gemeinsame Häufgkeit ist gleich der Randhäufigkeit des Merkmals Y. Diese Situation ist in Tabelle 4.4 dargestellt.

Tabelle 4.3. Exakter Zusammenhang in einer 3×3-Kontingenztafel

	y_1	y_2	y_3
x_1	$n_{+1} = n_{1+}$	0	0
x_2	0	0	$n_{+3} = n_{2+}$
x_3	0	$n_{+2} = n_{3+}$	0

Tabelle 4.4. Exakter Zusammenhang in einer 2×3-Kontingenztafel

	y_1	y_2	y_3
x_1	n_{+1}	n_{+2}	0
x_2	0	0	n_{+3}

4.2.1 Pearsons χ^2-Statistik

Die Grundlage einer Reihe von Maßzahlen ist die χ^2-Statistik von Pearson, die die beobachteten Zellhäufigkeiten der $k \times l$-Kontingenztafel mit den unter der Annahme der Unabhängigkeit zu erwartenden Zellhäufigkeiten in Beziehung setzt. Dabei wird der quadratische Abstand zwischen beobachteten und erwarteten Zellhäufigkeiten in Relation zu den erwarteten Häufigkeiten berechnet:

$$\chi^2 = \sum_{i=1}^{k} \sum_{j=1}^{l} \frac{\left(n_{ij} - \frac{n_{i+}n_{+j}}{n}\right)^2}{\frac{n_{i+}n_{+j}}{n}}. \tag{4.4}$$

In der speziellen Notation der Vier-Felder-Tafel (vgl. Tabelle 4.2) erhalten wir für die χ^2-Statistik (4.4)

$$\chi^2 = \frac{n(ad - bc)^2}{(a + b)(c + d)(a + c)(b + d)}. \tag{4.5}$$

Nach Auflösung der quadratischen Gleichung (4.4) ergibt sich die alternative Berechnungsformel

$$\chi^2 = n \left(\sum_{i=1}^{k} \sum_{j=1}^{l} \frac{n_{ij}^2}{n_{i+}n_{+j}} - 1 \right). \tag{4.6}$$

Sind die beiden Merkmale unabhängig, so sind die beobachteten Häufigkeiten gleich den erwarteten Häufigkeiten. Die χ^2-Statistik nimmt damit den Wert Null an. Je mehr die beobachteten Häufigkeiten von den unter der Annahme der Unabhängigkeit zu erwartenden Häufigkeiten abweichen, desto größer wird der Wert der χ^2-Statistik. Im Fall des exakten Zusammenhangs nimmt die χ^2-Statistik den Maximalwert $n\,(\min(k,l) - 1)$ an. Dies lässt sich leicht anhand von (4.6) zeigen: Sei ohne Beschränkung der Allgemeinheit $k \leq l$, dann ist $n_{ij} = n_{+j}$, wie wir in Tabelle 4.4 sehen. Damit wird

$$\chi^2 = n \left(\sum_{i=1}^{k} \sum_{j=1}^{l} \frac{n_{ij}^2}{n_{i+}n_{+j}} - 1 \right) = n \left(\sum_{i=1}^{k} \sum_{j=1}^{l} \frac{n_{ij}n_{+j}}{n_{i+}n_{+j}} - 1 \right)$$

$$= n \left(\sum_{i=1}^{k} \frac{1}{n_{i+}} \sum_{j=1}^{l} n_{ij} - 1 \right) = n \, (k - 1)$$

Weiterhin ist die χ^2-Statistik ein symmetrisches Maß, d. h. der χ^2-Wert ist invariant gegen eine Vertauschung von X und Y.

Beispiel 4.2.1. Wir wollen nun den Zusammenhang zwischen dem Studienfach und dem Geschlecht bei unserer Studentenbefragung untersuchen. Hierzu verwenden wir wiederum exemplarisch die 20 Fragebögen aus Beispiel 4.1.1, die in der Kontingenztafel auf Seite 99 dargestellt sind. Berechnen wir den χ^2-Wert mit Hilfe von (4.4), so müssen wir zunächst die unter der Annahme der Unabhängigkeit zu erwartenden Zellhäufigkeiten berechnen. Für die Zelle (männlich, BWL) berechnet sich die erwartete Zellhäufigkeit beispielsweise als

$$\frac{n_{\text{männlich}}n_{\text{BWL}}}{n} = \frac{9 \cdot 6}{20} = 2.7 \, .$$

Wir erhalten schließlich die folgende Kontingenztafel mit den unter der Annahme der Unabhängigkeit zu erwartenden Zellhäufigkeiten, die man auch als Unabhängigkeitstafel bezeichnet:

	BWL	VWL	Sonstige
männlich	2.7	3.15	3.15
weiblich	3.3	3.85	3.85

Damit berechnet sich die χ^2-Statistik gemäß (4.4) als

$$\chi^2 = \frac{(2 - 2.7)^2}{2.7} + \frac{(5 - 3.15)^2}{3.15} + \frac{(2 - 3.15)^2}{3.15}$$

$$+ \frac{(4 - 3.3)^2}{3.3} + \frac{(2 - 3.85)^2}{3.85} + \frac{(5 - 3.85)^2}{3.85}$$

$$= 0.18158 + 1.08651 + 0.41984 + 0.14848 + 0.88896 + 0.34351$$

$$= 3.06878 \, .$$

Alternativ können wir den χ^2-Wert auch gemäß (4.6) berechnen:

$$\chi^2 = 20 \left(\frac{2^2}{9 \cdot 6} + \frac{5^2}{9 \cdot 7} + \frac{2^2}{9 \cdot 7} + \frac{4^2}{11 \cdot 6} + \frac{2^2}{11 \cdot 7} + \frac{5^2}{11 \cdot 7} - 1 \right)$$

$$= 20 \, (0.07407 + 0.39683 + 0.06349 + 0.24242 + 0.05195 + 0.32468 - 1)$$

$$= 3.06878 \, .$$

Es besteht also ein Zusammenhang zwischen dem Geschlecht und dem Studienfach. Da der Maximalwert der χ^2-Statistik hier bei $20(2 - 1) = 20$ liegt, ist der Zusammenhang als schwach einzustufen.

			Studienfach			
			BWL	VWL	Sonstige	Total
Geschlecht	männlich	Count	2	5	2	9
		Expected Count	2.7	3.2	3.2	9.0
	weiblich	Count	4	2	5	11
		Expected Count	3.3	3.9	3.9	11.0
Total		Count	6	7	7	20
		Expected Count	6.0	7.0	7.0	20.0

	Value	df	Asymp. Sig. (2-sided)
Pearson Chi-Square	3.069^a	2	.216
Likelihood Ratio	3.136	2	.208
Linear-by-Linear Association	.060	1	.806
N of Valid Cases	20		

a. 6 cells (100.0%) have expected count less than 5. The minimum expected count is 2.70.

Abb. 4.16. SPSS-Listing zu Beispiel 4.2.1

In Abbildung 4.16 ist das entsprechende SPSS-Listing zu sehen. Hier sind in der Kontingenztafel neben den beobachteten Häufigkeiten auch die erwarteten Häufigkeiten angegeben. Die χ^2-Statistik ist mit 'Pearson Chi-Square' bezeichnet. Die beiden anderen Maßzahlen spielen ebenso wie 'df' und 'Asymp. Sig.' erst in der induktiven Statistik eine Rolle.

Die χ^2-Statistik hängt – wie wir gezeigt haben – sowohl vom Erhebungsumfang n als auch von der Dimension der Kontingenztafel ab. Bei großen absoluten Häufigkeiten in einer Kontingenztafel wird aus Gründen der Übersichtlichkeit meist die Einheit verändert. Die dargestellten absoluten Häufigkeiten der Kontingenztafel sind mit dem gewählten einheitlichen Faktor $A > 0$ (Maßeinheit) zu multiplizieren.

Beispiel 4.2.2. Es soll untersucht werden, ob ein Zusammenhang zwischen dem Geschlecht und der Stellung im Beruf besteht. Die folgende Kontingenztafel gibt die Erwerbstätigen nach Geschlecht und Stellung im Beruf, BRD 1992, in Mio., an.

	männlich	weiblich
Selbständige	2.3	0.8
mithelfende Familienang.	0.1	0.4
Angestellte	19.2	14.1

Die Angabe in der Kontingenztafel erfolgt in Mio., d. h. die dargestellten absoluten Häufigkeiten sind mit dem Faktor $A = 1\,000\,000$ zu multiplizieren.

Für die transformierten absoluten Häufigkeiten (Symbol „˜ ") gelten folgende Beziehungen: $\tilde{n}_{ij} = A\,n_{ij}$, $\tilde{n}_{i+} = A\,n_{i+}$, $\tilde{n}_{+j} = A\,n_{+j}$ und $\tilde{n} \to A\,n$. Damit gilt folgender Zusammenhang für die Berechnung der χ^2-Statistik gemäß

(4.4)

$$\chi^2_{\text{neu}} = \sum \sum \frac{(A n_{ij} - \frac{A^2 n_{i+} n_{+j}}{An})^2}{\frac{A^2 n_{i+} n_{+j}}{An}} = \sum \sum \frac{A^2 (n_{ij} - \frac{n_{i+} n_{+j}}{n})^2}{A \frac{n_{i+} n_{+j}}{n}} = A \chi^2_{\text{alt}}.$$

(4.7)

Die Berechnung des χ^2-Wertes mit den angegebenen Werten der Kontingenztafel (ohne Faktor A) liefert also einen falschen χ^2-Wert. Die Beziehung (4.7) kann jedoch zur vereinfachten Berechnung der χ^2-Statistik verwendet werden.

Beispiel 4.2.3. Wir berechnen nun den χ^2-Wert in Beispiel 4.2.2 unter Verwendung von (4.7). Aus der Kontingenztafel auf S. 111 berechnen wir mit (4.6) den (inkorrekten) Wert

$$\chi^2_{alt} = 36.9 \left(\frac{2.3^2}{3.1 \cdot 21.6} + \frac{0.8^2}{3.1 \cdot 15.3} + \frac{0.1^2}{0.5 \cdot 21.6} + \frac{0.4^2}{0.5 \cdot 15.3} \right.$$
$$\left. + \frac{19.2^2}{33.3 \cdot 21.6} + \frac{14.1^2}{33.3 \cdot 15.3} - 1 \right) = 0.630$$

und erhalten damit nach Multiplikation mit $A = 1\,000\,000$ den korrekten Wert

$$\chi^2_{neu} = 1\,000\,000 \cdot 0.630 = 629\,631.09$$

4.2.2 Phi-Koeffizient

Der Phi-Koeffizient Φ bereinigt die Abhängigkeit der χ^2-Statistik vom Erhebungsumfang n durch folgende Normierung

$$\Phi = \sqrt{\frac{\chi^2}{n}}.$$

(4.8)

Der Phi-Koeffizient nimmt im Fall der Unabhängigkeit ebenso wie die χ^2-Statistik den Wert Null an. Der Maximalwert des Phi-Koeffizienten ist $\sqrt{\frac{n(\min(k,l)-1)}{n}} = \sqrt{\min(k,l) - 1}$.

In der speziellen Notation der Vier-Felder-Tafel lässt sich Φ auch direkt berechnen als

$$\Phi = \frac{ad - bc}{\sqrt{(a+b)(c+d)(a+c)(b+d)}}.$$

(4.9)

In diesem Fall ist es möglich – wie oben bereits erwähnt – die Art des Zusammenhangs durch eine Richtungsangabe zu beschreiben. Φ ist positiv, falls $ad > bc$ ist, und negativ, falls $ad < bc$ ist. Der Maximalwert ist bei einer 2×2-Tafel Eins. Φ liegt also im Intervall $[-1; 1]$, wobei -1 einem exakten negativen Zusammenhang und $+1$ einem exakten positiven Zusammenhang entspricht. Diese beiden Situationen sind in der folgenden Abbildung 4.17 schematisch dargestellt.

		Merkmal Y	
		y_1	y_2
Merkmal X	x_1	a	0
	x_2	0	d

		Merkmal Y	
		y_1	y_2
Merkmal X	x_1	0	b
	x_2	c	0

Abb. 4.17. Exakter positiver bzw. negativer Zusammenhang

Beispiel 4.2.4. Wir berechnen nun für den Zusammenhang zwischen Studienfach und Geschlecht aus Beispiel 4.2.1 den Phi-Koeffizienten gemäß (4.8):

$$\Phi = \sqrt{\frac{3.069}{20}} = 0.392 \, .$$

Die Fächer BWL und VWL sind bezüglich ihrer Studieninhalte sehr ähnlich. Wir gehen deshalb davon aus, dass eventuelle Geschlechtsunterschiede eher zwischen diesen wirtschaftswissenschaftlichen Fächern einerseits und den sonstigen Studienfächern andererseits bestehen könnten. Wir fassen die Fächer BWL und VWL zusammen und erhalten dadurch folgende Kontingenztafel:

	Wirtschaftswissenschaften	Sonstige
männlich	7	2
weiblich	6	5

Die Berechnung des Phi-Koeffizienten mit (4.9) liefert

$$\Phi = \frac{7 \cdot 5 - 2 \cdot 6}{\sqrt{9 \cdot 11 \cdot 13 \cdot 7}} = \frac{23}{\sqrt{9009}} = 0.242 \, .$$

Der Zusammenhang ist positiv, d. h. die Merkmalsausprägungen 'männlich, Wirtschaftswissenschaften' und 'weiblich, Sonstige' treten öfter als unter der Unabhängigkeitsannahme zu erwarten ist auf. Männer studieren also eher ein wirtschaftswissenschaftliches Fach und Frauen eher ein sonstiges Studienfach. Da bei einer Vier-Felder-Tafel der Maximalwert 1 ist, ist der Zusammenhang als schwach einzustufen. In der ursprünglichen 2×3-Tafel ist der Maximalwert ebenfalls 1. Die beiden Φ-Werte sind somit vergleichbar. Da der Zusammenhang in der kleineren Kontingenztafel schwächer ist, haben wir die falschen Fächer zusammengefasst. Dies wird auch deutlich, wenn wir uns die bedingten Verteilungen in Beispiel 4.1.2 anschauen. Dort sind die Fächer BWL und Sonstige eher gleich und VWL weist eine andere Verteilung auf.

Der Phi-Koeffizient ist also eine von n unabhängige Maßzahl. Dadurch hat auch die Veränderung der Einheit der absoluten Häufigkeiten um den Faktor A keinen Einfluss auf Φ, wie folgende Rechnung zeigt:

$$\Phi_{\text{neu}} = \sqrt{\frac{A\,\chi^2_{\text{alt}}}{A\,n_{\text{alt}}}} = \Phi_{\text{alt}} \, .$$

4.2.3 Kontingenzmaß von Cramer

Das Kontingenzmaß V von Cramer bereinigt den Phi-Koeffizienten zusätzlich um die Dimension der Kontingenztafel. V ist definiert als

$$V = \sqrt{\frac{\chi^2}{n(\min(k,l) - 1)}} \,. \tag{4.10}$$

Das Kontingenzmaß liegt bei allen Kontingenztafeln zwischen 0 und 1 und erfüllt damit alle wünschenswerten Eigenschaften einer Maßzahl für die Assoziation zwischen zwei nominalen Merkmalen. Im Fall der Vier-Felder-Tafel ist das Kontingenzmaß gleich dem Absolutbetrag des Phi-Koeffizienten. Das Kontingenzmaß ist ebenso wie Φ unabhängig von der Einheit.

Beispiel. Betrachten wir die beiden Merkmale 'mathematische Vorkenntnisse' und 'Studienfach' unserer Studentenbefragung, so erhalten wir im SPSS-Listing in Abbildung 4.18 die resultierende Kontingenztafel und die entsprechenden Assoziationsmaße bei den 253 Fragebögen. Da bei einem Fragebogen keine Angabe zu den mathematischen Vorkenntnissen gemacht wurde, reduziert sich die Fallzahl auf 252.

		Studienfach			
		BWL	VWL	anderes	Total
Math. Vorkenntnisse	kein Vorwissen			16	16
	Grundkurs Mathematik	58	6	11	75
	LK Mathematik	25	7	3	35
	Vorlesung Mathematik	108	16	2	126
Total		191	29	32	252

Symmetric Measures

		Value	Approx. Sig.
Nominal by Nominal	Phi	.712	.000
	Cramer's V	.504	.000
N of Valid Cases		252	

Abb. 4.18. SPSS-Listing zum Zusammenhang zwischen den Merkmalen 'Studienfach' und 'mathematischen Vorkenntnisse'

Wir erhalten ein Kontingenzmaß von 0.504, was auf einen Zusammenhang zwischen dem Studienfach und den mathematischen Vorkenntnissen hindeutet. Betrachten wir zusätzlich die Kontingenztafel, so sehen wir, dass geringe Vorkenntnisse eher bei den sonstigen Studienfächern und höhere Vorkenntnisse eher bei den Wirtschaftswissenschaften vorliegen.

4.2.4 Kontingenzkoeffizient C

Eine alternative Normierung der χ^2-Statistik bietet der Kontingenzkoeffizient C nach Pearson. Der Kontingenzkoeffizient C ist definiert als

$$C = \sqrt{\frac{\chi^2}{\chi^2 + n}}\,. \tag{4.11}$$

Der Wertebereich von C ist das Intervall $[0,1)$. Der Maximalwert $C_{\max}$ von C ist ebenso wie der Maximalwert beim Phi-Koeffizienten abhängig von der Größe der Kontingenztafel. Es gilt

$$C_{\max} = \sqrt{\frac{\min(k,l) - 1}{\min(k,l)}}\,. \tag{4.12}$$

Deshalb verwendet man den sogenannten korrigierten Kontingenzkoeffizienten

$$C_{\mathrm{korr}} = \frac{C}{C_{\max}} = \sqrt{\frac{\min(k,l)}{\min(k,l) - 1}}\sqrt{\frac{\chi^2}{\chi^2 + n}}\,, \tag{4.13}$$

der bei jeder Tafelgröße als Maximum den Wert Eins annimmt. Mit C_{korr} können Kontingenztafeln verschiedener Dimension bezüglich der Stärke ihres Zusammenhangs verglichen werden, d. h. der korrigierte Kontingenzkoeffizient besitzt alle wünschenswerten Eigenschaften einer Maßzahl. Der korrigierte Kontingenzkoeffizient ist ebenfalls unabhängig von der Multiplikation mit einem Faktor A.

Beispiel 4.2.5. Wir greifen wieder den Zusammenhang zwischen Geschlecht und Studienfach der 20 Fragebögen aus Beispiel 4.2.4 auf. Mit (4.11) erhalten wir

$$C = \sqrt{\frac{3.069}{3.069 + 20}} = 0.365\,.$$

In diesem Fall ist $\min(2,3) = 2$ und $C_{\max} = \sqrt{\frac{1}{2}}$. Damit ist

$$C_{\mathrm{korr}} = \sqrt{\frac{2 \cdot 3.069}{1(3.069 + 20)}} = 0.516$$

Nach Zusammenfassung der wirtschaftswissenschaftlichen Fächer erhalten wir

$$C_{\mathrm{korr}} = \sqrt{\frac{2 \cdot 1.1744}{(2 - 1)(1.1744 + 20)}} = 0.333\,.$$

Der Kontingenzkoeffizient von 0.516 deutet also auf einen Zusammenhang zwischen Geschlecht und Studienfach hin. Ebenso wie beim Phi-Koeffizienten wird auch hier der Zusammenhang nach Zusammenfassung schwächer. Das entsprechende SPSS-Listing finden wir in Abbildung 4.19. Dabei ist zu beachten, dass SPSS nur C, nicht aber C_{korr} angibt.

Symmetric Measures

		Value	Approx. Sig.
Nominal by Nominal	Contingency Coefficient	.365	.216
N of Valid Cases		20	

Abb. 4.19. SPSS-Listing zum Kontingenzkoeffizienten

4.2.5 Lambda-Maße

Auf einem anderen Konstruktionsprinzip beruhen die Lambda-Maße von Goodman und Kruskal (Goodman und Kruskal, 1954). Hier wird die Assoziation durch die Reduktion des Fehlers in der Vorhersage der Beobachtungen ausgedrückt. Betrachten wir die beiden nominalen Merkmale X und Y. Wir wollen nun bei den n Beobachtungsobjekten die Merkmalsausprägungen von X vorhersagen. Würden wir die Randverteilung vorher kennen, so wäre eine Möglichkeit, jedem Beobachtungsobjekt die häufigste Merkmalsausprägung zuzuordnen. Wir würden damit die n_{modal} Beobachtungen korrekt spezifizieren, bei denen tatsächlich die häufigste Merkmalsausprägung vorliegt, die anderen $n - n_{\mathrm{modal}}$ Beobachtungen würden falsch vorhergesagt werden. Kennt man zusätzlich für jedes Beobachtungsobjekt die Merkmalsausprägung von Y, so kann man die Ausprägung von X anhand der bedingten Verteilung von X gegeben Y vorhersagen. Man würde also die häufigste Ausprägung jeder bedingten Verteilung wählen. Sind die beiden Merkmale abhängig, so führt dieses Vorgehen zu einer Reduktion des Vorhersagefehlers. Das Lambda-Maß ist damit die **relative Fehlerreduktion**

$$\lambda_x = \frac{E_1 - E_2}{E_1}, \tag{4.14}$$

wobei E_1 die Anzahl der Fehler bei Vorhersage mittels der häufigsten Merkmalsausprägung bei der Randverteilung von X, und E_2 die Anzahl der Fehler bei Vorhersage mittels der häufigsten Merkmalsausprägung der bedingten Verteilungen von X gegeben y_j ist. Formal lässt sich das Lambda-Maß berechnen durch

$$\lambda_x = \frac{\sum_{j=1}^{l} \max_i n_{ij} - \max_i n_{i+}}{n - \max_i n_{i+}}. \tag{4.15}$$

Da das so definierte Lambda-Maß nicht symmetrisch ist, ist das Lambda-Maß für Y dementsprechend definiert als

$$\lambda_y = \frac{\sum_{i=1}^{k} \max_j n_{ij} - \max_j n_{+j}}{n - \max_j n_{+j}}. \tag{4.16}$$

Um den Nachteil der Unsymmetrie auszugleichen, wurde von Goodman und Kruskal schließlich noch das symmetrische Lambda-Maß

$$\lambda = \frac{\sum_{j=1}^{l} \max_i n_{ij} + \sum_{i=1}^{k} \max_j n_{ij} - (\max_i n_{i+} + \max_j n_{+j})}{2n - (\max_i n_{i+} + \max_j n_{+j})} \tag{4.17}$$

eingeführt.

Beispiel 4.2.6. Betrachten wir wiederum den Zusammenhang zwischen dem Geschlecht und dem Studienfach der 20 Fragebögen aus Beispiel 4.2.1. Die Randverteilungen und die bedingten Verteilungen sind in Beispiel 4.1.2 angegeben. Der Wert n_{modal} der Randverteilung von 'Geschlecht' ist 11. Für die bedingten Verteilungen des Geschlechts gegeben das Studienfach erhalten wir die Werte 4, 5 und 5 als die Maxima der absoluten Häufigkeiten. Damit ist

$$\lambda_{\text{Geschlecht}} = \frac{14 - 11}{20 - 11} = \frac{3}{9} = 0.33 \, .$$

Der Vorhersagefehler kann damit bei Kenntnis des Studienfachs um etwa 33% reduziert werden. Analog können wir mit den Maxima 5 und 5 der bedingten Verteilungen des Studienfachs gegeben das Geschlecht und einem Wert n_{modal} der Randverteilung des 'Studienfachs' von 7

$$\lambda_{\text{Studienfach}} = \frac{10 - 7}{20 - 7} = \frac{3}{13} = 0.23$$

berechnen. Die Fehlerreduktion ist hier also geringer. Für λ erhalten wir

$$\lambda = \frac{14 + 10 - (11 + 7)}{40 - (11 + 7)} = \frac{6}{22} = 0.27$$

Ist X vollständig von Y abhängig, so nimmt λ_x den Wert 1 an. In einer symmetrischen Kontingenztafel ist dann auch λ gleich 1. Sind die Merkmale X und Y unabhängig, so sind λ_x, λ_y und λ gleich Null. Es ist jedoch zu beachten, dass ein λ-Wert von Null nicht notwendigerweise die Unabhängigkeit impliziert. Liegen alle Spaltenmaxima in derselben Zeile der Kontingenztafel und alle Zeilenmaxima in derselben Spalte, so sind die Lambda-Maße ebenfalls gleich Null. Diese Situation hat jedoch nichts mit der Unabhängigkeit der Merkmale zu tun.

Zur Vorhersage können neben der Verwendung der häufigsten Merkmalsausprägung auch andere Strategien angewandt werden. So kann man zur Vorhersage die relativen bzw. absoluten Häufigkeiten der Randverteilung und der bedingten Verteilung verwenden. Anstatt bei allen Beobachtungen die häufigste Merkmalsausprägung zu vergeben, würde man also n_{1+}-mal die Ausprägung x_1 vergeben, n_{2+}-mal die Ausprägung x_2 usw. Man würde dann erwarten, dass $f_{1+}\%$ der n_{1+} Beobachtungen mit x_1 richtig vorhergesagt wurden, $f_{2+}\%$ der n_{2+} Beobachtungen mit x_2 richtig vorhergesagt wurden, usw. In Analogie zu den Lambda-Maßen erhalten wir damit **Goodmans und Kruskals tau** als

$$\tau_x = \frac{\sum_{i=1}^{k} \sum_{j=1}^{l} f_{i|j} f_{ij} - \sum_{i=1}^{r} f_{i+}^2}{1 - \sum_{i=1}^{r} f_{i+}^2} \, , \tag{4.18}$$

das nicht mit Kendalls τ (4.27) zu verwechseln ist. In der Notation der absoluten Häufigkeiten erhalten wir

$$\tau_x = \frac{n \sum_{i=1}^{k} \sum_{j=1}^{l} \frac{n_{ij}^2}{n_{+j}} - \sum_{i=1}^{r} n_{i+}^2}{n^2 - \sum_{i=1}^{r} n_{i+}^2}. \qquad (4.19)$$

τ_y wird in Analogie dazu berechnet.

Beispiel 4.2.7. Für den Zusammenhang zwischen dem Geschlecht und dem Studienfach der 20 Fragebögen aus Beispiel 4.2.1 erhalten wir mit (4.18)

$\tau_{\text{Geschlecht}} =$
$$\frac{\left(\frac{2}{6}0.1 + \frac{4}{6}0.2 + \frac{5}{7}0.25 + \frac{2}{7}0.1 + \frac{2}{7}0.1 + \frac{5}{7}0.25\right) - \left(0.45^2 + 0.55^2\right)}{1 - \left(0.45^2 + 0.55^2\right)} = 0.153$$

$\tau_{\text{Studienfach}} =$
$$\frac{\left(\frac{2}{9}0.1 + \frac{5}{9}0.25 + \frac{2}{9}0.1 + \frac{4}{11}0.2 + \frac{2}{11}0.1 + \frac{5}{11}0.25\right) - \left(0.3^2 + 0.35^2 + 0.35^2\right)}{1 - \left(0.3^2 + 0.35^2 + 0.35^2\right)}$$
$$= 0.080$$

Das entsprechende SPSS-Listing finden wir in Abbildung 4.20.

Directional Measures

			Value	Asymp. Std. Error[a]	Approx. T[b]	Approx. Sig.
Nominal by Nominal	Lambda	Symmetric	.273	.175	1.491	.136
		Geschlecht Dependent	.333	.240	1.172	.241
		Studienfach Dependent	.231	.178	1.172	.241
	Goodman and Kruskal tau	Geschlecht Dependent	.153	.160		.233[c]
		Studienfach Dependent	.080	.086		.221[c]

a. Not assuming the null hypothesis.

b. Using the asymptotic standard error assuming the null hypothesis.

c. Based on chi-square approximation

Abb. 4.20. SPSS-Listing der Lambda- und tau-Maße von Goodman und Kruskal

4.2.6 Der Yule-Koeffizient

Der Yule-Koeffizient ist eine Maßzahl, die nur für Vier-Felder-Tafeln definiert ist. Ihre Konstruktion beruht auf der Beziehung zwischen konkordanten und diskordanten Paaren von Merkmalsausprägungen. Die Definition konkordanter und diskordanter Merkmalsausprägungen ist im allgemeinen nur bei zwei ordinalen Merkmalen möglich. Im Spezialfall der Vier-Felder-Tafel bezeichnen wir die Merkmalskombination (x_2, y_2) als **konkordant** zur Merkmalskombination (x_1, y_1) und die Kombination (x_2, y_1) als **diskordant** zur Merkmalskombination (x_1, y_2). Der Yule-Koeffizient Q setzt die konkordanten und diskordanten Paare wie folgt in Beziehung:

$$Q = \frac{ad - bc}{ad + bc} \qquad (4.20)$$

Der Yule-Koeffizient liegt zwischen -1 und $+1$. Im Fall der Unabhängigkeit ist $Q = 0$. Die Werte -1 und $+1$ werden bereits angenommen, falls a oder d bzw. b oder c Null sind. Es handelt sich hierbei um eine spezielle Definition des exakten Zusammenhangs.

Beispiel 4.2.8. Wir wollen untersuchen, ob Studenten, die kein Bafög erhalten, eher einer Nebentätigkeit nachgehen als Bafög-Empfänger. Hierzu verwenden wir wiederum unsere Studentenbefragung. Die Kontingenztafel ist in Abbildung 4.21 angegeben.

		Nebenbei jobben		
		ja	nein	Total
Bafög-Empfänger	ja	13	89	102
	nein	144	7	151
Total		157	96	253

Symmetric Measures

		Value	Asymp. Std. Error[a]	Approx. T[b]	Approx. Sig.
Ordinal by Ordinal	Gamma	-.986	.007	-19.454	.000
N of Valid Cases		253			

a. Not assuming the null hypothesis.

b. Using the asymptotic standard error assuming the null hypothesis.

Abb. 4.21. SPSS-Listing zum Zusammenhang zwischen 'Empfang von Bafög' und 'nebenbei Jobben'

Wir berechnen daraus mit (4.20)

$$Q = \frac{13 \cdot 7 - 89 \cdot 144}{13 \cdot 7 + 89 \cdot 144} = \frac{-12725}{12907} = -0.986$$

Es liegt also ein starker, negativer Zusammenhang vor. Es besteht eine Beziehung zwischen 'Bafög-Empfang' und 'keiner Nebentätigkeit' und 'nebenbei Jobben' und 'keinem Bafög-Empfang'. Wie wir später sehen werden, ist der Yule-Koeffizient ein Spezialfall des γ-Koeffizienten. Daher wird im SPSS-Listing nur die Bezeichnung 'Gamma' verwendet.

4.2.7 Der Odds-Ratio

Der Odds-Ratio ist eine Maßzahl, die nur für Vier-Felder-Tafeln definiert ist. Das zugrundeliegende Konstruktionsprinzip lässt sich am leichtesten im medizinischen Kontext erklären. Betrachten wir das Merkmal X als Schichtungsmerkmal, d. h. X definiert die Gruppen x_1 und x_2. Dann kann für diese beide Gruppen das Verhältnis der relativen Häufigkeiten der Merkmalsausprägungen von Y – das sogenannte **relative Risiko** –

$$\frac{f_{1|1}}{f_{1|2}} \quad \text{bzw.} \quad \frac{f_{2|1}}{f_{2|2}} \tag{4.21}$$

angegeben werden. Der Odds-Ratio ist dann das Verhältnis dieser beiden relativen Risiken

$$OR = \frac{f_{1|1}/f_{1|2}}{f_{2|1}/f_{2|2}} = \frac{f_{1|1}f_{2|2}}{f_{2|1}f_{1|2}} . \tag{4.22}$$

Mit der allgemeinen Beziehung $f_{i|j} = \frac{f_{ij}}{f_{+j}}$ lässt sich (4.22) umformen in

$$OR = \frac{f_{11}f_{22}}{f_{21}f_{12}}$$

bzw. in der Notation der Vier-Felder-Tafel

$$OR = \frac{a\,d}{b\,c} . \tag{4.23}$$

Im Fall der Unabhängigkeit sind die beiden relativen Risiken (4.21) gleich. Damit nimmt der Odds-Ratio im Fall der Unabhängigkeit den Wert 1 an. Falls eine hohe Übereinstimmung zwischen X und Y dahingehend vorliegt, dass die gleichgerichteten Paare (x_1, y_1) und (x_2, y_2) häufiger als die gegenläufigen Paare (x_1, y_2) und (x_2, y_1) beobachtet werden, so liegt ein positiver Zusammenhang zwischen X und Y vor. Der Odds-Ratio ist dann größer 1. Liegt ein negativer Zusammenhang vor, d. h. die gegenläufigen Paare (x_1, y_2) und (x_2, y_1) werden häufiger beobachtet als die gleichgerichteten Paare (x_1, y_1) und (x_2, y_2), so ist der Odds-Ratio kleiner 1. Der Odds-Ratio ist stets größer Null, wie man an (4.23) leicht erkennen kann.

Beispiel 4.2.9. Wir wollen für den Zusammenhang zwischen 'Empfang von Bafög' und 'nebenbei Jobben' aus Beispiel 4.2.8 den Odds-Ratio bestimmen. Wir erhalten aus Abbildung 4.21 mit (4.23)

$$OR = \frac{13 \cdot 7}{89 \cdot 144} = 0.007$$

Der starke negative Zusammenhang wird auch hier sichtbar. Im SPSS-Listing in Abbildung 4.22 sind neben dem Odds-Ratio die relativen Risiken für 'nebenbei Jobben' bei den Bafög-Empfängern und bei den Studenten ohne Bafög

Risk Estimate

	Value	95% Confidence Interval	
		Lower	Upper
Odds Ratio for Nebenbei jobben (ja / nein)	.007	.003	.018
For cohort Bafög-Empfänger = ja	.089	.053	.151
For cohort Bafög-Empfänger = nein	12.579	6.154	25.709
N of Valid Cases	253		

Abb. 4.22. SPSS-Listing für den Odds-Ratio und das relative Risiko

angegeben. Das relative Risiko für einen Nebenjob bei den Bafög-Empfängern beträgt rund 9:100, bei den Studenten ohne Bafög rund 13:1.

In Abbildung 4.23 sind die bedingten relativen Häufigkeiten des Bafög-Empfangs gegeben den Nebenjob grafisch dargestellt. Die Kreisfläche ist dabei proportional zur bedingten relativen Häufigkeit. Da die Kreisflächen der Nebendiagonalen deutlich größer als die Kreisflächen der Hauptdiagonalen sind, ist auch hier der starke negative Zusammenhang erkennbar.

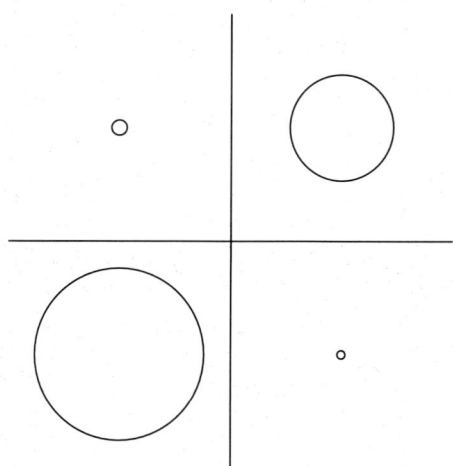

Abb. 4.23. Häufigkeitsplot der Vier-Felder-Tafel in Beispiel 4.2.9

Wir haben in diesem Abschnitt Zusammenhangsmaße für den Fall zweier nominaler Merkmale behandelt. Ist eines der Merkmale nominalskaliert und das andere ordinalskaliert, so sind die Maßzahlen für nominalskalierte Merkmale zu verwenden. Die Ordnungsinformation des ordinalen Merkmals kann dabei jedoch nicht genutzt werden. Ist eines der beiden Merkmale metrisch skaliert und das andere nominal, so kann die Maßzahl **eta** (Guttman, 1988) verwendet werden, auf die wir hier nicht eingehen wollen. Alternativ kann man das metrische Merkmal klassieren. Dies ist jedoch mit erheblichem Informationsverlust verbunden und besitzt darüber hinaus den Nachteil, dass der Zusammenhang sehr stark von der gewählten Klasseneinteilung abhängt.

4.3 Maßzahlen für den Zusammenhang ordinaler Merkmale

Im Gegensatz zu den nominalen Merkmalen besitzen ordinale Merkmale eine Ordnungsstruktur, die bei der Berechnung und Interpretation der Maßzahlen genutzt werden kann. Aussagen wie „... je größer der Wert von X, desto größer der Wert von Y ..." machen hier also Sinn. Wir haben für den Spezialfall der Vier-Felder-Tafel bereits in Abschnitt 4.2 das Yulesche Assoziationsmaß kennengelernt, das auf dem Konstruktionsprinzip konkordanter und diskordanter Paare beruht. Wir wollen diese Begriffe nun für eine allgemeine $k \times l$-Kontingenztafel zweier ordinaler Merkmale einführen.

Konkordanz und Diskordanz. Wir bezeichnen die Ausprägung (x_{i_2}, y_{j_2}) des zweidimensionalen Merkmals (X, Y) als zur Ausprägung (x_{i_1}, y_{j_1}) **konkordant**, falls $i_2 > i_1$ und $j_2 > j_1$ oder $i_2 < i_1$ und $j_2 < j_1$ ist. Die Ausprägungen heißen **diskordant**, falls $i_2 < i_1$ und $j_2 > j_1$ oder $i_2 > i_1$ und $j_2 < j_1$ ist. Ist $i_2 = i_1$ oder $j_2 = j_1$, so liegt eine Bindung vor. Die Zuordnung der konkordanten und diskordanten Merkmalsausprägung sowie die Bindungen zu jeder einzelnen Zelle sind in Abbildung 4.24 anhand einer 2×3-Tafel dargestellt.

	y_1	y_2	y_3
x_1		b	b
x_2	b	k	k

	y_1	y_2	y_3
x_1	b		b
x_2	d	b	k

	y_1	y_2	y_3
x_1	b	b	
x_2	d	d	b

	y_1	y_2	y_3
x_1	b	d	d
x_2		b	b

	y_1	y_2	y_3
x_1	k	b	d
x_2	b		b

	y_1	y_2	y_3
x_1	k	k	b
x_2	b	b	

Abb. 4.24. Konkordante (k), diskordante (d) Merkmalsausprägungen und Bindungen (b) zu den Merkmalsausprägungen (x_1, y_1) bis (x_2, y_3)

Die Anzahl der konkordanten Beobachtungen zur Merkmalsausprägung (x_1, y_1) ist $n_{11}n_{22} + n_{11}n_{23}$. Entsprechend berechnet sich die Anzahl der konkordanten Beobachtungen zu (x_1, y_2) als $n_{12}n_{23}$. Allgemein erhalten wir die Anzahl der konkordanten Beobachtungen in einer $k \times l$-Kontingenztafel durch

$$K = \sum_{i<m} \sum_{j<n} n_{ij} n_{mn} \tag{4.24}$$

und die Anzahl der diskordanten Paare als

$$D = \sum_{i<m} \sum_{j>n} n_{ij} n_{mn} \,. \tag{4.25}$$

4.3.1 Gamma

Goodmans und Kruskals γ bildet die Differenz aus den Anteilen der konkordanten Beobachtungen $K/(K+D)$ und diskordanten Beobachtungen $D/(K+D)$:

$$\gamma = \frac{K-D}{K+D} \tag{4.26}$$

Für den Fall der Vier-Felder-Tafel reduziert sich – wie bereits erwähnt – (4.26) zu (4.20). Im Fall der Unabhängigkeit nimmt γ den Wert Null an. Umgekehrt impliziert jedoch ein Wert von Null nicht notwendigerweise die Unabhängigkeit der beiden Merkmale, wie die Kontingenztafel 4.5 zeigt. γ ist -1, falls es keine konkordanten Beobachtungen gibt, und 1, falls es keine diskordanten Beobachtungen gibt. In diesen Fällen muss jedoch kein streng monotoner Zusammenhang in der Kontingenztafel bestehen, wie wir aus den Tabellen 4.6 und 4.7 sehen.

Tabelle 4.5. 3×3-Kontingenztafel der absoluten Häufigkeiten. $\gamma = 0, V = 0.7$

	y_1	y_2	y_3
x_1	a	0	a
x_2	a	0	a
x_3	0	a	0

Tabelle 4.6. 3×3-Kontingenztafel der absoluten Häufigkeiten mit $\gamma = 1$

	y_1	y_2	y_3
x_1	a	0	0
x_2	a	a	0
x_3	0	a	a

Tabelle 4.7. 3×3-Kontingenztafeln der absoluten Häufigkeiten mit $\gamma = -1$

	y_1	y_2	y_3
x_1	0	0	a
x_2	0	a	a
x_3	a	a	0

Beispiel 4.3.1. Wir wollen den Zusammenhang zwischen den 'mathematischen Vorkenntnissen' und der 'Anzahl der Versuche in Statistik I' betrachten und ziehen hierfür die 253 Fragebögen unserer Studentenbefragung heran. Die resultierende Kontingenztafel ist in Abbildung 4.25 gegeben. Wir fassen beide Merkmale als ordinal auf. Mit (4.24) und (4.25) erhalten wir die Anzahl der konkordanten und diskordanten Beobachtungen:

$$K = 13 \cdot 21 + 13 \cdot 2 + 13 \cdot 10 + 13 \cdot 22 + 13 \cdot 5$$
$$+ \, 3 \cdot 2 + 3 \cdot 5$$
$$+ \, 52 \cdot 10 + 52 \cdot 22 + 52 \cdot 5$$
$$+ \, 21 \cdot 5$$
$$+ \, 25 \cdot 22 + 25 \cdot 5$$
$$+ \, 10 \cdot 5$$
$$= 3\,555$$
$$D = 3 \cdot 52 + 3 \cdot 25 + 3 \cdot 99$$
$$+ \, 2 \cdot 10 + 2 \cdot 25 + 2 \cdot 22 + 2 \cdot 99$$
$$+ \, 21 \cdot 25 + 21 \cdot 99$$
$$+ \, 10 \cdot 99$$
$$= 4\,434$$

Damit ergibt sich

$$\gamma = \frac{3\,555 - 4\,434}{3\,555 + 4\,434} = \frac{-879}{7989} = -0.110$$

		Versuch Statistik I			
		1. Versuch	2. Versuch	3. Versuch	Total
Math. Vorkenntnisse	kein Vorwissen	13	3		16
	Grundkurs Mathematik	52	21	2	75
	LK Mathematik	25	10		35
	Vorlesung Mathematik	99	22	5	126
Total		189	56	7	252

Symmetric Measures

		Value	Asymp. Std. Error[a]	Approx. T[b]	Approx. Sig.
Ordinal by Ordinal	Gamma	-.110	.113	-.959	.338
N of Valid Cases		252			

a. Not assuming the null hypothesis.

b. Using the asymptotic standard error assuming the null hypothesis.

Abb. 4.25. SPSS-Listing zum Zusammenhang zwischen 'mathematischen Vorkenntnissen' und 'Anzahl der Versuche in Statistik I'

Es besteht also nur ein schwacher negativer Zusammenhang zwischen den mathematischen Vorkenntnissen und der Anzahl der Versuche bei der Statistikklausur. Die Aussage ist in diesem Fall jedoch etwas problematisch, da wir die Vorlesung Mathematik als beste 'Vorkenntnis' einstufen. Andererseits sollte auch jeder Student, der zum zweiten Versuch antritt, die Vorlesung Mathematik gehört haben, so dass eine monotone Beziehung zwischen den Vorkenntnissen und der Anzahl der Versuche sachlogisch wohl nicht gerechtfertigt erscheint.

4.3.2 Kendalls tau-b und Stuarts tau-c

In die Berechnung von γ gehen nur die konkordanten und diskordanten Paare ein, die Bindungen bleiben unberücksichtigt. Die Bindungen können in drei verschiedene Gruppen unterteilt werden. Es gibt die Bindungen von X, bei denen für die Merkmalsausprägungen (x_{i_2}, y_{j_2}) und (x_{i_1}, y_{j_1}) $i_2 = i_1$ und $j_2 \neq j_1$ ist. Bei den Bindungen von Y ist $i_2 \neq i_1$ und $j_2 = j_1$. Die dritte Gruppe ist die Gruppe der Bindungen, bei denen $i_2 = i_1$ und $j_2 = j_1$ ist. Es liegt also eine Bindung in X und Y vor. Die Anzahl der Beobachtungen in diesen drei Gruppen wird mit T_X, T_Y und T bezeichnet.

Kendalls tau-b berücksichtigt die Bindungen von X und Y bei der Adjustierung der Differenz:

$$\tau_b = \frac{K - D}{\sqrt{(K + D + T_X)(K + D + T_Y)}} \, . \tag{4.27}$$

Wenn alle Randhäufigkeiten größer als Null sind, nimmt τ_b nur im Fall einer quadratischen Kontingenztafel Werte im ganzen Bereich $[-1; 1]$ an. Um diesen Nachteil auszugleichen, berücksichtigt tau-c die Dimension der Kontingenztafel:

$$\tau_c = \frac{2\min(k, l)(K - D)}{n^2(\min(k, l) - 1)} \, . \tag{4.28}$$

Beispiel 4.3.2. Wir berechnen für den Zusammenhang zwischen den mathematischen Vorkenntnissen und der Anzahl der Versuche bei der Statistikklausur aus Beispiel 4.3.1 tau-b und tau-c. Hierzu benötigen wir zunächst die Anzahl T_X der X-Bindungen und die Anzahl T_Y der Y-Bindungen:

$$\begin{aligned} T_X &= 13 \cdot 3 + 52 \cdot 21 + 52 \cdot 2 + 21 \cdot 2 \\ &\quad + 25 \cdot 10 + 99 \cdot 22 + 99 \cdot 5 + 22 \cdot 5 \\ &= 4\,310 \\ T_Y &= 13 \cdot 52 + 13 \cdot 25 + 13 \cdot 99 + 52 \cdot 25 + 52 \cdot 99 + 25 \cdot 99 \\ &\quad + 3 \cdot 21 + 3 \cdot 10 + 3 \cdot 22 + 21 \cdot 10 + 21 \cdot 22 + 10 \cdot 22 \\ &\quad + 2 \cdot 5 \\ &= 12\,272 \end{aligned}$$

Damit erhalten wir

$$\tau_b = \frac{3\,555 - 4\,434}{\sqrt{(3\,555 + 4\,434 + 4\,310)(3\,555 + 4\,434 + 12\,272)}} = -0.056$$

und

$$\tau_c = \frac{2 \cdot 3(3\,555 - 4\,434)}{252^2(3-1)} = \frac{-5\,274}{127\,008} = -0.042\,.$$

Das entsprechende SPSS-Listing findet man in Abbildung 4.26. Der Zusammenhang erscheint hier noch schwächer als bei γ. Dies ist sicherlich auch durch die große Anzahl von Bindungen bedingt, die bei γ unberücksichtigt bleiben.

Symmetric Measures

		Value	Asymp. Std. Error[a]	Approx. T[b]	Approx. Sig.
Ordinal by Ordinal	Kendall's tau-b	-.056	.058	-.959	.338
	Kendall's tau-c	-.042	.043	-.959	.338
N of Valid Cases		252			

a. Not assuming the null hypothesis.

b. Using the asymptotic standard error assuming the null hypothesis.

Abb. 4.26. SPSS-Listing zu tau-b und tau-c

4.3.3 Rangkorrelationskoeffizient von Spearman

Ist die Kontingenztafel dünn besetzt, d. h., in jede Zelle fallen nur wenige oder gar keine Beobachtungen, so ist die Darstellung in einer Kontingenztafel wenig aussagekräftig. Dies ist beispielsweise der Fall, wenn die Merkmale X und Y die Platzierung der Formel-1-Rennfahrer bei den Rennen in Monaco und Hockenheim sind. Die Merkmalsausprägung (x_i, y_i) ist dann in der Regel für jeden Fahrer verschieden. Da die Platzierungen jedoch nur ordinalskaliert sind, kann eine geeignete Maßzahl für den Zusammenhang nur die Information der Rangordnung nutzen.

Für die Beobachtungen des Merkmals (X, Y) sind zunächst für jede Komponente die Ränge zu vergeben. Dabei bezeichne $R_i^X = R(x_i)$ den Rang der X-Komponente der i-ten Beobachtung und $R_i^Y = R(y_i)$ den Rang der Y-Komponente. Haben zwei oder mehr Beobachtungen die gleiche Ausprägung des Merkmals X oder Y, so liegt eine sogenannte **Bindung** vor. Als Rang der einzelnen Beobachtungen wird dann der Mittelwert der zu vergebenden Ränge genommen.

Beispiel. Bei 5 BWL-Studenten wurden folgende Noten in der Mathematikklausur und in der Statistikklausur notiert:

Student	Note in Mathematik	Note in Statistik
1	1	1
2	2	4
3	2	3
4	4	4
5	2	2

Der erste Student bekommt die Ränge $(1,1)$ zugewiesen. Die Note '2' kommt in Mathematik dreimal vor. Hierfür sind also die Ränge 2, 3 und 4 zu vergeben. Alle Studenten mit der Note '2' erhalten damit den Rang $\frac{1}{3}(2+3+4) = 3$. Die Note '4' kommt in der Statisikklausur zweimal vor. Hierfür sind die Ränge 4 und 5 zu vergeben, d. h. für die entsprechenden Beobachtungen ergibt sich ein mittlerer Rang von 4.5. Student 2 bekommt somit das Rangpaar $(3, 4.5)$ zugewiesen. Insgesamt erhalten wir schließlich folgende Ränge

Student	Rang in Mathematik	Rang in Statistik
1	1	1
2	3	4.5
3	3	3
4	5	4.5
5	3	2

Die Maßzahl für den Zusammenhang vergleicht nun die jeweiligen X- und Y-Ränge. Da auf Grund des ordinalen Skalenniveaus keine Abstände definiert sind, basiert der **Rangkorrelationskoeffizient von Spearman** nur auf der Differenz $d_i = R(x_i) - R(y_i)$ der X- bzw. Y-Rangordnung. Liegen keine Bindungen vor, so ist der Rangkorrelationskoeffizient definiert als

$$R = 1 - \frac{6 \sum\limits_{i=1}^{n} d_i^2}{n(n^2 - 1)} \qquad (4.29)$$

Der Wertebereich von R liegt in den Grenzen von -1 bis $+1$, wobei bei $R = +1$ zwei identische Rangreihen vorliegen. Ist $R = -1$, so liegen zwei gegenläufige Rangreihen vor. Aus dem Vorzeichen von R lassen sich also Aussagen über die Richtung des Zusammenhangs ableiten.

Anmerkung. Während der Begriff 'Assoziation' für einen beliebigen Zusammenhang steht, legt der Begriff **'Korrelation'** die Struktur des Zusammenhangs – eine lineare Beziehung – fest. Da diese lineare Beziehung bei ordinalen Daten nur auf den Rängen basiert, sprechen wir vom Rangkorrelationskoeffizienten.

Beispiel 4.3.3. An einem Hallenfußballturnier und einem Freiluftfußballturnier nahmen jeweils die gleichen 5 Mannschaften teil. In der folgenden Tabelle sind die Platzierungen der Mannschaften A bis E bei den beiden Turnieren angegeben. Wir wollen untersuchen, ob es einen Zusammenhang zwischen den Platzierungen bei den beiden Turnieren gibt oder nicht.

Mannschaft	Platzierung	
	Hallenfußballturnier	Freiluftfußballturnier
A	1	2
B	2	3
C	3	1
D	4	5
E	5	4

Da hier die Platzierungen bereits die Ränge darstellen, können wir gleich die Rangdifferenzen d_i berechnen. Wir erhalten

Mannschaft	d_i	d_i^2
A	-1	1
B	-1	1
C	2	4
D	-1	1
E	1	1

Damit ist $\sum_{i=1}^{n} d_i^2 = 8$ und mit (4.29) ergibt sich

$$R = 1 - \frac{6 \cdot 8}{5(25 - 1)} = 0.6 \, .$$

Es besteht also ein positiver Zusammenhang zwischen den Platzierungen bei den beiden Turnieren, d. h. je besser eine Mannschaft beim Hallenfußballturnier abgeschnitten hat, desto besser hat sie auch beim Freiluftturnier abgeschnitten.

Tritt eine Merkmalsausprägung öfter auf, so liegt – wie bereits oben erwähnt – eine Bindung vor. Diese Bindungen sind bei der Berechnung des Rangkorrelationskoeffizienten zu berücksichtigen. Der sogenannte **korrigierte Rangkorrelationskoeffizient** lautet:

$$R_{\text{korr}} = \frac{n(n^2 - 1) - \frac{1}{2}\sum_j b_j(b_j^2 - 1) - \frac{1}{2}\sum_k c_k(c_k^2 - 1) - 6\sum_i d_i^2}{\sqrt{n(n^2 - 1) - \sum_j b_j(b_j^2 - 1)} \sqrt{n(n^2 - 1) - \sum_k c_k(c_k^2 - 1)}} \, . \quad (4.30)$$

wobei $j = 1, \ldots, J$ die Gruppen mit den verschiedenen Merkmalsausprägungen von X bezeichnet. b_j ist die Anzahl der Beobachtungen mit der gleichen Merkmalsausprägung in der j-ten Gruppe. Analog bezeichnet $k = 1, \ldots, K$ die Gruppen mit den verschiedenen Merkmalsausprägungen von Y. c_k ist die Anzahl der Beobachtungen mit der gleichen Merkmalsausprägung in der k-ten Gruppe. Die Gruppen mit nur einer Beobachtung – d. h. es liegt hier keine Bindung vor – können bei der Berechnung der Summen $\sum_{j=1}^{J} b_j(b_j^2 - 1)$ bzw. $\sum_{k=1}^{K} c_k(c_k^2 - 1)$ auch weggelassen werden, da $1(1^2 - 1) = 0$ keinen Beitrag liefert.

Beispiel 4.3.4. Bei einer Unternehmensbefragung wurde die derzeitige Auftragslage und die Konjunkturprognose für das nächste Jahr erhoben. Beide Fragen konnten mit 'sehr schlecht', 'schlecht', 'normal', 'gut' oder 'sehr gut' beantwortet werden. 10 Unternehmen haben wie folgt geantwortet:

Unternehmen	derzeitige Auftragslage	Konjunkturprognose
1	gut	sehr gut
2	normal	schlecht
3	normal	normal
4	schlecht	schlecht
5	gut	gut
6	schlecht	schlecht
7	sehr gut	gut
8	schlecht	schlecht
9	gut	gut
10	gut	schlecht

Um R_{korr} zu ermitteln, müssen zunächst die Ränge vergeben werden. Dabei gehen wir so vor, dass dem Unternehmen mit der besten Auftragslage der kleinste X-Rang und dem Unternehmen mit der besten Prognose der kleinste Y-Rang zugewiesen wird. Da hier bei beiden Merkmalen Bindungen auftreten, müssen mittlere Ränge vergeben werden. So erhalten wir folgende Tabelle:

Unternehmen	$R(x_i)$	$R(y_i)$	d_i	d_i^2
1	$\frac{2+3+4+5}{4} = 3.5$	1	2.5	6.25
2	$\frac{6+7}{2} = 6.5$	$\frac{6+7+8+9+10}{5} = 8$	-1.5	2.25
3	$\frac{6+7}{2} = 6.5$	5	1.5	2.25
4	$\frac{8+9+10}{3} = 9$	$\frac{6+7+8+9+10}{5} = 8$	1	1
5	$\frac{2+3+4+5}{4} = 3.5$	$\frac{2+3+4}{3} = 3$	0.5	0.25
6	$\frac{8+9+10}{3} = 9$	$\frac{6+7+8+9+10}{5} = 8$	1	1
7	1	$\frac{2+3+4}{3} = 3$	-2	4
8	$\frac{8+9+10}{3} = 9$	$\frac{6+7+8+9+10}{5} = 8$	1	1
9	$\frac{2+3+4+5}{4} = 3.5$	$\frac{2+3+4}{3} = 3$	0.5	0.25
10	$\frac{2+3+4+5}{4} = 3.5$	$\frac{6+7+8+9+10}{5} = 8$	-4.5	20.25

Es ist $\sum_{i=1}^{n} d_i^2 = 38.5$. In der X-Rangreihe liegen Bindungen bei 'gut', 'normal' und 'schlecht' vor. Damit ist

$$\sum_{j=1}^{J} b_j(b_j^2 - 1) = 4(4^2 - 1) + 2(2^2 - 1) + 3(3^2 - 1) = 90$$

In der Y-Rangreihe liegen Bindungen bei 'gut' und 'schlecht' vor, damit ist

$$\sum_{k=1}^{K} c_k(c_k^2 - 1) = 3(3^2 - 1) + 5(5^2 - 1) = 144$$

Wir setzen die Werte in (4.30) ein und erhalten

$$R_{\text{korr}} = \frac{10(10^2 - 1) - \frac{1}{2}90 - \frac{1}{2}144 - 6 \cdot 38.5}{\sqrt{10(10^2 - 1) - 90}\sqrt{10(10^2 - 1) - 144}}$$

$$= \frac{990 - 45 - 72 - 231}{\sqrt{990 - 90}\sqrt{990 - 144}} = 0.736 \,.$$

Es liegt also ein starker positiver Zusammenhang zwischen der aktuellen Auftragslage und der Konjunkturprognose vor. D. h. je besser es einem dieser Unternehmen geht, desto optimistischer fällt die Prognose aus. Abbildung 4.27 enthält das entsprechende SPSS-Listing. Der Rangkorrelationskoeffizient 'Spearmans rho' ist in einer sogenannten Matrixdarstellung angegeben. Würden wir drei oder mehr Merkmale gleichzeitig betrachten, so werden alle bivariaten Korrelationen gleichzeitig in dieser Matrix dargestellt.

			Auftragslage	Konjunkturprognose
Spearman's rho	Correlation Coefficient	Auftragslage	1.000	.736
		Konjunkturprognose	.736	1.000
	Sig. (2-tailed)	Auftragslage	.	.015
		Konjunkturprognose	.015	.
	N	Auftragslage	10	10
		Konjunkturprognose	10	10

Abb. 4.27. SPSS-Listing des Rangkorrelationskoeffizienten nach Spearman

Hätten wir die Bindungen nicht berücksichtigt und zur Berechnung (4.29) verwendet, so hätten wir $R = 1 - \frac{6 \cdot 38.5}{10 \cdot 99} = 0.767$ eine (fälschlicherweise) höhere Korrelation erhalten.

4.4 Zusammenhang zwischen zwei stetigen Merkmalen

Sind die beiden Merkmale X und Y metrisch skaliert, so sind die Abstände zwischen den Merkmalsausprägungen interpretierbar und können bei der Konstruktion eines Zusammenhangsmaßes berücksichtigt werden. Liegt ein exakter positiver Zusammenhang vor, so erwartet man, dass bei Erhöhung des einen Merkmals um eine Einheit sich auch das andere Merkmal um das Vielfache seiner Einheit erhöht. Liegt ein exakter negativer Zusammenhang vor, so erniedrigt sich der Wert des einen Merkmals um das Vielfache seiner Einheit, wenn das andere Merkmal um eine Einheit erhöht wird. Der Zusammenhang lässt sich also durch eine lineare Funktion der Form $y = a + b\,x$ beschreiben. Wir sprechen daher auch von **Korrelation** und wollen damit ausdrücken, dass es sich um einen linearen Zusammenhang handelt. Ein exakter Zusammenhang dürfte nur selten vorkommen. Abbildung 4.28 zeigt die drei typischen Situationen.

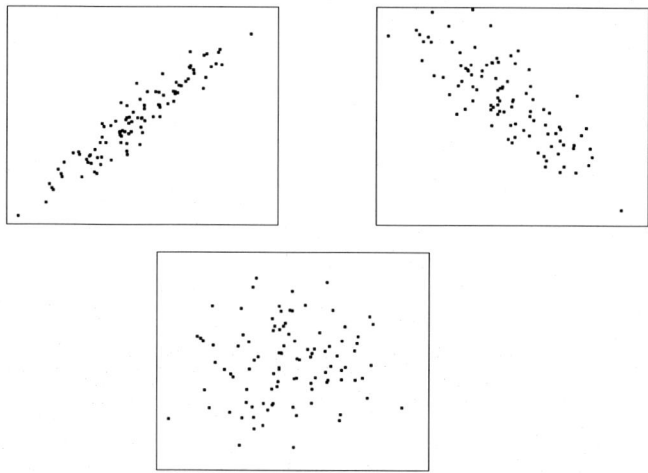

Abb. 4.28. Stark positive, schwach negative bzw. keine Korrelation

Als Maß für den Zusammenhang zweier metrischer Merkmale dient der **Korrelationskoeffizient von Bravais-Pearson**, der die Abstände zwischen den Beobachtungen der beiden Merkmale und deren arithmetischen Mitteln zueinander in Beziehung setzt. Der Korrelationskoeffizient ist definiert als $r(X, Y) = r$ mit

$$r = \frac{\sum\limits_{i=1}^{n}(x_i - \bar{x})(y_i - \bar{y})}{\sqrt{\sum\limits_{i=1}^{n}(x_i - \bar{x})^2 \cdot \sum\limits_{i=1}^{n}(y_i - \bar{y})^2}}$$

$$= \frac{S_{xy}}{\sqrt{S_{xx}S_{yy}}} \tag{4.31}$$

$$= \frac{\sum\limits_{i=1}^{n} x_i y_i - n\bar{x}\bar{y}}{\sqrt{(\sum\limits_{i=1}^{n} x_i^2 - n\bar{x}^2)(\sum\limits_{i=1}^{n} y_i^2 - n\bar{y}^2)}}\ . \tag{4.32}$$

Dabei sind

$$S_{xx} = \sum_{i=1}^{n}(x_i - \bar{x})^2 \quad \text{bzw.} \quad S_{yy} = \sum_{i=1}^{n}(y_i - \bar{y})^2 \tag{4.33}$$

die Quadratsummen und

$$S_{xy} = \sum_{i=1}^{n}(x_i - \bar{x})(y_i - \bar{y}) \tag{4.34}$$

die Summe der gemischten Produkte. Es gilt

$$S_{xy} = \sum_{i=1}^{n} x_i y_i - n\bar{x}\bar{y}.$$ (4.35)

Der Korrelationskoeffizient ist ein dimensionsloses Maß, in das beide Merkmale X und Y symmetrisch eingehen, d. h. es gilt $r(X, Y) = r(Y, X)$.

Anmerkung. Mit den Varianzen $s_x^2 = \frac{1}{n}S_{xx}$ und $s_y^2 = \frac{1}{n}S_{yy}$ und dem mittleren gemischten Produkt – der deskriptiven **Kovarianz** – $s_{xy} = \frac{1}{n}S_{xy}$ lässt sich der Korrelationskoeffizient auch darstellen als

$$r = \frac{s_{xy}}{\sqrt{s_x^2}\sqrt{s_y^2}} = \frac{s_{xy}}{s_x s_y}$$

Der Korrelationskoeffizient r liegt zwischen den Grenzen -1 und $+1$. Ist $r = +1$ oder $r = -1$, so liegt ein **exakter linearer** Zusammenhang zwischen X und Y vor, d. h. es gilt $Y = a + bX$. Dies gilt speziell für $a = 0$ und $b = 1$, d.h. $Y = X$. Jede stetige Variable ist mit sich selbst mit $r(X, X) = 1$ korreliert. Im Fall $a = 0$ und $b = -1$ folgt $Y = -X$ und $r(X, -X) = -1$. Es lässt sich zeigen, dass die Anwendung des Korrelationskoeffizienten von Bravais-Pearson auf Rangdaten gleich dem Wert des Rangkorrelationskoeffizienten von Spearman ist. Wir geben diesen Beweis hier an.
Beweis: Sei das Merkmal (X,Y) gegeben, das in das rangskalierte Merkmal (R_i^x, i) umgewandelt wird. Dabei ist i (i=1,...,n) der Rang innerhalb der Y-Komponente und $R_i^x = x_i$ der zugehörige Rang der X-Komponente. Wir setzen voraus, dass keine Bindungen vorliegen. Die x_i stellen eine Permutation der i dar. Der Mittelwert der i bzw. der x_i ist $\frac{1}{2}(n+1)$ und ihre Varianz ist $\frac{1}{12}(n^2 - 1)$. Damit wird der Korrelationskoeffizient von Bravais-Pearson für die Rangdaten (x_i, i) mit Formel (4.31) zu:

$$r = \frac{\sum_{i=1}^{n} ix_i - n\frac{1}{4}(n+1)^2}{\frac{n}{12}(n^2 - 1)}$$ (4.36)

Mit den Beziehungen:

$$\sum_{i=1}^{n}(x_i - i)^2 = \sum_{i=1}^{n} x_i^2 + \sum_{i=1}^{n} i^2 - 2\sum_{i=1}^{n} ix_i$$ (4.37)

$$\sum_{i=1}^{n} x_i^2 = \sum_{i=1}^{n} i^2 = \frac{1}{6}n(n+1)(2n+1)$$ (4.38)

folgt

$$\sum_{i=1}^{n} ix_i = \frac{1}{6}n(n+1)(2n+1) - \frac{1}{2}\sum_{i=1}^{n}(x_i - i)^2.$$ (4.39)

Damit wird der Zähler von (4.36) zu:

$$12\sum_{i=1}^{n} ix_i - 12n\frac{1}{4}(n+1)^2 = n(n^2-1) - 6\sum_{i=1}^{n}(x_i - i)^2 \qquad (4.40)$$

Damit gilt:

$$r = 1 - \frac{6\sum_{i=1}^{n} d_i^2}{n(n^2-1)} = R. \qquad (4.41)$$

Dieser Zusammenhang kann bei der Berechnung des Rangkorrelationskoeffizienten ausgenutzt werden (vgl. Beispiel 4.4.2).

Beispiel 4.4.1. In einem Unternehmen wurde folgende Umsatz- und Gewinnentwicklung in den Jahren 1990 bis 1994 verzeichnet.

$$\begin{pmatrix} \text{Jahr} & \text{Umsatz} & \text{Gewinn} \\ 1990 & 60 & 2 \\ 1991 & 70 & 3 \\ 1992 & 70 & 5 \\ 1993 & 80 & 3 \\ 1994 & 90 & 5 \end{pmatrix}$$

Wir interessieren uns für den Zusammenhang zwischen Umsatz und Gewinn. Zur Berechnung des Korrelationskoeffizienten stellen wir die folgende Arbeitstabelle auf:

Jahr	Umsatz (X)	Gewinn (Y)	x_i^2	y_i^2	$x_i y_i$
1990	60	2	3 600	4	120
1991	70	3	4 900	9	210
1992	70	5	4 900	25	350
1993	80	3	6 400	9	240
1994	90	5	8 100	25	450
$\sum$	370	18	27 900	72	1 370

Daraus berechnen wir $\bar{x} = 74$ und $\bar{y} = 3.6$ und mit (4.32) erhalten wir

$$r = \frac{1\,370 - 5 \cdot 74 \cdot 3.6}{\sqrt{27\,900 - 5 \cdot 74^2}\sqrt{72 - 5 \cdot 3.6^2}} = \frac{38}{\sqrt{520 \cdot 7.2}} = 0.6210\,.$$

Es liegt also eine positive Korrelation zwischen X : Umsatz und Y : Gewinn vor: Je höher der Umsatz, desto höher der Gewinn.

Beispiel 4.4.2. Bei $n = 10$ Filialen in 10 Städten eines Kaufhauskonzerns wird der Zusammenhang zwischen dem Umsatz (Y) und der Entfernung (X) (in km) von der zentralen Fußgängerzone beurteilt.

$$\begin{pmatrix}
\text{Stadt} & \text{Entfernung} & \text{Umsatz} \\
1 & 0 & 450 \\
2 & 10 & 130 \\
3 & 30 & 100 \\
4 & 15 & 150 \\
5 & 4 & 300 \\
6 & 1 & 400 \\
7 & 2 & 320 \\
8 & 5 & 310 \\
9 & 7 & 250 \\
10 & 9 & 270
\end{pmatrix}$$

Da beide Merkmale stetig sind, beurteilen wir den Zusammenhang zwischen X und Y anhand des Korrelationskoeffizienten nach Bravais-Pearson. Wir berechnen $\bar{x} = 8.3$, $\bar{y} = 268$, $S_{xy} = -7724$, $S_{xx} = 712.1$, $S_{yy} = 117\,560$ und erhalten mit (4.31)

$$r = \frac{S_{xy}}{\sqrt{S_{xx}S_{yy}}} = \frac{-7\,724}{\sqrt{712.1 \cdot 117\,560}} = -0.84\,.$$

Es besteht also ein starker negativer Zusammenhang zwischen der Entfernung und dem Umsatz, d. h. je größer die Entfernung vom Zentrum ist, desto geringer ist der Umsatz. Die grafische Darstellung des Zusammenhangs ist in Abbildung 4.29 gegeben.

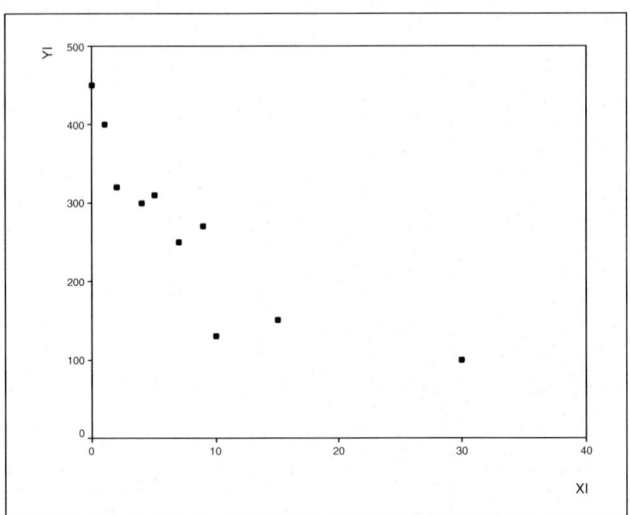

Abb. 4.29. Zusammenhang zwischen Umsatz Y und Entfernung X

Wir verwenden nun nur noch die ordinale Struktur der Beobachtungen und berechnen den Rangkorrelationskoeffizienten von Spearman. Hierzu vergeben wir zunächst die Ränge für die beiden Merkmale und wenden den Korrelationskoeffizienten von Bravais-Pearson auf die Rangdaten an, wobei $\overline{R^X} = \overline{R^Y} = 5.5$ ist:

i	R_i^X	$R_i^X - \overline{R^X}$	R_i^Y	$R_i^Y - \overline{R^Y}$	$\left(R_i^X - \overline{R^X}\right)\left(R_i^Y - \overline{R^Y}\right)$
1	10	4.5	1	-4.5	- 20.25
2	3	-2.5	9	3.5	-8.75
3	1	-4.5	10	4.5	-20.25
4	2	-3.5	8	2.5	-8.75
5	7	1.5	5	-0.5	-0.75
6	9	3.5	2	-3.5	-12.25
7	8	2.5	3	-2.5	-6.25
8	6	0.5	4	-1.5	-0.75
9	5	-0.5	7	1.5	-0.75
10	4	-1.5	6	0.5	-0.75

Wir erhalten die Quadratsummen $\sum_{i=1}^{n}(R_i^X - \overline{R^X})^2 = 82.5$, $\sum_{i=1}^{n}(R_i^Y - \overline{R^Y})^2 = 82.5$ und $\sum_{i=1}^{n}(R_i^X - \overline{R^X})(R_i^Y - \overline{R^Y}) = -79.5$. Die Anwendung von (4.31) auf die Rangdaten liefert

$$r = \frac{-79.5}{\sqrt{82.5 \cdot 82.5}} = -0.96 \,.$$

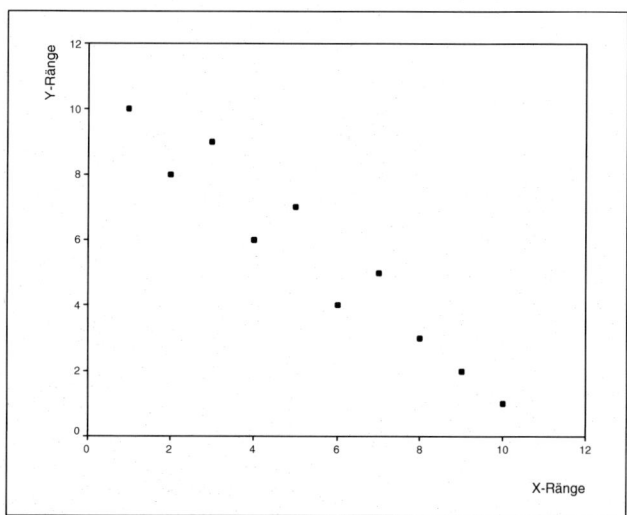

Abb. 4.30. Zusammenhang zwischen Umsatz Y und Entfernung X (Rangdaten)

Die starke negative Korrelation wird also auch bei Verwendung des Rangkorrelationskoeffizienten deutlich. Der schwächere Zusammenhang (ausgedrückt durch den betragsmäßig kleineren Koeffizienten $r = -0.84$) bei den Originaldaten kann durch eine gewisse „Glättung" beim Übergang von Originaldaten zu Rangdaten erklärt werden (vgl. hierzu die Abbildungen 4.29 und 4.30).

Transformation des Korrelationskoeffizienten. Wir wollen nun untersuchen, ob und wie sich der Korrelationskoeffizient ändert, wenn X oder Y (oder beide) linear transformiert werden. Sei $\tilde{X} = u + vX$ und $\tilde{Y} = w + zY$, so erhalten wir $\bar{\tilde{x}} = u + v\bar{X}$ und $\bar{\tilde{y}} = w + z\bar{y}$ und damit

$$\tilde{x}_i - \bar{\tilde{x}} = (u + vx_i) - (u + v\bar{x}) = v(x_i - \bar{x})$$

und

$$\tilde{y}_i - \bar{\tilde{y}} = z(y_i - \bar{y}).$$

Somit gilt für den Korrelationskoeffizienten der beiden transformierten Merkmale $\tilde{X}$ und $\tilde{Y}$

$$r(\tilde{X}, \tilde{Y}) = \frac{vz \sum(x_i - \bar{x})(y_i - \bar{y})}{\sqrt{v^2 \sum(x_i - \bar{x})^2 z^2 \sum(y_i - \bar{y})^2}} = r(X, Y). \qquad (4.42)$$

Damit ist der Korrelationskoeffizient ein translationsäquivariantes Maß.

Beispiel. Wir betrachten die beiden Merkmale X: Betriebszugehörigkeit in Jahren und Y: Höhe der Weihnachtsgratifikation in DM bei $n = 5$ Mitarbeitern im Jahr 2000.

i	x_i	y_i
1	10	1 000
2	12	1 700
3	15	2 000
4	20	3 000
5	23	4 500

Die Firma wird nun von einem US-amerikanischen Eigentümer übernommen. Er führt die obige Analyse erneut durch, misst jedoch die Betriebszugehörigkeit in der Einheit 10 Jahre und die Gratifikation in US-Dollar (1 DM = 0.625 \$). Es gilt also $\tilde{X} = 0.1X$ und $\tilde{Y} = 0.625Y$. Der transformierte Datensatz lautet:

i	$\tilde{x}_i$	$\tilde{y}_i$
1	1.0	625.00
2	1.2	1 062.50
3	1.5	1 250.00
4	2.0	1 875.00
5	2.3	2 687.50

Wir berechnen $\bar{x} = \frac{80}{5} = 16, \bar{y} = \frac{12\,200}{5} = 2\,440$ und

i	$(x_i - \bar{x})$	$(x_i - \bar{x})^2$	$(y_i - \bar{y})$	$(y_i - \bar{y})^2$	$(x_i - \bar{x})(y_i - \bar{y})$
1	-6	36	-1 440	2073600	8 640
2	-4	16	-740	547600	2 960
3	-1	1	-440	193600	440
4	4	16	560	313600	2 240
5	7	49	2 060	4243600	14 420
		$S_{xx} = 118$		$S_{yy} = 7372 \times 10^3$	$S_{xy} = 28\,700$

Damit ist

$$r = \frac{28\,700}{\sqrt{118 \cdot 7372 \times 10^3}} = \frac{287}{294.9} = 0.973\,.$$

Wir berechnen weiter $\bar{\bar{x}} = 0.1\bar{x} = 1.6, \bar{\bar{y}} = 0.625\bar{y} = 1\,525$ und

$$S_{\bar{x}\bar{x}} = 0.1^2 S_{xx} = 1.18$$
$$S_{\bar{y}\bar{y}} = 0.625^2 S_{yy} = 287.97 \times 10^4$$
$$S_{\bar{x}\bar{y}} = 0.1 \cdot 0.625 S_{xy} = 1\,793.75$$

und erhalten damit (vgl. (4.42))

$$r = \frac{1\,793.75}{\sqrt{1.18 \cdot 287.97 \times 10^4}} = 0.973\,.$$

4.5 Explorative Grafiken für mehrere Variablen

Wollten wir in den vorangegangenen Kapiteln Daten und Variablen visualisieren, so haben wir uns stets auf den zwei- oder dreidimensionalen Fall beschränkt.

Stab-, Balken- oder Kreisdiagramme können uns einen Eindruck einer kategorialen Größe, Histogramme einer stetigen Variable geben. Wollen wir uns einen grafischen Überblick über zwei stetige Merkmale verschaffen, so betrachten wir Streudiagramme, sind die Merkmale diskret bzw. gemischt stetig-diskret so sind aufgesplittete Balkendiagramme oder Boxplots heranzuziehen. Sobald wir jedoch mehrere Variablen betrachten und diese zu visualisieren versuchen, benötigen wir mehr als die bisher beschriebenen Methoden.

In diesem Kapitel sollen einige einfache und schöne Konzepte vorgestellt werden, die es erlauben mehrere Variablen gleichzeitig grafisch darzustellen.

4.5.1 Coplots

Der Name Coplot entstand aus einer Abkürzung für die Bezeichnung 'conditioning scatter plots'. Dem Namen entsprechend werden dabei mehrere Streudiagramme für vorher definierte Bedingungen erstellt. Im einfachsten Fall bedeutet dies, dass neben zwei stetigen Variablen X und Y - für die ein Streudiagramm gezeichnet werden soll - eine weitere Variable A vorliegt, die die Bedingungen vorgibt. Das heißt, dass für jede Ausprägung von A das bedingte Streudiagramm X-Y geplottet wird. Die Variable A sollte dabei natürlich nicht metrisch sein, sondern binär, kategorial oder klassiert. Tabelle 4.8 veranschaulicht noch einmal die hier vorliegende Datensituation.

Tabelle 4.8. Einfachste Datensituation für einen Coplot (links), sowie ein Beispiel mit möglichen Merkmalsausprägungen (rechts).

	X	Y	A			X	Y	A
1	x_1	y_1	a_1		1	4.3	2.4	0
2	x_2	y_2	a_2		2	3.8	2.6	1
.	.	.	.		3	4.1	2.1	0
.	.	.	.		4	3.1	2.4	0
.	.	.	.		.	.	.	.
n	x_n	y_n	a_n					

Beispiel 4.5.1. Wir betrachten einen Datensatz zu seismologischer Aktivität im Gebiet der Fiji-Inseln und Tonga. Über einen Zeitraum von mehr als 30 Jahren wurde dabei bei einem Wert von mindestens '4' auf der Richter-Skala Ort und Stärke des Erdbebens festgehalten. Es liegen folgende Variablen vor:

lat	Längengrad des Ortes seismologischer Aktivität
long	Breitengrad des Ortes seismologischer Aktivität
depth	Tiefe des Bebens (in km)
mag	Stärke des Bebens (auf der Richter-Skala)
stations	Nummer der Kontrollstation

Um einen Überblick über die Schwerpunkte der Beben zu bekommen empfiehlt es sich ein Streudiagramm der Variablen der Längen- und Breitengrade zu zeichnen. Interessiert dabei nun aber auch noch ob sich die Schwerpunkte für eine unterschiedliche Tiefe der Beben unterscheiden, so könnte man einen Coplot zeichnen. Wir klassieren die Tiefe in eine binäre Variable, die den Wert '0' für eine Tiefe von '0 - 300 m' annimmt, und den Wert '1' bei einer Tiefe von mehr als 300 Metern. Insgesamt lagen 1000 Beobachtungen vor, 547 davon erhielten den Wert '0', 453 den Wert '1'.

In Abbildung 4.31 sind die Ergebnisse unseres Datensatzes zu betrachten. Es scheint so, als würde bei Beben in der Nähe der Erdoberfläche (also in einer Tiefe von 0-300 m) das Gebiet der seismologischen Aktivität weiter gestreut zu sein. Es liegen zwei größere örtliche Schwerpunkte vor, bei Beben in einer größeren Tiefe sind diese jedoch deutlich konzentrierter.

Anmerkung. Selbstverständlich muss die Variable 'depth' nicht binär kodiert sein. Wir hätten ebenfalls die Variable in beispielsweise 6 Kategorien ('0-100 m', '100-200 m',...) unterteilen können. Als Resultat hätten wir dann eben 6

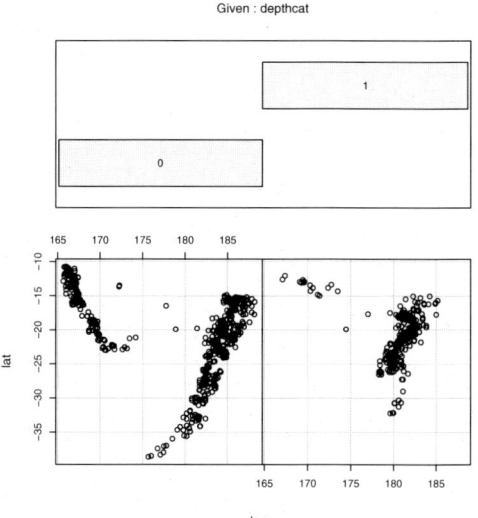

Abb. 4.31. Coplot für das Streudiagramm der Längen- und Breitengrade, aufgesplittet nach der binären Variable 'Tiefe'

verschiedene Streudiagramme erhalten. Zu beachten ist jedoch stets, dass bei einer Unterteilung für jeden Fall immer noch genug Beobachtungen vorliegen sollten.

Als Erweiterung zu der bisher beschriebenen Situation wollen wir nun den Fall näher untersuchen, bei dem zwei kategoriale Einflußgrößen vorliegen und somit ein zweidimensionaler Coplot gezeichnet werden könnte. Wir bezeichnen die neue Variable als 'B' und betrachten die Datensituation wie in Tabelle 4.9 veranschaulicht:

Tabelle 4.9. Datensituation für einen Coplot bei zwei metrischen und zwei kategorialen Variablen(links), sowie ein Beispiel mit möglichen Merkmalsausprägungen (rechts).

	X	Y	A	B
1	x_1	y_1	a_1	b_1
2	x_2	y_2	a_2	b_2
	.	.	.	.
	.	.	.	.
	.	.	.	.
n	x_n	y_n	a_n	b_n

	X	Y	A	B
1	4.3	2.4	0	6
2	3.8	2.6	1	6
3	4.1	2.1	0	7
4	3.1	2.4	0	7
	.	.	.	

Wollen wir nun Streudiagramme für die beiden Variablen X und Y zeichnen, so müssen wir dies für jede Kombination von Ausprägungen von A und B tun. Sind A und B binär erhalten wir also vier verschiedene Diagramme, bei höherer Anzahl entsprechend mehr.

Beispiel 4.5.2. Wir betrachten erneut das Beispiel der seismologischen Aktivität im Gebiete der Fiji-Inseln und Tonga. Neben der Tiefe soll nun auch noch die Stärke des Bebens als relevante Variable erfasst werden. Ist der Wert auf der Richter-Skala geringer als 4.6, so erhält unsere Variable den Wert '0', ansonsten den Wert '1'. Von den 1000 Fällen wiesen 486 einen Wert von weniger als 4.6 auf, 514 dagegen waren größer. In Abbildung 4.32 ist der entsprechende Coplot abgebildet. Auch hier ist deutlich zu erkennen, dass bei größerer Tiefe (also Tiefe = 1) weniger große Schwerpunkte zu erkennen sind.

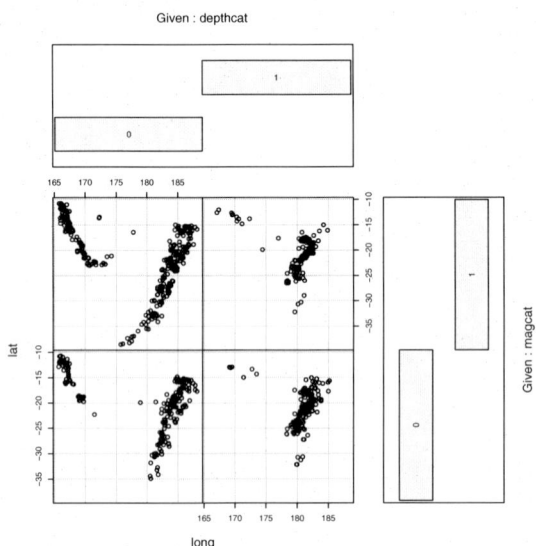

Abb. 4.32. Coplot für das Streudiagramm der Längen- und Breitengrade, aufgesplittet nach den binären Variablen 'Tiefe' und 'Stärke'

Verschiedene Programmpakete bieten auch die Möglichkeit Coplots für mehrere *stetige* Variablen zu konstruieren. Wir haben also eine Datensituation wie in Tabelle 4.10 veranschaulicht.

Das Programmpaket unterteilt dann, je nach Vorgabe, zwei der vier Variablen in sich überlappende Klassen und erstellt den Coplot wie gewohnt.

Tabelle 4.10. Datensituation für einen Coplot bei vier metrischen Variablen(links), sowie ein Beispiel mit möglichen Merkmalsausprägungen (rechts)

	X	Y	A	B			X	Y	A	B
1	x_1	y_1	a_1	b_1		1	4.3	2.4	200	66.6
2	x_2	y_2	a_2	b_2		2	3.8	2.6	212	62.9
	.	.	.	.		3	4.1	2.1	198	71.5
	.	.	.	.		4	3.1	2.4	234	70.3
	.	.	.	.			.	.	.	
n	x_n	y_n	a_n	b_n			.	.	.	

Beispiel 4.5.3. Betrachten wir erneut das Beispiel der seismologischen Aktivität. Für die beiden metrischen Variablen 'Längengrad' und 'Breitengrad', erhalten wir unter der Bedingung der beiden anderen metrischen Variablen 'Tiefe' und 'Stärke' einen Coplot wie in Abbildung 4.33. Eine detailliertere Betrachtung bringt hier jedoch keine neueren Erkenntnisse.

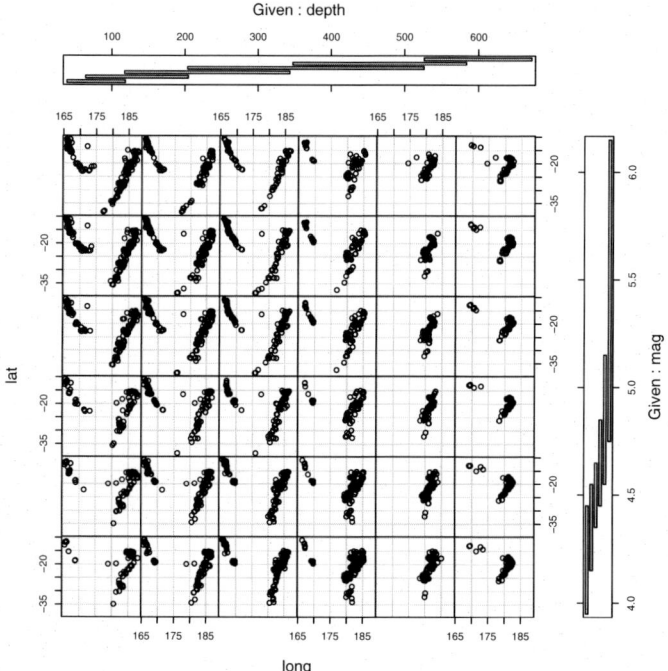

Abb. 4.33. Coplot für das Streudiagramm der Längen- und Breitengrade, aufgesplittet nach den stetigen aber klassierten Variablen 'Tiefe' und 'Stärke'

Anmerkung. Unter SPSS können Coplots sehr einfach für binäre, kategoriale oder klassierte Bedingungsvariablen erstellt werden. Unter 'Grafiken'
→ 'Streudiagramm' → 'einfaches Streudiagramm' → 'Felder anordnen nach'
kann optional eine Unterteilungs- und damit auch Bedingungsvariable eingestellt werden.
Andere Programmpakete wie R oder S-Plus lassen unter ihrer Funktion *co-
plot()* auch eine metrische Bedingungsvariable zu.

4.5.2 Chernoff Faces

Die grundlegende Idee der 'Chernoff faces' ist, dass jeder Teil eines Gesichtes
eine einzelne Variable repräsentiert. So kann für jede Beobachtungseinheit ein
Gesicht gezeichnet werden, das die individuellen Eigenschaften dieser Einheit
für mehrere (in der Regel bis zu 15) Variablen widerspiegelt. In Tabelle 4.11
ist die detaillierte Auflistung zu sehen, wie jede Variable in einem 'Chernoff
face' wiederzufinden ist.

Tabelle 4.11. Chernoff faces. Repräsentation der Variablen durch Gesichtszüge

Var 1	Fläche des Gesichts	Var 9	Blickwinkel der Augen
Var 2	Form des Gesichts	Var 10	Form der Augen
Var 3	Länge der Nase	Var 11	Breite der Augen
Var 4	Ort des Mundes	Var 12	Ort der Pupille
Var 5	Krümmung des Lachens	Var 13	Ort der Augenbraue
Var 6	Breite des Mundes	Var 14	Winkel der Augenbraue
Var 7	Ort der Augen	Var 15	Breite der Augenbraue
Var 8	Distanz der Augenbrauen		

Beispiel 4.5.4. Als Beispiel betrachten wir einen Datensatz mit den Eigenschaften verschiedener Biere. So wurden für 32 verschiedene Biere die Merkmale 'Alkoholgehalt (in %)', 'Stammwürze', 'Kilokalorien pro 0.33l', 'Braue-
reigründung' und 'Bittereinheiten' erhoben. Tabelle 4.12 zeigt einen Auszug
aus den Daten. Wir können uns nun die dazugehörigen Chernoff faces plotten
lassen (siehe Abbildung 4.34).

Gemäß Tabelle 4.11 sollte also nun ein höherer Alkoholgehalt des Bieres
zu einem größeren Gesicht führen, ein höherer Bittergehalt (unpassenderwei-
se) zu einem größeren Lachen. Tatsächlich scheint auch beispielsweise Bier
Nummer 10 (Clausthaler Alkoholfrei) ein sehr kleines Gesicht zu haben, Bier
Nummer 3 (Erdinger) hat mit einem sehr geringen Bittergehalt von 9 ein
sehr trauriges Gesicht, Bier Nummer 11 (Jever) dagegen ein sehr fröhliches.

Als eine freie Variante und Interpretation der Chernoff faces ist für das
Programmpaket R eine Funktion erhältlich, die ähnliche Gesichter plottet.

Tabelle 4.12. Auszug aus den Bierdaten

Nr.	Bier-sorte	Alkohol-gehalt	Stamm-würze	kcal (pro 0.33l)	Gründungs-jahr	Bitter-einheiten
.	.	.	.		.	.
.	.	.	.	.	.	.
14	Paulaner	6.0	13.7	165	1634	24
15	Holsten	4.8	11.2	136	1879	29
16	Astra	4.9	11.2	136	1897	28
17	Maisels	5.4	12.3	142	1887	12
.	.	.	.	.	.	.
.	.	.	.	.	.	.

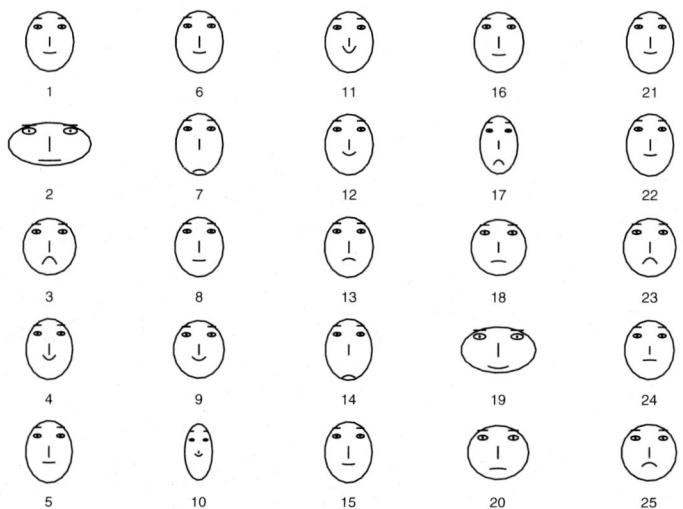

Abb. 4.34. Chernoff faces für 25 der 32 verschiedenen Biersorten

Vorteil daran ist ein detaillierteres äußeres Erscheinungsbild der Gesichter sowie eine Kennzeichnung der Gesichter mit Namen (siehe auch Abbildung 4.35).

Bei dieser Funktion würde beispielsweise ein 'kurzes' Gesicht auf einen geringen Alkoholgehalt hinweisen, ein breiter Mund dagegen auf hohe Bittereinheiten.

Anmerkung. Auch wenn die originelle Idee von Chernoff teilweise einen schnellen Überblick über viele Variablen verschaffen kann, so sind doch noch folgende wichtige Bemerkungen zu machen:

- Das Aussehen der einzelnen Gesichter hängt von der Reihenfolge der Variablen ab. Bei einer Umordnung ändert sich aus das Aussehen der 'Chernoff

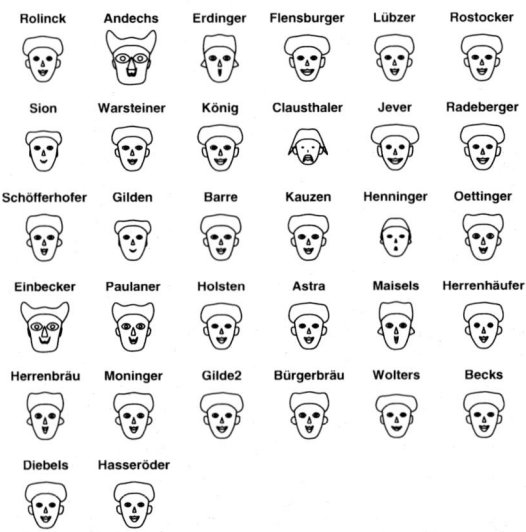

Abb. 4.35. Chernoff faces für die 32 verschiedenen Biersorten

faces'.

- Teilweise ist es schwierig die Gesichter schnell und genau zu interpretieren.

- In SPSS sind die 'Chernoff' faces leider nicht implementiert. Für andere Programmpakete (z.B. R und S-Plus), gibt es jedoch Funktionen die die Gesichter plotten. Innerhalb der verschiedenen Software gibt es jedoch teilweise kleinere Unterschiede bei der Konstruktion der Gesichter.

4.6 Sachgemäße Gestaltung von Grafiken

Bei den ersten Erfahrungen im Umgang mit statistischen Softwarepaketen oder der Interpretation von Grafiken ergibt sich für den Anwender oft das Problem, dass zu schnell falsche Rückschlüsse innerhalb eines Sachverhaltes gezogen werden. Outputs weisen eine irreführende Skalierung auf, Hypothesen werden unsachgemäß formuliert und überladene Grafiken laden zu falschen Interpretationen ein.
In diesem Kapitel soll ein erster Einblick gegeben werden, welche Fehler gemacht werden können und wie diese am besten vermieden werden.

4.6.1 Adäquate Skalierung

Bei den meisten Softwarepaketen wird die Skalierung per Voreinstellung automatisch reguliert. Die damit produzierten Outputs können unter Umständen dazu führen, dass falsche Rückschlüsse gezogen werden. Die folgenden Beispiele sollen den Anwender ermutigen sich mit einem Sachverhalt intensiv auseinanerzusetzen bevor er Rückschlüsse zieht.

Beispiel 4.6.1. Im Rahmen einer Untersuchung sollte unter anderem der Einfluss der Gühtemperatur auf die Katalysatoraktivität untersucht werden. Die Variable 'Temperatur' war dabei nicht stetig, sondern konnte (aufgrund des Messverfahrens) nur die Ausprägungen '500 °C', '540 °C', '570 °C' und '600 °C' annehmen. In Abb. 4.36 ist zu sehen welchen Output uns SPSS für die mittlere Katalysatoraktivität in Abhängigkeit von der Temperatur liefert.

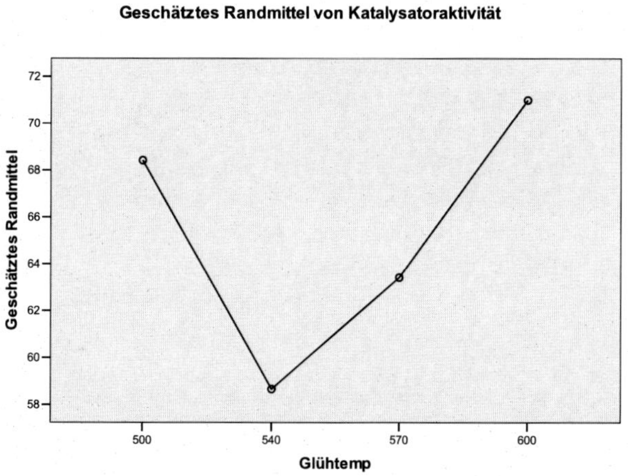

Abb. 4.36. Katalysatoraktivität in Abhängigkeit von der Temperatur

Die Grafik vermittelt den Eindruck, dass bei einer Glühtemperatur von 540°C die Katalysatoraktivität vehement abnimmt. Es scheint einen starken Einbruch zu geben. Betrachtet man die Datensituation jedoch genauer, so fällt auf, dass die Werte für die Aktivität bei den einzelnen Beobachtungen etwa zwischen 10 und 130 schwanken. Auch wenn die Mittelwerte für die einzelnen 'Klassen' um die Werte 60 und 70 liegen, so ist immer noch die starke Variabilität und auch die Spannweite der eigentlichen Aktivitätswerte zu beachten. Es empfiehlt sich eine andere Achsenskalierung zu wählen. Beachtet man die zweite kategoriale Einflussgröße Druck in Abb. 4.37, so empfiehlt es sich beide Grafiken einheitlich zu skalieren um den Effekt beider Variablen vergleichen zu können.

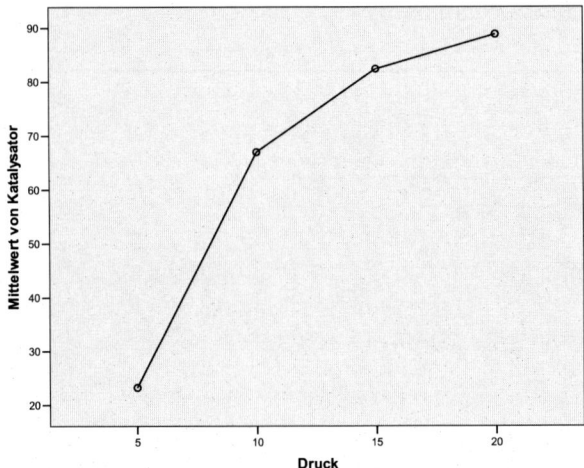

Abb. 4.37. Katalysatoraktivität in Abhängigkeit vom Druck

Wenn wir in Abb. 4.36 auch die Skalierung von 20 - 90 wie in Abb. 4.37 wählen (in SPSS durch Doppelklick auf die Skala und danach verändern), so erhalten wir Abb. 4.38. Hier kann man erkennen, dass die Anpassung der Skalierung zu einer weniger starken Interpretation des Einflusses von Temperatur auf die Katalysatoraktivität führt.

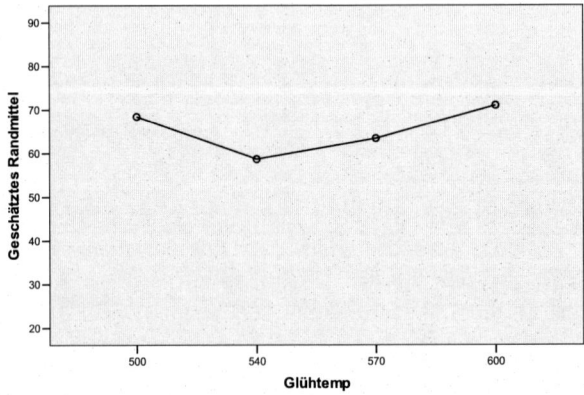

Abb. 4.38. Katalysatoraktivität in Abhängigkeit von der Temperatur

Häufig kann man durch eine Grafik mit beiden Einflussgrößen (Abb. 4.39) eine Kombination der optischen Eindrücke erzielen und somit Fehlinterpretationen vorbeugen.

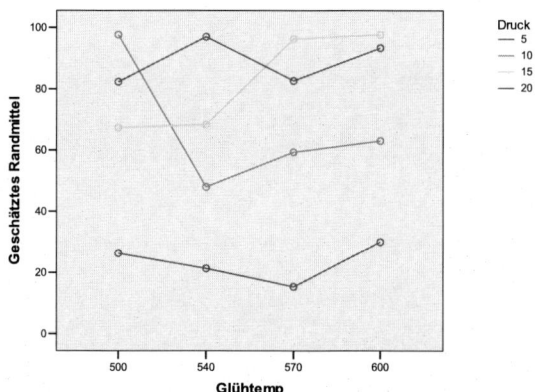

Abb. 4.39. Profildiagramm aufgeteilt nach Druck und Temperatur

Beispiel 4.6.2. In einer Verkehrserhebung in der Schweiz wurde der Arbeitsweg von Pendlern 1994 und 1989 erhoben. Die Scatterplots ergaben für Männer und Frauen folgende Bilder (Abb. 4.40 und 4.41), die zunächst auf einen ähnlich starken Einfluss des Arbeitsweges 1989 schließen lassen.

Wir passen die x-Achse bei den Männern von max. 80 Minuten auf das Maximum von 120 Minuten in Abbildung 4.40 an und erhalten Abbildung 4.42 die nun einen sinnvollen Vergleich Männer / Frauen ermöglicht. Wir sehen, dass der Einfluss der unabhängigen Variable Arbeitsweg 1989 bei den Männern stärker ausgeprägt ist als bei den Frauen. Dies bestätigt auch die Regression mit den Parametern 0.917 (Männer) bzw. 0.707 (Frauen). Ohne die Korrektur der Achsenskalierung wäre dieser Effekt grafisch verborgen geblieben.

4.6.2 Einfluss von Extremwerten

Die Datenanalyse wird häufig von Extremwerten oder Ausreißern beeinflusst. Wichtige Entscheidungen können so beeinflusst und verfälscht werden. Folgendes Beispiel soll dies verdeutlichen.

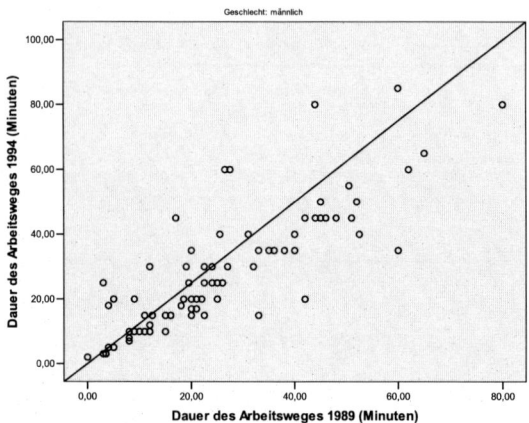

Abb. 4.40. Regression 1989/1994 bei Männern

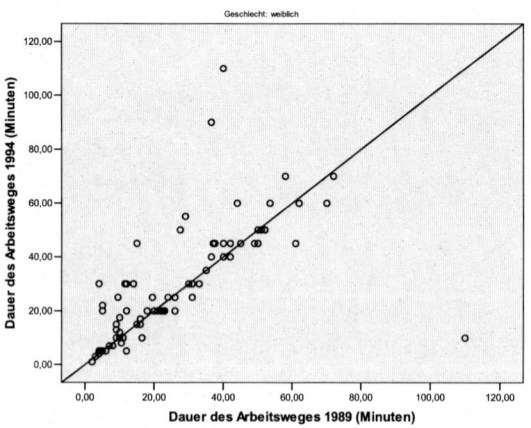

Abb. 4.41. Regression 1989/1994 bei Frauen

Beispiel 4.6.3. Wir betrachten erneut das Beispiel der Arbeitszeiten von Pendlern in den Jahren 1989 und 1994. In Boxplots werden Extremwerte und Ausreißer gesondert gekennzeichnet, im folgenden Boxplot 4.43 ist die Dauer des Arbeitsweges getrennt nach dem Geschlecht aufgetragen. Der Fall Nummer 1 ist ein Ausreisser.

Mit Fall Nummer 1, also unter Berücksichtigung des Ausreißers, erhalten wir folgendes Streudiagramm Arbeitsweg 1994 / Arbeitsweg 1989 mit der zugehörigen Regressionsgerade (Abbildung 4.44). Nach Entfernen des Aus-

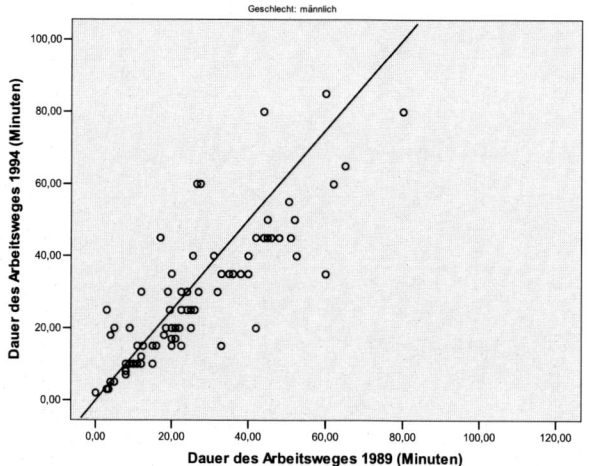

Abb. 4.42. Regression 1989/1994 bei Männern nach Anpassung der x-Achse

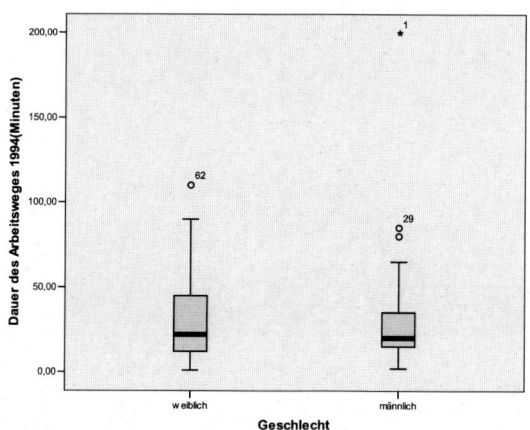

Abb. 4.43. Boxplot aufgesplittet nach Geschlecht

reissers ergibt sich Abbildung 4.45.

Da die Skalen in beiden Grafiken übereinstimmen, kann der Effekt von Fall Nummer 1 deutlich abgelesen werden. Bei der praktischen Datenanalyse sollte also stets auf 'merkwürdige' Datenpunkte geachtet werden, da sie die Analyse völlig auf den Kopf stellen können. Ihre Entfernung muss natürlich sachlich begründet sein - Eingabefehler (Alter eines Patienten: 120 Jahre), Messfehler (Gewicht einer Person: - 50 kg), usw.

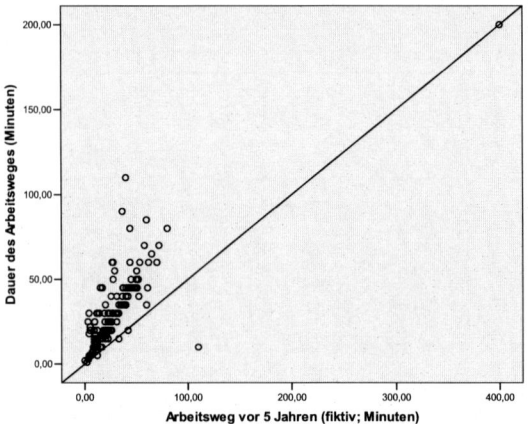

Abb. 4.44. Streudiagramm *mit* Betrachtung des Ausreißers

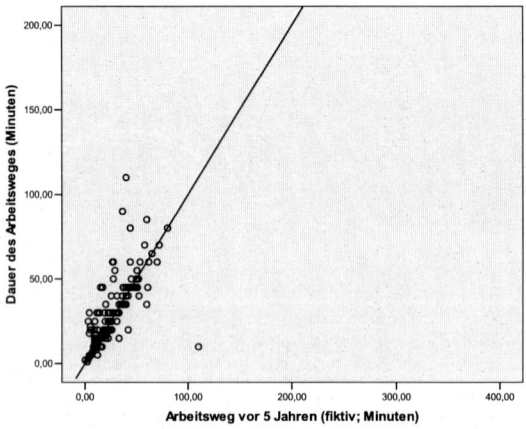

Abb. 4.45. Streudiagramm *ohne* Betrachtung des Ausreißers

4.6.3 Geschickte Wahl einer Grafik

Zur Klärung einer Fragestellung können oft verschiedene Grafiken oder Outputs herangezogen werden. Nicht immer ist auf Anhieb zu erkennen, welche davon die größte Aussagekraft besitzt. Oft ist es hilfreich mehr als eine Grafik zu betrachten und sich unter Abwägung der Fragestellung für eine Interpretation zu entscheiden. Das folgende Beispiel soll zeigen, dass durch geschickte Wahl der Grafik Arbeitshypothesen deutlicher herausgearbeitet werden können.

Beispiel 4.6.4. In einer Untersuchung innerhalb einer Firma wurden unter anderem die Merkmale 'aktuelles Gehalt' und 'Jobkategorie' erhoben. Zu klären war, ob sich die Gehälter in den einzelnen Jobkategorien unterscheiden. Ein gesplitteter Boxplot liefert uns einen ersten Überblick (siehe Abbildung 4.46)

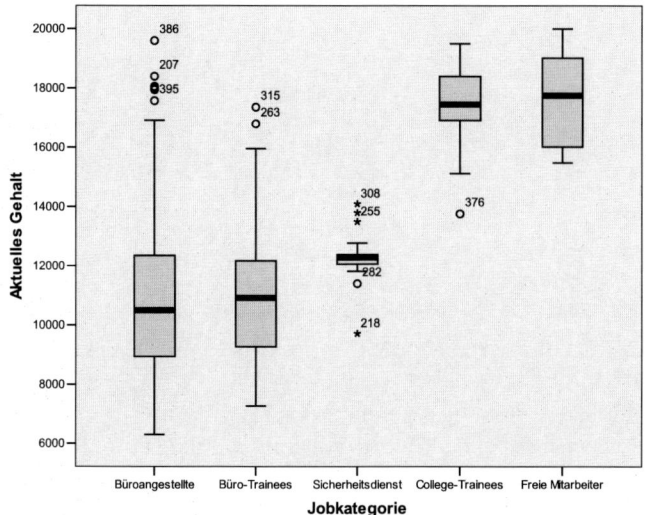

Abb. 4.46. Boxplot des aktuellen Gehalts, aufgesplittet nach der Jobkategorie

Es scheint als würden College-Trainees und Freie Mitarbeiter am meisten verdienen, die Mitarbeiter der drei anderen Kategorien deutlich weniger. Eine leichte Tendenz für ein höheres Gehalt beim Sicherheitsdienst gegenüber den Büro-Trainees und den Büro-Angestellten ist aufgrund des Medians zu vermuten.

Betrachten wir nun einen Error-Plot derselben Fragestellung (Abbildung 4.47). Dabei wird für jede Kategorie der Mittelwert samt eines Konfidenzintervalls (für Details siehe Toutenburg, *Induktive Statistik*) angegeben. Die Linie spiegelt dabei die Unsicherheit bezüglich des arithmetischen Mittels wider und kann ein Hinweis dafür sein, ob sich die Gehaltsklassen unterscheiden (und zwar genau dann wenn sich die einzelnen Intervalle nicht überschneiden).

Nun lässt sich sehr deutlich erkennen, dass die dritte Jobkategorie (Sicherheitsdienst) ein deutlich höheres Einkommen aufzuweisen hat als die erste und zweite Jobkategorie. Im Boxplot ist zwar auch ein Anstieg des Gehalts

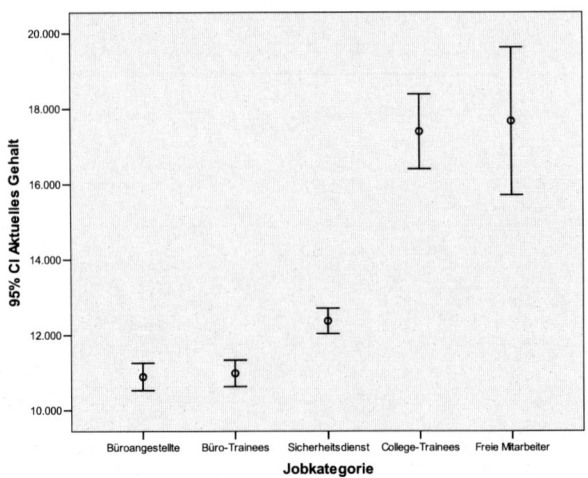

Abb. 4.47. Error-Plot des aktuellen Gehalts, aufgesplittet nach der Jobkategorie

über die Jobkategorien zu erkennen, die Error-Plots trennen jedoch die einzelnen Kategorien deutlicher und verzichten auf die Darstellung der Ausreißer und Extremwerte. So ist hier zu erkennen, dass die dritte Kategorie 'Sicherheitsdienst' sich statistisch von den beiden ersten Kategorien unterscheiden könnte.

Beispiel 4.6.5. In einem geplanten Experiment sollten 24 Studenten vier Schokoladensorten auf einer Punkteskala von 0 ('miserabel') bis 10 ('sehr lecker') bewerten. Die Schokolade stammte von zwei Firmen und war in je zwei Sorten (gefleckt, Nuss) vertreten. Damit müssen vier Merkmalsausprägungen grafisch ausgewertet werden. SPSS bietet die folgende Grafik der vier Histogramme (Abb. 4.48), die eine vergleichende Betrachtung bezüglich Symmetrie, Schiefe, Konzentration, Mehrgipfligkeit, Ausreißer usw. ermöglicht.

Will man die mittleren Bewertungen für die Firmen getrennt nach Sorten veranschaulichen, so kann man zunächst Sorte als Merkmal auf der x-Achse wählen (Abb. 4.49, links).

Wählt man Firma als Merkmal auf der x-Achse, so erhält man Abb. 4.49 (rechts). Wie man sieht, ist die Aussagekraft beider Grafiken nicht identisch. In Abb. 4.49 (rechts) ist zusätzlich eine Überschneidung beider Geraden zu erkennen, die man als Wechselwirkung bezeichnet (vgl. Toutenburg, *Induktive Statistik*).

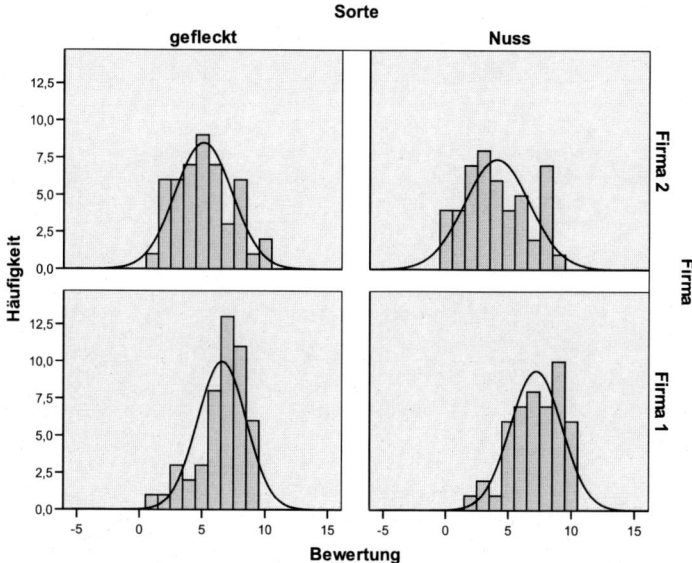

Abb. 4.48. Histogramme der Punktbewertung der vier Kombinationen Sorte / Firma

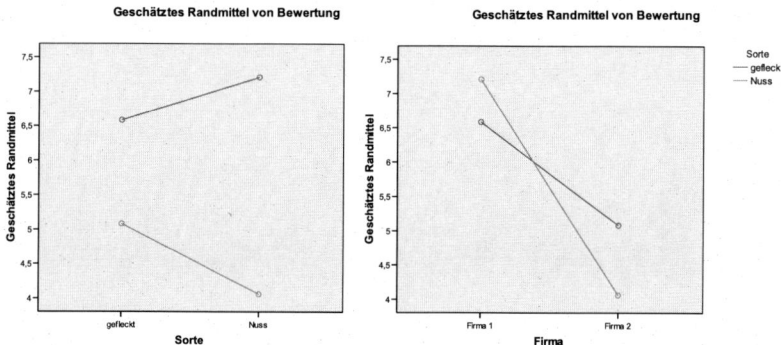

Abb. 4.49. Sorte als x-Achse (links), Firma als x-Achse (rechts)

Beispiel 4.6.6. In einer Studie soll der Zusammenhang zwischen der durchschnittlichen Monatstemperatur und der Hotelauslastung an drei Orten untersucht werden. Als typischer Wintersportort wurde Davos gewählt, für den Sommerurlaub Polenca auf Mallorca und als Stadt- und Geschäftsreiseziel Basel. Es wurden in den Monaten des Jahres 2002 die Durchschnittstemperaturen (X) tagsüber sowie die prozentuale Hotelauslastungen (Y) erhoben.

Monat	Davos X	Y	Polenca X	Y	Basel X	Y
Jan	-6	91	10	13	1	23
Feb	-5	89	10	21	0	82
Mar	2	76	14	42	5	40
Apr	4	52	17	64	9	45
May	7	42	22	79	14	39
Jun	15	36	24	81	20	43
Jul	17	37	26	86	23	50
Aug	19	39	27	92	24	95
Sep	13	26	22	36	21	64
Oct	9	27	19	23	14	78
Nov	4	68	14	13	9	9
Dec	0	92	12	41	4	12

Wir plotten die Variable Hotelauslastung gegen die Variable Durchschnittstemperatur und erhalten Abb. 4.50 in der kein Zusammenhang zu erkennen ist.

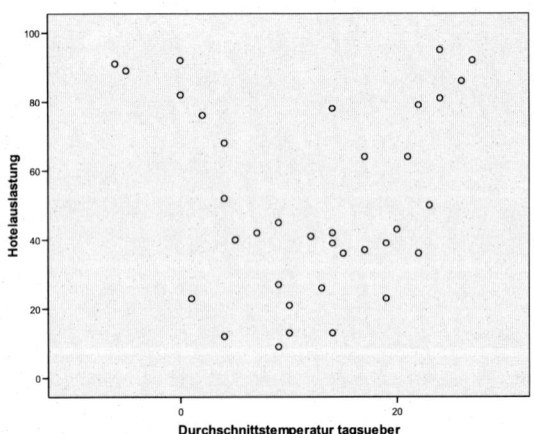

Abb. 4.50. Streudiagramm Durchschnittstemperatur / Hotelauslastung

Zeichnen wir die Streudiagramme separat für die drei Orte, so ergeben sich folgende Abbildungen 4.51 die für Davos einen negativen, für Polenca einen positiven und für Basel keinen Zusammenhang zeigen. Dies belegt, dass Zusammenhänge manchmal global nicht zu erkennen sind sondern erst nach Aufsplitten bezüglich einflussreicher Kovariablen.

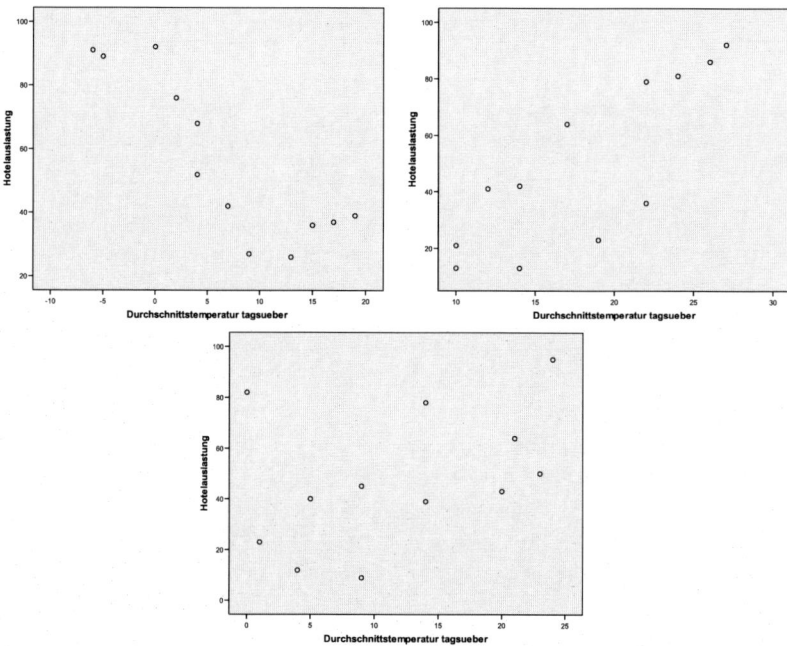

Abb. 4.51. Streudiagramm Durchschnittstemperatur / Hotelauslastung aufgesplittet nach dem Ort (Davos, Polenca, Basel)

4.6.4 Probleme bei der Berechnung einer linearen Regression

Wie in Kapitel 5 beschrieben, kann der Zusammenhang zweier Merkmale mit Hilfe einer Regressionsgerade quantifiziert werden. Wir gehen dabei aber immer von einem *linearen* Zusammenhang aus, und schätzen daher auch Koeffizienten für einen solchen Sachverhalt. Folgendes bekannte Beispiel soll verdeutlichen, welche Probleme sich ergeben können, wenn die Linearität des Zusammenhangs nicht hinterfragt wird.

Beispiel 4.6.7. In einem berühmten Beispiel von Anscombe werden vier völlig unterschiedliche Datensituationen beschrieben und anschließend eine lineare Regression angepasst (siehe auch Abbildung 4.52).

Sofort fällt auf, dass für alle Situationen dieselbe Gerade geschätzt wird, und das obwohl die Daten auf den ersten Blick extrem unterschiedlich wirken. Grund dafür ist, dass für die Berechnung der Schätzungen die Residuenquadratsumme minimiert wird und extreme Werte einen intuitiven Verlauf der Gerade verändern können.

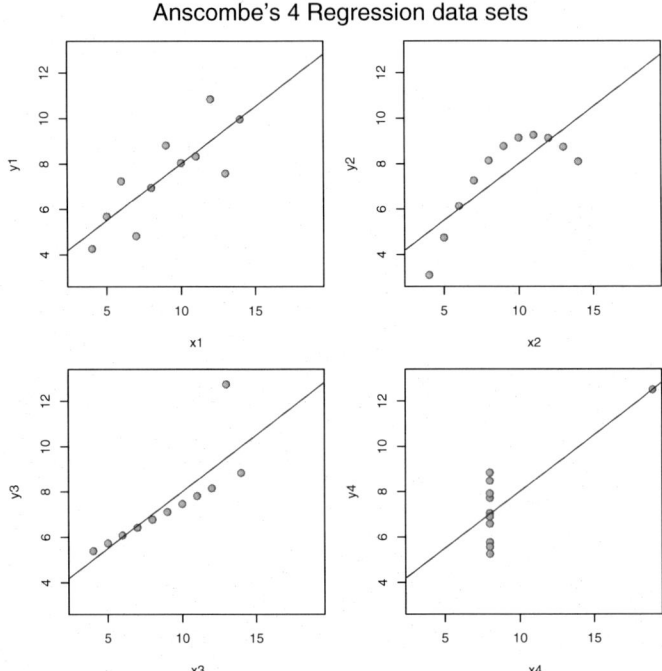

Abb. 4.52. Regressionsgeraden für vier völlig unterschiedliche Datensituationen

Die erste Grafik (oben links) scheint tatsächlich einen linearen Verlauf widerzuspiegeln. Die Regressionsgerade kann man daher als durchaus sinnvolle und adäquate Datenbeschreibung ansehen.

Die zweite Grafik jedoch (oben rechts) scheint einem eher quadratischen Muster zu folgen und die Linearität eines Zusammenhangs muß angezweifelt werden. Das Kriterium zur Berechnung der Regressionsgerade, nämlich die Minimierung der Residuenquadratsummen, liefert hier aber dieselbe Gerade. In der dritten Grafik (unten links) ist zwar ein linearer Verlauf zu erkennen, ein Ausreißerpunkt verändert die Steigung der Geraden jedoch ungünstig. Die vierte Grafik (unten rechts) zeigt ebenfalls, dass ein Ausreißerpunkt die Schätzung einer Geraden völlig verzerren kann.

4.7 Maße zur Messung der Übereinstimmung von Beobachtern

Sicherlich hat sich auch der Leser schon oft Fragen der folgenden Art gestellt: war eine Beurteilung, zum Beispiel die durch den Lehrer vergebene Note für die Schulaufgabe oder die durch den Professor vergebene Note für das Referat gerecht? Nun, diese Frage kann die Statistik natürlich nicht beantworten. Was die Statistik allerdings leisten kann ist eine quantitative Bewertung, inwieweit mehrere Beobachter in ihrer Einschätzung übereinstimmen (im engl.: *rater agreement* oder *interrater agreement*). Um bei den obigen Beispielen zu bleiben: hätte man die Bewertung von zwei (oder mehreren) Lehrern oder Professoren verfügbar, könnte man zumindest überprüfen, wie gut sie in ihren Bewertungen übereinstimmen. Weitere interessante Anwendungsgebiete ergeben sich in der Medizin, wo man daran interessiert ist, inwiefern die Diagnose zweier (oder mehrerer) Ärzte übereinstimmt. Dazu betrachten wir das folgende Beispiel:

Beispiel 4.7.1. Eine Klinik macht computertomografische Aufnahmen (CT–Bilder) oder Röntgenaufnahmen von sogenannten Kalkschultern, also Schultern, die Kalkablagerungen aufweisen. Mehrere Ärzte sollen anhand von 56 Patienten beurteilen, um welchen Typ es sich bei diesen Ablagerungen handelt (sog. Gärtner–Skala, ordinal):

- Typ 1: Aufbauphase (kann Monate oder Jahre dauern). Der Patient hat chronische Beschwerden, Schmerztherapie und Krankengymnastik bringen keine Linderung, eine Operation muss erwogen werden.
- Typ 2: Beginnende Auflösungsphase.
- Typ 3: Auflösung des Kalkdepots (kann Wochen oder Monate dauern). Behandlung meist konservativ durch Krankengymnastik und Schmerztherapie.

Die Beobachtungen lassen sich für zwei Ärzte in einer quadratischen Kontingenztafel veranschaulichen. Die Kontingenztafeln 4.13 und 4.14 geben die Ergebnisse für jeweils zwei verschiedene Ärzte bei den gleichen 56 Patienten wieder. Vollständige Übereinstimmung in der Einschätzung des Patienten

Tabelle 4.13. 3×3–Tafel für die Einschätzung von Arzt A und Arzt B

	Arzt A			
Arzt B	1	2	3	
1	8	20	3	31
2	2	15	1	18
3	0	5	2	7
	10	40	6	56

durch die jeweils zwei Ärzte liegt vor, wenn beide den gleichen Typ (1,2 oder 3) zuordnen. Es ist anzumerken, dass dies noch *nicht bedeutet*, dass wenn beide Ärzte die gleiche Einstufung vornehmen, diese dann auch *richtig* im Sinne einer validen Einstufung ist. Vielmehr können sich beide irren. Allerdings wird man eine Beurteilung für umso plausibler halten, je mehr Ärzte die gleiche Beurteilung vornehmen. Weiterhin sind die üblichen Maßzahlen, welche den Zusammenhang beschreiben, für diese Art von Daten weniger geeignet:

Tabelle 4.14. 3×3–Tafel für die Einschätzung von Arzt C und Arzt D

	Arzt C			
Arzt D	1	2	3	
1	27	6	3	36
2	2	6	3	11
3	0	4	5	9
	29	16	11	56

wir gehen ja schon davon aus, dass ein Zusammenhang zwischen den Beurteilungen besteht. Die Frage ist nur noch, wie groß dieser ist. Das heisst, die Beurteilungen werden von den Beobachtern zwar *als unabhängig voneinander durchgeführt* betrachtet, d.h. kein Beobachter kennt die Einschätzung des jeweils anderen Beobachters, die Beurteilungen selbst hängen aber zusammen, da sie das gleiche Subjekt (Patient) betreffen.

Für Tabelle 4.13 erhält man $(8 + 15 + 2) = 25$ vollständige Übereinstimmungen, bei Tabelle 4.14 sind es $(27 + 6 + 5) = 38$. Wir würden daraus schließen wollen, dass die Übereinstimmung in Tabelle 4.14 höher ist als in Tabelle 4.13. Dabei müssen wir aber noch beachten, dass es eine gewisse *zufällige Übereinstimmung* gibt.

Im Folgenden soll eine entsprechende Maßzahl für die Übereinstimmung eingeführt werden, wenn das Merkmal, bei welchem die Übereinstimmung gemessen werden soll, diskret mit wenigen Ausprägungen ist.

4.7.1 Kappa–Koeffizient

Der Kappa–Koeffizient nach Cohen (1960) dient zur Messung der Übereinstimmung in quadratischen $I \times I$–Kontingenztafeln und verwendet dazu lediglich die Beobachtungen, bei denen eine vollständige Übereinstimmung vorliegt, also die Hauptdiagonale der Kontingenztafel. Das Schema ist in Tabelle 4.15 dargestellt. Der Kappa–Koeffizient berücksichtigt darüber hinaus

Tabelle 4.15. Schema einer $I \times I$-Kontingenztafel. Die fettgedruckten Häufigkeiten liegen auf der Diagonalen und werden zur Berechnung von Kappa verwendet

		Beobachter 1					
		1		i		I	
	1	$\mathbf{n_{11}}$	$\cdots$	n_{1i}	$\cdots$	n_{1I}	n_{1+}
		$\vdots$		$\vdots$		$\vdots$	$\vdots$
Beobachter 2	i	n_{i1}	$\cdots$	$\mathbf{n_{ii}}$	$\cdots$	n_{iI}	n_{i+}
		$\vdots$		$\vdots$		$\vdots$	$\vdots$
	I	n_{I1}	$\cdots$	n_{Ii}	$\cdots$	$\mathbf{n_{II}}$	n_{I+}
		n_{+1}	$\cdots$	n_{+i}	$\cdots$	n_{+I}	n

die *zufällige Übereinstimmung* die man auch bekommen würde, wenn die Einschätzungen der Beobachter keinen Zusammenhang aufweisen würden. Wir berechnen daher zwei Größen:

- Relativer Anteil der Übereinstimmung beider Beobachter:

$$f_o = \sum_{i=1}^{I} f_{ii} = \sum_{i=1}^{I} \frac{n_{ii}}{n} = \frac{\sum_{i=1}^{I} n_{ii}}{n} \ . \qquad (4.43)$$

- Zufällige Übereinstimmung, wenn kein Zusammenhang besteht: dies ist äquivalent zur Bestimmung der sogenannten erwarteten relativen Häufigkeiten gemäß Gleichung (4.3):

$$f_e = \sum_{i=1}^{I} f_{i+} f_{+i} = \sum_{i=1}^{I} \frac{n_{i+}}{n} \frac{n_{+i}}{n} = \sum_{i=1}^{I} \frac{n_{i+} n_{+i}}{n^2} = \frac{\sum_{i=1}^{I} n_{i+} n_{+i}}{n^2} \ . \qquad (4.44)$$

Der Kappa–Koeffizient ist dann definiert durch

$$\kappa = \frac{f_o - f_e}{1 - f_e} \ , \qquad (4.45)$$

und wird folgendermaßen interpretiert:

- Der Zähler ist die Differenz aus der beobachteten Übereinstimmung und der unter Zufälligkeit zu erwartenden Übereinstimmung. Dies ist damit ein Maß für die über die Zufälligkeit hinausgehende Übereinstimmung der Beobachter (*engl.: chance corrected agreement*).
- Die Eins im Nenner stellt die maximal mögliche relative Häufigkeit für Übereinstimmung dar, nämlich wenn alle Beobachtungen auf der Diagonalen der Kontingenztafel liegen und sämtliche Nebendiagonalen nur Nullen enthalten.
- Der Kappa–Koeffizient ist damit ebenfalls Eins, wenn alle Beobachtungen auf der Diagonalen der Kontingenztafel liegen und sämtliche Nebendiagonalen nur Nullen enthalten. Er kann auch negativ werden, wenn zum Beispiel keine Übereinstimmung da ist (im Extremfall: Nullen auf der Diagonalen).
- Der Kappa–Koeffizient ist Null, wenn für alle $i = 1, \ldots, I$ gilt: $f_{ii} = f_{i+} f_{+i}$, das heißt, wenn exakte Unabhängigkeit in der beobachteten Tafel vorliegt.

Die Berechnung wollen wir anhand unseres Einführungsbeispiels 4.7.1 und der beiden Kontingenztafeln 4.13 und 4.14 durchführen.

Beispiel 4.7.2 (Fortsetzung von Beispiel 4.7.1). Für Tabelle 4.13 berechnen wir:

$$f_o = \frac{8 + 15 + 2}{56} = \frac{25}{56}$$

und

$$f_{11} = \frac{31 \cdot 10}{56^2}$$

$$f_{22} = \frac{18 \cdot 40}{56^2}$$

$$f_{33} = \frac{7 \cdot 6}{56^2}$$

$$f_e = \frac{31 \cdot 10 + 18 \cdot 40 + 7 \cdot 6}{56^2}$$

$$= \frac{1072}{56^2} \ .$$

Damit erhalten wir

$$\kappa = \frac{\frac{25}{56} - \frac{1072}{56^2}}{1 - \frac{1072}{56^2}} = 0.159 \ .$$

Für Tabelle 4.14 berechnen wir:

$$f_o = \frac{27 + 6 + 5}{56} = \frac{38}{56}$$

und

$$f_{11} = \frac{36 \cdot 29}{56^2}$$

$$f_{22} = \frac{11 \cdot 16}{56^2}$$

$$f_{33} = \frac{9 \cdot 11}{56^2}$$

$$f_e = \frac{36 \cdot 29 + 11 \cdot 16 + 9 \cdot 11}{56^2}$$

$$= \frac{1319}{56^2} \ .$$

Damit erhalten wir

$$\kappa = \frac{\frac{38}{56} - \frac{1319}{56^2}}{1 - \frac{1319}{56^2}} = 0.445 \ .$$

Man sieht, dass in Tabelle 4.14 sowohl die beobachtete Übereinstimmung f_o als auch die zufällige Übereinstimmung f_e größer sind als in Tabelle 4.13. Die Einschätzung der Ärzte ist in Tabelle 4.13 schwach, in Tabelle 4.14 mäßig übereinstimmend.

Anmerkung: Der Kappa–Koeffizient als quantitative Maßzahl zur Messung der Übereinstimmung ist nicht unumstritten. Ein Kritikpunkt ist, dass der Koeffizient zwei Aspekte „vermischt":

1. Die Beobachter können einen Bias aufweisen, das heisst, die Nicht–Übereinstimmung beruht darauf, dass zum Beispiel Lehrer 1 generell bessere Noten vergibt als Lehrer 2. Man sagt dann auch, dass die Beobachter nicht *kalibriert* sind.

2. Die Beobachter schätzen die Subjekte verschieden ein. Die Nicht–Übereinstimmung beruht darauf, dass Beobachter 1 zum Beispiel Subjekt 1 höher einstuft als Subjekt 2, Beobachter 2 dagegen Subjekt 2 höher als Subjekt 1. Beispiel: Lehrer 1 gibt Schüler 1 eine bessere Note als Schüler 2, Lehrer 2 dagegen gibt Schüler 2 eine bessere Note als Schüler 1.

Aspekt 2 ist der eigentlich uns interessierende Aspekt, während Aspekt 1 (Bias) nach Möglichkeit durch Kalibrierung vermieden werden sollte. Zwei Beispiele sollen weitere Probleme bei der Verwendung von Kappa illustrieren. In Tabelle 4.16 werden zwei mögliche Ergebnisse für die Einschätzung zweier Beobachter für 20 Objekte bezüglich eines dichotomen Merkmals dargestellt. In beiden Fällen erhält man eine Übereinstimmung in 19 von 20

Tabelle 4.16. Problematik von Kappa

	1	0		1	0
1	10	1	1	18	1
0	0	9	0	0	1

Objekten, oder einen Wert von $f_o = 0.95$. Allerdings ist Kappa für die linke Tafel 0.9 und für die rechte Tafel nur 0.64. Die Randverteilungen der beiden Beobachter unterscheiden sich dabei jeweils nur gering, d.h. sie scheinen gut kalibriert zu sein. Befürworter von Kappa argumentieren hier so, dass offenbar die Prävalenz (d.h. der Grundanteil in der untersuchten Population) in der rechten Tafel für die Ausprägung „1" wesentlicher größer ist als für die Ausprägung „0". Damit ist aber auch die zufällige Übereinstimmung wahrscheinlicher! Genau dieser Effekt wird bei Kappa berücksichtigt und herausgerechnet. Das zweite Beispiel ist in Tabelle 4.17 dargestellt. In der linken

Tabelle 4.17. Problematik von Kappa

9	3	5	7
5	3	1	7

Tafel ergibt sich ein Kappa von 0.13, in der rechten Tafel ein Kappa von 0.26, obwohl wieder in beiden Fällen 12 von 20 Objekte ($f_o = 0.6$) übereinstimmend eingestuft wurden. Dabei divergieren die Randverteilungen in der rechten Tafel wesentlich stärker als in der linken Tafel (d.h. hier kann ein Kalibrierungsproblem vorliegen).

Rechte Tafel:

- Beobachter 1: $((5 + 7)/20, (1 + 7)/20) = (0.6, 0.4)$
- Beobachter 2: $((5 + 1)/20, (7 + 7)/20) = (0.3, 0.7)$

Linke Tafel:

- Beobachter 1: $(12/20, 8/20) = (0.6, 0.4)$
- Beobachter 2: $(14/20, 6/20) = (0.7, 0.3)$

Ein weiterer Nachteil von Kappa ist, dass nur die Diagonale berücksichtigt wird. Wenn die Bewertungsskala sehr viele verschiedene Merkmalsausprägungen besitzt, so liegen aufeinanderfolgende Ausprägungen oft nicht so weit auseinander. Wenn zwei Beobachter sich nur gering in der Bewertung unterscheiden, so sollte ein Maß dies auch berücksichtigen können. Ein solches Maß ist das *gewichtete Kappa*, welches im Folgenden besprochen werden soll.

4.7.2 Gewichtetes Kappa

Das gewichtete Kappa wurde von Cohen (1968) vorgeschlagen. Dabei gehen formal alle Zellen der Kontingenztafel in die Berechnung ein. Die Zellen auf der Hauptdiagonalen erhalten das höchste Gewicht (in der Regel Gewicht Eins), während die anderen Zellen ein geringeres Gewicht erhalten. Die Idee ist, die Zellen umso geringer zu gewichten, je schlechter die Übereinstimmung der beiden Beobachter ist. Das gewichtete Kappa ist definiert als

$$\kappa_w = \frac{f_o^* - f_e^*}{1 - f_e^*} \ , \tag{4.46}$$

mit

$$f_o^* = \sum_{i=1}^{I} \sum_{j=1}^{I} w_{ij} f_{ij}$$

$$f_e^* = \sum_{i=1}^{I} \sum_{j=1}^{I} w_{ij} f_{i\cdot} f_{\cdot j} \ .$$

Dabei wird f_o^* wie beim ungewichteten Kappa als relativer Anteil der Übereinstimmung beider Beobachter aufgefasst, während f_e^* die zufällige Übereinstimmung darstellt, wenn kein Zusammenhang bestehen würde. Zur Berechnung des gewichteten Kappas sind schliesslich noch die Gewichte zu wählen. Zwei populäre Vorschläge sind

$$w_{ij} = 1 - \frac{(i - j)^2}{(I - 1)^2} \tag{4.47}$$

und

$$w_{ij}^* = 1 - \frac{|i - j|}{I - 1} \ . \tag{4.48}$$

Für eine 3×3–Kontingenztafel erhält man die Gewichte wie in den Tabellen 4.18 und 4.19 angegeben.

Tabelle 4.18. Gewichte w_{ij} einer 3×3–Tafel

1.0	0.75	0.0
0.75	1.0	0.75
0.0	0.75	1.0

Tabelle 4.19. Gewichte w_{ij}^* einer 3×3–Tafel

1.0	0.5	0.0
0.5	1.0	0.5
0.0	0.5	1.0

Tabelle 4.20. Gewichte w_{ij} einer 4×4–Tafel

1.0	0.89	0.56	0.0
0.89	1.0	0.89	0.56
0.56	0.89	1.0	0.89
0.0	0.56	0.89	1.0

Tabelle 4.21. Gewichte w_{ij}^* einer 4×4–Tafel

1.0	0.67	0.33	0.0
0.67	1.0	0.67	0.33
0.33	0.67	1.0	0.67
0.0	0.33	0.67	1.0

Die Zellen der größten Nichtübereinstimmung (Zelle $(1,3)$ und $(3,1)$ bei einer 3×3–Tafel) werden in beiden Fällen mit 0 gewichtet, die Zellen auf der Diagonalen mit Gewicht 1. Für eine 4×4–Tafel ergeben sich dagegen die Gewichte wie in den Tabellen 4.20 und 4.21 angegeben.

Beispiel 4.7.3 (Fortsetzung von Beispiel 4.7.1). Für Tabelle 4.13 berechnen wir unter Verwendung der Gewichte aus 4.47:

$$nf_o = 8 \cdot 1.0 + 20 \cdot 0.75 + 3 \cdot 0.0$$
$$+ 2 \cdot 0.75 + 15 \cdot 1.0 + 1 \cdot 0.75$$
$$+ 0 \cdot 0.0 + 5 \cdot 0.75 + 2 \cdot 1.0$$

und damit

$$f_o = \frac{46}{56} = 0.8214 \,,$$

sowie

$$n^2 f_e = 31 \cdot 10 \cdot 1.0 + 31 \cdot 40 \cdot 0.75 + 31 \cdot 6 \cdot 0.0$$
$$+ 18 \cdot 10 \cdot 0.75 + 18 \cdot 40 \cdot 1.0 + 18 \cdot 6 \cdot 0.75$$

$$+\, 7 \cdot 10 \cdot 0.0 + 7 \cdot 40 \cdot 0.75 + 7 \cdot 6 \cdot 1.0$$

und damit

$$f_e = \frac{2428}{56^2} = 0.7742 \ .$$

Damit erhalten wir

$$\kappa_w = \frac{0.8214 - 0.7742}{1 - 0.7742} = 0.209 \ .$$

Verwenden wir dagegen die Gewichte aus 4.48, so erhalten wir

$$nf_o = 8 \cdot 1.0 + 20 \cdot 0.5 + 3 \cdot 0.0$$
$$+\, 2 \cdot 0.5 + 15 \cdot 1.0 + 1 \cdot 0.5$$
$$+\, 0 \cdot 0.0 + 5 \cdot 0.5 + 2 \cdot 1.0$$

und damit

$$f_o = \frac{39}{56} = 0.6964 \ ,$$

sowie

$$n^2 f_e = 31 \cdot 10 \cdot 1.0 + 31 \cdot 40 \cdot 0.5 + 31 \cdot 6 \cdot 0.0$$
$$+\, 18 \cdot 10 \cdot 0.5 + 18 \cdot 40 \cdot 1.0 + 18 \cdot 6 \cdot 0.5$$
$$+\, 7 \cdot 10 \cdot 0.0 + 7 \cdot 40 \cdot 0.5 + 7 \cdot 6 \cdot 1.0$$

und damit

$$f_e = \frac{1976}{56^2} = 0.6301 \ .$$

Damit erhalten wir

$$\kappa_{w^*} = \frac{0.6964 - 0.6301}{1 - 0.6301} = 0.179 \ .$$

Für dieses Beispiel erhalten wir also

$$\kappa = 0.159 < \kappa_{w^*} = 0.179 < \kappa_w = 0.209 \ .$$

Für Tabelle 4.14 berechnen wir unter Verwendung der Gewichte aus 4.47

$$\kappa_w = 0.601$$

und unter Verwendung der Gewichte aus 4.48

$$\kappa_{w^*} = 0.525 \ .$$

Auch hier erhalten wir

$$\kappa = 0.445 < \kappa_{w^*} = 0.525 < \kappa_w = 0.601 \ .$$

4.8 Aufgaben und Kontrollfragen

Aufgabe 4.1: Der Geburtenstatistik einer Großen Kreisstadt in Deutschland für ein Jahr entnehmen wir folgende Daten:

	männlich	weiblich	$\sum$
ehelich	480	320	800
unehelich	70	130	200
$\sum$	550	450	1 000

Berechnen Sie den χ^2-Wert, den Phi-Koeffizienten, den korrigierten Kontingenzkoeffizienten und den Odds-Ratio. Interpretieren Sie das Ergebnis.

Aufgabe 4.2: Für die Therapie von Kreislaufbeschwerden stehen zwei Medikamente A und B zur Verfügung, die mit einer Kontrollgruppe (keine Therapie) verglichen werden. Das Ergebnis der Studie findet man in nachstehender Kontingenztafel.

		Therapie		
		Med. A	Med. B	kein Med.
Kreislauf-	nein	50	40	10
beschwerden	ja	10	10	80

a) Berechnen Sie ein Zusammenhangsmaß, das für den Vergleich von Kontingenztafeln verschiedener Dimension geeignet ist.

b) Fassen Sie in obiger Kontingenztafel die Medikamente A und B zur Gruppe Medikamente zusammen. Berechnen Sie die geeigneten Zusammenhangsmaße. Vergleichen und interpretieren Sie die Ergebnisse mit Teilaufgaben a).

Aufgabe 4.3: In der Erhebung der Kleinbetriebe in Aufgabe 2.8 wurden die Merkmale 'Art des Unternehmens' und 'Einschätzung für 2007' erhoben. Stellen Sie die dazugehörige Kontingenztafel auf und beurteilen Sie den Zusammenhang mit Hilfe der Lambda-Maße.

Aufgabe 4.4: In einem Bundesland wurden die Studierenden der Fächer BWL, VWL und der Naturwissenschaften befragt, ob sie Bafög erhalten oder nicht. Die nachfolgende Tabelle enthält das Ergebnis der Erhebung (Angabe in 100):

	Bafög	kein Bafög
BWL	30	10
VWL	5	15
Naturwissenschaften	10	30

a) Berechnen Sie die unter der Annahme der Unabhängigkeit der beiden Merkmale 'Studienfach' und 'Empfang von Bafög' zu erwartenden Häufigkeiten und berechnen Sie eine geeignete Maßzahl, die eine Aussage über den Zusammenhang zwischen den Merkmalen 'Studienfach' und 'Empfang von Bafög' liefert.

b) Welcher Zusammenhang ergibt sich, wenn man nur noch zwischen Wirtschaftswissenschaften und Naturwissenschaften unterscheidet?
c) Vergleichen und interpretieren Sie die Ergebnisse aus a) und b).

Aufgabe 4.5: Eine Erhebung der Merkmale 'Geschlecht' und 'Beteiligung am Erwerbsleben' in Deutschland ergab die folgende Kontingenztafel (Angabe in 1 000):

	Erwerbstätig	Erwerbslos	Nichterwerbspersonen
männlich	16 950	1 050	11 780
weiblich	10 800	1 100	20 200

a) Berechnen Sie die dazugehörigen Zusammenhangsmaße und interpretieren Sie das Ergebnis.
b) Wir unterscheiden das Merkmal 'Beteiligung am Erwerbsleben' nur nach Erwerbspersonen (= Erwerbstätig oder Erwerbslos) und Nichterwerbspersonen. Stellen Sie die entsprechende Vier-Felder-Tafel auf und berechnen Sie den korrigierten Kontingenzkoeffizienten und den Phi-Koeffizienten.

Aufgabe 4.6: Aus dem letzten Semester sind die Noten von 100 Teilnehmern an den Klausuren in Mathematik und Statistik bekannt:

		Note Mathematik				
		1	2	3	4	5
Note Statistik	1	5	5	0	0	0
	2	4	6	0	0	0
	3	1	9	40	0	0
	4	0	0	0	0	10
	5	0	0	0	10	10

a) Besteht ein Zusammenhang zwischen den Noten in den beiden Klausuren? Prüfen Sie dies durch Berechnung einer geeigneten Maßzahl.
b) Wir interessieren uns nun nur noch dafür, ob ein Teilnehmer die jeweilige Klausur bestanden hat (Note besser als 5) oder nicht. Stellen Sie die zugehörige Kontingenztafel auf und prüfen Sie nun in dieser Kontingenztafel den Zusammenhang zwischen dem Abschneiden in den beiden Klausuren.
c) Vergleichen und interpretieren Sie die Ergebnisse aus a) und b).

Aufgabe 4.7: In einer zahnmedizinischen Studie wurden die zwei Füllungsmaterialen 'Hältimmer' und 'Totalfest' auf ihre Festigkeit hin getestet, wobei nur das Ergebnis 'fest' oder 'nicht fest' erhoben wurde. Das Ergebnis der Studie ist in der folgenden Kontingenztafel dargestellt:

	fest	nicht fest
Hältimmer	6	4
Totalfest	2	8

a) Berechnen Sie die geeigneten Maßzahlen zur Beurteilung des Zusammenhangs zwischen der Festigkeit und dem Füllungsmaterial.

b) Nehmen wir an, es wurden weitere 20 Zähne mit dem Füllungsmaterial 'Hältimmer' auf ihre Festigkeit untersucht. 12 Füllungen waren fest und 8 Füllungen waren nicht fest. Berücksichtigen Sie diese zusätzlichen Beobachtungen und berechnen Sie die Maßzahlen aus Teilaufgabe a) mit den neuen Häufigkeiten. Wie ist das Ergebnis zu interpretieren?

Aufgabe 4.8: Die Weißwürste von fünf Münchner Metzgereien werden zwei Testessern vorgelegt. Zur Bewertung der Wurstqualität wurde ein Punkteschema von 1 (= miserabel) bis 15 (= ausgezeichnet) eingeführt. Die jeweiligen Urteile der Testesser X und Y sind der folgenden Tabelle zu entnehmen:

Metzgerei i	x_i	y_i
1	14	11
2	13	13
3	12	13
4	10	15
5	5	7

Beurteilen Sie die Wertungen der beiden Testesser zueinander mit Hilfe des Rangkorrelationskoeffizienten von Spearman.

Aufgabe 4.9: Um die Arbeitsabläufe in einer KFZ-Werkstatt zu überprüfen, wurden bei 6 Kraftfahrzeugen, die zur Reparatur kamen, jeweils die Verweildauern in der Werkstatt (in Geschäftszeitstunden) und die Reparaturzeiten gemessen. Die Werte sind in nachfolgender Tabelle festgehalten:

Fahrzeug	1	2	3	4	5	6
Verweildauer in Std.	8	3	8	5	10	8
Reparaturzeit in Std.	1	2	2	0.5	1.5	2

a) Messen Sie mit Hilfe des Korrelationskoeffizienten nach Bravais–Pearson, ob ein linearer Zusammenhang zwischen Verweildauer und Reparaturzeit vorliegt.
b) Verwenden Sie zur Messung des linearen Zusammenhangs den Rangkorrelationskoeffizienten nach Spearman, wobei Sie die Ränge aufsteigend vergeben.
c) Zu welchem Ergebnis kommen Sie, wenn Sie die Ränge der Reparaturzeit absteigend vergeben?

Aufgabe 4.10: In den Jahren 1952 bis 1961 entwickelten sich das Bruttosozialprodukt (BSP zu Preisen von 1954 in Mrd. DM) und der Primärenergieverbrauch (PEV in Mio. t SKE) wie folgt:

Jahr	'52	'53	'54	'55	'56	'57	'58	'59	'60	'61
BSP	135	145	160	170	190	200	210	220	250	270
PEV	150	150	160	175	185	190	180	185	215	220

Besteht ein linearer Zusammenhang zwischen dem Primärenergieverbrauch und dem Bruttosozialprodukt?

5. Zweidimensionale Merkmale: Lineare Regression

5.1 Einleitung

In Kapitel 4 haben wir den Begriff des zweidimensionalen Merkmals behandelt, wobei Maße für den Zusammenhang zweier Merkmale X und Y für die verschiedenen Skalenniveaus hergeleitet wurden. In diesem Kapitel diskutieren wir Methoden zur Analyse und Modellierung des Einflusses eines quantitativen Merkmals X auf ein anderes quantitatives Merkmal Y. Die Erweiterung auf den Fall der Modellbildung bei qualitativem X wird in Abschnitt 5.9 behandelt.

Wir setzen voraus, dass an einem Untersuchungsobjekt (Person, Firma, Geldinstitut usw.) zwei Merkmale X und Y gleichzeitig beobachtet werden. Diese Merkmale seien quantitativ (Intervall- oder Ratioskala). Es werden also n Beobachtungen (x_i, y_i), $i = 1, \ldots, n$ des zweidimensionalen Merkmals (X, Y) erfasst. Diese Daten werden – wie bereits in Kapitel 1 beschrieben – in einer Datenmatrix zusammengestellt.

$$
\begin{array}{c}
\begin{array}{ccc} i & X & Y \end{array} \\
\begin{array}{c} 1 \\ 2 \\ \vdots \\ n \end{array}
\begin{pmatrix} x_1 & y_1 \\ x_2 & y_2 \\ \vdots & \vdots \\ x_n & y_n \end{pmatrix}
\end{array}
$$

Beispiele.

- Einkommen (X) und Kreditwunsch (Y) eines Bankkunden
- Geschwindigkeit (X) und Bremsweg (Y) eines Pkw
- Einsatz von Werbung in EUR (X) und Umsatz in EUR (Y) in einer Filiale
- Investition (X) und Exporterlös (Y) eines Betriebs
- Flussmittelmenge (X) und Schmelzpunkt (Y) von Glasuren

Beispiel 5.1.1. In einem Versuch lässt man ein Testauto mit unterschiedlichen Geschwindigkeiten an einen Messpunkt fahren und dort bremsen. Man misst jeweils die Geschwindigkeit X in km/h und den Bremsweg Y in m. Mit diesen Daten erhalten wir den Scatterplot in Abbildung 5.1.

$$
\begin{array}{cc}
X & Y \\
\begin{pmatrix}
20 & 25 \\
30 & 57 \\
35 & 62 \\
41 & 65 \\
60 & 90
\end{pmatrix}
\end{array}
$$

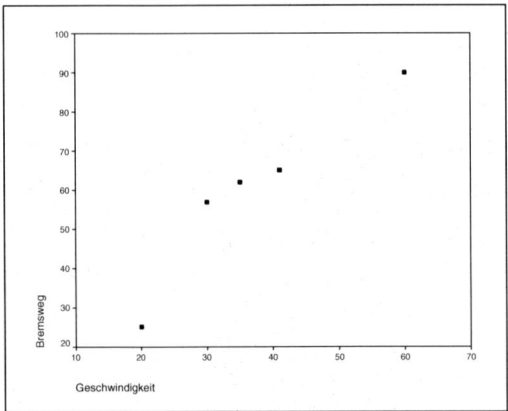

Abb. 5.1. Scatterplot Geschwindigkeit/Bremsweg eines Pkw

Um überhaupt einen Zusammenhang zwischen X und Y darstellen und aufdecken zu können, müssen X und Y an verschiedenen Stellen beobachtet werden. Würde man X konstant halten ($X = c$), so ergäbe sich die folgende Darstellung (Abbildung 5.2), aus der kein Zusammenhang zwischen X und Y erkannt werden kann. Man erkennt aber die natürliche Streuung von Y bei gegebenem X-Wert $x = c$.

Neben der grafischen Darstellung eines zweidimensionalen quantitativen Merkmals (X, Y) kann man die Stärke und die Richtung des linearen Zusammenhangs zwischen den beiden Merkmalskomponenten X und Y durch ein Maß erfassen. Für zwei quantitative Merkmale X und Y auf metrischem Skalenniveau ist dies der Korrelationskoeffizient von Bravais-Pearson (vgl. (4.31))

$$
r(X, Y) = r = \frac{S_{xy}}{\sqrt{S_{xx} S_{yy}}}.
$$

Er ist ein dimensionsloses Maß, das die Stärke und die Richtung des linearen Zusammenhangs zwischen X und Y angibt, wobei beide Merkmale X und Y gleichberechtigt (symmetrisch) in dieses Maß eingehen. Es gilt also $r(X, Y) = r(Y, X)$.

Wir gehen nun einen Schritt weiter und versuchen, den linearen Zusammenhang zwischen X und Y durch ein Modell zu erfassen. Dazu setzen wir

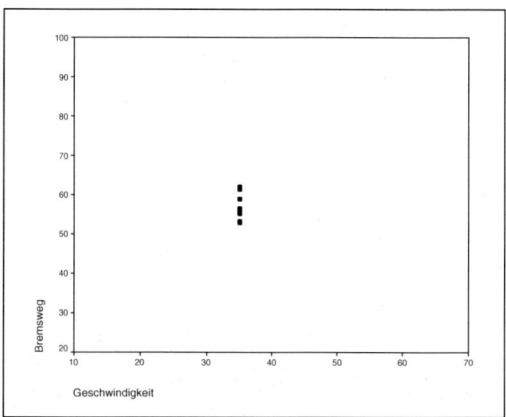

Abb. 5.2. Kein Zusammenhang zwischen konstanter Geschwindigkeit X und Bremsweg Y erkennbar

voraus, dass ein Merkmal (X) als gegeben oder beeinflussbar angesetzt werden kann, während das andere Merkmal (Y) als Reaktion auf X beobachtet wird. Dies ist die allgemeine Struktur einer Ursache-Wirkungs-Beziehung zwischen X und Y. Das einfachste Modell für einen Zusammenhang $Y = f(X)$ ist die lineare Gleichung

$$Y = a + bX \,. \tag{5.1}$$

Eine lineare Funktion liefert einen einfach zu handhabenden mathematischen Ansatz und ist auch insofern gerechtfertigt, als sich viele andere Funktionstypen gut durch lineare Funktionen approximieren lassen. Stehen X und Y in diesem Zusammenhang (5.1), so spricht man von **linearer Regression** von Y auf X. Das Merkmal Y heißt der **Regressand** oder **Response**, X heißt der **Regressor** oder **Einflussgröße**.

Das Merkmal X ist – wie oben beschrieben – fest gegeben. Das Merkmal Y wird zu vorgegebenem X beobachtet und weist im allgemeinen eine natürliche Streuung auf. Aus diesem Grund werden die Werte von Y nicht exakt auf der Geraden (5.1) liegen. Deshalb bezieht man ein Fehlerglied oder Residuum e in den linearen Zusammenhang mit ein:

$$Y = a + bX + e \,. \tag{5.2}$$

Eine genauere Definition und Interpretation von e wird mit Formel (5.3) und dem darauffolgenden Absatz gegeben.

5.2 Plots und Hypothesen

Bevor man an die Modellierung einer Ursache-Wirkungs-Beziehung geht, sollte man sich durch grafische Darstellungen eine Vorstellung vom möglichen Verlauf (Modell) verschaffen.

Beispiel. In der Baubranche schneidet man angelieferte Baustähle auf die geforderte Länge zu, wobei Laserschneidegeräte eingesetzt werden. Werden in einem Versuch nur Baustähle mit gleicher Materialstärke eingesetzt und mit variierender Laserleistung bearbeitet, so lässt sich der Zusammenhang zwischen Leistung X und Arbeitsgeschwindigkeit Y als Scatterplot darstellen, wie er in Abbildung 5.3 zu sehen ist.

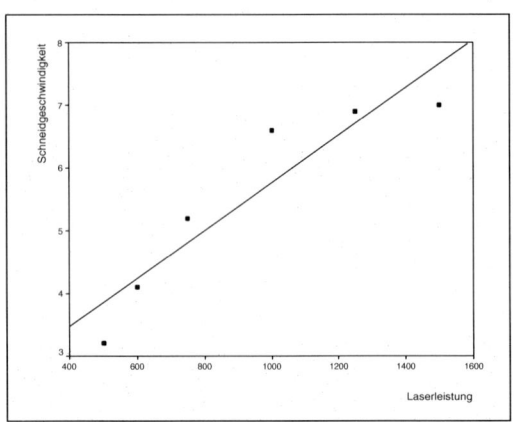

Abb. 5.3. Positive Korrelation, monoton wachsender nichtlinearer Zusammenhang

Die Geschwindigkeit nimmt mit zunehmender Leistung zunächst linear zu und erreicht dann eine Sättigungsgrenze, so dass insgesamt ein nichtlinearer Zusammenhang gegeben scheint (Abbildung 5.3). Ein lineares Regressionsmodell für den gesamten Wertebereich ist also nicht passend.

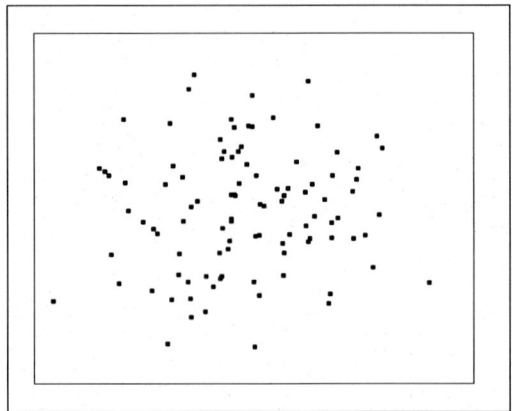

Abb. 5.4. Keine Korrelation, kein linearer Zusammenhang

Falls zwei Merkmale X und Y keinen Zusammenhang aufweisen, so ergibt sich als typisches Bild der Punktwolke (x_i, y_i) eine Darstellung wie in Abbildung 5.4. Die Punktwolke weist kein erkennbares Muster auf, die Anordnung der Punkte wirkt rein zufällig. Man nennt ein solches Bild auch Null-Plot.

Häufig wird ein erkennbarer Zusammenhang durch einzelne, von der großen Masse der Daten wesentlich entfernt liegende Werte gestört. Diese sogenannten Ausreißer müssen gesondert eingeschätzt und gegebenenfalls – bei sachlicher oder statistischer Rechtfertigung – aus dem Datensatz entfernt werden.

Beispiel 5.2.1. Wir demonstrieren den Einfluss von 'Ausreißern' auf die Regression. Mit den in der folgenden Tabelle angegebenen Werten erhalten wir die zwei Grafiken in Abbildung 5.5. Sie geben die geschätzte Regressionsgerade an, die mit bzw. ohne den Punkt $(x_5, y_5) = (5, 1)$ bestimmt wurde. Wie man an den Grafiken sieht, kann ein Punkt den Verlauf der Regressionsgeraden entscheidend beeinflussen. Wir gehen auf diese Problematik im Verlauf des Kapitels noch detailliert ein.

x_i	1	2	3	4	5
y_i	2.1	3.2	4.5	4.9	1.0

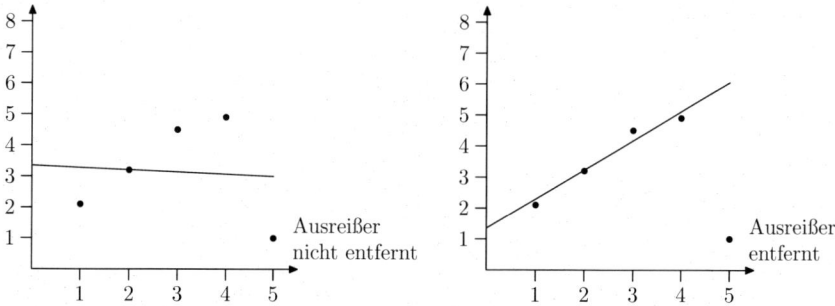

Abb. 5.5. Regression mit und ohne Berücksichtigung des als Ausreißer eingestuften Punktes $(x_i, y_i) = (5, 1)$

5.3 Prinzip der kleinsten Quadrate

Die n Beobachtungen $P_i = (x_i, y_i)$, $i = 1, \ldots, n$, des zweidimensionalen Merkmals $P = (X, Y)$, werden als Punktwolke (bivariater Scatterplot) in das x-y-Koordinatensystem eingetragen. Durch die Punktwolke P_i wird die Ausgleichsgerade $\hat{y} = a + bx$ gelegt (vgl. Abbildung 5.6). Dabei sind der Achsenabschnitt a und der Anstieg b frei wählbare Parameter, die nach dem auf Gauß zurückgehenden **Prinzip der kleinsten Quadrate** bestimmt werden.

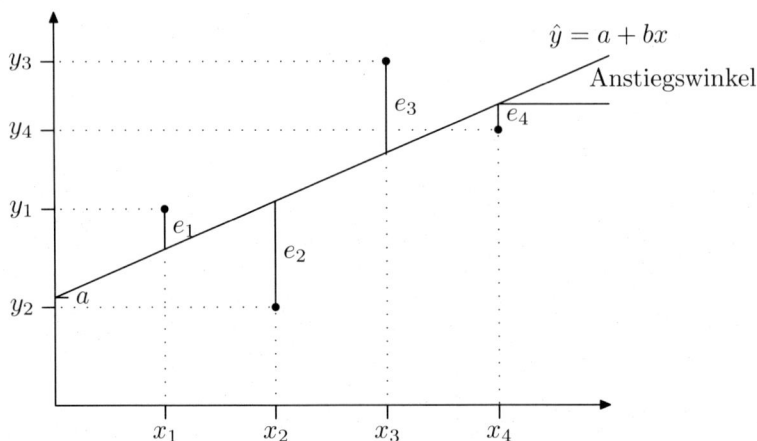

Abb. 5.6. Regressionsgerade, Beobachtungen y_i und Residuen e_i

Wir greifen einen beliebigen Beobachtungspunkt $P_i = (x_i, y_i)$ heraus. Ihm entspricht der Punkt $\hat{P}_i = (x_i, \hat{y}_i)$ auf der Geraden, d. h. es gilt

$$\hat{y}_i = a + bx_i \, .$$

Vergleicht man den beobachteten Punkt (x_i, y_i) mit dem durch die Gerade angepassten Punkt $(x_i, \hat{y}_i)$, so erhält man als Differenz (in y-Richtung) das sogenannte **Residuum** oder **Fehlerglied**

$$e_i = y_i - \hat{y}_i = y_i - a - bx_i \, . \tag{5.3}$$

Die Residuen e_i $(i = 1, \ldots, n)$ messen die Abstände der beobachteten Punktwolke $P_i = (x_i, y_i)$ von den angepassten Punkten $(x_i, \hat{y}_i)$ längs der y-Achse. Je größer die Residuen e_i insgesamt sind, um so schlechter ist die Anpassung der Regressionsgeraden an die Punktwolke. Als globales Maß für die Güte der Anpassung muss man eine Funktion wählen, die dafür sorgt, dass die absoluten Fehler erhalten bleiben. Ein Maß wie z. B. $\sum e_i$ wäre wenig sinnvoll, da sich positive und negative e_i gegeneinander aufheben könnten. Dieses Maß $\sum e_i$ wäre dann durch Veränderung des Geradenverlaufs nicht sinnvoll zu beeinflussen und damit nicht zu minimieren. Um zu verhindern, dass sich positive und negative e_i's gegenseitig aufheben, nimmt man statt der e_i selbst ihren Absolutbetrag $|e_i|$ oder ihr Quadrat e_i^2 und definiert dann z. B. folgende Maße

$$\sum_{i=1}^{n} |e_i| \, , \quad \max_i |e_i| \, , \quad \sum_{i=1}^{n} e_i^2 \, . \tag{5.4}$$

Der Absolutbetrag ist eine bei Minimierungen recht unhandliche mathematische Funktion. Dagegen lassen sich quadratische Funktionen leichter minimieren. Üblicherweise wird daher das Maß $\sum e_i^2$ gewählt. Auf der Minimierung dieses Maßes basiert das Prinzip der kleinsten Quadrate.

Die durch das Optimierungsproblem

$$\min_{a,b} \sum_{i=1}^{n} e_i^2 = \min_{a,b} \sum_{i=1}^{n} (y_i - a - bx_i)^2 \qquad (5.5)$$

gewonnenen Lösungen $\hat{a}$ und $\hat{b}$ heißen empirische **Kleinste-Quadrate-Schätzungen** von a und b, auch KQ-Schätzungen. Die damit gebildete Gerade $\hat{y} = \hat{a} + \hat{b}x$ heißt (empirische) **Regressionsgerade** von Y nach X.

5.3.1 Bestimmung der Schätzungen

Notwendige Bedingung für die Existenz eines Minimums der quadratischen Funktion

$$S(a,b) = \sum_{i=1}^{n} e_i^2 = \sum_{i=1}^{n} (y_i - a - bx_i)^2 \qquad (5.6)$$

ist das Vorliegen einer Nullstelle der partiellen Ableitungen erster Ordnung nach a bzw. b. Hinreichend dafür, dass bei der Nullstelle tatsächlich ein Minimum der Zielfunktion vorliegt, ist, dass die Matrix der partiellen Ableitungen zweiter Ordnung – die **Hesse-Matrix** – an dieser Stelle positiv definit ist.

5.3.2 Herleitung der Kleinste-Quadrate-Schätzungen

Wir wollen nun die Herleitung der Kleinste-Quadrate-Schätzungen ausführlich demonstrieren. Wir bestimmen zunächst die partiellen Ableitungen erster Ordnung von $S(a,b)$ nach a bzw. b. Mit Hilfe der bekannten Regeln für die Differentiation einer quadratischen Funktion erhalten wir

$$\frac{\partial}{\partial a} S(a,b) = \sum_{i=1}^{n} \frac{\partial}{\partial a} (y_i - a - bx_i)^2 = -2 \sum_{i=1}^{n} (y_i - a - bx_i), \qquad (5.7)$$

$$\frac{\partial}{\partial b} S(a,b) = \sum_{i=1}^{n} \frac{\partial}{\partial b} (y_i - a - bx_i)^2 = -2 \sum_{i=1}^{n} (y_i - a - bx_i)x_i. \qquad (5.8)$$

Durch Nullsetzen von (5.7) und (5.8) erhalten wir die sogenannten **Normalgleichungen** zur Bestimmung der Werte von a und b an der Stelle des möglichen Minimums:

$$\begin{array}{ll} \text{(I)} & \sum_{i=1}^{n}(y_i - \hat{a} - \hat{b}x_i) = 0 \\ \text{(II)} & \sum_{i=1}^{n}(y_i - \hat{a} - \hat{b}x_i)x_i = 0 . \end{array}$$

Auflösen der Klammern liefert die Gleichungen

$$\begin{array}{ll} \text{(I}') & n\hat{a} + \hat{b}\sum_{i=1}^{n} x_i = \sum_{i=1}^{n} y_i \\ \text{(II}') & \hat{a}\sum_{i=1}^{n} x_i + \hat{b}\sum_{i=1}^{n} x_i^2 = \sum_{i=1}^{n} x_i y_i \end{array}$$

Multiplikation von Gleichung (I$'$) mit $\frac{1}{n}$ liefert

$$\hat{a} + \hat{b}\bar{x} = \bar{y}\,.$$

Damit lautet die Lösung für a

$$\hat{a} = \bar{y} - \hat{b}\bar{x}\,.$$

Setzen wir diesen Wert für $\hat{a}$ in die Gleichung (II$'$) ein, so ergibt sich

$$(\bar{y} - \hat{b}\bar{x}) \sum_{i=1}^{n} x_i + \hat{b} \sum_{i=1}^{n} x_i^2 = \sum_{i=1}^{n} x_i y_i\,.$$

Daraus folgt mit $\sum_{i=1}^{n} x_i = n\bar{x}$

$$\hat{b}\left(\sum_{i=1}^{n} x_i^2 - n\bar{x}^2\right) = \sum_{i=1}^{n} x_i y_i - n\bar{x}\bar{y}\,.$$

Nutzen wir die Beziehungen

$$\sum_{i=1}^{n} x_i^2 - n\bar{x}^2 = \sum_{i=1}^{n}(x_i - \bar{x})^2 = S_{xx}$$

und

$$\sum_{i=1}^{n} x_i y_i - n\bar{x}\bar{y} = \sum_{i=1}^{n}(x_i - \bar{x})(y_i - \bar{y}) = S_{xy}\,,$$

so erhalten wir schließlich

$$\hat{b}\, S_{xx} = S_{xy}$$

$$\hat{b} = \frac{S_{xy}}{S_{xx}} = \frac{\sum_{i=1}^{n}(x_i - \bar{x})(y_i - \bar{y})}{\sum_{i=1}^{n}(x_i - \bar{x})^2}\,.$$

Die Kleinste-Quadrate-Schätzungen von a und b lauten also

$$\left.\begin{array}{l} \hat{b} = \dfrac{S_{xy}}{S_{xx}} \\[2mm] \hat{a} = \bar{y} - \hat{b}\bar{x} \end{array}\right\} \qquad (5.9)$$

Anmerkung. Der Vollständigkeit halber weisen wir jetzt nach, dass die hinreichenden Bedingungen für ein Minimum erfüllt sind. Diese Ausführungen setzen Kenntnisse in Matrixtheorie voraus. Einen Überblick über Sätze der Matrixtheorie findet man in Rao, Toutenburg, Shalabh und Heumann (2008) bzw. Toutenburg (2002a).

Wir berechnen die folgenden partiellen Ableitungen zweiter Ordnung:

$$\frac{\partial^2}{\partial a^2} S(a,b) = -2 \sum_{i=1}^{n} (-1) = 2n \,,$$

$$\frac{\partial^2}{\partial b^2} S(a,b) = 2 \sum_{i=1}^{n} x_i^2 \,,$$

$$\frac{\partial^2}{\partial a \partial b} S(a,b) = 2 \sum_{i=1}^{n} x_i = 2n\bar{x} \,.$$

Damit erhalten wir die Matrix der partiellen Ableitungen zweiter Ordnung

$$
\begin{aligned}
\mathbf{H} &= \begin{pmatrix} \frac{\partial^2}{\partial a^2} S(a,b) & \frac{\partial^2}{\partial a \partial b} S(a,b) \\ \frac{\partial^2}{\partial a \partial b} S(a,b) & \frac{\partial^2}{\partial b^2} S(a,b) \end{pmatrix} \\
&= 2 \begin{pmatrix} n & n\bar{x} \\ n\bar{x} & \sum_{i=1}^{n} x_i^2 \end{pmatrix} \\
&= 2 \begin{pmatrix} \mathbf{1}'_n \\ \mathbf{x}' \end{pmatrix} (\mathbf{1}_n, \mathbf{x})
\end{aligned}
\tag{5.10}
$$

wobei $\mathbf{1}'_n = (1,\ldots,1)$ der Einsvektor und $\mathbf{x}' = (x_1,\ldots,x_n)$ der Vektor aus den Beobachtungswerten von X ist. Eine Matrix der Gestalt (5.10) ist niemals indefinit. Sie ist positiv definit, falls die Determinante positiv ist,

$$
\begin{aligned}
|\mathbf{H}| &= 2 \left(n \sum_{i=1}^{n} x_i^2 - n^2 \bar{x}^2 \right) = 2n \left(\sum_{i=1}^{n} x_i^2 - n\bar{x}^2 \right) \\
&= 2n \sum_{i=1}^{n} (x_i - \bar{x})^2
\end{aligned}
\tag{5.11}
$$

und der Eintrag in der ersten Zeile und Spalte von H positiv ist ($2n > 0$). Nun gilt entweder $\sum_{i=1}^{n} (x_i - \bar{x})^2 > 0$ und damit $|H| > 0$, oder $\sum_{i=1}^{n} (x_i - \bar{x})^2 = 0$. Im ersten Fall ist H für beliebiges (a,b) positiv definit; deshalb hat $S(a,b)$ ein eindeutiges globales Minimum in $(\hat{a}, \hat{b})$. Der zweite Fall ist der Fall identischer Beobachtungen $x_i = c$. Wir haben bereits in der Einleitung erläutert, dass in diesem Fall ein Zusammenhang zwischen X und Y nicht definiert ist.

5.3.3 Eigenschaften der Regressionsgeraden

Wir wollen nun einige interessante Eigenschaften der linearen Regression diskutieren. Generell ist vorab festzuhalten, dass die Regressionsgerade $\hat{y}_i = \hat{a} + \hat{b}x_i$ nur sinnvoll im Wertebereich $[x_{(1)}, x_{(n)}]$ der x-Werte zu interpretieren ist. Vergleiche dazu auch Beispiel 5.4.2 auf Seite 185.

Für die Beobachtungen $x_1, \ldots, x_n$ und $y_1, \ldots, y_n$ können wir als Lageparameter das jeweilige arithmetische Mittel $\bar{x}$ bzw. $\bar{y}$ berechnen. Damit erhalten wir mit $(\bar{x}, \bar{y})$ den Lageparameter „arithmetisches Mittel" des zweidimensionalen Merkmals (X, Y). Physikalisch stellt $(\bar{x}, \bar{y})$ den Schwerpunkt der bivariaten Daten (x_i, y_i) dar. Es gilt, dass der Schwerpunkt $(\bar{x}, \bar{y})$ auf der Geraden liegt. Aus (5.9) folgt für die Werte $\hat{P}_i = (x_i, \hat{y}_i)$ die Beziehung

$$\hat{y}_i = \hat{a} + \hat{b}x_i = \bar{y} + \hat{b}(x_i - \bar{x}). \tag{5.12}$$

Setzt man $x_i = \bar{x}$, so wird $\hat{y}_i = \bar{y}$, d.h. der Punkt $(\bar{x}, \bar{y})$ liegt auf der Geraden.

Die Summe der geschätzten Residuen ist Null. Die geschätzten Residuen sind

$$\begin{aligned}
\hat{e}_i &= y_i - \hat{y}_i \\
&= y_i - (\hat{a} + \hat{b}x_i) \\
&= y_i - (\bar{y} + \hat{b}(x_i - \bar{x})).
\end{aligned} \tag{5.13}$$

Damit erhalten wir für ihre Summe

$$\begin{aligned}
\sum_{i=1}^{n} \hat{e}_i &= \sum_{i=1}^{n} y_i - \sum_{i=1}^{n} \bar{y} - \hat{b}\sum_{i=1}^{n}(x_i - \bar{x}) \\
&= n\bar{y} - n\bar{y} - \hat{b}(n\bar{x} - n\bar{x}) = 0.
\end{aligned} \tag{5.14}$$

Die Regressionsgerade ist also fehlerausgleichend in dem Sinne, dass die Summe der negativen Residuen (absolut genommen) gleich der Summe der positiven Residuen ist.

Die durch die Regression angepassten Werte $\hat{y}_i$ haben das gleiche arithmetische Mittel wie die Originaldaten y_i:

$$\bar{\hat{y}} = \frac{1}{n}\sum_{i=1}^{n}\hat{y}_i = \frac{1}{n}(n\bar{y} + \hat{b}(n\bar{x} - n\bar{x})) = \bar{y}. \tag{5.15}$$

Im folgenden wollen wir den Zusammenhang zwischen der KQ-Schätzung $\hat{b}$ und dem Korrelationskoeffizienten r betrachten. Der Korrelationskoeffizient der beiden Messreihen (x_i, y_i), $i = 1, \ldots, n$, ist (vgl. (4.31))

$$r = \frac{S_{xy}}{\sqrt{S_{xx}S_{yy}}}.$$

Damit gilt (vgl. (5.9)) folgende Relation zwischen $\hat{b}$ und r

$$\hat{b} = \frac{S_{xy}}{S_{xx}} = \frac{S_{xy}}{\sqrt{S_{xx}}\sqrt{S_{yy}}} \cdot \sqrt{\frac{S_{yy}}{S_{xx}}} = r\sqrt{\frac{S_{yy}}{S_{xx}}}. \tag{5.16}$$

Die Richtung des Anstiegs, d.h. der steigende bzw. fallende Verlauf der Regressionsgeraden, wird durch das positive bzw. negative Vorzeichen des Korrelationskoeffizienten r bestimmt. Der Anstieg $\hat{b}$ der Regressionsgeraden ist also direkt proportional zum Korrelationskoeffizienten r. Der Anstieg $\hat{b}$ ist andererseits proportional zur Größe des Anstiegswinkels selbst. Sei der Korrelationskoeffizient r positiv, so dass die Gerade steigt. Der Einfluss von X auf Y ist dann um so stärker je größer $\hat{b}$ ist. Die Größe von $\hat{b}$ wird gemäß (5.16) aber nicht nur vom Korrelationskoeffizienten r sondern auch vom Faktor $\sqrt{S_{yy}/S_{xx}}$ bestimmt, so dass eine höhere Korrelation nicht automatisch einen steileren Anstieg $\hat{b}$ bedeutet. Andererseits bedeutet eine identische Korrelation nicht den gleichen Anstieg $\hat{b}$. Wir verdeutlichen den zweiten Sachverhalt in einem Beispiel.

Beispiel 5.3.1. In zwei landwirtschaftlichen Betrieben A und B werden Kartoffeln angebaut. Gemessen wird der Response Y, der Ertrag in t je ha Anbaufläche. Als Einflussgröße X wird eine gewisse Sorte Dünger in fünf verschiedenen Mengen x_i auf fünf verschiedenen Feldern des Betriebs A und auf fünf verschiedenen Feldern des Betriebs B eingesetzt. Wir erhalten als Versuchsergebnis die beiden folgenden Datensätze für Betrieb A und Betrieb B.

$$
\begin{array}{ccc}
\text{Betrieb A} & & \text{Betrieb B} \\
\begin{array}{ccc} i & x_i & y_i \end{array} & & \begin{array}{ccc} i & x_i & y_i \end{array} \\
\begin{pmatrix}
1 & 1 & 5 \\
2 & 2 & 7 \\
3 & 3 & 9 \\
4 & 4 & 11 \\
5 & 5 & 13
\end{pmatrix}
&
\begin{pmatrix}
1 & 1 & 7 \\
2 & 2 & 11 \\
3 & 3 & 15 \\
4 & 4 & 19 \\
5 & 5 & 23
\end{pmatrix}
\end{array}
$$

Wir berechnen für den ersten Betrieb $\bar{x} = 3$ und $\bar{y} = 9$. Für den zweiten Betrieb erhalten wir ebenfalls $\bar{x} = 3$ aber $\bar{y} = 15$. Mit den Werten aus der folgenden Arbeitstabelle berechnen wir mit (4.33) und (4.34) die Quadratsummen S_{xx}, S_{yy} sowie S_{xy} für die beiden Betriebe A und B.

	Betrieb A		Betrieb B	
$(x_i - \bar{x})^2$	$(y_i - \bar{y})^2$	$(x_i - \bar{x})(y_i - \bar{y})$	$(y_i - \bar{y})^2$	$(x_i - \bar{x})(y_i - \bar{y})$
$(-2)^2$	$(-4)^2$	8	$(-8)^2$	16
$(-1)^2$	$(-2)^2$	2	$(-4)^2$	4
0^2	0^2	0	0^2	0
1^2	2^2	2	4^2	4
2^2	4^2	8	8	16

Wir erhalten $S_{xx} = 10$ für Betrieb A und Betrieb B, da wir jeweils die gleichen Düngermengen, also die gleichen Kovariablen vorliegen haben. Weiterhin erhalten wir $S_{yy} = 40$, $S_{xy} = 20$ für Betrieb A und $S_{yy} = 160$, $S_{xy} = 40$ für Betrieb B. Für r und $\hat{b}$ erhalten wir damit jeweils:

Betrieb A   Betrieb B

$$r = \frac{S_{xy}}{\sqrt{S_{xx}S_{yy}}} = \frac{20}{\sqrt{10 \cdot 40}} = \frac{20}{20} = 1 \qquad r = \frac{S_{xy}}{\sqrt{S_{xx}S_{yy}}} = \frac{40}{\sqrt{10 \cdot 160}} = \frac{40}{40} = 1$$

$$\hat{b} = \frac{S_{xy}}{S_{xx}} = \frac{20}{10} = 2 \qquad\qquad \hat{b} = \frac{S_{xy}}{S_{xx}} = \frac{40}{10} = 4$$

In beiden Fällen A und B ist der Korrelationskoeffizient gleich 1. Im Fall B ist der Anstieg $\hat{b}$ jedoch doppelt so groß wie im Fall A. Vergleiche dazu Abbildung 5.7. Die Ursache liegt in der größeren Variabilität $S_{yy} = 160$ für Betrieb B gegenüber $S_{yy} = 40$ für Betrieb A.

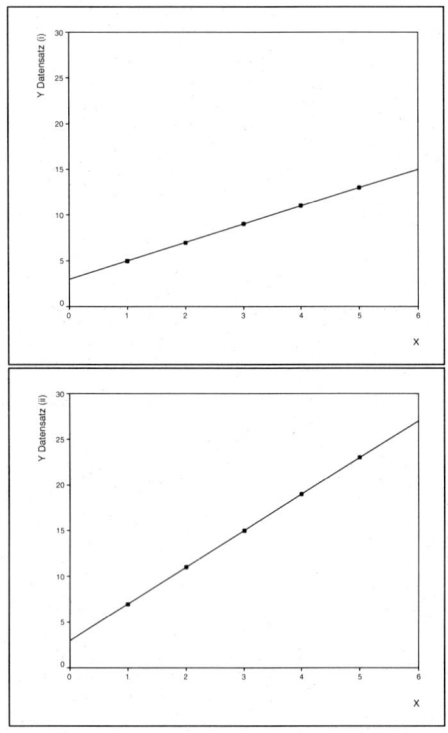

Abb. 5.7. Geschätzte Regressionsgeraden für die Betriebe A und B aus Beispiel 5.3.1

Wir fassen die bisherigen Ergebnisse zusammen: Zu einem gegebenen zweidimensionalen Datensatz $P_i = (x_i, y_i)$, $i = 1, \ldots, n$ haben wir eine Ausgleichsgerade – die lineare Regression $\hat{y}_i = a + bx_i$ – berechnet. Dabei wurden die zunächst frei wählbaren Parameter a und b nach dem Prinzip der kleinsten Quadrate so bestimmt, dass die Funktion $S(a, b) = \sum e_i^2$ minimal wird. Das Ergebnis ist die lineare Regression $\hat{y} = \hat{a} + \hat{b}x$ mit $\hat{a}$ und $\hat{b}$ aus (5.9). Die Regressionsgerade erklärt im Sinne des Prinzips der kleinsten Quadrate in optimaler Weise die Ursache-Wirkungs-Beziehung zwischen X und Y. Trotzdem stimmen natürlich – von Ausnahmefällen abgesehen – die beobachteten

Punkte $P_i = (x_i, y_i)$ nicht völlig mit den angepassten Punkten $\hat{P}_i = (x_i, \hat{y}_i)$ überein. Es bleiben Abstände $\hat{e}_i = y_i - \hat{y}_i$, die man als geschätzte Residuen bezeichnet. Diese Abstände hängen von den Beobachtungen ab. Wir müssen nun einschätzen, wie groß diese Abstände in ihrer Gesamtheit sind und insbesondere untersuchen, wie gut die Regressionsgerade den Zusammenhang zwischen X und Y beschreibt (Güte der Anpassung). Diese Betrachtungen können mit zwei verschiedenen Vorgehensweisen durchgeführt werden, die wir in den folgenden Abschnitten demonstrieren.

5.4 Güte der Anpassung

5.4.1 Varianzanalyse

Wir wollen nun ein erstes Maß für die Güte der Anpassung der Regressionsgeraden an die Punktwolke (x_i, y_i), $i = 1, \ldots, n$, herleiten und analysieren deshalb die geschätzten Residuen $\hat{e}_i = y_i - \hat{y}_i$. Dazu verwenden wir folgende Identität

$$y_i - \hat{y}_i = (y_i - \bar{y}) - (\hat{y}_i - \bar{y}).\qquad(5.17)$$

Wir quadrieren beide Seiten und summieren:

$$\sum_{i=1}^{n}(y_i - \hat{y}_i)^2 = \sum_{i=1}^{n}(y_i - \bar{y})^2 + \sum_{i=1}^{n}(\hat{y}_i - \bar{y})^2 - 2\sum_{i=1}^{n}(y_i - \bar{y})(\hat{y}_i - \bar{y}).$$

Für das gemischte Glied erhalten wir

$$\begin{aligned}
\sum_{i=1}^{n}(y_i - \bar{y})(\hat{y}_i - \bar{y}) &= \sum_{i=1}^{n}(y_i - \bar{y})\hat{b}(x_i - \bar{x}) \quad [\text{vgl. } (5.12)]\\
&= \hat{b}\,S_{xy}\\
&= \hat{b}^2 S_{xx} \quad [\text{vgl. } (5.9)]\\
&= \sum_{i=1}^{n}(\hat{y}_i - \bar{y})^2 \quad [\text{vgl. } (5.12)].
\end{aligned}$$

Damit gilt

$$\sum_{i=1}^{n}(y_i - \hat{y}_i)^2 = \sum_{i=1}^{n}(y_i - \bar{y})^2 - \sum_{i=1}^{n}(\hat{y}_i - \bar{y})^2,$$

oder anders geschrieben

$$\sum_{i=1}^{n}(y_i - \bar{y})^2 = \sum_{i=1}^{n}(\hat{y}_i - \bar{y})^2 + \sum_{i=1}^{n}(y_i - \hat{y}_i)^2.\qquad(5.18)$$

Die Quadratsumme S_{yy} auf der linken Seite von Gleichung (5.18) misst die totale Variabilität der y-Messreihe bezogen auf das arithmetische Mittel

$\bar{y}$. Sie wird auch mit SQ_{Total} bezeichnet. Die beiden Quadratsummen auf der rechten Seite haben folgende Bedeutung:

$$SQ_{\text{Rest}} = \sum_{i=1}^{n}(y_i - \hat{y}_i)^2 \qquad (5.19)$$

misst die Abweichung (längs der y-Achse) zwischen der Originalpunktwolke und den durch die Regression angepassten, also durch die Gerade vorhergesagten Werten. SQ_{Rest} heißt auch häufig SQ_{Residual}, da $\hat{e}_i = (y_i - \hat{y}_i)$ die geschätzten Residuen sind, so dass wir SQ_{Rest} auch mit $S(\hat{a}, \hat{b})$ (vgl. (5.6)) bezeichnen können.

Die andere Quadratsumme aus (5.18)

$$SQ_{\text{Regression}} = \sum_{i=1}^{n}(\hat{y}_i - \bar{y})^2 \qquad (5.20)$$

misst den durch die Regression erklärten Anteil an der Gesamtvariabilität. Damit lautet die fundamentale Formel der **Streuungszerlegung**

$$SQ_{\text{Total}} = SQ_{\text{Regression}} + SQ_{\text{Residual}} . \qquad (5.21)$$

Ausgehend von dieser Gleichung definiert man folgendes Maß für die Güte der Anpassung

$$R^2 = \frac{SQ_{\text{Regression}}}{SQ_{\text{Total}}} = 1 - \frac{SQ_{\text{Residual}}}{SQ_{\text{Total}}} . \qquad (5.22)$$

R^2 heißt **Bestimmtheitsmaß**. Es gilt $0 \leq R^2 \leq 1$.

Interpretation: Mit den Werten (x_i, y_i) ist auch die Variabilität der y-Werte, gemessen mit der Varianz $s^2 = \frac{1}{n}\sum_{i=1}^{n}(y_i - \bar{y})^2 = \frac{1}{n}SQ_{\text{Total}}$ gegeben. Die Formel der Streuungszerlegung (5.21) besagt, dass sich diese Variabilität in zwei Komponenten zerlegen lässt. Das Bestimmtheitsmaß R^2 setzt beide Komponenten in Relation zu SQ_{Total}. Würde man R^2 mit 100 multiplizieren, so bedeutet

$$R^2 \cdot 100 = \frac{SQ_{\text{Regression}}}{SQ_{\text{Total}}} \cdot 100$$

den prozentualen Anteil der durch die Regression erklärten Variabilität. Analog wäre

$$\frac{SQ_{\text{Residual}}}{SQ_{\text{Total}}} \cdot 100$$

der prozentuale Anteil der nicht durch die Regression erklärbaren Variabilität. Nach Gleichung (5.22) gilt

$$R^2 = \text{Anteil der erklärten Variabilität}$$
$$= 1 - \text{Anteil der nicht erklärten Variabilität} .$$

Je kleiner SQ_{Residual} ist, d. h. je näher R^2 an 1 liegt, desto besser ist die mit der Regression erzielte Anpassung an die Punktwolke. Wir betrachten die beiden möglichen Grenzfälle.

Falls alle Punkte (x_i, y_i) auf der Regressionsgeraden liegen würden, wäre $y_i = \hat{y}_i$, $(i = 1, \ldots, n)$ und damit $SQ_{\text{Residual}} = 0$ und

$$R^2 = \frac{SQ_{\text{Regression}}}{SQ_{\text{Total}}} = 1\,.$$

Diesen Grenzfall bezeichnet man als perfekte Anpassung (vgl. Abbildung 5.8).

Beispiel. Eine Firma zahlt Gehälter nach dem Schlüssel „Grundbetrag a plus Steigerung in Abhängigkeit von der Dauer der Betriebszugehörigkeit", d. h. nach dem linearen Modell

$$\text{Gehalt} = a + b \cdot \text{Dauer der Betriebszugehörigkeit}\,.$$

Die Gehälter y_i in Abhängigkeit von der Dauer der Betriebszugehörigkeit x_i liegen damit exakt auf einer Geraden (Abbildung 5.8).

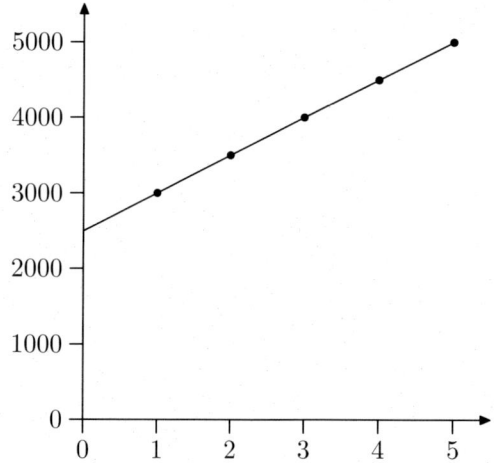

Abb. 5.8. Perfekte Anpassung, alle Punkte liegen auf der Regressionsgeraden

Der andere Grenzfall $R^2 = 0$ (Null-Anpassung) tritt ein, falls $SQ_{\text{Regression}} = 0$, bzw. äquivalent $SQ_{\text{Residual}} = SQ_{\text{Total}}$ ist. Dies bedeutet $\hat{y}_i = \bar{y}$ für alle i und $\hat{b} = 0$. Die Regressionsgerade verläuft dann parallel zur x-Achse, so dass zu jedem x-Wert derselbe $\hat{y}$-Wert, nämlich $\bar{y}$, gehört. Damit hat X überhaupt keinen Einfluss auf Y, es existiert also keine Ursache-Wirkungs-Beziehung.

Beispiel 5.4.1. Wir erheben die Merkmale X 'Punktezahl in der Mathematikklausur' und Y 'Punktezahl in der Deutschklausur' bei $n = 4$ Schülern. Mit den beobachteten Wertepaaren $(10, 20)$, $(40, 10)$, $(50, 40)$ und $(20, 50)$ erhalten wir $\bar{x} = 30$, $\bar{y} = 30$, $S_{xy} = 0$ und $\hat{b} = 0$ und damit $R^2 = 0$. Es besteht also kein Zusammenhang zwischen beiden Merkmalen.

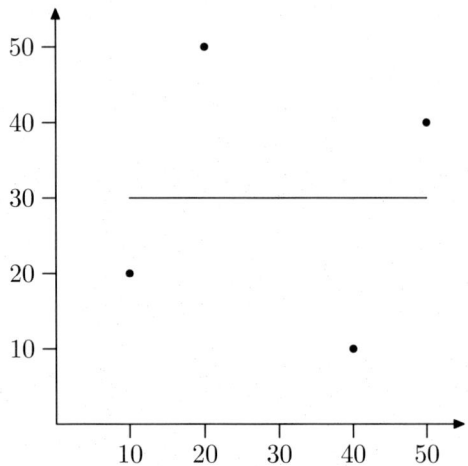

Abb. 5.9. Kein Zusammenhang zwischen X und Y (Beispiel 5.4.1)

5.4.2 Korrelation

Die Güte der Anpassung der Regression an die Daten wird durch R^2 gemessen. Je größer R^2, desto stärker ist eine lineare Ursache-Wirkungs-Beziehung zwischen X und Y ausgeprägt. Andererseits gibt auch der Korrelationskoeffizient r Auskunft über die Stärke des linearen Zusammenhangs zwischen X und Y.

Das Bestimmtheitsmaß R^2 und der Korrelationskoeffizient r stehen in folgendem direkten Zusammenhang:

$$R^2 = r^2 \,. \tag{5.23}$$

Diese Beziehung lässt sich leicht herleiten. Es gilt:

$$\begin{aligned} SQ_{\text{Residual}} &= \sum_{i=1}^{n}(y_i - (\hat{a} + \hat{b}x_i))^2 \\ &= \sum_{i=1}^{n}[(y_i - \bar{y}) - \hat{b}(x_i - \bar{x})]^2 \\ &= S_{yy} + \hat{b}^2 S_{xx} - 2\hat{b}S_{xy} \end{aligned}$$

$$= S_{yy} - \hat{b}^2 S_{xx}$$

$$= S_{yy} - \frac{(S_{xy})^2}{S_{xx}}, \tag{5.24}$$

$$SQ_{\text{Regression}} = S_{yy} - SQ_{\text{Residual}} \tag{5.25}$$

$$= \frac{(S_{xy})^2}{S_{xx}} \tag{5.26}$$

und damit

$$R^2 = \frac{SQ_{\text{Regression}}}{S_{yy}} = \frac{(S_{xy})^2}{S_{xx}S_{yy}} = r^2.$$

In der einfachen linearen Regression wird die Güte der Anpassung durch das Quadrat des Korrelationskoeffizienten von X und Y bestimmt. Wir wollen nun anhand eines Beispiels die Berechnung der linearen Regression und des Bestimmtheitsmaßes ausführlich demonstrieren.

Beispiel 5.4.2. In einem Kaufhauskonzern mit $n = 10$ Filialen sollen die Auswirkungen von Werbeausgaben auf die Umsatzsteigerung untersucht werden. Wir betrachten die Merkmale X 'Werbung' mit $1\,000$ EUR als Einheit und Y 'Umsatzsteigerung' mit $10\,000$ EUR als Einheit.

i	x_i	y_i
1	1.5	2.0
2	2.0	3.0
3	3.5	6.0
4	2.5	5.0
5	0.5	1.0
6	4.5	6.0
7	4.0	5.0
8	5.5	11.0
9	7.5	14.0
10	8.5	17.0

Daraus berechnen wir $\bar{x} = 4.0$ und $\bar{y} = 7.0$. Mit den Werten in der folgenden Arbeitstabelle

i	Umsatzsteigerung y_i	Werbung x_i	$x_i - \bar{x}$	$y_i - \bar{y}$	$(x_i - \bar{x})(y_i - \bar{y})$
1	2.0	1.5	−2.5	−5.0	12.5
2	3.0	2.0	−2.0	−4.0	8.0
3	6.0	3.5	−0.5	−1.0	0.5
4	5.0	2.5	−1.5	−2.0	3.0
5	1.0	0.5	−3.5	−6.0	21.0
6	6.0	4.5	0.5	−1.0	−0.5
7	5.0	4.0	0.0	−2.0	0.0
8	11.0	5.5	1.5	4.0	6.0
9	14.0	7.5	3.5	7.0	24.5
10	17.0	8.5	4.5	10.0	45.0

erhalten wir $S_{xx} = 60.0$, $S_{yy} = 252.0$ und $S_{xy} = 120.0$. Mit (5.9) erhalten wir damit die KQ-Schätzungen

$$\hat{b} = \frac{S_{xy}}{S_{xx}} = \frac{120}{60} = 2$$

$$\hat{a} = \bar{y} - \hat{b}\bar{x} = 7 - 2 \cdot 4 = -1,$$

also die Regressionsgerade

$$\hat{y}_i = -1 + 2x_i.$$

Die Schätzwerte $\hat{y}_i$ und die daraus resultierenden Residuen $\hat{e}_i = y_i - \hat{y}_i$ sind in der folgenden Tabelle angegeben.

i	y_i	$\hat{y}_i$	$\hat{e}_i = y_i - \hat{y}_i$	$\hat{y}_i - \bar{y}$
1	2.0	2.0	0.0	−5.0
2	3.0	3.0	0.0	−4.0
3	6.0	6.0	0.0	−1.0
4	5.0	4.0	1.0	−3.0
5	1.0	0.0	1.0	−7.0
6	6.0	8.0	−2.0	1.0
7	5.0	7.0	−2.0	0.0
8	11.0	10.0	1.0	3.0
9	14.0	14.0	0.0	7.0
10	17.0	16.0	1.0	9.0

Wir erhalten damit $SQ_{\text{Residual}} = \sum_{i=1}^{n}(y_i - \hat{y}_i)^2 = 12.0$ und $SQ_{\text{Regression}} = \sum_{i=1}^{n}(\hat{y}_i - \bar{y})^2 = 240.0$, d. h. (vgl. Relation (5.21), beachte $SQ_{\text{Total}} = S_{yy}$)

$$SQ_{\text{Total}} = SQ_{\text{Regression}} + SQ_{\text{Residual}}$$
$$252 = 240 + 12$$

Der Korrelationskoeffizient ist

$$r = \frac{S_{xy}}{\sqrt{S_{xx}S_{yy}}} = \frac{120}{\sqrt{60 \cdot 252}} = 0.9759,$$

das Bestimmtheitsmaß ist

$$R^2 = \frac{SQ_{\text{Regression}}}{S_{yy}} = \frac{240}{252} = 0.9523 = (0.9759)^2.$$

In diesem Beispiel werden 95.23 % der Variabilität der Umsatzsteigerungen y_i durch das lineare Regressionsmodell erklärt. Die Regressionsgleichung $\hat{y}_i = -1 + 2 \cdot x_i$ besagt, dass bei Erhöhung der Werbeausgaben um eine Einheit (d. h. um 1 000 EUR) eine Umsatzsteigerung um zwei Einheiten (d. h. um 20 000 EUR) zu erwarten ist.

Die Regressionsgleichung gilt nur im Wertebereich der x_i, d. h. in dem Intervall $[x_{(1)}, x_{(n)}] = [0.5, 8.5]$. Damit ist beispielsweise die Regression an der Stelle $x = 0$ nicht sinnvoll zu extrapolieren, es gilt also nicht: keine Werbung = Umsatzrückgang ($\hat{y} = \hat{a} = -1$).

Abbildung 5.10 enthält die Ergebnisse obiger Berechnungen mit SPSS. Es sind hier sowohl Maße der deskriptiven Statistik wie der induktiven Statistik (die wir hier nicht kommentieren) angegeben. Wir erkennen folgende deskriptive Maßzahlen: den Korrelationskoeffizienten $r = 0.976$ ('R'), das Bestimmtheitsmaß $R^2 = 0.952 = r^2$ ('R Square'), sowie in der Tabelle 'ANOVA' die Größen $SQ_{\text{Regression}} = 240.000$ ('Regression'), $SQ_{\text{Residual}} = 12.000$ ('Residual'), und $SQ_{\text{Total}} = 252.000$ ('Total'). Die geschätzten Regressionskoeffizienten sind in der Tabelle 'Coefficients' durch die Werte $\hat{a} = -1.000$ ('Constant', Spalte 'B') und $\hat{b} = 2.000$ ('Werbung', Spalte 'B') angegeben.

In Abbildung 5.11 sind die berechneten Residuen und die Schätzwerte $\hat{y}_i$ als von SPSS berechnete neue Variablen dargestellt. In Abbildung 5.12 ist die geschätzte Regressionsgerade abgebildet.

Beispiel 5.4.3. Wir wollen den Einfluss von Ausreißern auf die Güte der Anpassung untersuchen und demonstrieren dies anhand der Daten aus Beispiel 5.2.1. Ermitteln wir die Schätzungen der Regressionskoeffizienten und das Bestimmtheitsmaß unter Verwendung aller Werte, so erhalten wir

$$\hat{a} = 3.148,$$
$$\hat{b} = -0.047,$$
$$R^2 = 0.002.$$

Schließen wir die von den anderen vier Punkten entfernt liegende Beobachtung (x_5, y_5) aus den Berechnungen aus, so erhalten wir

$$\hat{a} = -1.147,$$
$$\hat{b} = 0.992,$$
$$R^2 = 0.963.$$

Wie wir aus den Ergebnissen und aus Abbildung 5.5 ersehen, hat die Entfernung der Beobachtung (x_5, y_5) weitreichende Konsequenzen. Die Parameterschätzungen ändern sich grundlegend und das Bestimmtheitsmaß wächst von fast Null auf fast Eins.

5.5 Residualanalyse

Im Beispiel 5.4.2 haben wir mit SPSS die vorhergesagten Werte $\hat{y}_i$ und die geschätzten Residuen $\hat{e}_i = y_i - \hat{y}_i$ berechnet. Die grafische Analyse der Residuen gibt häufig Auskunft darüber, ob die Annahme eines linearen Modells

Variables Entered/Removed[b]

Model	Variables Entered	Variables Removed	Method
1	Werbung[a]	.	Enter

a. All requested variables entered.

b. Dependent Variable: Umsatzsteigerung

Model Summary

Model	R	R Square	Adjusted R Square	Std. Error of the Estimate
1	.976[a]	.952	.946	1.2247

a. Predictors: (Constant), Werbung

ANOVA[b]

Model		Sum of Squares	df	Mean Square	F	Sig.
1	Regression	240.000	1	240.000	160.000	.000[a]
	Residual	12.000	8	1.500		
	Total	252.000	9			

a. Predictors: (Constant), Werbung

b. Dependent Variable: Umsatzsteigerung

Coefficients[a]

Model		Unstandardized Coefficients		Standardized Coefficients	t	Sig.
		B	Std. Error	Beta		
1	(Constant)	-1.000	.742		-1.348	.214
	Werbung	2.000	.158	.976	12.649	.000

a. Dependent Variable: Umsatzsteigerung

Abb. 5.10. Berechnungen zum Beispiel 5.4.2 mit SPSS

gerechtfertigt ist. Dazu plottet man entweder die $\hat{e}_i$ gegen die $\hat{y}_i$ im $(\hat{y},\hat{e})$-Koordinatensystem oder man berechnet die sogenannten **standardisierten Residuen**

$$\hat{d}_i = \frac{y_i - \hat{y}_i}{\sqrt{SQ_{\text{Residual}}}} = \frac{\hat{e}_i}{\sqrt{SQ_{\text{Residual}}}} \qquad (5.27)$$

und plottet die $\hat{d}_i$ gegen die $\hat{y}_i$ im $(\hat{y},\hat{d})$-Koordinatensystem. Die folgenden Abbildungen zeigen typische Verläufe derartiger Plots.

Die Abbildung 5.13 zeigt den Verlauf für den Fall, dass ein lineares Modell korrekt ist. Die Punktwolke zeigt kein geordnetes Muster. Abbildung 5.14 deutet auf einen Trend in den Residuen und damit darauf hin, dass eine Regressionsgerade nicht geeignet ist, den Zusammenhang zu beschreiben. In Abbildung 5.15 erkennt man einen parabelförmigen Verlauf der Punkte, was ebenfalls auf ein nichtlineares Regressionsmodell hindeutet.

Predicted	Residual
2.00000	.00000
3.00000	.00000
6.00000	.00000
4.00000	1.00000
.00000	1.00000
8.00000	-2.00000
7.00000	-2.00000
10.00000	1.00000
14.00000	.00000
16.00000	1.00000

Abb. 5.11. Von SPSS berechnete Schätzwerte und Residuen zum Beispiel 5.4.2

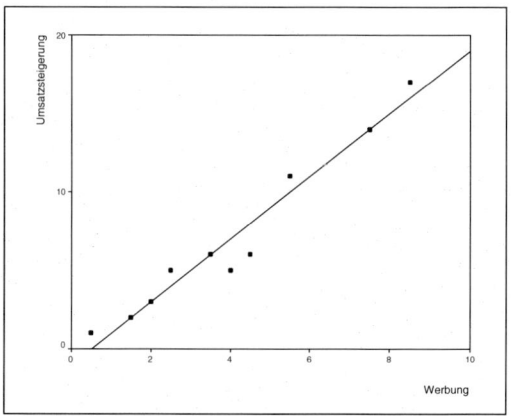

Abb. 5.12. Regressionsgerade und Originalwerte aus Beispiel 5.4.2

5.6 Lineare Transformation der Originaldaten

Wir haben bei der Einführung von Maßzahlen stets das Problem untersucht, welchen Einfluss lineare Transformationen der Daten auf diese Maßzahlen haben. Eine wünschenswerte Eigenschaft ist die Unempfindlichkeit der Maßzahl gegenüber solchen Transformationen (Translationsäquivarianz). Seien wiederum folgende lineare Transformationen von X und Y vorzunehmen:

$$\tilde{X} = u + vX\,, \quad \tilde{Y} = w + zY\,. \tag{5.28}$$

Dann gilt für die arithmetischen Mittel und die Quadratsummen:

$$\bar{x}_{\text{neu}} = u + v\bar{x}_{\text{alt}}\,, \quad \bar{y}_{\text{neu}} = w + z\bar{y}_{\text{alt}}$$
$$S_{xx(\text{neu})} = v^2 S_{xx(\text{alt})}\,, \quad S_{xy(\text{neu})} = vz S_{xy(\text{alt})}\,.$$

Damit erhalten wir für die Regressionsparameter $\hat{a}$ und $\hat{b}$ (vgl. (5.9))

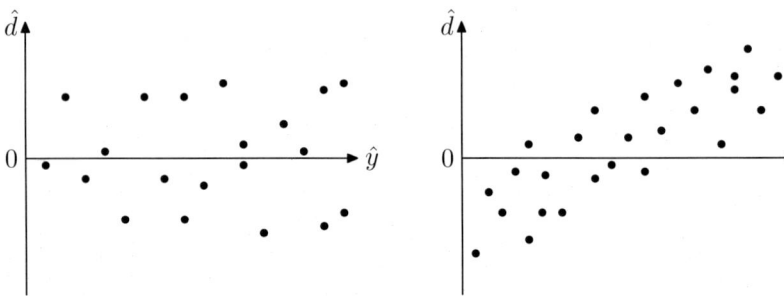

Abb. 5.13. Korrekt spezifiziertes lineares Modell

Abb. 5.14. Trend in den Residuen

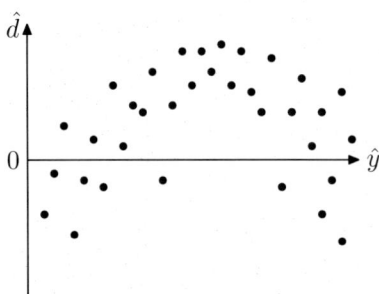

Abb. 5.15. Parabelförmiger Verlauf, Hinweis auf ein nichtlineares Regressionsmodell

$$\hat{b}_{\text{neu}} = \frac{S_{xy(\text{neu})}}{S_{xx(\text{neu})}} = \frac{vzS_{xy(\text{alt})}}{v^2 S_{xx(\text{alt})}} \tag{5.29}$$

$$\hat{a}_{\text{neu}} = \bar{y}_{\text{neu}} - \hat{b}_{\text{neu}}\bar{x}_{\text{neu}} = (w + z\bar{y}_{\text{alt}}) - \frac{vzS_{xy(\text{alt})}}{v^2 S_{xx(\text{alt})}}(u + v\bar{x}_{\text{alt}}). \tag{5.30}$$

Für den allgemeinen Fall ist kein direkter Zusammenhang bei diesen Transformationen zwischen $\hat{a}_{\text{neu}}$ und $\hat{a}_{\text{alt}}$ festzustellen. Falls $v^2 = vz$, also $v = z$ gilt, so erhält man stets $\hat{b}_{\text{neu}} = \hat{b}_{\text{alt}}$, der Anstieg bleibt also unverändert.

Zentrierungstransformation. Wir betrachten folgende spezielle lineare Transformation

$$\tilde{X} = -\bar{x} + X, \quad \tilde{Y} = -\bar{y} + Y, \tag{5.31}$$

die ein Spezialfall der Transformation (5.28) mit der Wahl $u = -\bar{x}$, $v = 1$, $w = -\bar{y}$ und $z = 1$ ist. Diese Transformation führt die Originalwerte (x_i, y_i) in ihre Abweichungen vom jeweiligen Mittelwert über, die Werte werden zentriert: $(x_i - \bar{x}, y_i - \bar{y})$. Damit wird $\bar{x}_{\text{neu}} = 0$, $\bar{y}_{\text{neu}} = 0$ und $\hat{b}_{\text{neu}} = \frac{S_{xy(\text{alt})}}{S_{xx(\text{alt})}} = \hat{b}_{\text{alt}}$ (vgl. (5.29)) und $\hat{a}_{\text{neu}} = 0$ (vgl. (5.30)).

Der Anstieg $\hat{b}$ bleibt also unverändert, die Regressionsgerade wird mit Hilfe einer Parallelverschiebung durch den Ursprung gelegt. Die zentrierte Regression wird verwendet, wenn man am Vergleich von relativen Entwicklungen (bezogen auf die Mittelwerte) und nicht an den Originaldaten interessiert ist. Verglichen wird dann der Anstieg von zwei oder mehr Regressionsbeziehungen im selben Koordinatensystem.

Regression durch den Ursprung. In vielen Zusammenhängen in den Naturwissenschaften, Technik oder Sozialwissenschaften bewirkt ein Wert $x = 0$ auch einen Wert $y = 0$. Beispiele sind Geschwindigkeit X und Bremsweg Y eines PKW, Spannung X und Brenndauer Y einer Glühbirne usw. Wenn man also aus sachlogischen Erwägungen weiß, dass ein Modell des Zusammenhangs durch den Koordinatenursprung (0,0) gehen muss, so wird man die Merkmalswerte nicht durch ein Modell $y_i = a + bx_i$ sondern durch ein Modell $y_i = bx_i$ anpassen, also den Parameter a (Achsenabschnitt auf der y-Achse bei $x = 0$) von vornherein Null setzen. Dann verändert sich der empirische Regressionskoeffizient $\hat{b}$ zu

$$\hat{b} = \frac{\sum x_i y_i}{\sum x_i^2} .$$

Beispiel. Der elektrische Widerstand Y eines Kabels hängt von seiner Länge X ab. Wir beschreiben diesen Zusammenhang durch eine lineare Regression, die natürlicherweise durch den Ursprung geht. Für 7 Kabel verschiedener Längen erhalten wir folgende Versuchsmessungen:

$$\begin{matrix} i & x_i & y_i \\ \begin{pmatrix} 1 & 1.0 & 17.2 \\ 2 & 1.1 & 19.7 \\ 3 & 1.5 & 26.4 \\ 4 & 1.9 & 32.9 \\ 5 & 2.0 & 35.6 \\ 6 & 2.2 & 40.0 \\ 7 & 3.0 & 52.1 \end{pmatrix} \end{matrix}$$

Da die Regression natürlicherweise durch den Ursprung verläuft, passen wir eine Gerade $y_i = bx_i$ an und berechnen

$$\hat{b} = \frac{\sum_{i=1}^{n} x_i y_i}{\sum_{i=1}^{n} x_i^2} = 17.62.$$

Mit jedem Meter Länge erhöht sich der Widerstand um 17.62 mΩ.

5.7 Multiple lineare Regression und nichtlineare Regression

Wir haben bereits in einem einführenden Beispiel in Abbildung 5.3 – Schneidgeschwindigkeit eines Laserschneidegeräts in Abhängigkeit von der Laserleistung in Watt – gezeigt, dass das Problem auftreten kann, dass der Zusammenhang zwischen X und Y nichtlinear ist. Wir unterscheiden dabei zwei grundsätzliche Fälle: Die funktionale Abhängigkeit von X und Y wird durch eine

(i) in X nichtlineare Funktion, die jedoch in den Parametern linear ist
(ii) in X und in den Parametern nichtlineare Funktion

beschrieben.

Beispiele.

$$y = b_0 + b_1 e^x + \frac{b_2}{x} \qquad\qquad\qquad\qquad\qquad\qquad\qquad \text{(i)}$$
$$y = b_0 + b_1 x + b_2 x^2 + \cdots + b_p x^p \quad \text{(Polynom p-ter Ordnung)} \quad \text{(i)}$$
$$y = b_0 e^{b_1 x} \qquad\qquad\qquad\qquad\qquad\qquad\qquad\qquad \text{(ii)}$$
$$y = b_1 \sin x + b_2 \cos x \qquad\qquad\qquad\qquad\qquad\qquad \text{(i)}$$

Typ

Die Funktionen vom Typ (i) sind linear in den Parametern und lassen sich durch Umkodierung als lineares Regressionsmodell darstellen, wobei sich allerdings die Dimension (d. h. die Anzahl der Variablen bzw. Einflussgrößen) erhöhen kann, so dass ein **multiples Regressionsmodell**

$$y = b_0 + b_1 x_1 + \cdots + b_p x_p + e \tag{5.32}$$

entsteht, das die Abhängigkeit zwischen der Variablen y und den p Einflussgrößen $x_1, \ldots, x_p$ simultan modelliert.

Beispiel 5.7.1. Wir betrachten als Regressionsmodell ein Polynom p-ter Ordnung in x

$$y = b_0 + b_1 x + b_2 x^2 + \ldots + b_p x^p + e$$

und führen eine Umkodierung durch, indem wir neue Einflussgrößen $\tilde{x}_1, \ldots, \tilde{x}_p$ wie folgt definieren:

$$x \mapsto \tilde{x}_1$$
$$x^2 \mapsto \tilde{x}_2$$
$$\vdots$$
$$x^p \mapsto \tilde{x}_p$$

Das Ergebnis der Umkodierung ist ein multiples lineares Regressionsmodell $y = b_0 + b_1 \tilde{x}_1 + \cdots + b_p \tilde{x}_p + e$ mit einer Konstanten und p Regressoren $\tilde{x}_1, \ldots, \tilde{x}_p$.

Beispiel 5.7.2. Gegeben sei die Funktion $y = a + be^x + \frac{c}{x} + e$. Durch folgende Umkodierung erhalten wir ein multiples lineares Regressionsmodell $y = a + b\tilde{x}_1 + c\tilde{x}_2 + e$ mit zwei Regressoren $\tilde{x}_1$ und $\tilde{x}_2$.

$$e^x \mapsto \tilde{x}_1$$
$$\frac{1}{x} \mapsto \tilde{x}_2 \,.$$

Bei den in X und in den Parametern nichtlinearen Funktionen des Typs (ii) kann man häufig durch geschickte Transformationen wieder ein lineares Modell erhalten.

Beispiel 5.7.3. Gegeben sei eine nichtlineare Ursache-Wirkungs-Beziehung zwischen x und y der Gestalt $y = ae^{bx}$. Logarithmieren liefert eine lineare Funktion

$$\ln y = \ln a + bx\,.$$

Wählen wir die Umkodierung:

$$\ln y \mapsto \tilde{y}$$
$$\ln a \mapsto \tilde{a}\,,$$

so können wir nach Datenerhebung eine lineare Regression $\tilde{y} = \tilde{a} + bx + e$ in der neuen Variablen $\tilde{y} = \ln y$ und in x durchführen.

Anmerkung. Liegt eine nicht zu linearisierende Funktion vor, so muss die Parameterschätzung mittels alternativer, z. B. iterativer Verfahren durchgeführt werden. Auf diese Problematik gehen wir hier nicht ein.

5.8 Polynomiale Regression

Mit einem Polynom p-ter Ordnung in x

$$y = f(x) = b_0 + b_1 x + b_2 x^2 + \ldots + b_p x^p + e$$

lässt sich eine recht weite Klasse von nichtlinearen Funktionen approximieren. Ist der Funktionstyp unbekannt und liegen Beobachtungen der Funktion in Gestalt von Wertepaaren (x_i, y_i), $i = 1, \ldots, n$ vor, so kann man den tatsächlichen Kurvenverlauf durch eine polynomiale Regression mit Hilfe der empirischen Methode der kleinsten Quadrate schätzen. Dazu wird die in Beispiel 5.7.1 angegebene Transformation durchgeführt. Dies ergibt das multiple lineare Regressionsmodell (5.32), das sich in Matrixschreibweise als

$$\mathbf{y} = \mathbf{X}\mathbf{b} + \mathbf{e}$$

darstellen lässt, mit

$$\mathbf{y} = \begin{pmatrix} y_1 \\ \vdots \\ y_n \end{pmatrix}, \quad \mathbf{X} = \begin{pmatrix} 1 & x_{11} & x_{12} & \cdots & x_{1p} \\ 1 & x_{21} & x_{22} & \cdots & x_{2p} \\ \vdots & & & & \\ 1 & x_{n1} & x_{n2} & \cdots & x_{np} \end{pmatrix},$$

$$\mathbf{b} = \begin{pmatrix} b_0 \\ b_1 \\ \vdots \\ b_p \end{pmatrix}, \quad \mathbf{e} = \begin{pmatrix} e_1 \\ e_2 \\ \vdots \\ e_n \end{pmatrix}.$$

Der empirische Kleinste-Quadrate-Schätzer des gesamten Parametervektors **b** hat die Gestalt

$$\hat{\mathbf{b}} = (\mathbf{X}'\mathbf{X})^{-1}\mathbf{X}'\mathbf{y}.$$

Die Berechnung dieses Schätzers setzt die Lösung eines linearen Gleichungssystems voraus, so dass wir im Rahmen dieses Buches nur die Anwendung demonstrieren können.

Das Ziel der polynomialen Regression ist es, den unbekannten Funktionsverlauf durch ein Polynom möglichst niedriger Ordnung p zu modellieren. Dazu werden folgende Schritte durchgeführt:

a) Start mit $p = 1$. Wir erhalten ein lineares Modell $y = b_0 + b_1 x$. Durch Beurteilung der Plots verschaffen wir uns einen Eindruck über die Güte der Anpassung. Falls der Eindruck einer schlechten Anpassung entsteht, gehen wir zum nächsten Schritt über.

b) Durch Erhöhung des Grades um 1 erhalten wir ein quadratisches Modell $y = b_0 + b_1 x + b_2 x^2$, das wir wiederum durch die Beurteilung der Plots einschätzen.

c) Falls die Diskrepanz zwischen dem Modell und den Daten noch „groß" ist, wird die Ordnung des Polynoms erneut um 1 erhöht usw. Dies geschieht solange, bis eine weitere Erhöhung nur noch zu unbedeutenden Veränderungen führt. Da „klein" nicht definiert werden kann, sollte man dieses Vorgehen durch Vergleich der jeweiligen Plots zu jeder Polynomordnung begleiten, um durch dieses empirische Vorgehen eine Vorstellung von der Güte der Anpassung in Abhängigkeit von der Ordnung des Polynoms zu gewinnen.

In SPSS wird diese Modellwahl über p-values der sogenannten F_{Change}-Statistik gesteuert. Dieses Vorgehen kann erst in der Induktiven Statistik erläutert werden. Wir wollen das oben beschriebene deskriptive Vorgehen hier an einem Beispiel erklären.

Beispiel. Betrachten wir wieder die Situation, die in Abbildung 5.3 dargestellt wurde (Schneidgeschwindigkeit eines Laserschneidegeräts in Abhängigkeit von der Laserleistung in Watt). Zunehmende Schneidgeschwindigkeit eines Laserschneidegerätes bei zunehmender Leistung: zunächst linear und nach Erreichen einer Sättigungsgrenze flacher, insgesamt also ein nichtlinearer Verlauf. In Abbildung 5.16 sind die angepassten Polynome der oben beschriebenen einzelnen Schritte der Modellwahl gezeigt.

Wie wir aus Abbildung 5.16 erkennen, liegt ein nichtlinearer Zusammenhang zwischen Laserleistung und Schneidgeschwindigkeit vor. Der Übergang vom quadratischen zum kubischen Polynom bringt keine wesentliche Verbesserung.

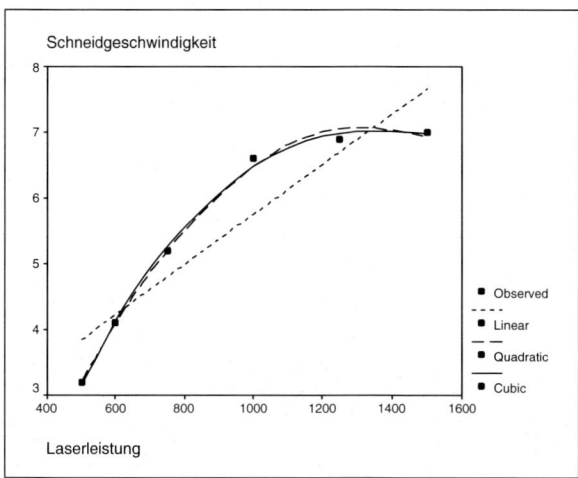

Abb. 5.16. SPSS Grafik (Curve Fitting) lineare, quadratische und kubische Polynome

5.9 Lineare Regression mit kategorialen Regressoren

In den bisherigen Ausführungen haben wir Y und X stets als quantitativ stetig vorausgesetzt. Wir wollen nun den in Anwendungen ebenfalls wichtigen Fall behandeln, dass der Regressor X kategoriales Skalenniveau besitzt. Wir betrachten zunächst einige Beispiele für kategoriale Regressoren:

Beispiele.

• Geschlecht: männlich, weiblich
• Familienstand: ledig, verheiratet, geschieden, verwitwet
• Prädikat des Diplomzeugnisses: sehr gut, gut, befriedigend, ausreichend

Regressoren mit kategorialem Skalenniveau erfordern eine spezifische Behandlung. Die kodierten Merkmalsausprägungen wie z. B. 'ledig'=1, 'verheiratet'=2, 'geschieden'=3, 'verwitwet'=4 können wir nicht wie reelle Zahlen in die Berechnung der Parameterschätzungen $\hat{a}$ und $\hat{b}$ einbeziehen, da den Kodierungen wie z. B. beim nominalen Merkmal 'Familienstand' nicht notwendig eine Ordnung zugrundeliegt und Abstände bei ordinalen Merkmalen nicht definiert sind. Um diesem Problem zu begegnen, müssen kategoriale Regressoren umkodiert werden. Hierfür gibt es zwei Möglichkeiten: Dummy- und Effektkodierung. Dabei wird ein kategorialer Regressor mit k möglichen Merkmalsausprägungen in $k - 1$ neue Regressoren (Dummys) umgewandelt. Eine der Originalkategorien (Merkmalsausprägungen) wird dabei als sogenannte **Referenzkategorie** ausgewählt.

Dummykodierung. Ein kategoriales Merkmal X mit k möglichen Merkmals-ausprägungen wird durch $k-1$ Dummys X_i kodiert. Nach Wahl einer Referenzkategorie $j \in \{1, \ldots, k\}$ ergeben sich die Dummys X_i, $i = 1, \ldots, k$, $i \neq j$ wie folgt:

$$x_i = \begin{cases} 1 \text{ falls Kategorie } i \text{ vorliegt,} \\ 0 \text{ sonst.} \end{cases} \tag{5.33}$$

Effektkodierung. Ein kategoriales Merkmal X mit k möglichen Merkmals-ausprägungen wird durch $k-1$ Dummys X_i kodiert. Nach Wahl einer Referenzkategorie $j \in \{1, \ldots, k\}$ ergeben sich die Dummys X_i, $i = 1, \ldots, k$, $i \neq j$ wie folgt:

$$x_i = \begin{cases} 1 \text{ falls Kategorie } i \text{ vorliegt,} \\ -1 \text{ falls Kategorie } j \text{ vorliegt,} \\ 0 \text{ sonst.} \end{cases} \tag{5.34}$$

Beispiel. Betrachten wir das Merkmal X 'mathematische Vorkenntnisse' der Studentenbefragung. Es besitzt vier mögliche Merkmalsausprägungen ('keine', 'Mathe-Grundkurs', 'Mathe-Leistungskurs' und 'Vorlesung Mathematik'), die mit 1, 2, 3 und 4 kodiert sind. Wir verwenden die letzte Kategorie, d. h. die Kategorie 4 'Vorlesung Mathematik', als Referenzkategorie. Damit erhalten wir die Dummys X_1, X_2 und X_3 wie in folgender Tabelle angegeben.

Merkmalsausprägung von X	Wert von X_1	X_2	X_3
1 'keine'	1	0	0
2 'Mathe-Grundkurs'	0	1	0
3 'Mathe-Leistungskurs'	0	0	1
4 'Vorlesung Mathematik'	0	0	0

Für die Effektkodierung erhalten wir

Merkmalsausprägung von X	Wert von X_1	X_2	X_3
1 'keine'	1	0	0
2 'Mathe-Grundkurs'	0	1	0
3 'Mathe-Leistungskurs'	0	0	1
4 'Vorlesung Mathematik'	-1	-1	-1

Beispiel 5.9.1. Wir wollen die Berechnung der Parameterschätzungen an einem Rechenbeispiel demonstrieren. Dazu betrachten wir die bei der Statistikklausur erreichten Punktezahlen (Merkmal Y) abhängig vom Studienfach (Merkmal X). Ein Ausschnitt der Daten ist in der folgenden Datenmatrix angegeben.

$$
\begin{array}{c}
\begin{array}{ccc}
 & \text{Punkte} & \text{Studienfach}
\end{array} \\
\begin{array}{c}
1 \\ 2 \\ 3 \\ 4 \\ 5 \\ \vdots
\end{array}
\left(
\begin{array}{cc}
34 & \text{BWL} \\
78 & \text{BWL} \\
30 & \text{Sonstige} \\
64 & \text{VWL} \\
71 & \text{VWL} \\
\vdots & \vdots
\end{array}
\right)
\end{array}
$$

Mit der Kodierung BWL=1, VWL=2, Sonstige=3 erhalten wir mit Wahl der Referenzkategorie 3 (Sonstige) zwei Dummys X_1 (für BWL) und X_2 (für VWL) gemäß folgendem Schema

Merkmalsausprägung von X	Wert von X_1	X_2
1 'BWL'	1	0
2 'VWL'	0	1
3 'Sonstige'	0	0

Die Datenmatrix wird damit zu

$$
\begin{array}{c}
\begin{array}{cccc}
 & y & x_1 & x_2
\end{array} \\
\begin{array}{c}
1 \\ 2 \\ 3 \\ 4 \\ 5 \\ \vdots
\end{array}
\left(
\begin{array}{ccc}
34 & 1 & 0 \\
78 & 1 & 0 \\
30 & 0 & 0 \\
64 & 0 & 1 \\
71 & 0 & 1 \\
\vdots & \vdots & \vdots
\end{array}
\right)
\end{array}
$$

Wir berechnen die Schätzungen $\hat{a}$, $\hat{b}_1$ und $\hat{b}_2$ mit SPSS und erhalten die Ausgabe in Abbildung 5.17. Aus den Parameterschätzungen erhalten wir die angepassten Werte $\hat{y}$ gemäß

$$\hat{y} = \hat{a} + \hat{b}_1 X_1 + \hat{b}_2 X_2 \,.$$

Diese entsprechen gerade den durchschnittlichen Punktezahlen der Studenten der verschiedenen Fachrichtungen. Wir erhalten für

$$
\begin{aligned}
\text{BWL} \quad \hat{y} &= \hat{a} + \hat{b}_1 \cdot 1 + \hat{b}_2 \cdot 0 = 62.800 + 1.083 = 63.883 \,, \\
\text{VWL} \quad \hat{y} &= \hat{a} + \hat{b}_1 \cdot 0 + \hat{b}_2 \cdot 1 = 62.800 + (-6.229) = 56.571 \,, \\
\text{Sonstige} \quad \hat{y} &= \hat{a} + \hat{b}_1 \cdot 0 + \hat{b}_2 \cdot 0 = 62.800 \,.
\end{aligned}
$$

Verwenden wir nun die Effektkodierung zur Berechnung der Parameterschätzungen, wobei wir wieder als Referenzkategorie die Kategorie 3, Sonstige, verwenden, so erhalten wir folgende Datenmatrix

		Unstandardized Coefficients		Standardized Coefficients		
Model		B	Std. Error	Beta	t	Sig.
1	(Constant)	62.800	7.432		8.450	.000
	x_1	1.083	7.501	.013	.144	.885
	x_2	-6.229	9.731	-.058	-.640	.523

Coefficients[a]

a. Dependent Variable: PUNKTE

Abb. 5.17. Berechnungen der Parameterschätzungen bei Dummykodierung in Beispiel 5.9.1 mit SPSS

$$
\begin{array}{c}
\begin{array}{ccc} y & x_1 & x_2 \end{array} \\
\begin{array}{c} 1 \\ 2 \\ 3 \\ 4 \\ 5 \\ \vdots \end{array}
\left(
\begin{array}{ccc}
34 & 1 & 0 \\
78 & 1 & 0 \\
30 & -1 & -1 \\
64 & 0 & 1 \\
71 & 0 & 1 \\
\vdots & \vdots & \vdots
\end{array}
\right)
\end{array}
$$

Wir berechnen ebenfalls die Schätzungen $\hat{a}$, $\hat{b}_1$ und $\hat{b}_2$ mit SPSS und erhalten die Ausgabe in Abbildung 5.18. Aus den Parameterschätzungen erhalten wir die angepassten Werte $\hat{y}$ wiederum gemäß

$$ \hat{y} = \hat{a} + \hat{b}_1 X_1 + \hat{b}_2 X_2 \,, $$

nun aber mit anderen Parameterschätzungen. Die angepassten Werte $\hat{y}$ entsprechen auch bei Effektkodierung den durchschnittlichen Punktezahlen der verschiedenen Fachrichtungen. Wir erhalten:

BWL $\hat{y} = \hat{a} + \hat{b}_1 \cdot 1 + \hat{b}_2 \cdot 0 = 61.085 + 2.798 = 63.883 \,,$

VWL $\hat{y} = \hat{a} + \hat{b}_1 \cdot 0 + \hat{b}_2 \cdot 1 = 61.085 + (-4.513) = 56.571 \,,$

Sonstige $\hat{y} = \hat{a} + \hat{b}_1 \cdot (-1) + \hat{b}_2 \cdot (-1) = 61.085 - 2.798 + 4.513 = 62.799 \,.$

Wie wir sehen liefern Dummy- und Effektkodierung die gleichen Ergebnisse für die mittleren erreichten Punktezahlen der verschiedenen Fachrichtungen. Die Interpretation der Parameter ist jedoch verschieden. Bei der Dummykodierung sind die Parameter als Abweichung zur Referenzkategorie zu verstehen. Hier bedeutet $\hat{b}_1 = 1.083$, dass die BWL-Studenten um 1.083 Punkte besser abgeschnitten haben als die Studenten sonstiger Fachrichtungen, die die Referenzkategorie bilden. Bei der Effektkodierung sind die Parameter als Abweichung zu einer mittleren Kategorie zu verstehen. Hier bedeutet $\hat{b}_1 = 2.798$, dass die BWL-Studenten um 2.798 Punkte besser abgeschnitten haben als Studenten einer 'mittleren' Fachrichtung, also

'durchschnittliche' Studenten, bei denen der Effekt des Studienfachs herausgerechnet ist.

Coefficients[a]

Model		Unstandardized Coefficients		Standardized Coefficients	t	Sig.
		B	Std. Error	Beta		
1	(Constant)	61.085	3.261		18.731	.000
	x_1	2.798	3.313	.051	.845	.399
	x_2	-4.513	4.877	-.056	-.925	.356

a. Dependent Variable: PUNKTE

Abb. 5.18. Berechnungen der Parameterschätzungen bei Effektkodierung in Beispiel 5.9.1 mit SPSS

5.10 Spezielle nichtlineare Modelle – Wachstumskurven

Wachstumskurven liefern eine flexible Klasse von nichtlinearen Modellen zur
Beschreibung zahlreicher Vorgänge in den Wirtschaftswissenschaften sowie
in biologischen und technischen Systemen. Häufig benutzte und in der Praxis
erprobte Typen sind

- die Exponentialfunktion $y_t = \alpha e^{\beta t}$
- die modifizierte Exponentialfunktion $y_t = \delta + \alpha e^{\beta t}$
- die Gompertz-Kurve $y_t = \alpha e^{(\beta e^{\gamma t})}$
- die logistische Funktion $y_t = \dfrac{\alpha}{1 + \beta e^{\gamma t}}$
- die logarithmische Parabel $y_t = \alpha e^{\beta t + \gamma t^2}$

Als Einflussgröße haben wir hier die Zeit t, $t = 1, \ldots, T$.

Diese Wachstumskurven werden durch maximal drei Parameter beschrieben. Der Behandlung nichtlinearer Modelle mit deskriptiven Methoden sind
Grenzen gesetzt. Wir wollen uns deshalb darauf beschränken, den Verlauf
einiger Wachstumskurven grafisch darzustellen (vgl. Abbildungen 5.19 bis
5.22). Abbildung 5.21 zeigt z. B. einen Wachstumsprozess mit Sättigungs-
verhalten, wie wir ihn bei der Markteinführung neuer Produkte beobachten
können. Nach einem Anstieg des Umsatzes über die Zeit tritt eine Sättigung
ein.

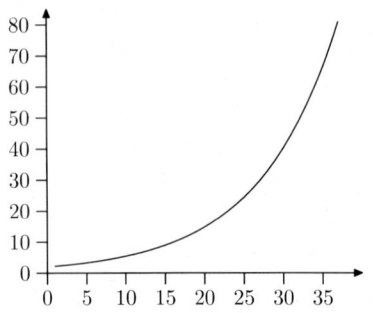

Abb. 5.19. Exponentialfunktion mit $\alpha = 2.0$ und $\beta = 0.1$

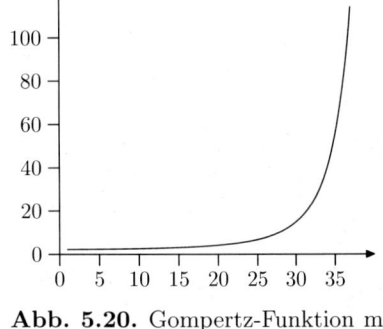

Abb. 5.20. Gompertz-Funktion mit $\alpha = 2.0$, $\beta = 0.1$ und $\gamma = 0.1$

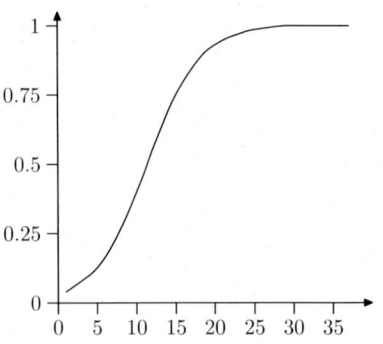

Abb. 5.21. Logistische Funktion mit $\alpha = 1.0$, $\beta = 30$ und $\gamma = -0.3$

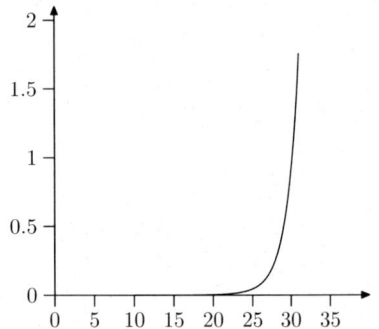

Abb. 5.22. Logarithmische Parabel mit $\alpha = 2.0$, $\beta = 0.05$ und $\gamma = 0.01$

5.11 Logistische Regression für binäre Zielgrößen

Bei der linearen Regression nimmt man an, dass die Zielvariable Y (Response) ein quantitatives und stetiges Merkmal ist. In der Praxis trifft man aber häufig den Fall an, dass die Zielvariable diskret ist. Besitzt sie nur zwei Ausprägungen, so spricht man von einem binären Merkmal. Dies ist beispielsweise dann der Fall, wenn Y beschreibt, ob sich ein Individuum in einem bestimmten Zustand befindet oder nicht. Typische Beispiele sind krank/nicht krank oder arbeitslos/nicht arbeitslos. In diesen Fällen ist ein lineares Regressionsmodell i.A. nicht adäquat, denn der Wertebereich des sog. linearen Prädiktors,

$$\eta = b_0 + b_1 x_1 + \cdots + b_p x_p$$

also des Teils der Regressionsgleichung, welcher die erklärenden Variablen enthält, ist die ganze reelle Zahlenachse ($\mathbb{R}$), also der ganze Bereich von $-\infty$ bis $+\infty$. Die binäre Zielvariable hingegen kann nur zwei Werte annehmen, die man i.A. mit 0 und 1 kodiert. Statt direkt den Response zu modellieren, geht man deshalb dazu über, die Wahrscheinlichkeiten zu modellieren, mit denen Y die Werte 0 oder 1 annimmt. Ohne Berücksichtigung von erklärenden Variablen hätte man den klassischen Fall eines Bernoulli-Experiments mit den Wahrscheinlichkeiten

$$\pi = P(Y = 1) \qquad \text{und} \qquad 1 - \pi = P(Y = 0) \ . \tag{5.35}$$

Unter Berücksichtigung der erklärenden Variablen geht man nun über zu den bedingten Wahrscheinlichkeiten

$$\pi_i = P(Y_i = 1 | x_{i1}, \ldots, x_{ip}) \ , \tag{5.36}$$

und

$$1 - \pi_i = P(Y_i = 0 | x_{i1}, \ldots, x_{ip}) \tag{5.37}$$

für $i = 1, \ldots, n$. Damit erhalten wir, dass die Wahrscheinlichkeit für $Y_i = 1$ bzw. $Y_i = 0$

- als *bedingte* Wahrscheinlichkeit angesehen werden kann, bedingt auf die Einflußgrößen,
- *individuell verschieden* sein kann, abhängig von den Einflußgrößen. Deshalb schreiben wir auch π_i mit einem Index i.

Nun bleibt noch zu überlegen, wie die (bedingten) Wahrscheinlichkeiten π_i in Verbindung mit den erklärenden Variablen gebracht werden. Da eine Wahrscheinlichkeit im Intervall $[0, 1]$ liegen muss, ist ein linearer Ansatz der Form

$$\pi_i = b_0 + b_1 x_{i1} + \cdots + b_p x_{ip}$$

i.A. nicht adäquat bzw. würde Restriktionen an die Parameter erforderlich machen, die in der Praxis unangenehm sind. Stattdessen transformiert man den Prädiktor

$$\eta_i = b_0 + b_1 x_{i1} + \cdots + b_p x_{ip} \tag{5.38}$$

geeignet, so dass die transformierten Werte nur im Intervall $[0, 1]$ liegen können. Die erst in Statistik II besprochenen Verteilungsfunktionen bzw. deren Umkehrfunktionen bieten sich dafür an, da sie monoton sind. Verwendet man zum Beispiel die *logistische Verteilungsfunktion* wie in Abbildung 5.23, also

$$F(x) = \frac{1}{1 + e^{-x}} \tag{5.39}$$

für die Transformation (e^x ist die bekannte Exponentialfunktion), so erhält man

$$\pi_i = P(Y_i = 1 | x_{i1}, \ldots, x_{ip}) = \frac{1}{1 + e^{-\eta_i}} = \frac{e^{\eta_i}}{1 + e^{\eta_i}} \ . \tag{5.40}$$

Für die Gegenwahrscheinlichkeit $1 - \pi_i$ gilt:

$$1 - \pi_i = 1 - \frac{e^{\eta_i}}{1 + e^{\eta_i}} = \frac{1}{1 + e^{\eta_i}} \tag{5.41}$$

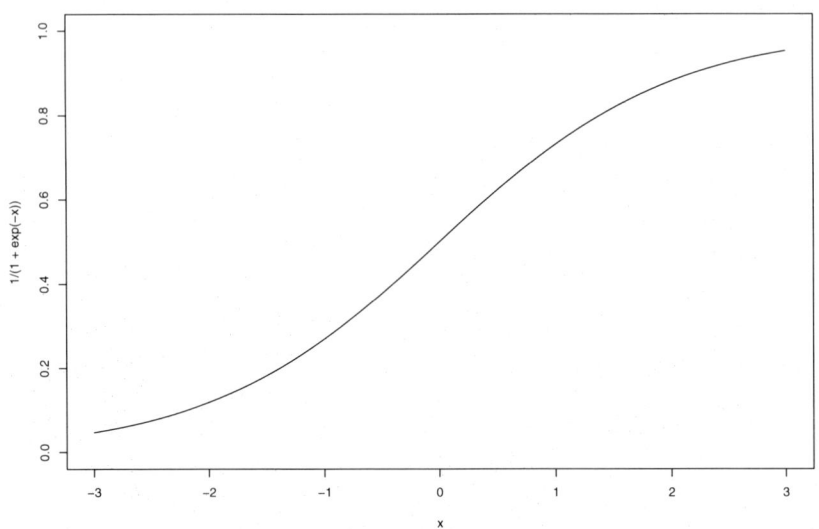

Abb. 5.23. Logistische Funktion

Elementare Umformungen führen auf die Gestalt

$$\log\left(\frac{\pi_i}{1-\pi_i}\right) = \eta_i = b_0 + b_1 x_{i1} + \cdots + b_p x_{ip}$$

$$\log\left(\frac{P(y_i = 1|x_i)}{1 - P(y_i = 1|x_i)}\right) = \eta_i = b_0 + b_1 x_{i1} + \cdots + b_p x_{ip}$$

$$. \tag{5.42}$$

Bei log handelt es sich dabei um den natürlichen Logarithmus zur Basis $e = \exp(1)$. Der Ausdruck

$$\frac{\pi_i}{1-\pi_i} \tag{5.43}$$

wird als *Chance (Odds)* bezeichnet. D.h. ein logistisches Regressionsmodell modelliert die *logarithmierten Chancen*

$$\log\left(\frac{\pi_i}{1-\pi_i}\right) \tag{5.44}$$

durch einen in den Parametern linearen Prädiktor η_i. Die Chancen selbst werden daher multiplikativ durch die erklärenden Variablen beeinflusst:

$$\frac{\pi_i}{1-\pi_i} = e^{b_0} \cdot e^{b_1 x_{i1}} \cdots e^{b_p x_{ip}} \ . \tag{5.45}$$

Wir verwenden hier für die unbekannten Parameter die Symbole b_j wie in der linearen Regression. Die *Interpretation* der Parameter des logistischen

Regressionsmodells ist nicht ganz so einfach wie die Interpretation der Parameter des linearen Modells. Zur Erinnerung: beim linearen Modell bewirkt beispielsweise die Veränderung des Werts der erklärenden Variable x_j *ceteris paribus* eine Veränderung $b_j x_j$ des (bedingten) Erwartungswerts von Y. Beim logistischen Regressionsmodell ergibt sich folgende Interpretation (wobei wir den Subjektindex i der Einfachheit halber weglassen). Betrachten wir ohne wesentliche Einschränkung eine Veränderung nur der ersten Variable vom Wert x_1 auf den Wert $\tilde{x}_1$. π und $\tilde{\pi}$ seien die zugehörigen Wahrscheinlichkeiten. Dann gilt:

$$\frac{\frac{\tilde{\pi}}{1-\tilde{\pi}}}{\frac{\pi}{1-\pi}} = \frac{e^{b_1 \tilde{x}_1}}{e^{b_1 x_1}}$$

$$= e^{(\tilde{x}_1 - x_1)b_1} \ . \tag{5.46}$$

Die linke Seite von Gleichung (5.46) ist das *Verhälnis der Chancen* oder der sogenannte *Odds Ratio*. In logarithmierter Form erhält man den *log Odds Ratio*:

$$\log\left(\frac{\frac{\tilde{\pi}}{1-\tilde{\pi}}}{\frac{\pi}{1-\pi}}\right) = b_1 \tilde{x}_1 - b_1 x_1$$

$$= b_1(\tilde{x}_1 - x_1) \ . \tag{5.47}$$

Das heißt also: eine Veränderung der erklärenden Variable x_1 um Eins (eine Einheit) bewirkt eine Veränderung des log Odds Ratios um b_1.

5.11.1 Spezialfall mit einer binären erklärenden Variable

Im Spezialfall eines binären Response Y und einer binären Einflußgröße x können die Daten in Form einer 2 × 2-Kontingenztafel präsentiert werden. Dabei gehen wir davon aus, dass die erklärende Variable dummy-kodiert ist. Die Situation ist in Tabelle 5.1 dargestellt. Von den n Beobachtungseinheiten

		y_i		
		0	1	
x_i	0	n_{00}	n_{01}	n_{0+}
	1	n_{10}	n_{11}	n_{1+}
		n_{+0}	n_{+1}	n

Tabelle 5.1. Spezialfall eines binären Response Y und einer binären Einflußgröße x

wurden n_{0+} auf Stufe 0 der erklärenden Variable beobachtet (zum Beispiel Nichtraucher) und n_{1+} auf Stufe 1 (zum Beispiel Raucher). Von den n_{0+} auf

Stufe 0 beobachteten Untersuchungseinheiten wurden n_{00} mit Response 0 beobachtet (zum Beispiel gesund) und n_{01} mit Response 1 (zum Beispiel krank). Die logistische Regression modelliert dann die beiden Wahrscheinlichkeiten

$$\pi_i^{(0)} = \pi_i(x_i = 0) = P(y_i = 1 | x_i = 0)$$
$$\pi_i^{(1)} = \pi_i(x_i = 1) = P(y_i = 1 | x_i = 1) \, .$$

In diesem Fall erhalten wir:

$$\log\left(\frac{\pi_i}{1 - \pi_i}\right) = b_0 + b_1 x_i \, .$$

Es handelt sich um ein sogenanntes saturiertes Modell, denn es sind genau die zwei bedingten Wahrscheinlichkeiten $\pi_i^{(0)}$ und $\pi_i^{(1)}$ durch zwei Parameter b_0 und b_1 zu schätzen, und zwar in diesem Fall durch die relativen Häufigkeiten (die hier den sogenannten Maximum–Likelihood–Schätzungen entsprechen, die aber erst in Statistik II genauer besprochen werden):

$$\hat{\pi}_i^{(0)} = \frac{n_{01}}{n_{0+}} \qquad \hat{\pi}_i^{(1)} = \frac{n_{11}}{n_{1+}}$$

und

$$1 - \hat{\pi}_i^{(0)} = \frac{n_{00}}{n_{0+}} \qquad 1 - \hat{\pi}_i^{(1)} = \frac{n_{10}}{n_{1+}}$$

Damit erhält man die geschätzten Parameter mit

$$\hat{b}_0 = \log\left(\frac{\hat{\pi}_i^{(0)}}{1 - \hat{\pi}_i^{(0)}}\right) = \log\left(\frac{n_{01}/n_{0+}}{n_{00}/n_{0+}}\right) = \log\left(\frac{n_{01}}{n_{00}}\right)$$

und mit

$$\log\left(\frac{\hat{\pi}_i^{(1)}}{1 - \hat{\pi}_i^{(1)}}\right) = \log\left(\frac{n_{11}}{n_{10}}\right) = \hat{b}_0 + \hat{b}_1 = \log\left(\frac{n_{01}}{n_{00}}\right) + \hat{b}_1$$

auch

$$\hat{b}_1 = \log\left(\frac{n_{11}}{n_{10}}\right) - \log\left(\frac{n_{01}}{n_{00}}\right) = \log\left(\frac{n_{11} n_{00}}{n_{10} n_{01}}\right)$$

Damit ist $\hat{b}_1$ gerade der bekannte log Odds Ratio einer 2×2-Kontingenztafel.

5.11.2 Spezialfall mit einer mehrkategorialen erklärenden Variable

Liegt eine kategoriale erklärende Variable x vor, so können die Daten in einer $I \times 2$ Kontingenztafel dargestellt werden. Tabelle 5.2 zeigt die Datensituation. Wir führen analoge Überlegungen wie im binären Fall durch, allerdings müssen wir x zunächst geeignet kodieren. Wir wählen die in der Praxis einfacher zu interpretierende Dummykodierung. Betrachten wir ohne wesentliche Einschränkung den Fall $I = 3$. Dann benötigen wir für x zwei Dummyvariablen. Die Situation läßt sich wie folgt darstellen:

		y_i		
		0	1	
x_i	1	n_{10}	n_{11}	n_{1+}
	2	n_{20}	n_{21}	n_{2+}
	$\vdots$	$\vdots$	$\vdots$	$\vdots$
	I	n_{I0}	n_{I1}	n_{I+}
		n_{+0}	n_{+1}	n

Tabelle 5.2. Spezialfall eines binären Response Y und einer mehrkategorialen Einflußgröße x

Stufe	Dummy 1 (x_{i1}^d)	Dummy 2 (x_{i2}^d)	
1	1	0	
2	0	1	
3	0	0	← Referenzkategorie

Die Kontingenztafel ist also

		y_i		
		0	1	
x_i	1	n_{10}	n_{11}	n_{1+}
	2	n_{20}	n_{21}	n_{2+}
	3	n_{30}	n_{31}	n_{3+}
		n_{+0}	n_{+1}	n

Die logistische Regression modelliert dann die drei Wahrscheinlichkeiten

$$\pi_i^{(1)} = \pi_i(x_i = 1) = P(y_i = 1|x_i = 1)$$
$$\pi_i^{(2)} = \pi_i(x_i = 2) = P(y_i = 1|x_i = 2)$$
$$\pi_i^{(3)} = \pi_i(x_i = 3) = P(y_i = 1|x_i = 3) \ .$$

In diesem Fall erhalten wir:

$$\log\left(\frac{\pi_i}{1 - \pi_i}\right) = \underbrace{b_0 + b_1 x_{i1}^d + b_2 x_{i2}^d}_{I \text{ Parameter}}$$

Es handelt sich wieder um ein saturiertes Modell, denn es sind genau die drei bedingten Wahrscheinlichkeiten $\pi_i^{(1)}$, $\pi_i^{(2)}$ und $\pi_i^{(3)}$ durch drei Parameter b_0, b_1 und b_2 zu schätzen, und zwar in diesem Fall wieder durch die relativen Häufigkeiten (die hier wieder den Maximum–Likelihood–Schätzungen entsprechen). Man erhält also:

$$\log\left(\frac{\pi_i^{(1)}}{1 - \pi_i^{(1)}}\right) = b_0 + b_1$$

$$\log\left(\frac{\pi_i^{(2)}}{1 - \pi_i^{(2)}}\right) = b_0 + b_2$$

$$\log \left(\frac{\pi_i^{(3)}}{1 - \pi_i^{(3)}} \right) = b_0$$

Damit erhält man die Schätzgleichungen

$$\hat{b}_0 = \log \left(\frac{n_{31}/n_{3+}}{n_{30}/n_{3+}} \right) = \log \left(\frac{n_{31}}{n_{30}} \right)$$

$$\hat{b}_0 + \hat{b}_1 = \log \left(\frac{n_{11}}{n_{10}} \right)$$

$$\hat{b}_0 + \hat{b}_2 = \log \left(\frac{n_{21}}{n_{20}} \right)$$

Als Schätzungen erhält man

$$\hat{b}_1 = \log \left(\frac{n_{11}}{n_{10}} \right) - \hat{b}_0$$

$$= \log \left(\frac{n_{11}}{n_{10}} \right) - \log \left(\frac{n_{31}}{n_{30}} \right)$$

$$= \log \left(\frac{n_{11} n_{30}}{n_{10} n_{31}} \right) = \log \left(\frac{n_{11}/n_{10}}{n_{31}/n_{30}} \right) = \log(OR)$$

Damit ist $\hat{b}_1$ der log Odds Ratio der Subtafel

		y_i	
		0	1
x_i	3	n_{30}	n_{31}
	1	n_{10}	n_{11}

Analog ist

$$\hat{b}_2 = \log \left(\frac{n_{21}}{n_{20}} \right) - \log \left(\frac{n_{31}}{n_{30}} \right)$$

$$= \log \left(\frac{n_{21} n_{30}}{n_{20} n_{31}} \right) = \log(OR)$$

und damit ist $\hat{b}_2$ der log Odds Ratio der Subtafel

		y_i	
		0	1
x_i	3	n_{30}	n_{31}
	2	n_{20}	n_{21}

Damit sind $\hat{b}_1$ und $\hat{b}_2$ gerade die log Odds Ratios jeweils bezogen auf die Referenzkategorie (bei Dummykodierung von x).

5.11.3 Spezialfall mit einer stetigen erklärenden Variable

Ist x stetig, so kann es bis zu n verschiedene Ausprägungen annehmen. Der Prädiktor η_i kann also für jede Beobachtungseinheit n unterschiedliche Werte annehmen und man erhält entsprechend eventuell n verschiedene Auftretenswahrscheinlichkeiten π_i. Eine Darstellung als Kontingenztafel ist dann nur sinnvoll, wenn die Anzahl der verschiedenen Ausprägungen klein ist im Verhältnis zum Stichprobenumfang n. Das Modell

$$\log\left(\frac{\pi_i}{1-\pi_i}\right) = \underbrace{b_0 + b_1 x_i}_{\text{Prädiktor }\eta_i}$$

ist in diesem Fall kein saturiertes Modell, da nur zwei Parameter im Modell sind, aber bis zu n verschiedene bedingte Wahrscheinlichkeiten π_i auftreten können. Eine Darstellung als Kontingenztafel kann sinnvoll sein, wenn die Daten in gruppierter Form vorliegen, so wie in Tabelle 5.3.

i	Blutdruck	Herzkrankheit ja	nein	n_{i+}
1	< 117	3	153	156
2	117-126	17	235	252
3	127-136	12	272	284
4	137-146	16	255	271
5	147-156	12	127	139
6	157-166	8	77	85
7	167 -186	16	83	99
8	>186	8	35	43
		92	1237	1329

Tabelle 5.3. Beispiel für eine gruppierte Einflussgröße x

Hier wären zwei Modellansätze denkbar:

- Saturiertes Modell mit 8 Parametern, wie in Abschnitt 5.11.2 beschrieben, wenn man nur noch die gruppierte Information vorliegen hat.
- Ein nichtsaturiertes Modell mit 2 Parametern unter der Annahme von linearem Einfluß des Blutdrucks auf die logarithmierten Chancen, wenn man die ungruppierten x_i-Werte (Rohdaten) noch vorliegen hat, d.h. wenn für jedes i noch der Originalwert (z.B. 124) vorhanden ist.

Bei Vorhandensein der Rohdaten sollte man i.A. von einer Gruppierung absehen und auf jeden Fall die Rohdaten verwenden.

Natürlich sind bei stetigem x auch wieder Modelle mit transformierten Einflussgrößen möglich, beispielsweise

$$\log\left(\frac{\pi_i}{1-\pi_i}\right) = b_0 + b_1 x_i + b_2 x_i^2$$

$$\log\left(\frac{\pi_i}{1 - \pi_i}\right) = b_0 + b_1(x_i - \bar{x}) + b_2 x_i^{\frac{1}{2}} \qquad (x_i > 0)$$

5.12 Aufgaben und Kontrollfragen

Aufgabe 5.1: In den Jahren 1952 bis 1961 entwickelten sich das Bruttosozialprodukt (BSP zu Preisen von 1954 in Mrd. DM) und der Primärenergieverbrauch (PEV in Mio. t SKE) wie folgt:

Jahr	'52	'53	'54	'55	'56	'57	'58	'59	'60	'61
BSP	135	145	160	170	190	200	210	220	250	270
PEV	150	150	160	175	185	190	180	185	215	220

a) Ermitteln Sie die Regressionsgerade für den PEV in Abhängigkeit vom BSP.

b) Berechnen Sie das Bestimmtheitsmaß.

Aufgabe 5.2: Eine Gesamtheit von 20 Elementen, bei der man sich für ein zweidimensionales Merkmal (X, Y) interessiert, wird aufgeteilt in zwei gleich große Teilgesamtheiten. Für die Teilgesamtheiten ergeben sich die folgenden Maßzahlen:

Teilgesamtheit	$\bar{x}$	$\bar{y}$	s_x^2	s_y^2	r
1	0	6	9	36	1
2	12	0	36	9	1

Wie groß ist der Korrelationskoeffizient r der Gesamtheit?

Aufgabe 5.3: Ein fiktives Science-fiction-Beispiel: Space racer industries, ein Hersteller von flinken kleinen Raumschiffen, verzeichnet in den Jahren 2090 bis 2095 die folgenden Umsätze (in Mio. Sterntalern):

Jahr	2090	2091	2092	2093	2094	2095
Umsatz	20	10	10	30	40	70
Subventionen	8	6	8	12	16	22

Die Tabelle gibt zugleich die Höhe der Subventionen wieder, die space racer industries in diesen Jahren erhalten hat (ebenfalls in Mio. Sterntalern).

a) Ermitteln Sie die Regressionsgerade des Umsatzes in Abhängigkeit von der Höhe der erhaltenen Subventionen.

b) Berechnen Sie das Bestimmtheitsmaß und interpretieren Sie den berechneten Wert.

Aufgabe 5.4: Zur Überprüfung der Wirkung von Kraftfutter für Milchkühe verwenden sechs benachbarte Bauern mit gleichem Viehbestand verschiedene Mengen. Die Kraftfuttermengen und die Milcherträge sind in der folgenden Tabelle dargestellt (Angaben jeweils in kg bzw. l):

Bauer	Kraftfuttermenge (X)	Milchertrag (Y)
A	80	2 700
B	200	3 250
C	240	3 500
D	140	3 100
E	400	4 000
F	320	3 800

a) Stellen Sie die Werte der Tabelle grafisch dar und überprüfen Sie anhand dieser Zeichnung, ob es gerechtfertigt ist, einen annähernd linearen Zusammenhang zwischen den beiden Merkmalen anzunehmen.
b) Berechnen Sie die Parameter der Regressionsgeraden.
c) Lohnt sich der Einsatz des Kraftfutters, wenn 1 kg 0.80 EUR kostet und für 100 l Milch ein Preis von 30.00 EUR erzielt werden kann?
d) Welchen Milchertrag könnte man bei globaler Gültigkeit der in Teilaufgabe b) berechneten Regressionsgeraden bei einem Kraftfuttereinsatz von 1 500 kg pro Stall erwarten? Ist dieses Ergebnis realistisch?

Aufgabe 5.5: Um die Arbeitsabläufe in einer KFZ-Werkstatt zu überprüfen, wurden bei 6 Kraftfahrzeugen, die zur Reparatur kamen, jeweils die Verweildauern in der Werkstatt (in Geschäftszeitstunden) und die Reparaturzeiten gemessen. Die Werte sind in nachfolgender Tabelle festgehalten:

Fahrzeug	1	2	3	4	5	6
Verweildauer in Std.	8	3	8	5	10	8
Reparaturzeit in Std.	1	2	2	0.5	1.5	2

a) Stellen Sie die Datenlage grafisch dar.
b) Messen Sie mit Hilfe einer geeigneten Maßzahl, ob ein linearer Zusammenhang zwischen Verweildauer und Reparaturzeit vorliegt. Bestimmen Sie die Regressionsgerade der Verweildauer in Abhängigkeit von der Reparaturzeit, falls Sie einen linearen Zusammenhang feststellen.

Aufgabe 5.6: Gegeben seien die Beobachtungen $(x_1, y_1), \ldots, (x_n, y_n)$. Für diese Beobachtungen gelte $SQ_{\text{Total}} = 0$. Welchen Wert von R^2 erhält man damit? Wie verläuft die Regressionsgerade? Liegt eine perfekte oder eine Nullanpassung vor?

Aufgabe 5.7: Bei einer statistischen Gesamtheit mit n Untersuchungseinheiten wird ein zweidimensionales Merkmal (X, Y) untersucht. Die Regressionsgleichung von Y bezüglich X lautet:

$$y = 3 - 2x \, .$$

Mit E bezeichnen wir die Residualvariable (Fehlervariable) mit den Ausprägungen

$$e_i = y_i - (3 - 2x_i), \quad i = 1, \ldots, n.$$

Die Varianz von E sei 0. Wie groß ist der Korrelationskoeffizient von Bravais-Pearson zwischen X und Y?

Aufgabe 5.8: Bei einer Gesamtheit mit n Untersuchungseinheiten werden zwei Merkmale X und Y untersucht. Die beiden Merkmale seien standardisiert und die Kovarianz zwischen ihnen betrage -0.5.

a) Wie groß ist der Korrelationskoeffizient von Bravais-Pearson zwischen X und Y?
b) Wie lautet die Regressionsgleichung?
c) Wie groß ist die Varianz der Residualvariablen?

Aufgabe 5.9: Gegeben ist die Cobb-Douglas-Produktionsfunktion $Y = A \cdot L^\alpha \cdot K^{1-\alpha}$. Dabei ist A eine Konstante, α der unbekannte Parameter, L die eingesetzte Arbeitsmenge, K der Kapitaleinsatz und Y der Output. Führen Sie eine geeignete Variablentransformation durch, so dass die Regressionsgleichung linear ist.

Aufgabe 5.10: Versuchen Sie, folgende Regressionen in lineare Regressionen zu transformieren:

$$y = \alpha + \beta x^\gamma$$
$$y = \alpha e^{\beta x}$$
$$y = \alpha + \beta x_1 + \gamma x_2^2$$
$$y = \frac{k}{1 + \alpha e^{-\beta x}}$$

6. Zeitreihen

In den bisherigen Kapiteln haben wir im wesentlichen Bestandsmassen und ihre statistische Beschreibung betrachtet. Im folgenden wollen wir Merkmale betrachten, die im Laufe der Zeit wiederholt erfasst werden (Bestandsmassen zu verschiedenen Zeitpunkten, nicht zu verwechseln mit Bewegungsmassen).

6.1 Kurvendiagramme

Hat man ein Merkmal wiederholt über die Zeit beobachtet, so kann die zeitliche Entwicklung durch ein Kurvendiagramm dargestellt werden. Bei einem einfachen Kurvendiagramm unterstellt man einen linearen Verlauf zwischen zwei Beobachtungen. Die horizontale Achse des Kurvendiagramms (Abbildung 6.1) ist die Zeitachse, auf der vertikalen Achse werden die Merkmalsausprägungen zum jeweiligen Zeitpunkt abgetragen.

Beispiele.

- Bei Patienten in einem Krankenhaus ist es üblich, wiederholt die Körpertemperatur zu messen und dann aus der Fieberkurve Informationen etwa über den Verlauf der Genesung zu erhalten.
- In meteorologischen Instituten werden Niederschlagsmengen, Temperaturen, Windstärke und andere Werte täglich erfasst und im zeitlichen Verlauf ausgewertet.
- Die Werte eines Aktienindex werden täglich festgehalten und über die Zeit abgetragen.
- Umsätze eines Unternehmens werden erfasst und ihre zeitliche Entwicklung (Umsatzentwicklung) wird dargestellt und ausgewertet.

Bei allen diesen Beispielen ist nicht nur die Beschreibung der Vergangenheit von Interesse, sondern auch die Prognose von zukünftigen Werten oder die Möglichkeit, Veränderungen im Verlauf zu erkennen (wie z. B. bei der Fieberkurve) um dadurch entsprechende Gegenmaßnahmen treffen zu können.

All dies ist Gegenstand der Zeitreihenanalyse. Die Folge der Beobachtungswerte wird als Zeitreihe bezeichnet. Gemessen wird jeweils die Ausprägung eines zweidimensionalen Merkmals (t, y_t) mit der Zeit t als Einflussgröße und der Messung y_t als Response.

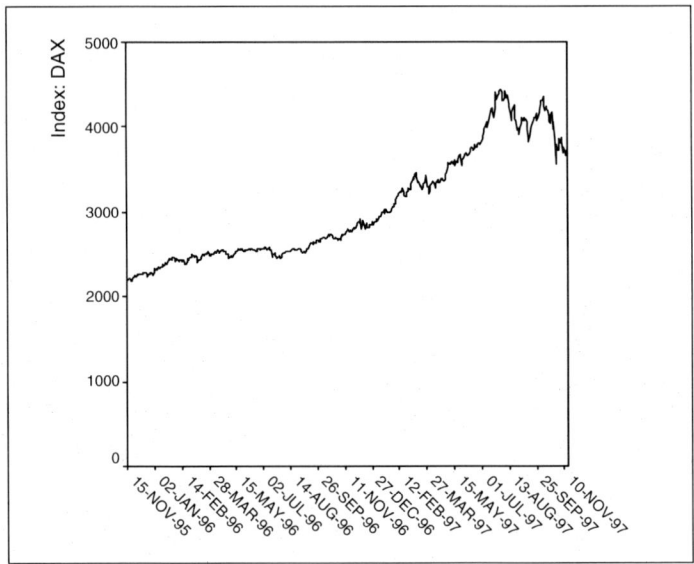

Abb. 6.1. Kurvendiagramm einer Zeitreihe

6.2 Zerlegung von Zeitreihen

Die Beobachtungen y_t werden als Summe verschiedener Einzelkomponenten aufgefasst. Den Grundbestandteil bildet die **glatte Komponente** g_t, die die langfristige Entwicklung modelliert. Eventuelle saisonale Schwankungen, wie sie beispielsweise bei den Arbeitslosenzahlen bekannt sind, werden durch die **saisonale Komponente** s_t wiedergegeben. Der Rest, also die Differenz zwischen den beobachteten Werten y_t und dem durch g_t und s_t modellierten Anteil wird in der **irregulären Komponente** r_t erfasst, die im Mittel den Wert 0 haben soll.

Insgesamt haben wir damit das lineare Modell

$$y_t = g_t + s_t + r_t \,, \quad t = 1, \ldots, T \,, \tag{6.1}$$

unter der Nebenbedingung $\sum r_t = 0$. Eine andere Darstellungsmöglichkeit (bei Wachstumsprozessen wie Inflationszeitreihen) ist die multiplikative Form

$$\tilde{y}_t = \tilde{g}_t \cdot \tilde{s}_t \cdot \tilde{r}_t \,,$$

die durch entsprechende Transformationen (vergleiche dazu Abschnitt 5.7) in die additive Form (6.1) übergeführt werden kann. Dabei ist die Nebenbedingung $\prod \tilde{r}_t = 1$. Setzen wir

$$y_t = \ln(\tilde{y}_t), \ g_t = \ln(\tilde{g}_t), \ s_t = \ln(\tilde{s}_t) \ \text{und} \ r_t = \ln(\tilde{r}_t) \,,$$

so sind beide Modelle äquivalent, so dass wir uns auf das additive Modell (6.1) beschränken können.

6.3 Fehlende Werte, äquidistante Zeitpunkte

Viele Verfahren, die in der Zeitreihenanalyse verwendet werden, setzen voraus, dass die Werte y_t aller Beobachtungszeitpunkte vorhanden sind. Ebenso wichtig ist es, dass die Abstände zwischen den Beobachtungszeitpunkten über den gesamten Untersuchungszeitraum gleich sind. Dies ist insbesondere der Fall, wenn wir Zeitreihen mit saisonaler Komponente betrachten. Besonders problematisch sind hierbei fehlende Werte, die nicht am Anfang oder am Ende der Zeitreihe stehen.

Beispiel. Bei monatlicher Erhebung von Umsätzen fehlt der Wert y für Mai 1993. Eine Auflistung und Indizierung in der Form

$\cdots$	März 1993	April 1993	Mai 1993	Juni 1993	Juli 1993	$\cdots$
$\cdots$	y_i	y_{i+1}		y_{i+2}	y_{i+3}	$\cdots$

hätte zwar zur Folge, dass keine fehlenden Werte y_i vorliegen, die Forderung der einheitlichen Abstände ist jedoch verletzt, was einen weitaus gravierenderen Mangel für die Analyse darstellt. Als Lösung des Problems würde sich hier z. B. die Angabe eines „Ersatzwertes" für Mai 1993 anbieten, wobei der fehlende Wert mit geeigneten Methoden durch eine Schätzung ersetzt wird. Wir hätten dann

$\cdots$	März 1993	April 1993	Mai 1993	Juni 1993	Juli 1993	$\cdots$
$\cdots$	y_i	y_{i+1}	$\hat{y}_{i+2}$	y_{i+3}	y_{i+4}	$\cdots$

Der Begriff „gleiche Abstände" ist jedoch nicht immer auf die Kalenderzeit zu beziehen. Betrachten wir z. B. die Entwicklung eines Aktienindex, so werden die Werte montags bis freitags erfasst. Da samstags und sonntags kein Börsenhandel stattfindet, stellen diese zwei Tage keine Zeitpunkte in unserem Sinne dar. Der Abstand von Montag bis Dienstag ist der gleiche wie der von Freitag bis zum darauffolgenden Montag: jeweils ein Börsentag.

6.4 Gleitende Durchschnitte

Zeitreihen weisen häufig starke Zufallseinflüsse auf. Um diese auszuschalten und glattere Reihen zu erhalten, führt man Glättungen der Zeitreihenwerte durch.

Unter einem gleitenden Durchschnitt der (ungeraden) Ordnung $2k+1$ für den Zeitreihenwert y_t verstehen wir das arithmetische Mittel

$$y_t^* = \frac{1}{2k+1} \sum_{j=-k}^{k} y_{t+j} . \tag{6.2}$$

Wir mitteln über die k vor dem Zeitpunkt t liegenden Werte, den Wert y_t selbst und über die k nach dem Zeitpunkt t liegenden Werte. Damit ist klar, dass y_t^* für die Zeitpunkte $1, 2, \ldots, k$ sowie $T - k + 1, \ldots, T$ nicht definiert ist, da hier die für die Berechnung benötigten Werte nicht vollständig vorliegen. Der Übergang von der Reihe y_t zur Reihe y_t^* vermindert also die Anzahl der Beobachtungen um $2k$.

Unter einem gleitenden Durchschnitt der (geraden) Ordnung $2k$ für den Zeitreihenwert y_t verstehen wir dann das arithmetische Mittel

$$y_t^* = \frac{1}{2k} \left(\frac{1}{2} y_{t-k} + \sum_{j=-k+1}^{k-1} y_{t+j} + \frac{1}{2} y_{t+k} \right). \tag{6.3}$$

Hier werden die gleichen Beobachtungswerte wie in (6.2) berücksichtigt, jedoch gehen die Randwerte nur mit halbem Gewicht ein.

Beispiel. Betrachten wir als Merkmal den DAX über den Zeitraum 16. Oktober 1997 bis 14. November 1997, d. h. an $T = 22$ (Börsen-)Tagen. In Abbildung 6.2 sind die Originalreihe und die zwei im folgenden betrachteten geglätteten Reihen dargestellt, die durch Bilden gleitender Durchschnitte entstehen.

Das Verwenden gleitender Durchschnitte der ungeraden Ordnung 5 führt zu der geglätteten Reihe y_t^*. Die Originaldaten y_t und die geglätteten Werte y_t^* sind in Tabelle 6.1 angegeben.

Tabelle 6.1. Beobachtete und mit gleitenden Durchschnitten der ungeraden Ordnung 5 geglättete Werte des DAX an 22 Tagen

t	y_t	y_t^*	t	y_t	y_t^*
1	4118.00		12	3727.00	3782.40
2	4062.00		13	3854.00	3797.40
3	4041.00	4106.40	14	3812.00	3816.80
4	4140.00	4078.20	15	3867.00	3811.40
5	4171.00	4076.00	16	3824.00	3791.20
6	3977.00	4043.60	17	3700.00	3775.00
7	4051.00	3929.00	18	3753.00	3733.40
8	3879.00	3853.20	19	3731.00	3709.40
9	3567.00	3803.20	20	3659.00	3715.60
10	3792.00	3738.40	21	3704.00	
11	3727.00	3733.40	22	3731.00	

Durch Bilden gleitender Durchschnitte der geraden Ordnung 4 erhalten wir die geglättete Reihe y_t^*, die zusammen mit den Originaldaten y_t in der Tabelle 6.2 angegeben sind.

Betrachten wir allgemein eine Zeitreihe ohne saisonale Komponente, d. h.

$$y_t = g_t + r_t$$

und gehen zu einem gleitenden Durchschnitt der Ordnung k über, so erhalten wir die geglättete Reihe y_t^*. Wir hoffen, durch die Bildung der gleitenden

Tabelle 6.2. Beobachtete und mit gleitenden Durchschnitten der geraden Ordnung 4 geglättete Werte des DAX an 22 Tagen

t	y_t	y_t^*	t	y_t	y_t^*
1	4118.00		12	3727.00	3777.50
2	4062.00		13	3854.00	3797.50
3	4041.00	4096.88	14	3812.00	3827.13
4	4140.00	4092.88	15	3867.00	3820.00
5	4171.00	4083.50	16	3824.00	3793.38
6	3977.00	4052.13	17	3700.00	3769.00
7	4051.00	3944.00	18	3753.00	3731.38
8	3879.00	3845.38	19	3731.00	3711.25
9	3567.00	3781.75	20	3659.00	3709.00
10	3792.00	3722.25	21	3704.00	
11	3727.00	3739.13	22	3731.00	

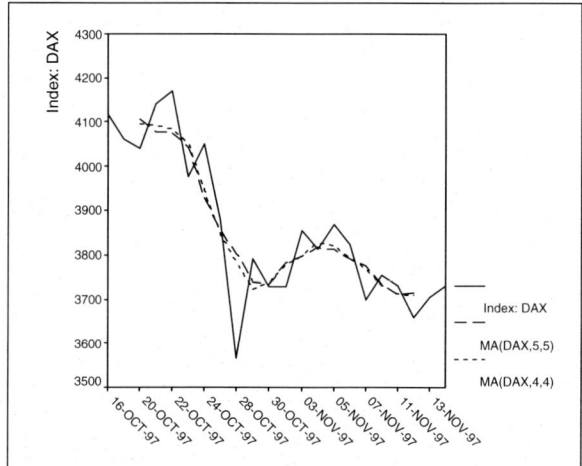

Abb. 6.2. Entwicklung des DAX über den Zeitraum 16. Oktober 1997 bis 14. November 1997 und geglättete Reihen durch gleitende Durchschnitte der Ordnungen 4 und 5

Durchschnitte den Einfluss der irregulären Schwankung r_t ausgeschaltet bzw. zumindest verringert zu haben und so eine glattere Reihe zu erhalten. Bei geschickter Wahl von k erhalten wir mit y_t^* einen Schätzer für die glatte Komponente g_t, da die geglättete Reihe y_t^* ungefähr gleich der 'geglätteten' glatten Komponente g_t^* ist, die wiederum ungefähr gleich der glatten Komponente g_t ist.

6.5 Saisonale Komponente, konstante Saisonfigur

Wir betrachten nun wieder das Modell (6.1)

$$y_t = g_t + s_t + r_t,$$

das zusätzlich zu dem oben betrachteten Modell eine saisonale Komponente beinhaltet. Diese saisonale Komponente ist eine Folge von Einflüssen, die sich nach einem bestimmten Muster wiederholen. Ist die Saisonfigur konstant, d. h. gilt

$$s_t = s_{t+p} \tag{6.4}$$

(vgl. Abbildung 6.3), so bezeichnen wir die natürliche Zahl p als Periode der Saisonfigur. Der Wert der saisonalen Komponente zum Zeitpunkt t ist dann identisch mit dem Wert der saisonalen Komponente zum Zeitpunkt $t+p$ (eine Periode später).

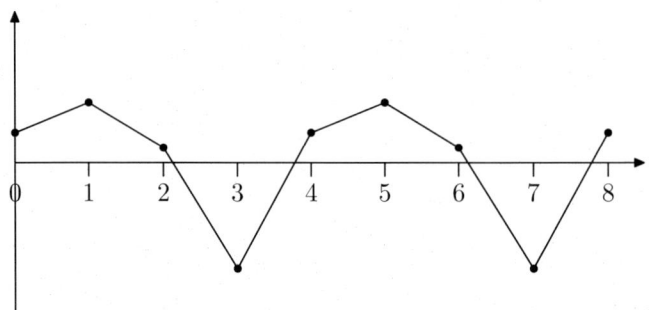

Abb. 6.3. Schematische Darstellung einer saisonalen Komponente s_t der Periode $p = 4$ für die Punkte $t = 0, \dots, 2p$

Betrachten wir eine Zeitreihe mit konstanter Saisonfigur der Periode p, so soll stets

$$\sum_{j=0}^{p-1} s_{t+j} = 0 \tag{6.5}$$

gelten. Wir verstehen die saisonale Komponente als sich regelmäßig wiederholende Schwankungen um die glatte Komponente der Zeitreihe. Bilden wir nun gleitende Durchschnitte der Ordnung $k = l \cdot p$ $(l \in \mathbb{N})$, so erhalten wir

$$y_t^* = g_t^* + s_t^* + r_t^* = g_t^* + r_t^* \,.$$

Die saisonale Komponente entfällt durch die Glättung, da wegen (6.5) $s_t^* = 0$ gilt. Wir haben dadurch mit y_t^* wieder eine Schätzung für die glatte Komponente g_t erhalten.

Mit der Differenz aus der Original- und der geglätteten Reihe

$$d_t = y_t - y_t^* = (g_t + s_t + r_t) - (g_t^* + r_t^*)$$

erhalten wir einen Schätzer für $s_t + r_t$, da

$$g_t^* \approx g_t \quad \text{und} \quad r_t^* \approx 0$$

gilt. Bei konstanter Saisonfigur der Periode p folgt, dass d_j und d_{j+p} und d_{j+2p} bis auf die Restkomponente r gleich sind. Es gilt

$$d_j \approx d_{j+lp} \quad j = 1, \dots, p \text{ und } l = 0, \dots, n_j \,, \qquad (6.6)$$

wobei wir n_j so wählen, dass

$$j + n_j p \leq T < j + (n_j + 1)p$$

erfüllt ist. n_j ist also die Maximalzahl von vollständig beobachteten Perioden ab dem Zeitpunkt j bis zum Ende der Zeitreihe T.

Wegen (6.6) bilden wir nun die arithmetischen Mittel

$$\bar{d}_j = \frac{1}{n_j} \sum_{l=0}^{n_j} d_{j+lp} \quad \text{für } j = 1, \dots, p \,.$$

Als Schätzer für die Saisonkomponente s_{j+lp} verwenden wir schließlich

$$\hat{s}_{j+lp} = \bar{d}_j - \frac{1}{p} \sum_{m=1}^{p} \bar{d}_m \quad \text{für } j = 1, \dots, p \text{ und } l = 0, \dots, n_j \,. \qquad (6.7)$$

Es gilt dann $\sum_{j=1}^{p} \hat{s}_{j+lp} = 0$, womit die Forderung (6.5) erfüllt ist.

Eine saisonbereinigte Reihe erhalten wir aus der ursprünglichen Zeitreihe schließlich durch Differenzenbildung gemäß

$$y_t - \hat{s}_t \,.$$

Beispiel 6.5.1. In Tabelle 6.3 sind die Arbeitslosenzahlen des Baugewerbes angegeben (vgl. Hartung, Elpelt und Klösener, 1982). Wir berechnen zunächst y_t^* als einen gleitenden Durchschnitt der Länge 12 (Monate). Mit den Differenzen $d_t = y_t - y_t^*$ erhalten wir eine Schätzung für die Saisonkomponente s_t gemäß (6.7) und damit schließlich die saisonbereinigte Reihe $y_t - \hat{s}_t$ (vgl. Abbildung 6.4). Wie man sieht, zeigen die Arbeitslosenzahlen eine starke saisonale Komponente. Nach Bereinigung um die saisonale Komponente und Glättung verzeichnen die Arbeitslosenzahlen einen Rückgang über die Zeit. Diese Entwicklung kann aus den Originaldaten nicht in dieser Deutlichkeit abgelesen werden.

Tabelle 6.3. Arbeitslose des Baugewerbes zwischen Juli 1975 und September 1979

y_t	Datum	t	y_t^*	d_t	$\hat{s}_t$	$y_t - \hat{s}_t$
60 572	JUL 1975	1	.	.	.	.
52 461	AUG 1975	2	.	.	.	.
47 357	SEP 1975	3	.	.	.	.
48 320	OKT 1975	4	.	.	.	.
60 219	NOV 1975	5	.	.	.	.
84 418	DEZ 1975	6	.	.	.	.
119 916	JAN 1976	7	66 714.96	53 201.04	53 136.29	66 779.71
124 350	FEB 1976	8	64 420.79	59 929.21	55 495.45	68 854.55
87 309	MÄR 1976	9	62 540.96	24 768.04	19 965.88	67 343.12
57 035	APR 1976	10	60 883.29	−3 848.29	−2 756.03	59 791.03
39 903	MAI 1976	11	59 202.54	−19 299.50	−14 733.70	54 636.74
34 053	JUN 1976	12	57 508.42	−23 455.40	−20 039.90	54 092.86
29 905	JUL 1976	13	56 318.00	−26 413.00	−22 369.40	52 274.35
28 068	AUG 1976	14	55 292.71	−27 224.70	−23 106.70	51 174.71
26 634	SEP 1976	15	53 992.25	−27 358.30	−23 838.30	50 472.28
29 259	OKT 1976	16	53 225.63	−23 966.60	−20 612.10	49 871.06
38 942	NOV 1976	17	53 242.33	−14 300.30	−12 022.60	50 964.63
65 036	DEZ 1976	18	53 495.58	11 540.42	10 881.05	54 154.95
110 728	JAN 1977	19	53 754.29	56 973.71	53 136.29	57 591.71
108 931	FEB 1977	20	53 997.04	54 933.96	55 495.45	53 435.55
71 517	MÄR 1977	21	54 196.83	17 320.17	19 965.88	51 551.12
54 428	APR 1977	22	54 386.29	41.71	−2 756.03	57 184.03
42 911	MAI 1977	23	54 591.46	−11 680.50	−14 733.70	57 644.74
37 123	JUN 1977	24	54 638.71	−17 515.70	−20 039.90	57 162.86
33 044	JUL 1977	25	54 101.63	−21 057.60	−22 369.40	55 413.35
30 755	AUG 1977	26	53 425.38	−22 670.40	−23 106.70	53 861.71
28 742	SEP 1977	27	53 387.71	−24 645.70	−23 838.30	52 580.28
31 698	OKT 1977	28	53 095.25	−21 397.30	−20 612.10	52 310.06
41 427	NOV 1977	29	52 273.29	−10 846.30	−12 022.60	53 449.63
63 685	DEZ 1977	30	51 472.25	12 212.75	10 881.05	52 803.95
99 189	JAN 1978	31	50 719.88	48 469.13	53 136.29	46 052.71
104 240	FEB 1978	32	50 137.79	54 102.21	55 495.45	48 744.55
75 304	MÄR 1978	33	49 626.38	25 677.63	19 965.88	55 338.12
43 622	APR 1978	34	49 050.96	−5 428.96	−2 756.03	46 378.03
33 990	MAI 1978	35	48 178.67	−14 188.70	−14 733.70	48 723.74
26 819	JUN 1978	36	46 934.92	−20 115.90	−20 039.90	46 858.86
25 291	JUL 1978	37	45 895.88	−20 604.90	−22 369.40	47 660.35
24 538	AUG 1978	38	44 930.50	−20 392.50	−23 106.70	47 644.71
22 685	SEP 1978	39	43 163.33	−20 478.30	−23 838.30	46 523.28
23 945	OKT 1978	40	41 384.75	−17 439.80	−20 612.10	44 557.06
28 245	NOV 1978	41	40 133.71	−11 888.70	−12 022.60	40 267.63
47 017	DEZ 1978	42	39 094.46	7 922.54	10 881.05	36 135.95
90 920	JAN 1979	43	38 308.67	52 611.33	53 136.29	37 783.71
89 340	FEB 1979	44	37 613.50	51 726.50	55 495.45	33 844.55
47 792	MÄR 1979	45	36 984.25	10 807.75	19 965.88	27 826.12
28 448	APR 1979	46	.	.	.	.
19 139	MAI 1979	47	.	.	.	.
16 728	JUN 1979	48	.	.	.	.
16 523	JUL 1979	49	.	.	.	.
16 622	AUG 1979	50	.	.	.	.
15 499	SEP 1979	51	.	.	.	.

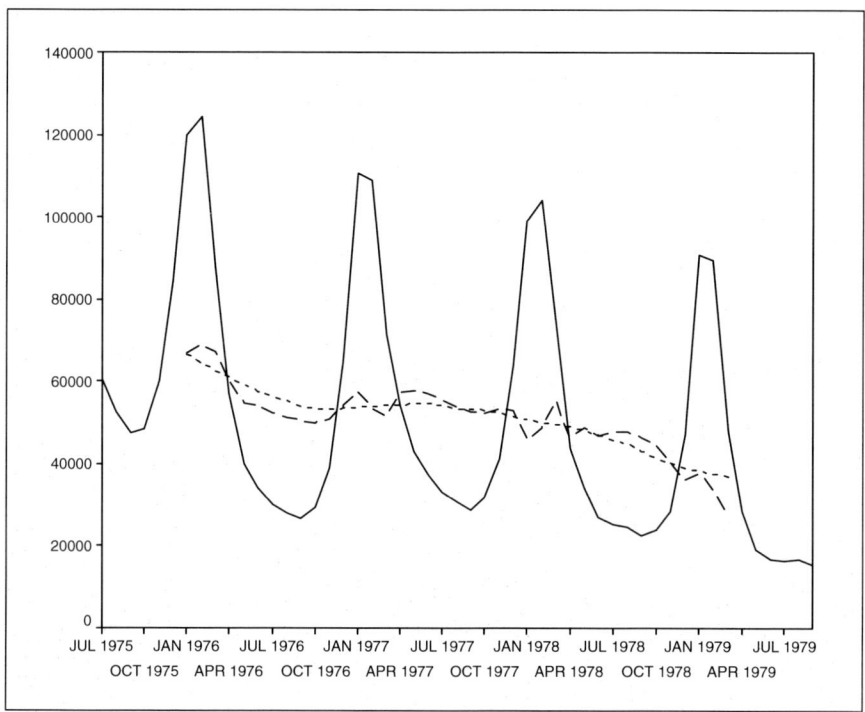

Abb. 6.4. Plot der Reihen y_t (durchgezogene Linie), y_t^* (gepunktete Linie) und der saisonbereinigten Reihe $y_t - \hat{s}_t$ (gestrichelte Linie)

6.6 Modell für den linearen Trend

Neben den eben beschriebenen Glättungsverfahren kann man Zeitreihen auch als lineares Regressionsmodell auffassen und den Zeiteffekt schätzen. Wir behandeln nun den speziellen Fall einer linearen Regression, bei der die Einflussgröße X die Zeit ist. Beispiele hierfür sind die täglichen Aktienpreise, der DAX und der Dow Jones, das monatliche Einkommen eines Studenten oder auch andere Prozesse über die Zeit wie die Fieberkurve eines Patienten usw. Diese zweidimensionalen Merkmale stellen die Entwicklung von Y dar, wobei nur die Zeit als Ursache der Entwicklung einbezogen wird. Eine weitere Einflussgröße wird zunächst nicht berücksichtigt. Es liegen also Daten der Struktur

$$
\begin{array}{cc}
t & y_t \\
\begin{pmatrix} 1 \\ 2 \\ \vdots \\ n \end{pmatrix} & \begin{pmatrix} y_1 \\ y_2 \\ \vdots \\ y_n \end{pmatrix}
\end{array}
$$

vor. Hier beschränken wir uns auf den Spezialfall des linearen Regressions-modells

$$y_t = a + bt + e_t, \quad t = 1, \ldots, n, \tag{6.8}$$

das auch als **lineares Trendmodell** bezeichnet wird.

Die Zeitvariable t wird ganzzahlig und in gleichen Abständen gemessen. Der Startpunkt $t = 1$ kennzeichnet den Zeitpunkt der ersten Beobachtung. Die Kleinste-Quadrate-Schätzungen $\hat{b}$ und $\hat{a}$ (5.9) haben mit $x_t = t$ und damit $\bar{t} = \frac{n+1}{2}$ folgende spezielle Gestalt

$$\hat{b} = \frac{\sum_{t=1}^{n}(t - \frac{n+1}{2})(y_t - \bar{y})}{\sum_{t=1}^{n}(t - \frac{n+1}{2})^2}, \tag{6.9}$$

$$\hat{a} = \bar{y} - \hat{b}\frac{n+1}{2}. \tag{6.10}$$

Beispiel 6.6.1. Der Durchschnittspreis Y einer Aktie wird über mehrere Jahre notiert. Die entsprechenden Werte sind in der folgenden Tabelle angegeben.

Jahr	1995	1996	1997	1998	1999	2000	2001	2002	2003
t	1	2	3	4	5	6	7	8	9
y_t	30	35	33	38	40	44	40	44	47

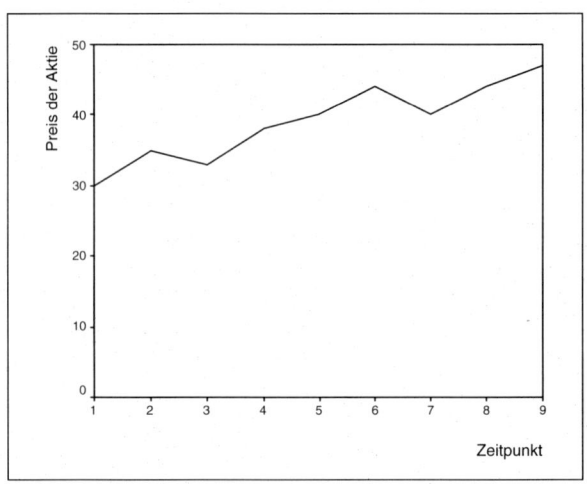

Abb. 6.5. Zeitreihen-Plot des Aktienpreises Y aus Beispiel 6.6.1

Wir berechnen $\bar{y} = \frac{351}{9} = 39$, $\bar{t} = \frac{9+1}{2} = 5$ und damit

$$\hat{b} = \frac{\sum_{t=1}^{9}(t - \bar{t})(y_t - \bar{y})}{\sum_{t=1}^{9}(t - \bar{t})^2} = \frac{\sum_{t=1}^{9}(t - 5)(y_t - 39)}{\sum_{t=1}^{9}(t - 5)^2} = 1.917$$

$$\hat{a} = \bar{y} - \hat{b}\frac{n+1}{2} = 39 - 1.917 \cdot 5 = 29.417.$$

6.7 Praktisches Beispiel mit SPSS

Um die Entwicklung auf dem Arbeitsmarkt zu beobachten betrachten wir die monatlichen Arbeitslosenzahlen aus den Jahren 1997-2004. Es soll überprüft werden, ob sich ein statistisch signifikanter Trend bei der Entwicklung der Arbeitslosigkeit nachweisen lässt und welche Trendfunktion dazu am besten passt. In SPSS gehen wir dabei wie folgt vor:

$$Analysieren \rightarrow Regression \rightarrow Kurvenanpassung$$

Als Output erhalten wir:

Gleichung	R^2	F	df	Sig.
Linear	.773	309.439	91	.000
Log	.910	914.937	91	.000
Quadratisch	.972	1589.771	90	.000
Kubisch	.977	1264.530	89	.000
Potenzfunktion	.869	605.103	91	.000
Aufbaufunktion	.845	497.202	91	.000
Exponentiell	.845	497.202	91	.000
Logistisch	.845	497.202	91	.000

SPSS prüft dabei welcher Vorschlag für eine Trendfunktion am besten die Daten repräsentiert. Die erste Zeile können wir beispielsweise wie folgt interpretieren: Wollen wir die Trendfunktion durch eine lineare Funktion schätzen, so liegt die Anpassung an die Daten (R^2) bei 0.773. Da der Wert der Signifikanz unter 0.05 liegt (nämlich 0.000) können wir davon ausgehen, dass es möglich ist den Trend als lineare Funktion anzusehen.

Ein Vergleich unter den verschiedenen Vorschlägen zeigt uns, dass eine kubische Anpassungsfunktion sich am besten eignet (höchstes R^2: 0.977). Alle untersuchten Anpassungsmodelle wären signifikant.

Abbildung 6.6 verdeutlicht die verschiedenen Möglichkeiten der Kurvenanpassung noch einmal, in Abbildung 6.7 ist der Übersicht wegen noch einmal die kubische Trendfunktion illustriert.

Interessant ist jetzt jedoch die Fragestellung inwieweit sich Stärke und Signifikanz des Trends verändern, wenn die saisonalen Schwankungen berücksichtigt werden. Es sollen nun also durch Bildung gleitender Durchschnitte die saisonalen Schwankungen ausgeschaltet werden und mit den geglätteten Daten erneut eine Kurvenanpassung durchgeführt werden. Dazu erzeugen wir in SPSS zuerst eine Datumsvariable:

$$Daten \rightarrow Datum \ definieren \rightarrow Jahre, \ Monate$$

Um dann die Saisonbereinigung anhand gleitender Durchschnitte durchzuführen gehen wir wie folgt vor:

$$Transformieren \rightarrow Zeitreihen \ erstellen \rightarrow Funktion \ zentr. \ gleitende$$
$$Durchschnitte$$

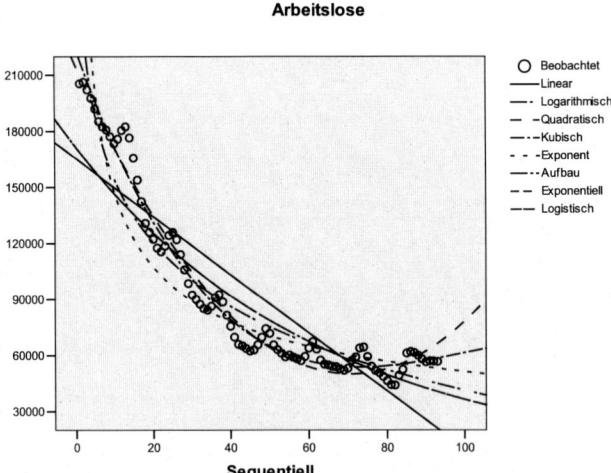

Abb. 6.6. Verschiedene Möglichkeiten der Kurvenanpassung

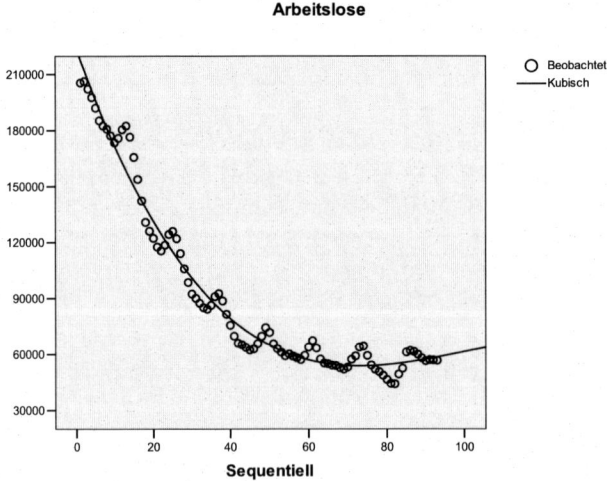

Abb. 6.7. Kubische Kurvenanpassung

Unter Berücksichtigung dieses Sachverhaltes und Bildung gleitender Durchschnitte können wir erneut in SPSS Vorschläge für eine Trendfunktion überprüfen:

Gleichung	R^2	F	df	Sig.
Linear	.803	322.46	79	.000
Log	.863	498.25	79	.000
Quadratisch	.988	3245.43	78	.000
Kubisch	.988	3245.43	77	.000
Potenzfunktion	.894	664.39	79	.000
Aufbaufunktion	.937	1184.82	79	.000
Exponentiell	.894	664.39	79	.000
Logistisch	.894	664.39	79	.000

Die Kurvenanpassungen für die saisonal geglättete Zeitreihe der Arbeitslosenzahlen weisen noch höhere Anpassungsgüten auf (da R^2-Werte höher). Durch die saisonalen Schwankungen wurde die Stärke des Trends noch etwas verschleiert.

6.8 Aufgaben und Kontrollfragen

Aufgabe 6.1: Wie lautet das lineare Modell einer Zeitreihe? Welche Bedeutung haben die einzelnen Komponenten?

Aufgabe 6.2: Wie ist ein gleitender Durchschnitt gerader bzw. ungerader Ordnung definiert?

Aufgabe 6.3: Gegeben sei folgende Zeitreihe

t	1	2	3	4	5	6	7	8	9	10	11
y_t	5	7	6	8	9	9	10	11	9	12	14

Bestimmen Sie die gleitenden Durchschnitte der 3. bzw. 4. Ordnung.

Aufgabe 6.4: In den Jahren 1952 bis 1961 entwickelte sich der Primärenergieverbrauch (PEV in Mio.t SKE) wie folgt:

Jahr	'52	'53	'54	'55	'56	'57	'58	'59	'60	'61
PEV	150	150	160	175	185	190	180	185	215	210

Bestimmen Sie das lineare Trendmodell.

Aufgabe 6.5: Von einer Pension in Bayern sind folgende Belegungszahlen für die Jahre 2000 bis 2002 bekannt:

Jahr	2000				2001				2002			
Quartal	I	II	III	IV	I	II	III	IV	I	II	III	IV
Übern.	740	550	850	600	680	500	850	580	640	510	840	580

a) Berechnen Sie das lineare Trendmodell.
b) Glätten Sie die Zeitreihe geeignet und berechnen Sie das lineare Trendmodell mit den geglätteten Werten.
c) Interpretieren Sie die Ergebnisse.

7. Verhältniszahlen und Indizes

7.1 Einleitung

Eine wesentliche Aufgabe der deskriptiven Statistik ist die Bereitstellung von Hilfsmitteln zur quantitativen Beschreibung von Sachverhalten in den Sozial- und Wirtschaftswissenschaften, der Medizin, Technik usw. Dazu werden unter allgemeinen Gesichtspunkten (Beschreibung von Verteilungen) oder unter fachwissenschaftlichen Anforderungen Maßzahlen definiert, die sowohl allgemeine mathematisch-statistische Eigenschaften (wie z. B. Translationsäquivarianz, Normiertheit) als auch fachspezifische Charakteristika besitzen müssen.

Neben den bereits behandelten Maßzahlen von Verteilungen wie den Lagemaßen Mittelwert, Median und Modalwert oder den Streuungsmaßen wie Varianz und Quartilsabstand oder Quotienten von Maßzahlen (Korrelationskoeffizient, Variationskoeffizient), betrachtet man in der deskriptiven Statistik häufig weitere Maßzahlen bzw. Quotienten zweier Maßzahlen, um Relationen von Teilmassen zu Gesamtmassen darzustellen oder zeitliche Entwicklungen auszudrücken. Eine wesentliche Aufgabe von Maßzahlen ist der Vergleich von Sachverhalten. Bei äquivalenten Sachverhalten müssen die Maßzahlen übereinstimmen, bei Unterschieden muss der Unterschied sinnvoll durch die Maßzahl wiedergegeben werden. Die Beziehungen zwischen Maßzahlen werden folgendermaßen klassifiziert (Ferschl, 1985; Hartung et al., 1982):

- Verhältniszahlen
  - Gliederungszahlen
  - Beziehungszahlen
  - einfache Indexzahlen (auch Messzahlen genannt)
- Zusammengesetzte Indexzahlen

Verhältniszahlen entstehen durch Quotientenbildung aus zwei Maßzahlen oder durch Quotientenbildung aus den Ausprägungen zweier extensiver Merkmale (d. h. Merkmale bei denen Summenbildung sinnvoll ist). Die drei verschiedenen Verhältniszahlen-Typen lassen sich wie folgt charakterisieren.

Gliederungszahlen beziehen eine Teilmenge auf eine übergeordnete Gesamtmenge. Damit sind z. B. alle relativen Häufigkeiten bei diskreten oder gruppierten Häufigkeitsverteilungen Gliederungszahlen. Die Gliederungszahlen können als Quoten oder als Quote×100 in Prozent angegeben werden.

Beispiele.

$$\text{Erwerbsquote} = \frac{\text{Zahl der Erwerbspersonen}}{\text{Umfang der Bevölkerung}}$$

$$\text{Arbeitslosenquote} = \frac{\text{Zahl der Arbeitslosen}}{\text{Zahl der Erwerbspersonen}}$$

$$\text{Ausschussquote} = \frac{\text{Zahl der Ausschussteile}}{\text{Gesamtzahl der produzierten Teile}}$$

$$\text{Durchfallquote} = \frac{\text{Anzahl „Nicht Bestanden"}}{\text{Zahl der Klausurteilnehmer}}$$

Beziehungszahlen bilden den Quotienten aus zwei Maßzahlen oder Größen, die verschieden gemessen werden (also nicht Teilmengen von Gesamtmengen sind), aber in sachlich sinnvoller Beziehung zueinander stehen. Bei den Beziehungszahlen unterscheidet man **Verursachungszahlen** (Bewegungsmassen bezogen auf Bestandsmassen) und **Entsprechungszahlen** (hier ist kein Bezug auf einen Bestand möglich). Verursachungszahlen spielen vor allem in der Bevölkerungsstatistik eine Rolle.

Beispiele. Verursachungszahlen sind z. B.:

$$\text{(rohe) Geburtenziffer} = \frac{\text{Lebendgeborene}}{\text{Bevölkerung}} \times 1\,000$$

$$\text{(rohe) Sterbeziffer} = \frac{\text{Verstorbene}}{\text{Bevölkerung}} \times 1\,000$$

Als Maßzahl für die Wirtschaftslage in einer Branche könnte man u. a. definieren:

$$\text{Konkursziffer} = \frac{\text{Anzahl der Konkurse}}{\text{Anzahl der Betriebe}} \times 1\,000$$

Beispiele. Entsprechungszahlen sind z. B.:

$$\text{Bevölkerungsdichte} = \frac{\text{Einwohnerzahl}}{\text{Fläche in km}^2}$$

$$\text{Durchschnittsgeschwindigkeit} = \frac{\text{zurückgelegte Strecke}}{\text{benötigte Zeit}}$$

$$\text{Hektarertrag (Weizen)} = \frac{\text{Gesamtertrag (Weizen)}}{\text{Anbaufläche (Weizen)}}$$

$$\text{Produktivität} = \frac{\text{Nettoproduktion}}{\text{Anzahl der Beschäftigten}}$$

Bei der Angabe von Beziehungs- und Gliederungszahlen spielt der Nenner eine wesentliche Rolle. Insbesondere für Vergleiche muss er einheitlich und sinnvoll definiert sein. So sind Bevölkerungsdichten nur bei geografisch ähnlich gearteten Ländern vergleichbar – Schweiz/Österreich sind vergleichbar, Sudan/Niederlande sind kaum vergleichbar wegen des hohen unbewohnten Wüstenanteils im Sudan.

7.2 Einfache Indexzahlen

Die einfachen Indexzahlen (oder Messzahlen) beschreiben den Zusammenhang zwischen Ergebnissen für eine Maßzahl, gemessen zu verschiedenen Zeitpunkten der Entwicklung einer Grundgesamtheit. Es liegt also eine Zeitreihe von Maßzahlen vor:

- x_0, Wert der Maßzahl in der Basisperiode,
- x_t, Wert derselben Maßzahl in der Berichtsperiode.

Damit erhalten wir die Indexzahl

$$\frac{x_t}{x_0} = I_{0t} \, .$$

Die Entwicklung

$$\frac{x_0}{x_0}, \frac{x_1}{x_0}, \frac{x_2}{x_0}, \ldots, \frac{x_t}{x_0}$$

heißt Zeitreihe der Indizes. Wichtigste Anwendung dieser Index-Zeitreihen ist das vergleichende Studium verschiedener Zeitreihen, insbesondere für

$$\text{Preismesszahlen} = \frac{p_t}{p_0} = P_{0t} \quad \text{(Preisindex)} \tag{7.1}$$

oder

$$\text{Mengenmesszahlen} = \frac{q_t}{q_0} = Q_{0t} \quad \text{(Mengenindex)} \, . \tag{7.2}$$

Dabei ist p der Preis eines bestimmten Produkts und q die produzierte oder verkaufte Menge (quantity) dieses Produkts jeweils zur Basisperiode 0 bzw. zur Berichtsperiode t. Damit wird eine Zeitreihe von Messungen (Preise, Mengen) durch Bezug auf eine Basisperiode in gewisser Weise standardisiert oder bereinigt. Indizes können – wie definiert – oder nach Multiplikation mit 100 in Prozent angegeben werden:

$$I_{0t} = \frac{x_t}{x_0} \cdot 100\,\% \, .$$

Beispiel 7.2.1. Wir betrachten die Abwassermengen in Rastatt (Baden-Württemberg). Zur Einschätzung des Bedarfs an Kläranlagen werden die Abwassermengen in Rastatt vom dortigen Amt für Statistik erfasst. Es ergeben sich folgende Mengen q_t und daraus die Mengenmesszahlen $Q_{1989,t}$ für die Jahre 1989–1993 (vgl. Tabelle 7.1). Die Abbildung 7.1 zeigt die zeitliche Entwicklung der Abwassermengen.

Tabelle 7.1. Abwassermengen q_t und Mengenindex $Q_{1989,t}$

t	q_t	$Q_{1989,t}$
1989	3.00	1.00
1990	3.30	1.10
1991	3.90	1.30
1992	4.20	1.40
1993	4.60	1.53

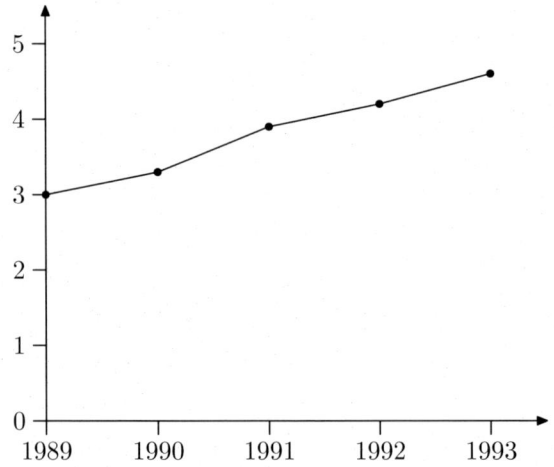

Abb. 7.1. Zeitreihe der Abwassermengen q_t aus Beispiel 7.2.1

Falls ein Index gleich Eins ist, hat keine Veränderung stattgefunden. Ein Indexwert größer Eins bedeutet einen Anstieg – z. B. $I_{0t} = 1.04$ bedeutet ein Wachstum um 4 % gegenüber dem Basiszeitpunkt – ein Indexwert kleiner Eins bedeutet entsprechend einen Rückgang im Vergleich zur Basisperiode.

Beispiel 7.2.2. Eine Firma prüft die Notwendigkeit neuer Investitionen. Als Indikator wird die Umsatzentwicklung von 1985–1993, gemessen durch die Umsätze q_t selbst und den Umsatzindex $Q_{1985,t}$ herangezogen. Die Ergebnisse sind in Tabelle 7.2 und Abbildung 7.2 dargestellt.

7.2.1 Veränderung des Basisjahres

Bei längeren Zeitreihen kann es zu Strukturbrüchen kommen, die eine Umbasierung, d. h., die Festlegung eines neuen Basiszeitpunkts erforderlich machen. Will man z. B. die Entwicklung der Lebenshaltungskosten in den alten Bundesländern beschreiben, so ergibt das Basisjahr 1949 einen Sinn. Für die neuen Bundesländer ergibt sich zwangsläufig als Basisjahr 1990. Um die Entwicklung in den alten und den neuen Bundesländern auf eine gemeinsame

Tabelle 7.2. Umsatz und Umsatzindex

Umsatz [1 000 DM]		
t	q_t	$Q_{1985,t}$
1985	80	1.0000
1986	85	1.0625
1987	90	1.1250
1988	85	1.0625
1989	90	1.1250
1990	95	1.1875
1991	95	1.1875
1992	100	1.2500
1993	110	1.3750

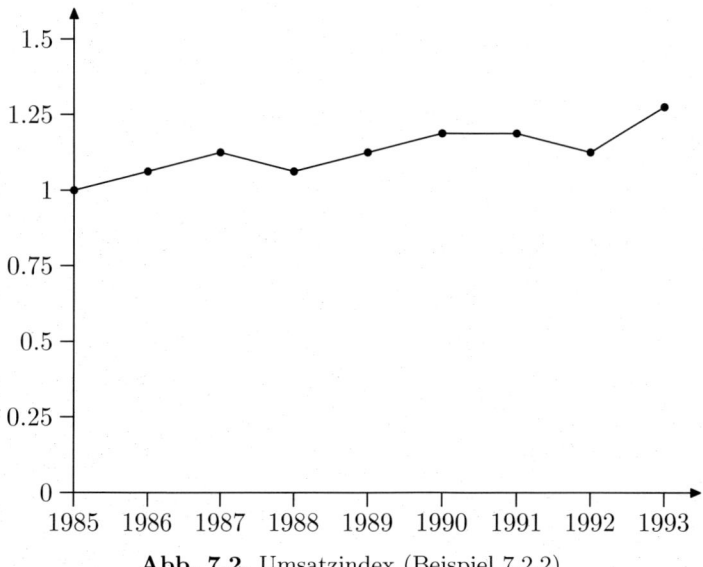

Abb. 7.2. Umsatzindex (Beispiel 7.2.2)

Basis zu stellen, wird man in den alten Bundesländern eine Umbasierung auf 1990 vornehmen.

Wählt man die neue Basisperiode k, so gilt

$$I_{kt} = \frac{x_t}{x_k} = \frac{\frac{x_t}{x_0}}{\frac{x_k}{x_0}} = \frac{I_{0t}}{I_{0k}}. \tag{7.3}$$

Damit müssen wir bei Umbasierung einer Indexzeitreihe, die vor dem neuen Basisjahr gemessen wurde, nicht die vorangegangenen Daten x_i, ($i = 1, \ldots, k-1$) kennen. Es reicht aus, die Indexreihe $I_{01}, \ldots, I_{0k}$ zu kennen. Durch die Umkehrung der obigen Beziehung erhalten wir die sogenannte Verkettungsregel:

$$I_{0t} = I_{0k} \cdot I_{kt}, \tag{7.4}$$

die wir später bei der Behandlung spezieller Probleme einsetzen werden.

Beispiel 7.2.3. Wählen wir im Beipiel 7.2.2 als neues Basisjahr 1990, so erhalten wir z. B. mit $q_{1990} = 95$ und $q_{1993} = 110$ für 1993 den Index

$$I_{1990,1993} = \frac{110}{95} = 1.1579.$$

Die Anwendung der Verkettungsregel liefert z. B. bei Kenntnis der Indizes $I_{1985,1990}$ und $I_{1990,1993}$

$$I_{1985,1993} = I_{1985,1990} \cdot I_{1990,1993} = 1.1875 \cdot 1.1579 = 1.3750.$$

7.3 Preisindizes

Im Unterschied zu den bisherigen Messzahlen betrachten wir in den folgenden Abschnitten sogenannte zusammengesetzte Indexzahlen, die gleichartige Indexreihen für n verschiedene Güter verknüpfen.

Sei $i = 1, \ldots, n$ der Indikator (Laufindex) für verschiedene Güter. Dann bezeichne

$$\mathbf{p}'_0 = (p_0(1), \ldots, p_0(n))$$

den Vektor der Preise dieser Güter in der Basisperiode,

$$\mathbf{p}'_t = (p_t(1), \ldots, p_t(n))$$

den Vektor der Preise dieser Güter in einer Berichtsperiode t. Mit

$$\mathbf{q}'_0 = (q_0(1), \ldots, q_0(n))$$

bzw.

$$\mathbf{q}'_t = (q_t(1), \ldots, q_t(n))$$

bezeichnen wir den Vektor (Warenkorb) der verkauften bzw. produzierten Mengen dieser Güter in den Perioden 0 bzw. t. Dann entsteht z. B. das Problem, einen sinnvollen Index für die Preisentwicklung eines Warenkorbs zu berechnen, der die unterschiedlichen (Markt-)Anteile $q_0(i)$ und $q_t(i)$ der Güter berücksichtigt.

Beispiel 7.3.1. Aus der folgenden Tabelle berechnen wir die Preismesszahlen für drei Güter:

Gut	Preise		Mengen	
i	$p_0(i)$	$p_t(i)$	$q_0(i)$	$q_t(i)$
1	4	6	5	4
2	6	8	10	15
3	10	12	8	16

$$I_{0t}^p(1) = \frac{p_t(1)}{p_0(1)} = \frac{6}{4} = 1.50$$

$$I_{0t}^p(2) = \frac{p_t(2)}{p_0(2)} = \frac{8}{6} = 1.33$$

$$I_{0t}^p(3) = \frac{p_t(3)}{p_0(3)} = \frac{12}{10} = 1.20$$

Die Bewertung der Preisentwicklung kann durch verschiedene Ansätze erfolgen. Die einfachste Möglichkeit ist die Bildung eines arithmetischen Mittels der Preismesszahlen gemäß

$$P_{0t} = \frac{1}{n} \sum_{i=1}^{n} I_{0t}^p(i) \,. \tag{7.5}$$

Dieser Mittelwert berücksichtigt jedoch nicht die unterschiedliche Bedeutung der einzelnen Güter, ausgedrückt durch ihre Mengen $q_0(i)$ bzw. $q_t(i)$, da er alle Güter gleichberechtigt behandelt. Da die in einem Korb zusammengefassten Waren in der Regel mit verschiedenen Mengen und verschiedenen Preisen und damit nicht gleichgewichtig eingehen, empfiehlt es sich, ein gewichtetes arithmetisches Mittel zu berechnen. Wir bilden das gewichtete Mittel der Preismesszahlen als

$$
\begin{aligned}
P_{0t} &= \frac{\frac{p_t(1)}{p_0(1)} w(1) + \cdots + \frac{p_t(n)}{p_0(n)} w(n)}{w(1) + \cdots + w(n)} \\
&= I_{0t}^p(1)\tilde{w}(1) + \cdots + I_{0t}^p(n)\tilde{w}(n) \,.
\end{aligned} \tag{7.6}
$$

Die verwendeten positiven $w(i)$ bzw. die damit gebildeten Gewichte $\tilde{w}(i)$

$$\tilde{w}(i) = \frac{w(i)}{\sum_k w(k)} \,, \quad \sum_{i=1}^{n} \tilde{w}(i) = 1 \tag{7.7}$$

können alternativ bestimmt werden. Hierzu gibt es eine Vielzahl aus der ökonomischen Theorie abgeleitete Möglichkeiten. Wir betrachten hier die Vorschläge von Laspeyres und von Paasche, die sich in der Praxis durchgesetzt haben.

7.3.1 Preisindex nach Laspeyres

Die $w(i)$ nach Laspeyres lauten

$$w(i) = p_0(i)q_0(i) \,, \tag{7.8}$$

so dass $w(i)$ die Ausgabensumme (Menge×Preis) des Gutes i in der Basisperiode ist. Damit gilt für den Laspeyres-Preisindex

$$P_{0t}^{\mathrm{L}} = \frac{\sum_{i=1}^{n} p_t(i) q_0(i)}{\sum_{i=1}^{n} p_0(i) q_0(i)}$$

$$= \frac{\mathbf{p}_t' \mathbf{q}_0}{\mathbf{p}_0' \mathbf{q}_0} \tag{7.9}$$

$$= \frac{\text{Wert des Warenkorbs der Basisperiode zu aktuellen Preisen}}{\text{Wert des Warenkorbs der Basisperiode zu Basispreisen}}.$$

7.3.2 Preisindex nach Paasche

Die $w(i)$ nach Paasche lauten

$$w(i) = p_0(i) q_t(i), \tag{7.10}$$

so dass $w(i)$ die Ausgabensumme des Gutes i in der Berichtsperiode zum Preis der Basisperiode ist. Damit wird der Preisindex nach Paasche

$$P_{0t}^{\mathrm{P}} = \frac{\sum_i p_t(i) q_t(i)}{\sum_i p_0(i) q_t(i)}$$

$$= \frac{\mathbf{p}_t' \mathbf{q}_t}{\mathbf{p}_0' \mathbf{q}_t} \tag{7.11}$$

$$= \frac{\text{Wert des Warenkorbs der Berichtsperiode zu aktuellen Preisen}}{\text{Wert des Warenkorbs der Berichtsperiode zu Basispreisen}}.$$

Der Preisindex von Laspeyres gibt an, wie sich das Preisniveau geändert hat, wenn der Warenkorb der Basisperiode zum Vergleich herangezogen wird. Der Preisindex von Paasche gibt an, wie sich das Preisniveau geändert hat, wenn der Warenkorb der Berichtsperiode zum Vergleich herangezogen wird.

Beispiel. Ein Laspeyres-Index von $P_{0t}^{\mathrm{L}} = 1.12$ bedeutet, dass der Warenkorb $\mathbf{q}_0$ der Basisperiode in der Berichtsperiode 12 % mehr kostet. Ein Paasche-Index von $P_{0t}^{\mathrm{P}} = 1.12$ bedeutet, dass die Ausgaben für den Warenkorb $\mathbf{q}_t$ der Berichtsperiode gegenüber der Basisperiode um 12 % gestiegen sind.

In der Praxis wird man den Preisindex nach Laspeyres bevorzugen, da der Basiswarenkorb als Bezugsgröße einen sinnvollen Ausgangspunkt zur Berechnung aktueller Preisentwicklungen bietet. Ein weiterer (praktischer) Vorteil ist die Tatsache, dass die Gewichte nicht ständig neu berechnet werden müssen.

Beispiel 7.3.2. In Fortsetzung von Beispiel 7.3.1 berechnen wir die Preisindizes nach Laspeyres und Paasche. Die Preis- bzw. Mengenvektoren (Warenkörbe) lauten

$$\mathbf{p}_0' = (4, 6, 10) \quad \text{(Basispreise)}$$
$$\mathbf{p}_t' = (6, 8, 12) \quad \text{(aktuelle Preise)}$$
$$\mathbf{q}_0' = (5, 10, 8) \quad \text{(Basiswarenkorb)}$$
$$\mathbf{q}_t' = (4, 15, 16) \quad \text{(aktueller Warenkorb)}$$

Damit erhalten wir den Preisindex nach Laspeyres als

$$P_{0t}^{\mathrm{L}} = \frac{\mathbf{p}_t'\mathbf{q}_0}{\mathbf{p}_0'\mathbf{q}_0} = \frac{6 \cdot 5 + 8 \cdot 10 + 12 \cdot 8}{4 \cdot 5 + 6 \cdot 10 + 10 \cdot 8}$$
$$= \frac{206}{160} = 1.2875 \,.$$

Der Preisindex nach Paasche ergibt sich als

$$P_{0t}^{\mathrm{P}} = \frac{\mathbf{p}_t'\mathbf{q}_t}{\mathbf{p}_0'\mathbf{q}_t} = \frac{6 \cdot 4 + 8 \cdot 15 + 12 \cdot 16}{4 \cdot 4 + 6 \cdot 15 + 10 \cdot 16}$$
$$= \frac{336}{266} = 1.2632 \,.$$

7.3.3 Alternative Preisindizes

Die Bezugsbasis beim Preisindex nach Laspeyres ist der Warenkorb in der Basisperiode, der im Zeitablauf konstant gehalten wird. Die Bewertung erfolgt mit den Preisen zur Berichts- und zur Basisperiode und gibt diese relative Preisänderung an. Analog ist beim Preisindex nach Paasche die Bezugsbasis der Warenkorb in der Berichtsperiode. Um diese Abhängigkeit von der Wahl des Warenkorbs zu einem Zeitpunkt zu umgehen, schlug Lowe vor, einen zeitunabhängigen Warenkorb $\mathbf{q}' = (q(1), \ldots, q(n))$ aus n Gütern zu wählen und ihn mit den Preisen zur Basis- und zur Berichtsperiode zu bewerten. Der Preisindex nach Lowe lautet also

$$P_{0t}^{\mathrm{LO}} = \frac{\sum_{i=1}^{n} p_t(i)q(i)}{\sum_{i=1}^{n} p_0(i)q(i)} = \frac{\mathbf{p}_t'\mathbf{q}}{\mathbf{p}_0'\mathbf{q}} \,.$$

Als Modifikation des Preisindex von Lowe kann man den Preisindex von Marshall-Edgeworth ansehen, der als Warenkorb die gemittelten Verbrauchsmengen in der Basis- und Berichtsperiode verwendet:

$$P_{0t}^{\mathrm{ME}} = \frac{\sum_{i=1}^{n} p_t(i)\frac{1}{2}(q_0(i) + q_t(i))}{\sum_{i=1}^{n} p_0(i)\frac{1}{2}(q_0(i) + q_t(i))} = \frac{\mathbf{p}_t'(\mathbf{q}_0 + \mathbf{q}_t)}{\mathbf{p}_0'(\mathbf{q}_0 + \mathbf{q}_t)} \,.$$

Einen weiteren Vorschlag machte I. Fisher. Sein Idealindex ist das geometrische Mittel aus dem Laspeyres- und dem Paasche-Index:

$$P_{0t}^{\mathrm{F}} = \sqrt{P_{0t}^{\mathrm{L}} P_{0t}^{\mathrm{P}}} \,.$$

7.4 Mengenindizes

Vertauscht man die Rolle von Preisen und Mengen in den beiden Preisindizes, so erhält man Mengenindizes, die die Änderung des Warenkorbs über die Zeit angeben, bewertet mit den Preisen einer bestimmten Periode.

7.4.1 Laspeyres-Mengenindex

Der Mengenindex nach Laspeyres verwendet die Preise der Basisperiode und ist definiert als

$$Q_{0t}^{L} = \frac{\mathbf{p}_0' \mathbf{q}_t}{\mathbf{p}_0' \mathbf{q}_0} \, . \qquad (7.12)$$

Q_{0t}^{L} gibt das Verhältnis an, in dem sich der Wert des Warenkorbs von der Basis- zur Berichtsperiode – bewertet mit Preisen der Basisperiode – durch Veränderung der Mengen geändert hat.

7.4.2 Paasche-Mengenindex

Der Mengenindex nach Paasche verwendet die Preise der Berichtsperiode und ist definiert als

$$Q_{0t}^{P} = \frac{\mathbf{p}_t' \mathbf{q}_t}{\mathbf{p}_t' \mathbf{q}_0} \, . \qquad (7.13)$$

Q_{0t}^{P} gibt die Veränderung des Wertes des Warenkorbs an, wobei zur Bewertung die Preise der Berichtsperiode verwendet werden.

7.5 Umsatzindizes (Wertindizes)

Definition

Der Index

$$W_{0t} = \frac{\mathbf{p}_t' \mathbf{q}_t}{\mathbf{p}_0' \mathbf{q}_0} \qquad (7.14)$$

gibt die Veränderung des Wertes des Warenkorbs der Berichtsperiode im Verhältnis zum Wert des Warenkorbs der Basisperiode an.

Beispiel 7.5.1. Ein kleiner Kiosk führt zwei Sorten Zigaretten, eine Sorte Pfeifentabak und eine Sorte Zigarren. Der Besitzer vergleicht die Entwicklung des Warenkorbs von 1970 zu 1990. Er verwendet folgende Arbeitstabelle zur Berechnung der Indizes:

Ware	Preis		Menge					
i	$p_{70}(i)$	$p_{90}(i)$	$q_{70}(i)$	$q_{90}(i)$	$\mathbf{p}_{70}'\mathbf{q}_{70}$	$\mathbf{p}_{70}'\mathbf{q}_{90}$	$\mathbf{p}_{90}'\mathbf{q}_{70}$	$\mathbf{p}_{90}'\mathbf{q}_{90}$
1	3	5	10	20	30	60	50	100
2	5	8	10	5	50	25	80	40
3	9	10	20	10	180	90	200	100
4	12	20	20	10	240	120	400	200
$\sum$			60	45	500	295	730	440

Preisindex nach Laspeyres

$$P_{0t}^{\mathrm{L}} = \frac{\mathbf{p}_{90}'\mathbf{q}_{70}}{\mathbf{p}_{70}'\mathbf{q}_{70}} = \frac{730}{500} = 1.46\,,$$

Preisindex nach Paasche

$$P_{0t}^{\mathrm{P}} = \frac{\mathbf{p}_{90}'\mathbf{q}_{90}}{\mathbf{p}_{70}'\mathbf{q}_{90}} = \frac{440}{295} = 1.49\,,$$

Mengenindex nach Laspeyres

$$Q_{0t}^{\mathrm{L}} = \frac{\mathbf{p}_{70}'\mathbf{q}_{90}}{\mathbf{p}_{70}'\mathbf{q}_{70}} = \frac{295}{500} = 0.59\,,$$

Mengenindex nach Paasche

$$Q_{0t}^{\mathrm{P}} = \frac{\mathbf{p}_{90}'\mathbf{q}_{90}}{\mathbf{p}_{90}'\mathbf{q}_{70}} = \frac{440}{730} = 0.60\,,$$

Wert- oder Umsatzindex

$$W_{0t} = \frac{\mathbf{p}_{90}'\mathbf{q}_{90}}{\mathbf{p}_{70}'\mathbf{q}_{70}} = \frac{440}{500} = 0.88\,.$$

Wenn wir die Tabelle genau betrachten, sehen wir, dass alle Preise ange-stiegen sind. Daraus geht hervor, dass beide Preisindizes größer als Eins sein müssen, denn sie drücken – jeweils zu den Mengen in den Jahren 1990 bzw. 1970 – die relative Preisänderung aus. Analog aber umgekehrt verhält es sich mit den Mengen. Sie sind bis auf Ware 1, die am preiswertesten ist, zurückgegangen. Demzufolge ist zu erwarten, dass die Mengenindizes durch den Rückgang der Mengen kleiner als Eins sind. Der Wert- oder Umsatzin-dex von 0.88 bedeutet einen Umsatzrückgang. Dies hätte aber nicht allein aus der Tabelle abgelesen werden können, da steigende Preise und zurückgehende Mengen gegenläufig auf den Umsatz wirken.

7.6 Verknüpfung von Indizes

Der Umsatz eines Gutes berechnet sich aus seinem Preis mal der umgesetzten Menge (Umsatz = Preis × Menge). Für die zugehörigen Indizes gilt dieser Zu-sammenhang – bis auf den Fall, dass wir nur ein Gut betrachten – nicht. Das heißt, für den Preis- und Mengenindex eines Typs (Paasche oder Laspeyres) gilt im allgemeinen

$$\text{Umsatzindex} \neq \text{Preisindex} \times \text{Mengenindex}.$$

Es gilt jedoch für den Umsatzindex folgende „Überkreuzregel"

$$W_{0t} = \frac{\mathbf{p}'_t \mathbf{q}_t}{\mathbf{p}'_0 \mathbf{q}_0}$$

$$= \frac{\mathbf{p}'_t \mathbf{q}_t}{\mathbf{p}'_0 \mathbf{q}_t} \cdot \frac{\mathbf{p}'_0 \mathbf{q}_t}{\mathbf{p}'_0 \mathbf{q}_0} \qquad (7.15)$$

$$= (\text{Paasche-Preisindex}) \times (\text{Laspeyres-Mengenindex})$$

und

$$W_{0t} = \frac{\mathbf{p}'_t \mathbf{q}_0}{\mathbf{p}'_0 \mathbf{q}_0} \cdot \frac{\mathbf{p}'_t \mathbf{q}_t}{\mathbf{p}'_t \mathbf{q}_0} \qquad (7.16)$$

$$= (\text{Laspeyres-Preisindex}) \times (\text{Paasche-Mengenindex}).$$

Beispiel 7.6.1. Wir wollen die Verknüpfung von Indizes mit den Daten aus Beispiel 7.5.1 demonstrieren. Die Beziehungen (7.15) und (7.16) lauten hier:

$$(7.15) \quad W_{0t} = \frac{440}{500} = P_{0t}^{\mathrm{P}} \cdot Q_{0t}^{\mathrm{L}} = \frac{440}{295} \cdot \frac{295}{500},$$

$$(7.16) \quad W_{0t} = \frac{440}{500} = P_{0t}^{\mathrm{L}} \cdot Q_{0t}^{\mathrm{P}} = \frac{730}{500} \cdot \frac{440}{730}.$$

Für die jeweils gleichen Indextypen (Paasche bzw. Laspeyres) erhalten wir

$$\text{Paasche:} \quad W_{0t} = \frac{440}{500} \neq \frac{440}{295} \cdot \frac{440}{730},$$

$$\text{Laspeyres:} \quad W_{0t} = \frac{440}{500} \neq \frac{730}{500} \cdot \frac{295}{500}.$$

Matrizensymbolik

Die Konstruktion der verschiedenen Indizes kann man durch eine Matrixdarstellung anschaulich symbolisieren (vgl. Ferschl, 1985). Statt des allgemeinen Index t wählen wir 1 für die Berichtsperiode.

$$\begin{array}{llll}
& & & \mathbf{p}\ \mathbf{q} \\
\text{Preisindex nach Laspeyres} & P_{01}^{\mathrm{L}} = \frac{\mathbf{p}'_1 \mathbf{q}_0}{\mathbf{p}'_0 \mathbf{q}_0} & \begin{pmatrix} 1 & 0 \\ 0 & 0 \end{pmatrix} \\[3mm]
\text{Preisindex nach Paasche} & P_{01}^{\mathrm{P}} = \frac{\mathbf{p}'_1 \mathbf{q}_1}{\mathbf{p}'_0 \mathbf{q}_1} & \begin{pmatrix} 1 & 1 \\ 0 & 1 \end{pmatrix} \\[3mm]
\text{Mengenindex nach Laspeyres} & Q_{01}^{\mathrm{L}} = \frac{\mathbf{p}'_0 \mathbf{q}_1}{\mathbf{p}'_0 \mathbf{q}_0} & \begin{pmatrix} 0 & 1 \\ 0 & 0 \end{pmatrix} \\[3mm]
\text{Mengenindex nach Paasche} & Q_{01}^{\mathrm{P}} = \frac{\mathbf{p}'_1 \mathbf{q}_1}{\mathbf{p}'_1 \mathbf{q}_0} & \begin{pmatrix} 1 & 1 \\ 1 & 0 \end{pmatrix} \\[3mm]
\text{Umsatzindex} & W_{01} = \frac{\mathbf{p}'_1 \mathbf{q}_1}{\mathbf{p}'_0 \mathbf{q}_0} & \begin{pmatrix} 1 & 1 \\ 0 & 0 \end{pmatrix}
\end{array}$$

7.7 Spezielle Probleme der Indexrechnung

Bei der Berechnung von Indizes über längere Zeiträume können Probleme dadurch entstehen, dass bestimmte Waren durch andere substituiert werden. So kann der Trend zu gesünderer Ernährung z. B. dazu führen, dass weniger Schweinefleisch und dafür mehr Geflügel konsumiert wird. Ein weiteres Problem bringen neu auf den Markt kommende Waren wie z. B. Personalcomputer mit sich, die in den Warenkorb „Lebenshaltung" von einem bestimmten Jahr ab einbezogen werden.

Anmerkung. Die Methoden sind sehr detailliert in Ferschl (1985) dargestellt. Wir beschränken uns hier auf einige Kommentare und Beispiele.

7.7.1 Erweiterung des Warenkorbs

Falls eine Ware zusätzlich in einem Warenkorb berücksichtigt werden soll, geht man bei der Berechnung von abgeänderten Preisindizes wie folgt vor (Ferschl, 1985, S. 163). Sei

0: der Basiszeitpunkt

t': der Zeitpunkt der Einführung der neuen Ware.

Man berechnet zunächst den Index für den ursprünglichen Warenkorb mit n Gütern zum Zeitpunkt t', z. B. den Preisindex nach Laspeyres:

$$P_{0t'}^{\mathrm{L}} = \frac{\mathbf{p}_{t'}'\mathbf{q}_0}{\mathbf{p}_0'\mathbf{q}_0} \,.$$

Danach setzt man die Ware $(n+1)$ mit Preisen $p_{t'}(n+1)$, $p_{t'+1}(n+1)$ und Mengen $q_{t'}(n+1)$, $q_{t'+1}(n+1)$ zur Berechnung des Index vom Zeitpunkt t' zum Zeitpunkt $t'+1$ mit ein:

$$P_{t',t'+1}^{\mathrm{L}}(\text{erweitert}) = \frac{\mathbf{p}_{t'+1}'\mathbf{q}_0 + p_{t'+1}(n+1)q_{t'}(n+1)}{\mathbf{p}_{t'}'\mathbf{q}_0 + p_{t'}(n+1)q_{t'}(n+1)} \,. \qquad (7.17)$$

Da $p_0(n+1)$ und $q_0(n+1)$ nicht existieren, wird die Formel von Laspeyres für 0 als Basisperiode dahingehend abgewandelt, dass man $p_{t'}(n+1)$ und $q_{t'}(n+1)$ verwendet.

Der verkettete Index lautet schließlich

$$P_{0,t'+1}^{\mathrm{L}}(\text{verkettet}) = P_{0,t'}^{\mathrm{L}} P_{t',t'+1}^{\mathrm{L}}(\text{erweitert}) \,. \qquad (7.18)$$

Beispiel 7.7.1. Eine Konfektionsfirma für Damenkostüme und Herrenanzüge erweitert ihr bisheriges Produktionsprogramm um die Herstellung von Sportbekleidung (Trainingsanzüge). In der folgenden Tabelle sind die Produktionsdaten zu den verschiedenen Zeitpunkten angegeben (Stückzahl in 1 000).

Periode	Damenkostüme		Herrenanzüge		Trainingsanzüge	
t	p_t	q_t	p_t	q_t	p_t	q_t
0	300	10	40	20	–	–
1	400	15	50	25	–	–
2	500	17	60	25	300	10
3	400	18	50	30	400	20

Für den kleinen Warenkorb (Damenkostüme und Herrenanzüge) erhalten wir vom Zeitpunkt 0 auf Zeitpunkt 2 den Laspeyres-Preisindex:

$$P_{02}^{L} = \frac{\mathbf{p}_2' \mathbf{q}_0}{\mathbf{p}_0' \mathbf{q}_0} = \frac{500 \cdot 10 + 60 \cdot 20}{300 \cdot 10 + 40 \cdot 20}$$

$$= \frac{6\,200}{3\,800} = 1.6316\,.$$

Für den Übergang von Periode 2 auf 3 berechnen wir

$$P_{23}^{L}(\text{erweitert}) = \frac{\mathbf{p}_3' \mathbf{q}_0 + p_3(3)q_2(3)}{\mathbf{p}_2' \mathbf{q}_0 + p_2(3)q_2(3)} = \frac{(400 \cdot 10 + 50 \cdot 20) + 400 \cdot 10}{(500 \cdot 10 + 60 \cdot 20) + 300 \cdot 10}$$

$$= \frac{5\,000 + 4\,000}{6\,200 + 3\,000} = \frac{9\,000}{9\,200} = 0.9783\,.$$

Damit gilt schließlich

$$P_{03}^{L}(\text{verkettet}) = 1.6316 \cdot 0.9783 = 1.5962\,.$$

Die folgenden Arbeitstabellen verdeutlichen noch einmal die Berechnungen. Wir erhalten die Indizes für den kleinen Warenkorb:

t	Warenkorb $\mathbf{p}_t' \mathbf{q}_0$	Index
0	$300 \cdot 10 + 40 \cdot 20 = 3\,800$	1.0000
1	$400 \cdot 10 + 50 \cdot 20 = 5\,000$	1.3158
2	$500 \cdot 10 + 60 \cdot 20 = 6\,200$	1.6316

und die erweiterten Indizes für den großen Warenkorb:

t	Warenkorb $\mathbf{p}_t' \mathbf{q}_0 + p_t(3)q_2(3)$	Index
2	$500 \cdot 10 + 60 \cdot 20 + 300 \cdot 10 = 9\,200$	1.0000
3	$400 \cdot 10 + 50 \cdot 20 + 400 \cdot 10 = 9\,000$	0.9783

7.7.2 Substitution einer Ware

In der Praxis ersetzen sehr oft technische Neuerungen überholte Waren (wie z. B. Ersatz von Schwarzweiß- durch Farbfernseher), wobei die Substitution häufig mit anderen Mengen und Preisen verbunden ist. Man kann die Anpassung auf verschiedene Weise vornehmen. Eine Möglichkeit besteht darin, die Preisreihe der substituierten Ware mit der Preisreihe der alten Ware am Zeitpunkt der Auswechslung zu verketten (d. h. die Preise der neuen Ware an die Preise der substituierten Ware anzupassen) und den verketteten Index mit den konstanten Mengen des Warenkorbs zur Basisperiode zu berechnen.

Beispiel 7.7.2. Betrachten wir die folgende Situation, bei der wir annehmen, dass ab einem bestimmten Jahr im Warenkorb Schwarzweiß-Fernsehgeräte durch Farbfernsehgeräte substituiert werden. Wir nehmen an, uns sei der folgende vereinfachte Warenkorb aus Radios und Fernsehgeräten gegeben, wobei in der Periode 3 die Substitution stattfindet. Ab dieser Periode wird also mit einer Ware 'Fernseher' gerechnet, deren Preis durch proportionale Fortschreibung des Preises eines Schwarzweiß-Fernsehgerätes zum Zeitpunkt der Substitution festgelegt wird.

	$q_0(i)$	Perioden				
		0	1	2	3	4
	$\times 10\,000$			Preise $p_t(i)$		
Radios	1	400	420	430	440	450
S.W.-TV	2	2\,000	1\,900	1\,800	–	–
Farb-TV	–	–	–	3\,000	3\,500	4\,200

Wir berechnen angepasste Preise, d. h., wir verwenden die Preissteigerungen für Farbfernsehgeräte, um die Preise der alten Ware Schwarzweiß-Fernsehgeräte fortzuschreiben.

$$\tilde{p}_3(\text{S.W.-TV}) = 1\,800 \cdot \frac{3\,500}{3\,000} = 2\,100$$

$$\tilde{p}_4(\text{S.W.-TV}) = 1\,800 \cdot \frac{4\,200}{3\,000} = 2\,520 \, .$$

Damit können wir mit dem alten Warenkorb weiterrechnen. Wir erhalten dann die verketteten Reihen

	$q_0(i)$	0	1	2	3	4
	$\times 10\,000$					
Radiogeräte	1	400	420	430	440	450
TV	2	2\,000	1\,900	1\,800	2\,100	2\,520
Wert des Warenkorbs						
($\times$ 10\,000)		4\,400	4\,220	4\,030	4\,640	5\,490
Preisindex P_{0t}^{L}		1.000	0.959	0.916	1.055	1.248

7.7.3 Subindizes

Warenkörbe sind häufig sehr umfangreich. Betrachtet man den Warenkorb zur Berechnung des Preisindex für die Lebenshaltung, so hat man z. B. die Aufteilung in die Unterwarenkörbe (Subkörbe) 1. Nahrungs- und Genussmittel, 2. Kleidung, Schuhe, 3. Miete, 4. Nebenkosten, 5. Dienstleistungen usw.

Der Gesamtindex wird dann als gewogenes Mittel der Teilindizes berechnet, wobei als Gewichte z. B. die Ausgabenanteile in der Basisperiode gewählt werden.

Beispiel 7.7.3. Ein Warenkorb bestehe aus zwei Subkörben, Korb I und Korb II. Die zugehörigen Warenmengen sind $\mathbf{q}'_I = (q_1, \ldots, q_m)$ und $\mathbf{q}'_{II} = (q_{m+1}, \ldots, q_n)$. Die Laspeyres-Preisindizes für die beiden Subkörbe lauten

$$P_{0t}^{\mathrm{L}}(I) = \frac{\sum_{i=1}^m p_t(i)q_0(i)}{\sum_{i=1}^m p_0(i)q_0(i)},$$

$$P_{0t}^{\mathrm{L}}(II) = \frac{\sum_{i=m+1}^n p_t(i)q_0(i)}{\sum_{i=m+1}^n p_0(i)q_0(i)}.$$

Der Gesamtumsatz zur Basisperiode ist

$$U = \sum_{i=1}^n p_0(i)q_0(i). \tag{7.19}$$

Damit sind die Umsatzanteile bezogen auf die Basisperiode

$$w^I = \frac{\sum_{i=1}^m p_0(i)q_0(i)}{U}, \tag{7.20}$$

$$w^{II} = 1 - w^I = \frac{\sum_{i=m+1}^n p_0(i)q_0(i)}{U}. \tag{7.21}$$

Der Gesamtindex ist dann

$$P_{0t}^{\mathrm{L}} = w^I P_{0t}^{\mathrm{L}}(I) + w^{II} P_{0t}^{\mathrm{L}}(II), \tag{7.22}$$

denn es gilt

$$\begin{aligned}
P_{0t}^{\mathrm{L}} &= \frac{\sum_{i=1}^n p_t(i)q_0(i)}{\sum_{i=1}^n p_0(i)q_0(i)} \\
&= \frac{\sum_{i=1}^m p_t(i)q_0(i) + \sum_{i=m+1}^n p_t(i)q_0(i)}{U} \\
&= \frac{P_{0t}^{\mathrm{L}}(I) \sum_{i=1}^m p_0(i)q_0(i) + P_{0t}^{\mathrm{L}}(II) \sum_{i=m+1}^n p_0(i)q_0(i)}{U}.
\end{aligned}$$

Diese Formel bietet die Möglichkeit, erst die Teilindizes der Subkörbe zu berechnen und sie dann zum Gesamtindex zu verknüpfen.

Beispiel 7.7.4. Die Produktion einer Konfektionsfirma wird untergliedert in die beiden Warenkörbe I und II gemäß folgender Tabelle (Mengen in 10 000 Stück):

| | Korb I | | | | Korb II | |
| | Damenkostüme | | Herrenanzüge | | Trainingsanzüge | |
t	p_t	q_t	p_t	q_t	p_t	q_t
0	400	1	500	1	300	1
1	420	1	550	2	320	1
2	450	2	600	3	340	2
3	500	2	650	4	360	2

Der Gesamtumsatz im Basisjahr ist die Summe der Umsätze von Korb I und Korb II. Er beträgt

$$U = (400 \cdot 1 + 500 \cdot 1) + (300 \cdot 1) = 1200\,.$$

Die Umsatzanteile zum Basisjahr sind damit

$$w^I = (400 \cdot 1 + 500 \cdot 1)/1\,200 = 0.75$$

für Korb I und

$$(300 \cdot 1)/1\,200 = 0.25$$

für Korb II. Die Teilindizes sind:

t	Korb I $\sum p_t(i)q_0(i)$		$P_{0t}^{\mathrm{L}}(I)$	Korb II $p_t(3)q_0(3)$	$P_{0t}^{\mathrm{L}}(II)$
0	$400 \cdot 1 + 500 \cdot 1 =$	900	1.000	300	1.000
1	$420 \cdot 1 + 550 \cdot 1 =$	970	1.078	320	1.067
2	$450 \cdot 1 + 600 \cdot 1 =$	1 050	1.167	340	1.133
3	$500 \cdot 1 + 650 \cdot 1 =$	1 150	1.278	360	1.200

Die Gesamtindizes für die einzelnen Zeitpunkte sind damit:

$$P_{00}^{\mathrm{L}} = 1.000 \cdot 0.75 + 1.000 \cdot 0.25 = 1.0000$$
$$P_{01}^{\mathrm{L}} = 1.078 \cdot 0.75 + 1.067 \cdot 0.25 = 1.0753$$
$$P_{02}^{\mathrm{L}} = 1.167 \cdot 0.75 + 1.133 \cdot 0.25 = 1.1585$$
$$P_{03}^{\mathrm{L}} = 1.278 \cdot 0.75 + 1.200 \cdot 0.25 = 1.2585$$

7.8 Standardisierung von Raten und Quoten

In der Praxis hat man häufig das Problem, gleichartige Maßzahlen aus zwei (oder mehr) verschiedenen Erhebungen vergleichen zu müssen.

Beispiele.

• Arbeitslosenquote (alte und neue Bundesländer)
• Sterberaten in verschiedenen Ländern
• Säuglingssterblichkeit Industrie-/Entwicklungsländer

Der Vergleich setzt voraus, dass beide Erhebungen homogen bezüglich aller anderen, die Maßzahl beeinflussenden Kovariablen sind. Dies ist jedoch häufig nicht der Fall, so dass man vor einem Vergleich diese Einflüsse 'herausrechnen' muss. Diese Methode bezeichnet man als Standardisierung. Wir wollen die beiden gebräuchlichsten Verfahren an einem Beispiel demonstrieren.

Beispiel 7.8.1. Wir untersuchen die Altersabhängigkeit des Sterberisikos bei Rauchern und Nichtrauchern. Tabelle 7.3 gibt die absoluten Häufigkeiten von Nichtrauchern und Rauchern der Erhebung in der jeweiligen Altersgruppe an. Da neben dem Risikofaktor Rauchen auch das Lebensalter ein Risiko darstellt, ist zunächst zu überprüfen, ob die Subgruppen Raucher und Nichtraucher eine homogene Altersgruppenverteilung besitzen.

Tabelle 7.3. Altersverteilung bei Nichtrauchern und Rauchern (Woolson, 1987)

Altersgruppe	Nichtraucher	Raucher
35–44	35 200	40 600
45–54	15 100	12 800
55–64	214 000	103 000
65–74	171 000	50 000
>75	8 490	1 270

Wir vergleichen die empirischen Häufigkeitsverteilungen des Merkmals 'Lebensalter' der beiden Gruppen Raucher und Nichtraucher und erhalten Tabelle 7.4. Die daraus resultierenden Werte der empirischen Verteilungsfunktionen sind in Tabelle 7.5 enthalten.

Tabelle 7.4. Empirische Häufigkeitsverteilungen des Lebensalters der beiden Gruppen Nichtraucher und Raucher

Altersgruppe	Nichtraucher	Raucher
35–44	0.0793	0.1955
45–54	0.0340	0.0616
55–64	0.4822	0.4960
65–74	0.3853	0.2408
> 75	0.0191	0.0061

Tabelle 7.5. Empirische Verteilungsfunktionen des Lebensalters der beiden Gruppen Nichtraucher und Raucher (vgl. Abbildung 7.3)

	Nichtraucher	Raucher	Differenz
35–44	0.0793	0.1955	0.1162
45–54	0.1133	0.2571	0.1438
55–64	0.5955	0.7531	0.1576
65–74	0.9808	0.9939	0.0131
> 75	1.0000	1.0000	0.0000

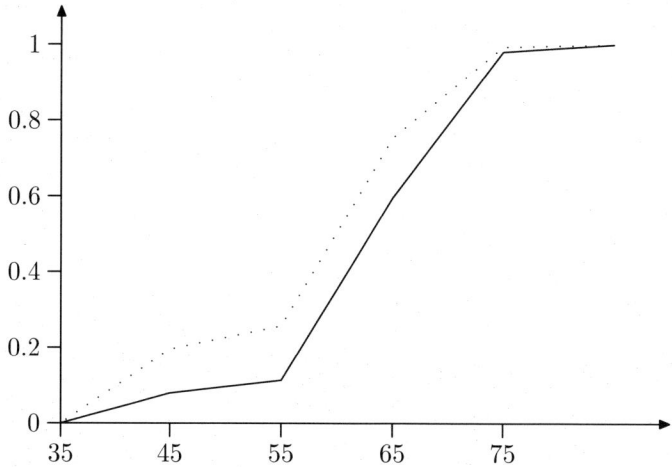

Abb. 7.3. Empirische Verteilungsfunktionen des Lebensalters der beiden Gruppen Nichtraucher (durchgezogene Linie) und Raucher (gepunktete Linie)

Die grafische Umsetzung in Abbildung 7.3 ergibt, dass die empirische Verteilungsfunktion des Lebensalters in der Gruppe der Raucher oberhalb der Verteilungsfunktion in der Gruppe der Nichtraucher liegt. Dies bedeutet, dass die Raucher in den jüngeren Altersgruppen relativ stärker vertreten sind als die Nichtraucher, d. h., die Raucher sind insgesamt relativ jünger. Die Altersgruppenverteilungen sind also nicht homogen.

In dem vorliegenden Beispiel interessiert die Frage: „Ist die Sterberate bei Rauchern höher als bei Nichtrauchern?" Einen ersten Hinweis liefern die rohen Sterbeziffern, die wir aus den in Tabelle 7.6 angegebenen Todesfällen und der in Tabelle 7.3 angegebenen Altersverteilung ermitteln können. Insgesamt sind 78 von 443 790 Nichtrauchern, aber 460 von 207 670 Rauchern verstorben, d. h., wir haben eine rohe Sterberate von 1.76 je 10 000 Nichtraucher und eine rohe Sterberate von 22.15 je 10 000 Raucher.

Tabelle 7.6. Todesfälle bei Nichtrauchern und Rauchern (Woolson, 1987)

Altersgruppe	Nichtraucher	Raucher
35–44	0	4
45–54	0	10
55–64	25	245
65–74	49	194
>75	4	7
	78	460

Aufgrund unserer bisherigen Betrachtungen kommen wir beim Vergleich von Nichtrauchern und Rauchern zu folgenden Überlegungen:

- die Häufigkeitsverteilungen der Altersgruppen sind verschieden,
- das Alter hat einen Einfluss auf die Sterberate,
- die Raucher in der Altersgruppe 35–44 sind zahlenmäßig überrepräsentiert,
- die Raucher in der Altersgruppe 65–74 sind zahlenmäßig unterrepräsentiert.

Damit entsteht die Frage nach einer möglichen Verzerrung in der Sterberate. Wie hoch ist also das tatsächliche Sterberisiko bei Rauchern, wenn man den Alterseffekt herausrechnet?

Zur Adjustierung ungleich besetzter Subgruppen bezüglich eines sogenannten Schichtungsmerkmals (im Beispiel: Altersgruppen) wurden zwei Methoden – die direkte und die indirekte Standardisierung – entwickelt.

7.8.1 Datengestaltung für die Standardisierung von Raten

Wir bezeichnen mit Schicht $1, \ldots, K$ die verschiedenen Ausprägungen des Schichtungsmerkmals, mit $r_{ij} = d_{ij}/n_{ij}$ die Rate der Gruppe i in der Schicht j und mit $r_{0+} = d_{0+}/n_{0+}$ bzw. $r_{1+} = d_{1+}/n_{1+}$ die rohe Rate in der Gruppe 0 bzw. Gruppe 1 (vgl. Tabelle 7.7).

Tabelle 7.7. Daten der zu vergleichenden Gruppen

Schicht	Gruppe 0			Gruppe 1		
	Ereignisse	Unter Risiko	Rate	Ereignisse	Unter Risiko	Rate
1	d_{01}	n_{01}	r_{01}	d_{11}	n_{11}	r_{11}
2	d_{02}	n_{02}	r_{02}	d_{12}	n_{12}	r_{12}
$\vdots$	$\vdots$	$\vdots$	$\vdots$	$\vdots$	$\vdots$	$\vdots$
K	d_{0K}	n_{0K}	r_{0K}	d_{1K}	n_{1K}	r_{1K}
Summe	d_{0+}	n_{0+}	r_{0+}	d_{1+}	n_{1+}	r_{1+}

Zur Bereinigung von der Inhomogenität der Schichten bei beiden Gruppen konstruiert man eine Standardpopulation, deren Häufigkeiten und Raten zur Unterscheidung mit Großbuchstaben gekennzeichnet werden (Tabelle 7.8).

Die Standard- oder Vergleichspopulation erhält man entweder durch Vereinigung beider Gruppen (hier im Beispiel Raucher/Nichtraucher) oder als Population eines Landes oder Gebiets. Hierbei sind die $R_j = D_j/N_j$ schichtspezifische Raten und R_+ die rohe Rate.

7.8.2 Indirekte Methode der Standardisierung

Die indirekte Methode der Standardisierung kommt zur Anwendung, wenn die n_{ij} klein oder die r_{ij} unbekannt sind, weil d_{ij} oder n_{ij} unbekannt sind.

Tabelle 7.8. Daten der Standardpopulation

Schicht	Ereignisse	Unter Risiko	Rate
1	D_1	N_1	R_1
2	D_2	N_2	R_2
$\vdots$	$\vdots$	$\vdots$	$\vdots$
K	D_K	N_K	R_K
	D_+	N_+	$R_+ = D_+/N_+$

Man bestimmt die erwartete Anzahl von Ereignissen (im Beispiel Sterbefälle) in den beiden zu vergleichenden Gruppen nach den schichtspezifischen Raten der Standardpopulation:

$$e_0 = \sum_{j=1}^{K} R_j n_{0j} \quad \text{bzw.} \quad e_1 = \sum_{j=1}^{K} R_j n_{1j} . \tag{7.23}$$

Dabei ist e_i $(i = 0, 1)$ die erwartete Anzahl der Ereignisse in der Gruppe i, wenn die schichtspezifischen Raten der Standardpopulation vorgelegen hätten. Somit erhält man die indirekt standardisierten rohen Raten

$$S_0 = R_+ \frac{d_{0+}}{e_0} \quad \text{bzw.} \quad S_1 = R_+ \frac{d_{1+}}{e_1} . \tag{7.24}$$

Als weiteres Maß kann man die indirekt standardisierten Mortalitätsquotienten

$$\text{SMR}_0 = \frac{d_{0+}}{e_0} \quad \text{bzw.} \quad \text{SMR}_1 = \frac{d_{1+}}{e_1} \tag{7.25}$$

betrachten, wobei

$$\text{SMR} = \frac{\text{beobachtete Anzahl der Ereignisse}}{\text{erwartete Anzahl der Ereignisse}}$$

ist.

Beispiel 7.8.2. (Fortsetzung von Beispiel 7.8.1). Als Standardpopulation wählen wir die Vereinigung der Gruppen Raucher und Nichtraucher (vgl. Tabelle 7.9). Wir berechnen die erwartete Anzahl von Sterbefällen in beiden Gruppen unter Annahme des Sterberisikos der Standardpopulation. Für die Nichtraucher erhalten wir

$$e_0 = \frac{4}{75\,800} \cdot 35\,200 + \frac{10}{27\,900} \cdot 15\,100 + \ldots + \frac{11}{9\,760} \cdot 8\,490 = 387.13$$

und analog für die Raucher

$$e_1 = \frac{4}{75\,800} \cdot 40\,600 + \frac{10}{27\,900} \cdot 12\,800 + \ldots + \frac{11}{9\,760} \cdot 1\,270 = 150.87.$$

Tabelle 7.9. Standardpopulation (Vereinigung von Rauchern und Nichtrauchern)

	Ereignisse	unter Risiko	Raten R_j
35–44	4	75 800	0.00005
45–54	10	27 900	0.00036
55–64	270	317 000	0.00085
65–74	243	221 000	0.00110
> 75	11	9 760	0.00113
	538	651 460	0.00083

Es gilt $e_0+e_1 = 538$. Die Gesamtzahl von $78+460 = 538$ Sterbefällen wird also durch indirekte Standardisierung durch Herausrechnen der unterschiedlichen Altersgruppenverteilung auf die beiden Gruppen neu aufgeteilt.

Für die indirekt standardisierten Mortalitätsquotienten erhalten wir

$$\text{SMR}_0 = \frac{78}{387.13} = 0.20 \quad \text{bzw.} \quad \text{SMR}_1 = \frac{460}{150.87} = 3.05.$$

Daraus berechnen wir die indirekt standardisierten Raten

$$S_0 = 0.00083 \cdot \text{SMR}_0 = 0.00017$$

und

$$S_1 = 0.00083 \cdot \text{SMR}_1 = 0.00253.$$

Die beiden indirekt standardisierten Raten unterscheiden sich also beträchtlich:

$$\frac{S_1}{S_0} = \frac{0.00253}{0.00017} = 14.88 = \frac{\text{Sterberate Raucher}}{\text{Sterberate Nichtraucher}}.$$

Hätten wir nur die rohen Sterberaten in Beziehung gesetzt, so hätten wir

$$\frac{\text{Sterberate Raucher}}{\text{Sterberate Nichtraucher}} = \frac{\frac{460}{207\,670}}{\frac{78}{443\,790}} = \frac{0.002215}{0.000176} = 12.60$$

erhalten. Durch die Korrektur, d. h. durch die Berücksichtigung der verschiedenen Altersverteilungen ist das Sterberatenverhältnis Raucher/Nichtraucher von 12.60 auf 14.88 gestiegen.

Beispiel 7.8.3. Wir vergleichen zwei Gruppen (BWL- und VWL-Studenten) bezüglich des Ereignisses '5 in der Statistikklausur', d. h. bezüglich des Ereignisses 'Klausur nicht bestanden'. Als Schichtungsvariable wählen wir die Leistungen bzw. Vorkenntnisse in Mathematik mit den möglichen Ausprägungen 'Mathematik-Leistungskurs', 'Mathematik-Grundkurs mit Note 2 oder 3' und 'Mathematik-Grundkurs mit Note 4 oder 5'.

BWL			
	Ereignisse		unter Risiko
	d_{0j}	n_{0j}	Rate r_{0j}
Mathe-Leistungskurs	5	100	0.050
Mathe Grundkurs, Note 2 oder 3	10	200	0.050
Mathe Grundkurs, Note 4 oder 5	20	300	0.067
	35	600	$r_{0+} = \frac{35}{600} = 0.058$

VWL			
	Ereignisse		unter Risiko
	d_{1j}	n_{1j}	Rate r_{1j}
Mathe-Leistungskurs	1	10	0.10
Mathe Grundkurs, Note 2 oder 3	50	100	0.50
Mathe Grundkurs, Note 4 oder 5	100	200	0.50
	151	310	$r_{1+} = \frac{151}{310} = 0.487$

Das Verhältnis beider Durchfallquoten vor Standardisierung ist

$$\text{VWL/BWL}: \frac{151/310}{35/600} = 8.35\,.$$

Wir wählen als Standardpopulation die Vereinigung beider Gruppen

D_j	N_j	R_j
6	110	$6/110$
60	300	$60/300$
120	500	$120/500$
186	910	$R_+ = \frac{186}{910} = 0.204$

Die erwarteten Anzahlen von 'Fünfern' bei Annahme der Durchfallquote der Standardpopulation sind mit der Methode der indirekten Standardisierung

$$e_{\text{BWL}} = \frac{6}{110} \cdot 100 + \frac{60}{300} \cdot 200 + \frac{120}{500} \cdot 300$$
$$= 5.45 + 40 + 72 = 117.455$$

bzw.

$$e_{\text{VWL}} = \frac{6}{110} \cdot 10 + \frac{60}{300} \cdot 100 + \frac{120}{500} \cdot 200$$
$$= 0.545 + 20 + 48 = 68.545\,.$$

Die standardisierten „Mortalitäts"-Quotienten lauten damit

$$\text{SMR}_{\text{BWL}} = \frac{35}{117.455} = 0.2980$$

$$\text{SMR}_{\text{VWL}} = \frac{151}{68.545} = 2.203\,.$$

Die indirekt standardisierten Raten sind dann

$$S_{\text{BWL}} = R_+ \cdot \text{SMR}_{\text{BWL}} = \frac{186}{910} \cdot \frac{35}{117.455} = 0.06091$$

$$S_{\text{VWL}} = R_+ \cdot \text{SMR}_{\text{VWL}} = \frac{186}{910} \cdot \frac{151}{68.545} = 0.45027 \,.$$

Das Verhältnis nach Standardisierung wird damit zu

$$\frac{S_{\text{VWL}}}{S_{\text{BWL}}} = \frac{0.45027}{0.06091} = 7.39 \,.$$

Nach Standardisierung bezüglich der Schichtungsvariablen „Vorkenntnisse in Mathematik" verringert sich das Verhältnis der Durchfallquoten VWL/BWL von 8.35 auf 7.39.

7.8.3 Direkte Standardisierung

Die direkt standardisierten Raten werden nach folgenden Formeln berechnet:

$$T_0 = \sum_{j=1}^{K} \frac{N_j}{N_+} r_{0j} \quad \text{bzw.} \quad T_1 = \sum_{j=1}^{K} \frac{N_j}{N_+} r_{1j} \,. \tag{7.26}$$

T_0 ist die rohe Sterberate in der Standardpopulation, wenn das Sterberisiko der Gruppe 0 zugrunde gelegt wird, T_1 ist analog die rohe Sterberate in der Standardpopulation, wenn das Sterberisiko der Gruppe 1 zugrunde gelegt wird. Die Differenz

$$T_0 - T_1 = \sum_{j=1}^{K} \frac{N_j}{N_+} (r_{0j} - r_{1j}) \tag{7.27}$$

misst den Unterschied in den Sterberaten der beiden Gruppen, projiziert auf die jeweils andere Gruppe als Standardpopulation.

Beispiel 7.8.4. Wir berechnen nun in Fortsetzung von Beispiel 7.8.2 die direkt standardisierten Raten für beide Subgruppen. Unter Zugrundelegung des Sterberisikos der Nichtraucher erhalten wir die rohe Sterberate der Standardpopulation

$$\begin{aligned}
T_0 &= \frac{75\,800}{651\,460} \cdot \frac{0}{35\,200} + \frac{27\,900}{651\,460} \cdot \frac{0}{15\,100} + \frac{317\,000}{651\,460} \cdot \frac{25}{214\,000} \\
&\quad + \frac{221\,000}{651\,460} \cdot \frac{49}{171\,000} + \frac{9\,760}{651\,460} \cdot \frac{4}{8\,490} \\
&= 0.00016
\end{aligned}$$

und analog $T_1 = 0.00260$ falls das Sterberisiko der Raucher zugrundegelegt wird. Zum Vergleich: in der Standardpopulation war die rohe Sterberate $R_+ = 0.00083$. Damit erhalten wir das Verhältnis der Mortalitätsrisiken als

$$\frac{T_1}{T_0} = \frac{0.00260}{0.00016} = 16.25 \,.$$

Nach Korrektur durch direkte Standardisierung erhöht sich das Sterberatenverhältnis Raucher/Nichtraucher von 12.60 auf 16.25. Die Ergebnisse der indirekten und der direkten Standardisierung stimmen also im Trend aber nicht in den Korrekturen selbst überein.

Beispiel 7.8.5. Die Säuglingssterblichkeit ist definiert als der Quotient

$$\frac{\text{Zahl der im ersten Lebensjahr gestorbenen Kinder}}{\text{Zahl der Geburten im selben Jahr}} \times 1\,000 \,.$$

Tabelle 7.10. Säuglingssterblichkeit in der Schweiz und in Quebec (Ackermann-Liebrich et al., 1986, S. 37)

Geburts-gewicht	j	R_j	Schweiz $\frac{N_j}{N_+}$	r_{0j}	Quebec $\frac{n_{0j}}{n_+}$	r_{0j}	$\frac{N_j}{N_+} \cdot r_{0j}$
$500 - 999$g	1	0.729	0.002	0.6570	0.003	0.001314
$1\,000 - 1\,499$g	2	0.248	0.005	0.2100	0.005	0.001050
$1\,500 - 1\,999$g	3	0.070	0.010	0.0540	0.012	0.000540
$2\,000 - 2\,499$g	4	0.019	0.037	0.0156	0.043	0.000577
$> 2\,500$g	5	0.002	0.946	0.0018	0.937	0.001702
			1.000		1.000	$T_0{=}0.005183$

Als Schichtung wählt man das Geburtsgewicht. Die rohe Sterberate ist dann die Säuglingssterblichkeit/1 000. Die rohen Sterberaten der Schweiz und der kanadischen Provinz Quebec sollen miteinander verglichen werden. Die rohen Sterberaten sind mit den Werten in Tabelle 7.10:

$$R_+ = 0.0051 \qquad \text{(Schweiz als Standardpopulation)}$$
$$\text{bzw. } r_{0+} = 0.0063 \qquad \text{(Quebec)} \,.$$

Damit erhalten wir für die Säuglingssterblichkeit die Werte 5.10 für die Schweiz und 6.30 für Quebec. Bei direkter Standardisierung von Quebec auf die als Standardpopulation gewählte Schweiz werden die Sterberaten von Quebec und die Schichtung des Geburtsgewichts in der Schweiz kombiniert, so dass wir die standardisierte Sterberate $T_0 = 5.18$ (bezogen auf 1 000) erhalten. T_0 ist also die an die Bedingungen der Schichtung der Schweiz angepasste rohe Sterberate von Quebec. Damit werden die Schweiz und Quebec bezüglich der rohen Sterberate vergleichbar: 5.10 bzw. 5.18.

Beispiel 7.8.6. Wir betrachten eine mögliche Strukturverschiebung in den Altersgruppen von einer Startpopulation zur Kontrollpopulation. Bei personen-

oder firmenbezogenen Langzeitstudien hat man typischerweise mit dem Ausfall von Einheiten (Drop-out) von der Startpopulation zur Kontrollpopulation zu rechnen.

Liegt eine Kovariable vor (hier mit Gruppe bezeichnet), so hängt das Ergebnis davon ab, ob in der Kontrollpopulation Veränderungen bezüglich der Besetzungen der Gruppen gegenüber der Startpopulation vorliegen, also ein nichtproportionaler Drop-out stattfand. Wir betrachten das folgende hypothetische Beispiel, dessen zugrundeliegende Daten in Tabelle 7.11 angegeben sind.

Tabelle 7.11. Daten zum hypothetischen Beispiel 7.8.6 zweier Gruppen

Standardpopulation		Kontrolle nach 3 Jahren			
Gruppe	N_j	n_{0j}	Ereignisse		
	N_+	n_+	d_{0j}	n_{0j}	r_{0j}
1	0.10	0.05	10	25	0.4
2	0.10	0.05	20	25	0.8
3	0.20	0.10	30	50	0.6
4	0.20	0.30	40	150	0.27
5	0.40	0.50	50	250	0.2
	1.00	1.00	150	500	0.3
			d_{0+}		r_{0+}

Die rohe Rate in der Kontrollpopulation ist $r_{0+} = 0.3$. Nach Korrektur auf die Gruppenverteilung der Startpopulation erhalten wir

$$T_0 = 0.4 \cdot 0.1 + 0.8 \cdot 0.1 + 0.6 \cdot 0.2 + 0.27 \cdot 0.2 + 0.2 \cdot 0.4 = 0.374 \,.$$

Mit dieser Rate muss gearbeitet werden, da sie den ungleichmäßigen Ausfall von Personen in den Gruppen korrigiert. Der Grund für die Korrektur nach oben liegt darin, dass die Gruppen 1, 2 und 3 mit hohem Risiko in der Kontrollgruppe jeweils mit 50 % unterrepräsentiert sind im Vergleich zur Standardpopulation.

Beispiel 7.8.7. Um die Wirkungsweise der direkten Standardisierung zu demonstrieren, betrachten wir das folgende extreme Beispiel, das die Daten in Tabelle 7.12 verwendet. Die Anwendung der direkten Standardisierung ergibt für die Umrechnung der Gruppe 1 auf die als Standardpopulation verwendete Gruppe 0

$$T_1 = r_{11} \cdot \frac{n_{01}}{n_{0+}} + r_{12} \cdot \frac{n_{02}}{n_{0+}} = 0.1 \cdot 0.1 + 0.8 \cdot 0.9 = 0.73 \,.$$

Umgekehrt liefert die Umrechnung der Gruppe 0 auf die als Standardpopulation verwendete Gruppe 1

$$T_0 = 0.8 \cdot 0.9 + 0.1 \cdot 0.1 = 0.73 \,.$$

In beiden Gruppen haben wir jeweils die Kombination von hohem Risiko (0.8) mit schwacher Besetzung (10 von 100) und von kleinem Risiko (0.1) mit hoher Besetzung (90 von 100). Damit führt die direkte Standardisierung in beiden Fällen zu übereinstimmenden Ergebnissen.

Tabelle 7.12. Daten zu Beispiel 7.8.7

Schicht	d_{0j}	n_{0j}	0 r_{0j}	n_{0j}/n_{0+}	d_{1j}	n_{1j}	1 r_{1j}	n_{1j}/n_{1+}
1	8	10	0.8	0.1	9	90	0.1	0.9
2	9	90	0.1	0.9	8	10	0.8	0.1
Summe	17	100	0.17	1.0	17	100	0.17	1.0
	d_{0+}	n_{0+}	r_{0+}		d_{1+}	n_{1+}	r_{1+}	

Betrachten wir nun eine hypothetische Veränderung der Gruppe 1 zu:

d_{1j}	n_{1j}	1 r_{1j}	n_{1j}/n_{1+}
16	90	0.17	0.9
1	10	0.1	0.1
17	100	0.17	1.0

Damit erhalten wir für die Gruppe 1 mit Gruppe 0 als Standardpopulation

$$T_1 = 0.17 \cdot 0.1 + 0.1 \cdot 0.9 = 0.11$$

bzw. unverändert für die Gruppe 0 mit Gruppe 1 als Standardpopulation

$$T_0 = 0.8 \cdot 0.9 + 0.1 \cdot 0.1 = 0.73 \ .$$

Die veränderten Daten in Gruppe 1 haben wir erzeugt, indem wir

• das Risiko in der ersten Schicht geringfügig auf 0.17 erhöht haben und
• das Risiko in der zweiten Schicht, die in Gruppe 0 stark besetzt ist, von 0.8 auf 0.1 gesenkt haben.

Durch die relativ geringfügig veränderten Ausgangsdaten fällt T_1 drastisch von 0.73 (vor Veränderung) auf 0.11.

7.9 Ereignisanalyse

7.9.1 Problemstellung

Eine statistische Erhebung kann als Querschnittanalyse die Werte von Merkmalen X, Y, . . . an Merkmalsträgern zu einem definierten Zeitpunkt oder Zeitabschnitt registrieren. Bei einer Längsschnittanalyse wird ein Merkmal

X über die Zeit (Y) beobachtet. Damit liegt ein zweidimensionales Merkmal (X, Y) vor. Falls ein diskretes Merkmal X mit den Ausprägungen x_i, $i = 1, \ldots, k$ Zustände beschreibt und das zweite Merkmal Y die Zeit zwischen Zustandswechseln (sogenannten Ereignissen) darstellt, heißt dieser spezielle Typ der Längsschnittsanalyse auch Ereignisanalyse. Dabei wird vorausgesetzt, dass die Zeit stetig gemessen wird. Die Ereignisanalyse wird – neben ihrem Hauptgebiet Medizin – zunehmend in Technik, Soziologie und Betriebs- und Volkswirtschaft eingesetzt.

Beispiele.

- Zuverlässigkeit von technischen Systemen (Lebensdauer von Glühlampen, Lebensdauer von LKW-Achsen bis zur ersten Reparatur).
  Zustände: intakt/nicht intakt
  Ereignis: Ausfall der Glühlampe bzw. der Achse
- Lebensdauer von kleinen Regionalbanken
  Zustände: Fortbestand einer kleinen Bank ja/nein
  Ereignis: Übernahme durch eine Großbank
- Zuverlässigkeit von zahnmedizinischen Implantaten
  Zustände: Funktionsfähigkeit ja/nein
  Ereignis: Extraktion

Wird die Zeit nur diskret gemessen, so spricht man von einer zeitgestaffelten Erhebung. Die drei Erhebungstypen sind in Abbildungen 7.4 bis 7.6 beispielhaft für das Merkmal X 'Erwerbszustand einer Person' dargestellt.

In Abbildung 7.4 ist der augenblickliche Erwerbszustand einer Person dargestellt, es sind weder die Entwicklung vor Zeitpunkt t, noch die Dauer zu erkennen, seit der sich die betrachtete Person in dem Zustand befindet.

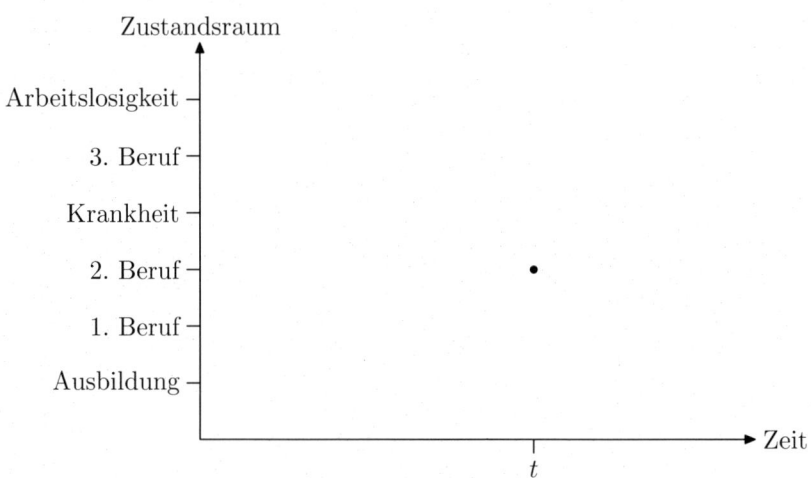

Abb. 7.4. Querschnittanalyse der beruflichen Entwicklung einer Person

Die zeitgestaffelte Untersuchung in Abbildung 7.5 bietet einen Einblick in die berufliche Entwicklung im Verlauf der Zeit. Es sind jedoch auch nur die Zustände zu erkennen, in der sich die betrachtete Person zu den vorgegebenen Zeitpunkten befindet.

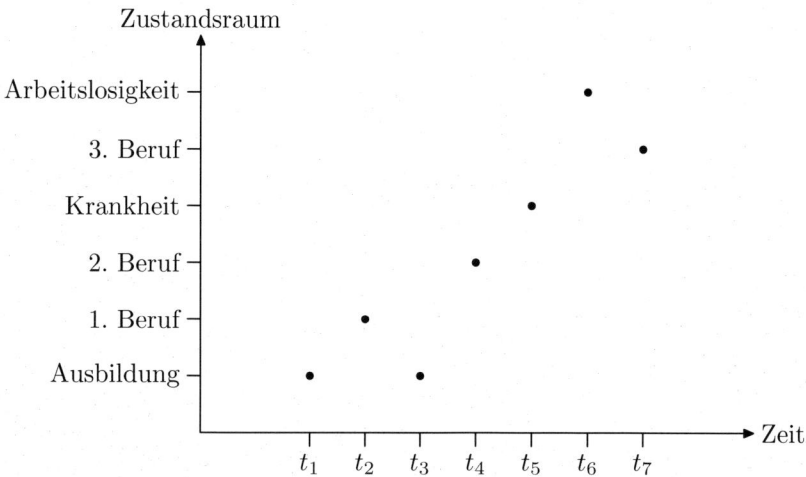

Abb. 7.5. Zeitgestaffelte Untersuchung über die berufliche Entwicklung einer Person

Abbildung 7.6 enthält im Gegensatz zu Abbildungen 7.4 und 7.5 zusätzlich auch die Information über das Andauern der verschiedenen Zustände.

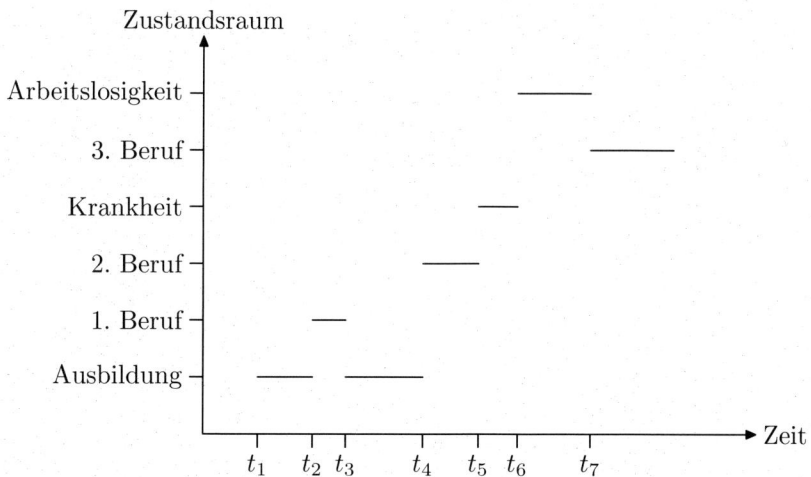

Abb. 7.6. Ereignisanalyse der beruflichen Entwicklung einer Person

Die zeitstetige Erhebung bietet die größtmögliche Information. Von speziellem Interesse sind zeitstetige Ereignisanalysen für ein Merkmal X, das nur zwei Zustände x_1 und x_2 annehmen kann. Man bezeichnet diesen Spezialfall auch als Lebensdaueranalyse, da diese statistische Methode für die Analyse der Sterblichkeit in einer Bevölkerung entwickelt wurde. Das Merkmal X kann in dieser Anwendung die beiden Merkmalsausprägungen $x_1 = 1$ (verstorben) und $X_2 = 0$ (nicht verstorben) annehmen.

Wir wollen uns im folgenden auf die Lebensdaueranalyse konzentrieren. Bei Lebensdaueranalysen wird ein **Studienende** festgelegt. Bezüglich eines Ereignisses (Ausfall der Glühlampe, Übernahme der kleinen Bank, Extraktion des Implantats) gibt es damit Einheiten, die zum Studienende noch ohne Ereignis sind. Ihre Verweildauer heißt **zensiert**. Auch die Verweildauer von Untersuchungseinheiten, die vor Studienende aus Gründen, die nicht notwendig mit der Untersuchung in Zusammenhang stehen, aus der Studie ausfallen, ist zensiert.

Ziel der Lebensdaueranalyse ist es, alle Information zu nutzen, die von jeder Einheit entsprechend ihrer tatsächlichen Verweildauer in der Studie geliefert wird. Die Verweildauer als Zusatzinformation wirkt somit gewichtend auf die Ereignisse, die bei der Kontingenztafel-Analyse lediglich gezählt werden.

Beispiel 7.9.1. Wir wollen an einem hypothetischen Beispiel die Nützlichkeit der Lebensdaueranalyse demonstrieren. Wir nehmen an, dass wir zwei Therapien A und B für eine Krankheit zur Verfügung haben. In einer Querschnittanalyse wird die folgende Tabelle der Sterblichkeit ermittelt.

	verstorben	geheilt	gesamt
A	20	80	100
B	80	20	100

Auf den ersten Blick ist Therapie A der Therapie B vorzuziehen. Hat man zusätzlich die Information, wann die Patienten nach Therapie A bzw. B verstorben sind, kann sich dieser Eindruck völlig verschieben. Nehmen wir folgenden Sachverhalt an:

	verstorben	Zeit bis zum Tod
A	20	10 Tage
B	80	1 Jahr

Dann erscheint natürlich Therapie B weniger risikoreich als Therapie A. Die grafische Darstellung würde typischerweise wie in Abbildung 7.7 aussehen.

7.9.2 Grundbegriffe der Lebensdaueranalyse

Die wesentliche Basis der Lebensdaueranalyse ist die Registrierung von Zustandswechseln zusammen mit den genauen Zeitpunkten der Zustandsänderung, so dass die Zustände entsprechend ihrer Verweildauer gewichtet werden. Die Lebensdaueranalyse untersucht die Verteilung von Lebensdauern,

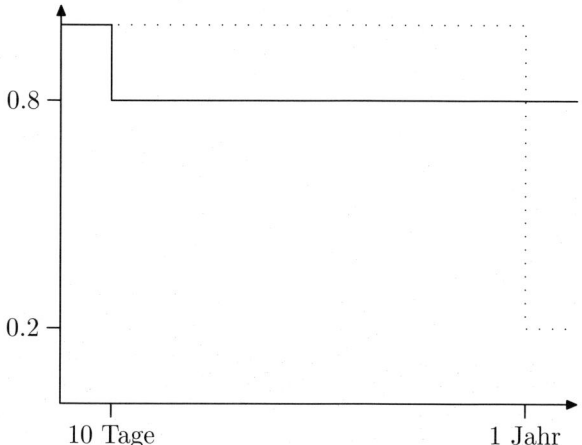

Abb. 7.7. Verläufe bei Therapie A (durchgezogene Linie) und Therapie B (gepunktete Linie)

die zwischen einem Ausgangs- und einem definierten Zielzeitpunkt beobachtet werden. Neben den Zuständen muss die Beobachtungseinheit festgelegt sein, z. B. Patient, Glühlampe, LKW-Achse, kleine Bank. Die Beobachtungseinheit kann während der Beobachtungszeit einen Zustandswechsel erfahren, wie zum Beispiel von intakt zu nicht intakt. Gemessen wird für jede Beobachtungseinheit das Zeitintervall von einem Ausgangszeitpunkt bis zum Eintreten des Zielzustands. Der interessierende Zustand wird immer diskret gemessen. Die Zeit hingegen ist stetig.

- Ausgangszeitpunkt: Eintritt der Beobachtungseinheit in die Untersuchung
- Endzeitpunkt: Austritt der Beobachtungseinheit aus der Untersuchung
- Verweildauer in einem Zustand: Zeitintervall bis zum Zustandswechsel

Der einfachste Fall mit nur zwei definierten Zuständen und damit nur einem möglichen Zustandswechsel (Ein-Episoden-Fall) – die Lebensdaueranalyse – ist auf viele Probleme anwendbar und soll deswegen hier behandelt werden. Zur Veranschaulichung wird folgendes Beispiel verwendet.

Beispiel 7.9.2. Wir untersuchen die Lebensdauer von Regionalbanken. Wir betrachten US-amerikanische Regionalbanken, die mit zwei Abwehrstrategien A bzw. B einer Übernahme durch eine Großbank entgegenwirken wollen. Die Strategien lauten

A: 90 % der Aktionäre müssen für eine Übernahme stimmen
B: Wechsel in einen anderen Eintragungsstaat (mit besserem gesetzlichen Schutz).

Ausgangszeitpunkt ist das Datum des Eintritts der jeweiligen Regionalbank in den Interessenverbund. Das Datum der letzten Rückmeldung der Bank ist in 11 Fällen identisch mit dem Eintreten des Ereignisses (Übernahme durch die Großbank). In den Fällen, in denen keine Übernahme stattfand, ist das Überleben der jeweiligen Regionalbank bis zur letzten Kontrolle erwiesen. Diese Beobachtungen sind durch das Untersuchungsende oder durch andere Gegebenheiten (Abbruch der Kontakte der Regionalbank zum Kooperationsverbund) zensiert. Die Zeit zwischen Eintritt und letztem Kontakt bzw. Übernahme wird festgehalten (Epsioden). Banken ohne Übernahme stehen nach Abschluss der Studie weiter unter Risiko. Da ihre Episoden nicht abgeschlossen wurden, sind diese Daten zensiert. Für die Banken mit Verlust der Eigenständigkeit sind die Episoden gleichzeitig die Verweildauern.

7.9.3 Empirische Hazardrate und Überlebensrate

Bei Lebensdaueranalysen sind drei Typen von Untersuchungseinheiten (z. B. Firmen, Patienten, Teilnehmer einer Umfrage etc.) zu unterscheiden: Solche, die

(i)   im Studienzeitraum ein Ereignis haben,
(ii) zum Studienende nachweislich ohne Ereignis sind,
(iii) im Studienzeitraum aus der Studie ausgefallen sind (aber aus Gründen, die nicht Gegenstand der Studie waren).

Die Gruppen (ii) und (iii) heißen Untersuchungseinheiten mit zensierter Verweildauer (vgl. Abbildung 7.8).

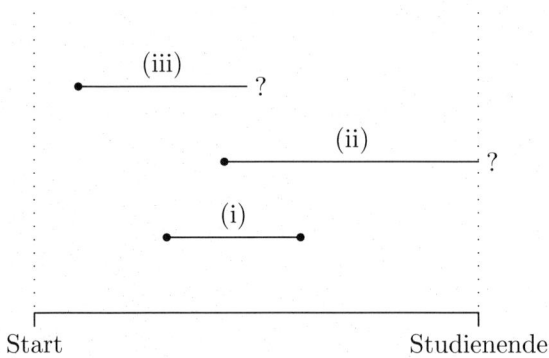

Abb. 7.8. (i) Untersuchungseinheit mit Ereignis, Zensierte Untersuchungseinheiten: (ii) Ausscheiden aus der Studie, (iii) zensiert durch Studienende

In Anlehnung an die Sterbetafel-Methode (grouped lifetable oder actuarial method), einem der klassischen Verfahren zur Analyse von Verweildauern, wird die Zeitachse in s Intervalle aufgeteilt:

$$[t_0, t_1) \,,\, [t_1, t_2) \,, \ldots, \, [t_{s-1}, t_s) \tag{7.28}$$

wobei $t_0 = 0$ und t_s der letzte Beobachtungszeitpunkt ist. Die Intervalle müssen dabei nicht gleich lang sein.

Für die Analyse liegen folgende Informationen vor:

N = Anzahl der Untersuchungseinheiten

d_t = Anzahl der Ereignisse zum Zeitpunkt t

w_t = Anzahl der Zensierungen zum Zeitpunkt t.

Entsprechend der Intervalleinteilung wird diese Information umgeformt zu:

d_k = Anzahl der Ereignisse im k-ten Intervall

w_k = Anzahl der Zensierungen im k-ten Intervall

R_k = Anzahl der unter Risiko stehenden Einheiten zu Beginn des k-ten Intervalls.

Die Anzahl R_k der zu Beginn des k-ten Intervalls unter Risiko stehenden Versuchseinheiten, d. h. aller Einheiten, die zu Beginn des Intervalls weder einen Zustandswechsel hatten noch zensiert sind, berechnet sich wie folgt:

$$R_1 = N , \tag{7.29}$$
$$R_k = R_{k-1} - d_{k-1} - w_{k-1} \quad (k = 2, \ldots, s) . \tag{7.30}$$

Das empirische Risiko für ein Ereignis im k-ten Intervall – unter der Bedingung, dass es erreicht wurde – wird berechnet durch den Quotienten

$$\lambda_k = \frac{d_k}{R_k - \dfrac{w_k}{2}} . \tag{7.31}$$

λ_k heißt auch empirische **Hazard-Rate**.

Bezeichnen wir mit p_k die empirische Überlebensrate für das k-te Intervall (unter der Bedingung, dass das $(k-1)$-te Intervall überlebt wird), so gilt

$$p_k = 1 - \lambda_k . \tag{7.32}$$

Die empirische Überlebensrate für das Überleben des 1. bis k-ten Intervalls ist dann

$$S(t_k) = p_k \cdot p_{k-1} \cdot \ldots \cdot p_1 \tag{7.33}$$
$$= (1 - \lambda_k)(1 - \lambda_{k-1}) \ldots (1 - \lambda_1). \tag{7.34}$$

$S(t_k)$ heißt auch empirische **Survivorfunktion**. Dabei gilt folgende Rekursivformel

$$S(t_k) = (1 - \lambda_k) \cdot S(t_{k-1}). \tag{7.35}$$

Beispiel 7.9.3. In der Medizin wird die Gefährlichkeit einer Krankheit u. a. durch Angabe ihrer Survivorfunktion in der Bevölkerung eingeschätzt. Wir betrachten folgendes Beispiel von Patienten mit Lungenkrebs und Hautkrebs. In der Tabelle 7.13 sind die Merkmale X mit den Ausprägungen $x = 1$ für

Tabelle 7.13. Datenmatrix zum Beispiel 7.9.3

Patient-Nr.	x_i	y_i	z_i	Patient-Nr.	x_i	y_i	z_i
1	1	1	1	11	0	4	2
2	1	2	1	12	0	6	2
3	1	3	1	13	0	6	2
4	1	3	1	14	0	7	2
5	1	5	1	15	0	7	2
6	1	6	1	16	0	7	2
7	0	6	1	17	0	9	2
8	0	6	1	18	0	10	2
9	0	7	1	19	1	10	2
10	0	8	1	20	1	13	2

'Patient verstorben', $x = 0$ für 'Patient zensiert' und Y als 'Zeit in Monaten bis zum Ereignis oder bis zur Zensierung' sowie Z mit den Ausprägungen $z = 1$ für 'Lungenkrebs' bzw. $Z = 2$ für 'Hautkrebs' angegeben.

Wir bestimmen z. B. für die Gruppe mit Lungenkrebs ($z = 1$) die empirische Hazardrate:

$$\lambda_1 = \frac{0}{10 - 0/2}$$
$$\lambda_2 = \frac{1}{10 - 0/2} \qquad \lambda_6 = \frac{1}{6 - 0/2}$$
$$\lambda_3 = \frac{1}{9 - 0/2} \qquad \lambda_7 = \frac{1}{5 - 2/2}$$
$$\lambda_4 = \frac{2}{8 - 0/2} \qquad \lambda_8 = \frac{0}{2 - 1/2}$$
$$\lambda_5 = \frac{0}{6 - 0/2} \qquad \lambda_9 = \frac{0}{1 - 1/2}$$

(Intervalle: [0,1), [1,2), ..., [8,9) Monate)

Beispiel 7.9.4. (Fortsetzung von Beispiel 7.9.2). Wir wollen die Berechnung der Survivorfunktionen anhand der in Tabelle 7.14 angegebenen Werte demonstrieren. Wir betrachten Strategie A und wählen z. B. das dritte Intervall, d. h. den Zeitraum [12 Monate, 18 Monate). Für Strategie A haben wir im ersten Intervall $d_1^A = 3$ Ereignisse und $w_1^A = 0$ Zensierungen, im zweiten Intervall sind $d_2^A = 0$ und $w_2^A = 0$. Damit stehen zu Beginn des dritten Intervalls $R_3^A = 11$ Einheiten (Regionalbanken mit Strategie A) unter Risiko. Die empirische Hazard-Rate für das dritte Intervall ist nach (7.31)

$$\lambda_3^A = \frac{d_3^A}{R_3^A - w_3^A/2} = \frac{1}{11 - 1/2} = 0.0952 \,.$$

Somit ist die empirische Überlebensrate für das dritte Intervall (vgl. (7.32)), nachdem es bereits erreicht wurde:

$$p_3^A = 1 - \lambda_3^A = 0.9048 \,.$$

Für die Intervalle 1 und 2 erhalten wir jeweils $\lambda_k^A = 0$ bzw. $p_k^A = 1$, da hier keine Ereignisse vorliegen, d. h. in diesen beiden Intervallen keine Banken mit Strategie A übernommen wurden. Die empirische Überlebensrate für das

Überleben des dritten Intervalls unter der Bedingung, dass das erste und das zweite Intervall überlebt wurden, ist dann (vgl. (7.35))

$$S^A(3. \text{ Intervall}) = p_3^A \cdot S^A(2. \text{ Intervall})$$
$$= 0.9048 \cdot 1 \cdot 1 = 0.9048$$

Tabelle 7.14. 'Überlebensdaten' von 26 amerikanischen Regionalbanken in Halbjahresintervallen

Nr.	Strategie	Dauer	Zensiert	Nr.	Strategie	Dauer	Zensiert
1	A	1	1	14	B	5	1
2	A	1	1	15	B	5	0
3	A	1	1	16	A	5	1
4	B	1	1	17	B	6	0
5	B	1	0	18	B	6	0
6	B	1	1	19	B	6	0
7	A	3	1	20	A	6	0
8	B	3	1	21	A	7	0
9	A	3	0	22	B	7	0
10	A	4	0	23	A	7	1
11	B	4	0	24	A	8	0
12	A	4	1	25	B	8	0
13	A	5	0	26	A	8	0

Die grafische Darstellung der empirischen Survivorfunktionen in Abbildung 7.9 vermittelt einen Eindruck vom zeitlichen Verlauf der Überlebensraten. Von besonderem Interesse sind solche Grafiken, wenn zwei oder mehr Gruppen gleichzeitig dargestellt werden. Es ist zu ersehen, dass Strategie B ein längeres 'Überleben' sichert, Strategie B ist also 'risikosenkend'.

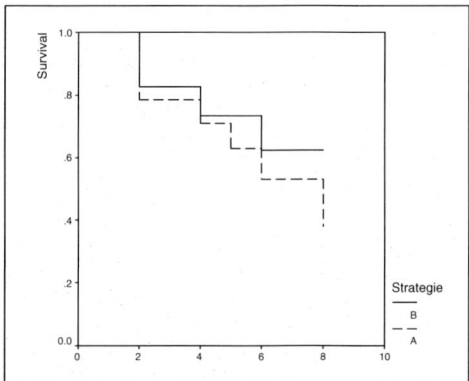

Abb. 7.9. Empirische Survivorfunktionen der 26 Banken mit Strategie A oder Strategie B

7.10 Aufgaben und Kontrollfragen

Aufgabe 7.1: Gegeben sind folgende Preismesszahlen (einfache Indizes für die Einfuhr von Rohöl zur Basis 1981):

Jahr	1981	1982	1983	1984	1985	1986	1987	1988	1989	1990
Preismesszahl	1.00	0.99	0.93	1.01	1.02	0.44	0.40	0.34	0.43	0.47

Berechnen Sie die entsprechenden Preismesszahlen zur Basis 1985.

Aufgabe 7.2: Ein Unternehmen produziert drei Güter A, B und C. Über die Verkaufspreise und -mengen sind folgende Angaben bekannt:

Gut	A	B	C
Umsatzanteile im Jahr 2000	10 %	30 %	60 %
Preismesszahlen für 2005 in %	120	130	150

Berechnen Sie den Preisindex nach Laspeyres (Basisjahr 2000, Berichtsjahr 2005).

Aufgabe 7.3: Der Preisindex nach Laspeyres für den Korb „Wohnungsmieten und Energie" kann aus den Subindizes für Wohnungsmieten und Energie errechnet werden. Der Ausgabenanteil für Wohnungen lag im Basisjahr 1995 bei 71 %. Der Subindex für Wohnungsmieten zur Basis 1995 für 2001 beträgt 117.3 %. Der Preisindex für Wohnungsmieten und Energie für 2001 zur Basis 2005 beträgt 109.7 %.
Wie ändert sich der Gesamtindex für Wohnungsmieten und Energie, wenn der Ausgabenanteil für Wohnungsmieten im Basisjahr 1985 nur 50 % betragen würde?

Aufgabe 7.4: Ein an Statistik interessierter Schokoladenfan notiert sich über drei Wochen hinweg, wieviele Tafeln (zu je 100 g) der Marke „weiß" bzw. „lila" er konsumiert:

	Woche 1	Woche 2	Woche 3
„weiß"	2	3	4
„lila"	6	3	5

Die Preise je Tafel betragen 49 Cent für „weiß" bzw. 79 Cent für „lila" und bleiben in den drei Wochen konstant. Der Schokoladenfan möchte einen Mengenindex für seinen Schokoladenkonsum zur Basiswoche 1 berechnen.

a) Berechnen Sie den Mengenindex nach Laspeyres für die Wochen 2 und 3.
b) Unterscheiden sich die Werte von Laspeyres- und Paasche-Index in diesem Beispiel? Begründen Sie Ihre Antwort.
c) Zu welchem Ergebnis kommen Sie unter b), wenn Sie die Preisindizes vergleichen? Begründen Sie Ihre Antwort.

Aufgabe 7.5: In einem Betrieb liege folgende Umsatzentwicklung vor:

t	0	1	2	3	4	5
q_t	100	150	300	400		
Q_t	1					

a) Bestimmen Sie die Umsatzindizes.

b) Zum Zeitpunkt 4 liege eine Steigerung der Indexzahl gegenüber Zeitpunkt 3 um 10 %, zum Zeitpunkt 5 eine Senkung um 10 % gegenüber Zeitpunkt 4 vor. Ist damit zum Zeitpunkt 5 der Zustand zum Zeitpunkt 3 wiederhergestellt?

Aufgabe 7.6: Ein Student der Philosophie jobbt nebenbei als Taxifahrer. Er möchte einen Preisvergleich und auch einen Mengenvergleich der wichtigsten Waren seines täglichen Bedarfs über die letzten 5 Jahre hinweg anzustellen, um zu sehen wie sich der 'Wert' seines über die Jahre gleich gebliebenen Nebeneinkommens entwickelt. Er stellt folgende Liste mit den wichtigsten Waren seines täglichen Bedarfs und ihrer Preise auf.

	Menge im Juli 1992	Menge im Juli 1997	Preis 1992 in DM je Mengeneinheit	Preis 1997 in DM je Mengeneinheit
Miete (warm)	1	1	560.−	580.−
Benzin in l	120	200	1.40	1.10
Bier in l	32	46	1.30	1.60
Zeitschriften (Zahl)	10	16	8.−	5.−
Brot in kg	8	4	1.80	3.20
Fleisch/Wurst (kg)	7	5	13.80	15.80
Obst/Gemüse (kg)	14	9	1.70	2.40
Zigarettenschachteln	30	10	4.−	5.−

Führen Sie einen Preis- und Mengenvergleich durch. Verwenden Sie für ihre Berechnungen die Strukturen von 1997 und kommentieren Sie die Ergebnisse.

8. Fehlende Daten

Zu Beginn wollen wir einen kleinen Rückblick auf das erste Kapitel (Grundlagen) machen. Wir erinnern uns, dass dort ein Kernsatz lautete: „Je höher die Qualität der erhobenen Daten ist, desto besser sind die Chancen für eine aussagekräftige statistische Analyse". Dabei hatten wir sehr viel Wert gelegt auf die **Planung vor einer Datenerhebung** in einer Studie oder in einem Experiment (Auswahl der geeigneten Untersuchungseinheiten, Festlegung der zu erhebenden Merkmale). In der Praxis taucht nun häufig das Problem auf, dass trotz aller Bemühungen bei der Erhebung der Daten die Ausprägungen eines oder mehrerer Merkmale an einigen, oft auch an vielen Untersuchungseinheiten, nicht erhoben werden konnten. Wir sind also **nach Erhebung der Daten** in der Situation, die wahren Merksmalsausprägungen nicht immer beobachtet zu haben.

Allerdings kommt es nicht immer ungewollt zu fehlenden Daten. Es kann auch der Fall auftreten, dass Daten per Design, also geplant fehlen. Beispielsweise sind in Fragebögen oftmals Verzweigungen eingebaut, die dazu führen, dass bestimmte Fragen nur dann beantwortet werden sollen, wenn eine andere Frage zuvor mit einer bestimmten Merkmalsausprägung beantwortet wurde. Als triviales Beispiel diene die Frage nach Anzahl und Alter der Kinder, die nur dann sinnvoll beantwortet werden kann, wenn die Frage „Haben Sie Kinder?" zuvor mit „ja" beantwortet wurde. Wir werden geplantes oder systematisches Fehlen allerdings nicht näher behandeln. In den fogenden Abschnitten 8.1 und 8.2 werden wir uns mit dem ungeplanten Fehlen von Daten beschäftigen.

8.1 Betrachtung eines einzelnen Merkmals

Im Folgenden wollen wir das Problem fehlender Daten zunächst durch univariate Betrachtungen anhand eines einführenden Beispiels erläutern.

Beispiel 8.1.1. Ein Unternehmen, welches davon überzeugt ist, dass motivierte und zufriedene Mitarbeiter wichtig für den Erfolg des Unternehmens sind, führt eine schriftliche, anonyme Befragung seiner Mitarbeiter hinsichtlich der Zufriedenheit am Arbeitsplatz durch. Eines der erhobenen Merkmale lautet:

„Sind Sie mit Ihrer Situation im Unternehmen eher zufrieden oder eher unzufrieden?" Es handelt sich dabei also um ein diskretes, genauer gesagt binäres
Merkmal mit zwei möglichen Merkmalsausprägungen: „eher zufrieden" oder
„eher unzufrieden". Von den 500 Mitarbeitern antworteten 240 „eher zufrieden", 150 „eher unzufrieden", aber 110 Mitarbeiter machten keine Angabe.
Typischerweise würde man die Datenverdichtung durch Prozentangaben vornehmen. Als grafische Darstellung käme ein Balken- oder Kreisdiagramm in
Frage. Eine einfache Möglichkeit ist, eine zusätzliche Kategorie „keine Angabe" einzuführen und in die deskriptive Analyse einzubeziehen. Statistische
Programmpakete dagegen ignorieren in der Grundeinstellung meist die fehlenden Daten. In SPSS erhält man zunächst das Balkendiagramm wie in Abbildung 8.1, wenn man Prozentzahlen (statt absoluter Häufigkeiten) wählt.

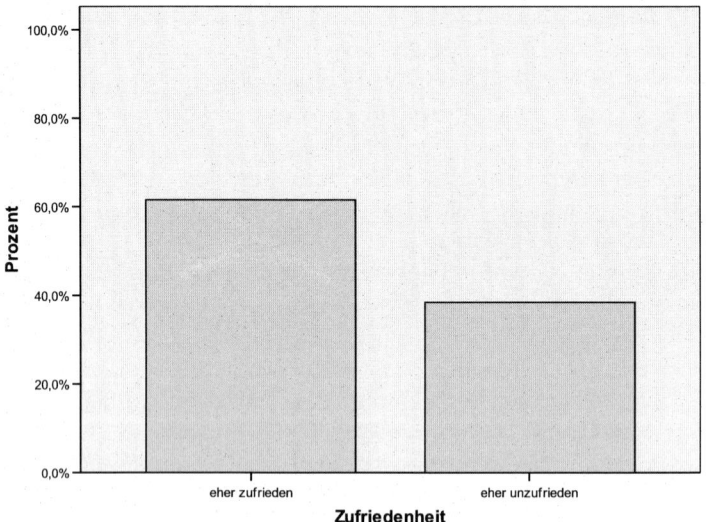

Abb. 8.1. Zufriedenheit mit der Situation im Unternehmen, fehlende Daten werden
ignoriert (Beispiel 8.1.1)

Eine vorschnelle Aussage ergäbe daher das Bild, dass mehr als 60% der
Mitarbeiter „eher zufrieden" mit ihrer Situation sind. Dieses Ergebnis ergibt
sich, wenn man die 110 fehlenden Angaben ignoriert und stattdessen mit der
verringerten Datenbasis von 390 (240+150) beobachteten Antworten arbeitet. Dann ergibt sich gerade, dass 240 von 390, also 61.5% der Mitarbeiter,
welche eine Antwort gaben, „eher zufrieden" sind, während 150 von 390, also
38.5% der Mitarbeiter, welche eine Antwort gaben, „eher unzufrieden" sind.
Wählt man dagegen die zusätzliche Option, dass fehlende Werte als eigene
Kategorie behandelt werden, erhält man das Balkendiagramm in Abbildung
8.2.

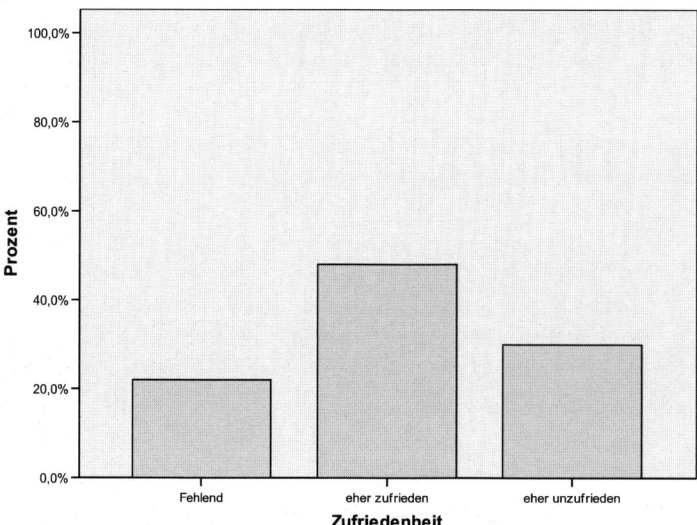

Abb. 8.2. Zufriedenheit mit der Situation im Unternehmen, fehlende Daten werden als eigene Kategorie dargestellt (Beispiel 8.1.1)

Die Prozentzahlen betragen jetzt

- 240 von 500, also 48% für „eher zufrieden"
- 150 von 500, also 30% für „eher unzufrieden"
- 110 von 500, also 22% für „keine Angabe"

Als Nebeneffekt ergibt sich dabei, dass sich die Differenz der Prozente von „eher zufrieden" und „eher unzufrieden" von 23% (61.5%-38.5%, Ignorieren der fehlenden Daten) auf 18% (48%-30%) verringert (Berücksichtigung der fehlenden Daten).

Wir stellen also fest, dass eine Analyse, die sich allein auf die vollständig beobachteten Daten stützt, zu Ergebnissen führen kann, die sich stark von denen unterscheiden, welche die fehlenden Daten berücksichtigen. Fehlende Daten führen also zu einem **Informationsverlust**. Das Unternehmen oder der mit der Auswertung beauftragte Statistiker wird mit der bisherigen Analyse sicher nicht zufrieden sein. Beide könnten beispielsweise folgende Fragen stellen:

- Warum haben 110 Mitarbeiter nicht geantwortet?
- Könnte die Nichtantwort mit der Zufriedenheit in Beziehung stehen?
- Haben vielleicht besonders unzufriedene Mitarbeiter nicht geantwortet, weil sie zum Beispiel der Aussage, dass die Erhebung anonym sei, nicht vertraut haben oder einfach keine Lust hatten zu antworten?
- Waren diese 110 Mitarbeiter zu sehr mit ihren Aufgaben beschäftigt und empfanden die Umfrage als störend, weil zeitraubend? Das würde vielleicht bedeuten, dass besonders engagierte Mitarbeiter (die dann sicher auch „eher zufrieden" sind) nicht geantwortet haben.

- Wurden Mitarbeiter schlicht vergessen, also die Umfrage trotz aller Bemühungen nicht ordentlich durchgeführt oder wurden Mitarbeiter nicht erreicht, weil sie beispielsweise gerade im Aussendienst tätig waren?

Es ist typisch für diese Art von Fragen oder Vermutungen, dass sie sich alle auf die eigentliche Fragestellung der Untersuchung beziehen, welche man durch die Erhebung gerade beantworten wollte und nun aber mit den verfügbaren Daten nicht ohne **weitere Annahmen, die vor der Erhebung nicht in Betracht gezogen wurden** eindeutig beantworten kann. In der Sprache der Statistik bedeutet das, dass wir, allerdings oft nicht überprüfbare, Annahmen über den sogenannten **Fehlendmechanismus** treffen müssen, um dem durch die fehlenden Daten entstandenen Informationsverlust zu begegnen. Der Fehlendmechanismus wird dabei durch Wahrscheinlichkeitsaussagen formuliert, was aber Gegenstand der induktiven Statistik ist. Daher wollen wir im Folgenden einen intuitiven Zugang verfolgen.

8.1.1 Behandlung fehlender Daten für ein binäres Merkmal

Im Folgenden beschränken wir uns zunächst auf ein binäres Merkmal, wobei wir das Beispiel 8.1.1 weiter analysieren wollen.

Best Case und Worst Case Analyse. Eine einfache Möglichkeit für ein diskretes univariates Merkmal wie in unserem Beispiel 8.1.1 ist die Betrachtung der extremen Fälle.

Beispiel 8.1.2 (Fortsetzung von 8.1.1). Eine Best Case Anlayse im Sinne unseres Unternehmens liegt dann vor, wenn wir annehmen, dass alle 110 Mitarbeiter, die nicht geantwortet haben, „eher zufrieden" sind. Dies würde zum maximal erreichbaren Wert von (240+110) von 500, also 70% zufriedenen Mitarbeitern führen. Analog führt eine im Sinne des Unternehmens worst case Analyse zu einem minimalen Anteil von „eher zufriedenen" Mitarbeitern, wenn wir annehmen, dass alle 110 Mitarbeiter, die nicht geantwortet haben, „eher unzufrieden" sind. In diesem Fall sinkt der Anteil „eher zufriedener" Mitarbeiter auf 240 von 500, also 48% und entspricht damit dem Wert, den wir auch bei unserer Analyse mit Einführung einer eigenen Kategorie für die fehlenden Daten erhalten haben. Wir erhalten also ein Intervall [48%, 70%], indem sich der wahre Anteil „eher zufriedener" Mitabeiter bewegen muss (natürlich nur, sofern alle, die geantwortet haben, wahrheitsgemäß geantwortet haben!)

Eine „mathematische" Formulierung des Problems. Wir wollen nun versuchen, das Problem etwas formaler zu behandeln. Wir kodieren das binäre Merkmal so, dass es entweder die Ausprägung 0 oder die Ausprägung 1 annehmen kann.

Beispiel 8.1.3 (Fortsetzung von 8.1.1). Wir definieren das binäre Merkmal X, so dass

$$x_i = \begin{cases} 1 \text{ wenn der Mitarbeiter } i \text{ „eher zufrieden" ist} \\ 0 \text{ wenn der Mitarbeiter } i \text{ „eher unzufrieden" ist} \end{cases}.$$

Wären die Daten vollständig, so würden wir durch

$$f_1 = \bar{x} = \frac{1}{500} \sum_{i=1}^{500} x_i$$

gerade den Anteil (relative Häufigkeit) f_1 der „eher zufriedenen" Mitarbeiter erhalten. Da aber 110 Mitarbeiter nicht geantwortet hat, erhalten wir

$$\begin{aligned} f_1 = \bar{x} &= \frac{1}{500} \left(\sum_{i=1}^{390} x_i^o + \sum_{i=1}^{110} x_i^m \right) \\ &= \frac{1}{500} \left(240 + \sum_{i=1}^{110} x_i^m \right) \\ &= 0.48 + \frac{1}{500} \sum_{i=1}^{110} x_i^m \,, \end{aligned}$$

wobei die Superskripte o und m für *observed*, also beobachtet und *missing*, also fehlend stehen. Jedes der x_i^m kann dabei entweder 1 oder 0 sein, allerdings kommt es nur auf die Anzahl der x_i^m an, die 1 bzw. 0 sind. Damit kann $\sum_{i=1}^{110} x_i^m$ ohne weitere Annahmen jeden ganzzahligen Wert in der Menge $\{0, 1, \dots, 110\}$ annehmen. Der Anteil f_1 kann in diesem Fall jeden Wert in der Menge $\{0.48 + \frac{0}{500}, 0.48 + \frac{1}{500}, \dots, 0.48 + \frac{110}{500}\}$ annehmen. Abbildung 8.3 veranschaulicht den Sachverhalt (wobei die diskreten Punkte durch eine Linie verbunden wurden und sich daher eine Gerade ergibt).

Diese Art der Darstellung erlaubt uns also, jede mögliche Aufteilung der nichtantwortenden Mitarbeiter in „eher zufriedene" und „eher unzufriedene" Mitarbeiter zu betrachten.

Verwendung von Vorwissen. Haben wir beispielsweise Vorwissen aus früheren Umfragen, so läßt sich dieses zusammen mit der Darstellung des vorhergehenden Abschnitts benutzen, um korrigierte Anteile zu berechnen, die näher „an der Wirklichkeit" sind als die Berechnungen basierend auf den vollständig beobachteten Daten.

Beispiel 8.1.4 (Fortsetzung von 8.1.1). Wenn wir wissen, dass der Anteil der „eher unzufriedenen" Mitarbeiter bei den nichtantwortenden Mitarbeitern sehr hoch ist, etwa um die 90%, dann können wir den tatsächlichen Anteil „eher zufriedener" Mitarbeiter wie folgt bestimmen: der Anteil „eher zufriedener" Mitarbeiter bewegt dann im Bereich um $(240 + (1 - 0.9) \cdot 110)$ von 500, also 50%.

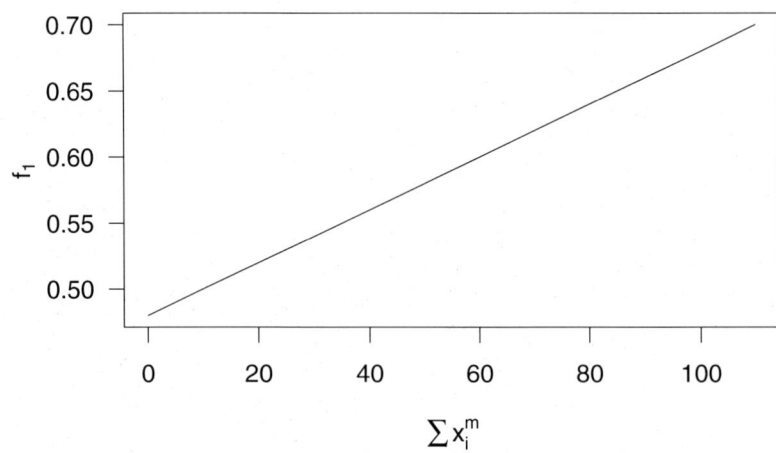

Abb. 8.3. Mögliche Anteile f_1 der „eher zufriedenen" Mitarbeiter in Abhängigkeit von der unbekannten Anzahl „eher zufriedener" Mitarbeiter in der Gruppe der 110 nichtantwortenden Mitarbeiter (Beispiel 8.1.1)

Ersetzung fehlender Werte unter der Annahme zufälligen Fehlens.
Eine weitere Idee besteht darin, für die fehlenden Werte Ersatzwerte zu verwenden, oder wie wir sagen, die fehlenden Werte zu imputieren. Im Prinzip wurde dies auch in den beiden vorangegangenen Abschnitten so gehandhabt: die Best (Worst) Case Analyse ist äqivalent dazu, alle fehlenden x_i^m ausschliesslich durch Einsen (Nullen) zu ersetzen. Im letzten Abschnitt haben wir untersucht, welche Werte f_1 bei Ersetzung durch eine variable Anzahl von Einsen und Nullen annehmen kann. Wir wollen nun die Annahme treffen, dass die Werte zufällig fehlen. Wie interpretiert man das in unserem Beispiel 8.1.1?

Beispiel 8.1.5 (Fortsetzung von 8.1.1). Wir interpretieren hier „zufällig" dahingehend, dass sich unter den nichtantwortenden 110 Mitarbeitern im gleichen Verhältnis „eher zufriedene" und „eher unzufriedene" Mitarbeiter befinden wie bei den 390 Mitarbeitern, die geantwortet haben. Diese Annahme wäre beispielsweise verletzt, wenn überwiegend „eher unzufriedene" Mitarbeiter die Antwort verweigern. In Zahlen: wir gehen davon aus, dass auch von den 110 Mitarbeitern in etwa 61.5%, also ungefähr 68 Mitarbeiter „eher zufrieden" sind und 42 „eher unzufrieden", wobei eine gewisse Streuung erlaubt ist (dies genau zu quantifizieren ist allerdings Aufgabe der induktiven Statistik). Ersetzen wir zum Beispiel zwischen 58 und 77 der fehlenden Werte durch Einsen, also durch „eher zufriedene" Mitarbeiter, erhalten wir einen Anteil zwischen (gerundet) 60% und 63% „eher zufriedener" Mitarbeiter.

Ersetzung fehlender Werte durch Lagemaße. Eine oft vorgeschlagene Methode ist, die fehlenden Werte durch Lagemaße, berechnet mit den vollständigen Daten, zu ersetzen. Hierbei kommen, je nach Skalenniveau, Modus, Median und arithmetisches Mittel in Frage. Wir wollen dazu wieder unser Beispiel betrachten.

Beispiel 8.1.6 (Fortsetzung von 8.1.1). Da ein binäres Merkmal vorliegt, liefern Modus und Median (wir können unser Merkmal „Zufriedenheit" als ordinal betrachten), angewendet auf die beobachteten Daten, hier das gleiche Ergebnis. Den 240 „eher zufriedenen" Mitarbeitern stehen 150 „eher unzufriedene" Mitarbeiter gegenüber. Damit gilt:

$$\bar{x}_M = 1 \qquad \tilde{x}_{0.5} = 1 \ .$$

Ersetzen wir damit alle fehlenden Werte, erhalten wir gerade das Ergebnis der Best Case Analyse aus Abschnitt 8.1.1. Die Verwendung des arithmetischen Mittels, also in diesem Fall der relativen Häufigkeit $\bar{x} = f_1 = 240/390$ als Ersetzungswert für alle fehlenden x_i^m, führt dazu, dass die vervollständigten Daten exakt die gleiche relative Häufigkeit f_1^* besitzen wie die beobachteten Daten:

$$
\begin{aligned}
f_1^* &= \frac{1}{500} \left(\sum_{i=1}^{390} x_i^o + \sum_{i=1}^{110} x_i^m \right) = \frac{1}{500} \left(240 + 110 f_1 \right) \\
&= \frac{1}{500} \left(240 + 110 \cdot \frac{240}{390} \right) = \frac{1}{500} \left(\frac{240 \cdot 390 + 110 \cdot 240}{390} \right) \\
&= \frac{1}{500} \left(\frac{240 \cdot (390 + 110)}{390} \right) = \frac{1}{500} \left(\frac{240}{390} \cdot 500 \right) = \frac{240}{390} \\
&= f_1 \ .
\end{aligned}
$$

Problem der Varianzunterschätzung bei Verwendung des arithmetischen Mittels. An dieser Stelle wollen wir zeigen, dass die Verwendung des arithmetischen Mittels zu einer Unterschätzung der Variabilität in den Daten führt. Die Varianz s^2 bei Verwendung der vollständig beobachteten Daten ist:

$$
\begin{aligned}
s^2 &= \frac{1}{390} \left(\sum_{i=1}^{390} (x_i^o)^2 - 390 \cdot f_1^2 \right) = \frac{1}{390} \left(240 - 390 \cdot \left(\frac{240}{390} \right)^2 \right) \\
&= \frac{240}{390} - \left(\frac{240}{390} \right)^2 = f_1 - f_1^2 = f_1 (1 - f_1) \\
&= 0.237 \ .
\end{aligned}
$$

Dabei haben wir ausgenutzt, dass für die binären, 0/1–kodierten Variablen x_i gilt: $x_i^2 = x_i$. Wir bemerken ausserdem das Ergebnis, dass $s^2 = f_1(1 - f_1)$.

Dagegen ergibt sich für die Varianz s^{2*} der vervollständigten Daten wegen $f_1 = f_1^*$ und der Ersetzung der x_i^m durch f_1:

$$s^{2*} = \frac{1}{500}\left(\sum_{i=1}^{390}(x_i^o - f_1)^2 - \underbrace{\sum_{i=1}^{110}(f_1 - f_1)^2}_{=0}\right)$$

$$= \frac{1}{500}\left(\sum_{i=1}^{390}(x_i^o)^2 - 390 \cdot f_1^2\right) = \frac{1}{500}\left(240 - 390 \cdot \left(\frac{240}{390}\right)^2\right)$$

$$= 0.185 .$$

Wichtig ist anzumerken, dass diese Varianz kleiner ist, als alle Varianzen, die sich durch alle möglichen Aufteilungen der 110 fehlenden Werte in Einsen und Nullen ergeben würden. Dieser Sachverhalt ist in Abbildung 8.4 veranschaulicht. Da $f_1(1 - f_1) \leq 0.25$ für $0 \leq f_1 \leq 1$ und $f_1(1 - f_1) = 0.25$ genau dann wenn $f_1 = 0.5$, wird das Maximum im Beispiel erreicht, wenn 10 der 110 nichtantwortenden Mitarbeiter zu den „eher zufriedenen" Mitarbeitern zugeordnet werden (dann ist $f_1 = 250/500 = 0.5$). Die minimale Varianz wird erreicht, wenn alle 110 nichtantwortenden Mitarbeiter den „eher zufriedenen" Mitarbeitern zugeordnet werden (dann ist $f_1 = 0.7$ und $f_1(1 - f_1) = 0.21$).

Bemerkung: Bei Verwendung des Modus oder des Medians erhält man gerade die minimal mögliche Varianz von 0.21.

Zuammenfassung. Wir wollen die Resultate der vorangegangenen Abschnitte für ein binäres Merkmal bezüglich der relativen Häufigkeit der „Eins" (ohne wesentliche Einschränkung: man könnte auch alles mit der relativen Häufigkeit der „Null" formulieren) kurz zusammenfassen:

• Das Ignorieren fehlender Daten führt zu Informationsverlust.

• Die Bestimmung der relativen Häufigkeit mittels der vollständigen Daten kann irreführend sein.

• Die relative Häufigkeit nimmt ohne weitere Annahmen keine eindeutige Zahl mehr an, sondern kann in einem Bereich (Intervall) liegen. Die Intervallgrenzen werden durch das best und worst case Szenario bestimmt.

• Durch zusätzliche Annahmen kann eine Präzisierung erreicht werden. Allerdings ist immer zu beachten, dass die Annahmen nicht aus den Daten abgeleitet werden können, sondern als zusätzliche Information (Vorwissen) benutzt werden. Dies gilt sowohl für die Annahme, dass die Daten zufällig fehlen, als auch für die Annahme, dass sich die Anteile in der Gruppe der Nichtantworter anders verhalten als in der Gruppe der Antworter.

• Die Ersetzung fehlender Werte durch das arithmetische Mittel führt zu falschen Ergebnissen für die Varianz. Die Varianz ist kleiner als alle Varianzen, die sich durch alle möglichen Aufteilungen der fehlenden Werte in Einsen und Nullen ergeben würden. Beim Modus und Median ergibt sich eine Varianz, die sich auch bei vollständigen Daten ergeben könnte.

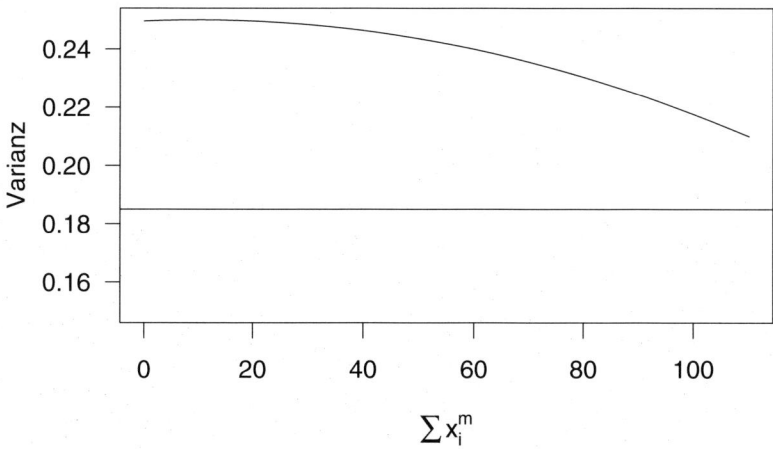

Abb. 8.4. Mögliche Varianzen in Abhängigkeit von der unbekannten Anzahl „eher zufriedener" Mitarbeiter in der Gruppe der 110 nichtantwortenden Mitarbeiter, die horizontale Linie ist die Varianz bei Ersetzung durch das arithmetische Mittel (Beispiel 8.1.1)

8.1.2 Behandlung fehlender Daten für ein nominales Merkmal

Hier können die Ergebnisse aus Abschnitt 8.1.1 sinngemäß übertragen werden. Zu beachten ist allerdings, dass die Verwendung des Medians und des arithmetischen Mittels für nominale Merkmale nicht angemessen ist. Als Beispiel für ein nominales Merkmal sei an die Variable „Verkehrsmittel" unserer Studentenbefragung in Kapitel 1 erinnert. Als *grafische Darstellung* bietet sich wiederum ein Balken– oder Kreisdiagramm an, welches um die zusätzliche Kategorie „Fehlende Angabe" erweitert wird.

Sodann lassen sich verschiedene Szenarien durchspielen, etwa wie sich die Anteile verändern, wenn alle fehlenden Daten *einer bestimmten* Merkmalsausprägung zugeschlagen werden, zum Beispiel der modalen Ausprägung in den beobachteten Daten. So kann man wieder Grenzen für die Anteile bestimmen, wenn wir dies für alle Merkmalsausprägungen durchspielen.

Die *Annahme zufälligen Fehlens* läßt sich in analoger Weise wie in Abschnitt 8.1.1 anwenden, indem wir die fehlenden Daten in etwa *gemäß der Anteile der beobachteten Daten* auf die verschiedenen Merkmalsausprägungen aufteilen. Sinngemäß kann auch Vorwissen über die Fehlendanteile verwendet werden.

Wir können daher auch für nominale Merkmale festhalten:

• Das Ignorieren fehlender Daten führt zu Informationsverlust.
• Die Bestimmung der relativen Häufigkeiten der einzelnen Merkmalsausprägungen mittels der vollständigen Daten kann irreführend sein.
• Die relativen Häufigkeiten nehmen ohne weitere Annahmen keine eindeutige Zahl mehr an, sondern können in einem Bereich (Intervall) liegen. Die
  Intervallgrenzen werden durch verschiedene best und worst case Szenarien
  bestimmt.
• Durch zusätzliche Annahmen kann eine Präzisierung erreicht werden. Allerdings ist immer zu beachten, dass die Annahmen nicht aus den Daten
  abgeleitet werden können, sondern als zusätzliche Information (Vorwissen)
  benutzt werden. Dies gilt sowohl für die Annahme, dass die Daten zufällig
  fehlen, als auch für die Annahme, dass sich die Anteile in der Gruppe der
  Nichtantworter anders verhalten als in der Gruppe der Antworter.

8.1.3 Behandlung fehlender Daten für ein ordinales Merkmal

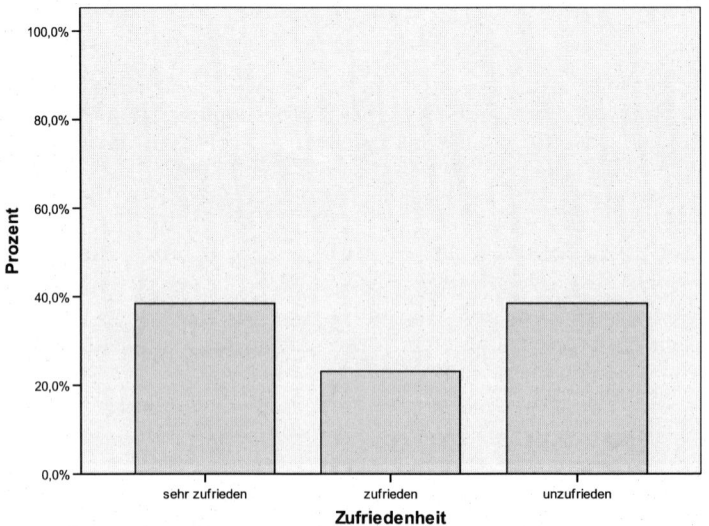

Abb. 8.5. Zufriedenheit mit der Situation im Unternehmen, fehlende Daten werden
ignoriert (Beispiel 8.1.7)

Auch hier können die Ergebnisse aus Abschnitt 8.1.1 und 8.1.2 sinngemäß
übertragen werden. Wir beschränken uns auf den Fall, dass das ordinale
Merkmal wenige Merkmalsausprägungen besitzt. Zu beachten ist, dass die
Verwendung des arithmetischen Mittels für ordinale Merkmale, im Gegensatz zur Vewendung bei binären Merkmalen, meist nicht angemessen ist. Im
Folgenden wandeln wir unser Beispiel 8.1.1 dahingehend ab, dass wir die Zufriedenheit auf einer Skala mit drei möglichen Ausprägungen messen: „Sehr
zufrieden", „zufrieden" und „unzufrieden".

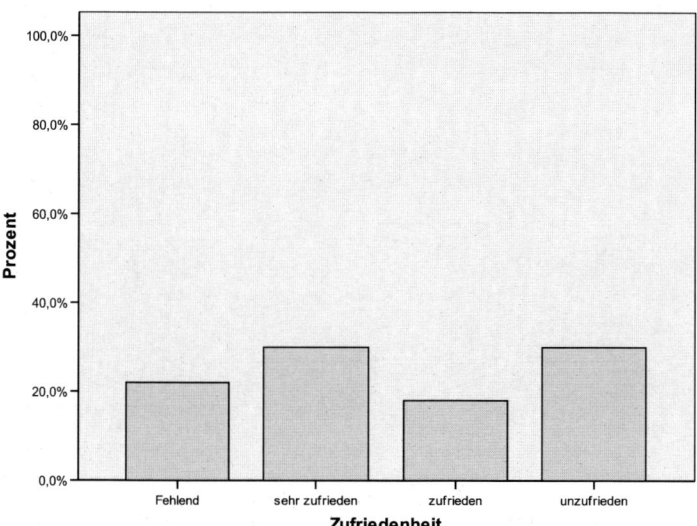

Abb. 8.6. Zufriedenheit mit der Situation im Unternehmen, fehlende Daten werden als eigene Kategorie dargestellt (Beispiel 8.1.7)

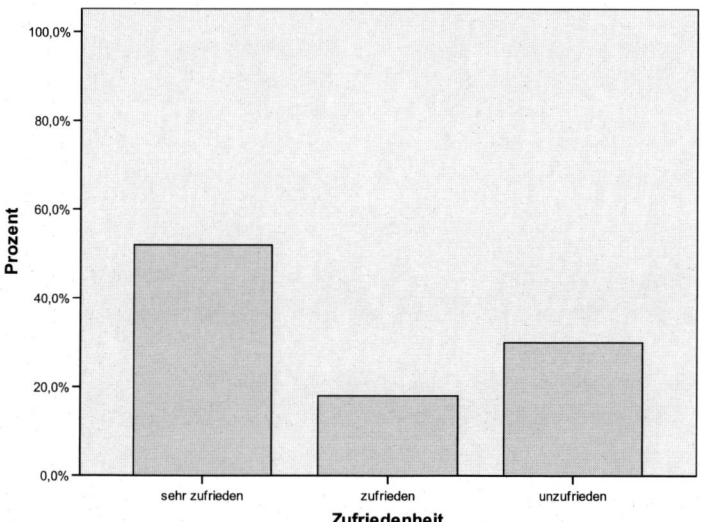

Abb. 8.7. Zufriedenheit mit der Situation im Unternehmen, best case Analyse (Beispiel 8.1.7)

Beispiel 8.1.7 (Abwandlung von Beispiel 8.1.1). Von den 500 Mitarbeitern antworteten 150 „sehr zufrieden", 90 „zufrieden", 150 „unzufrieden", 110 Mitarbeiter machten keine Angabe. Die Abbildungen 8.5 und 8.6 stellen den Sachverhalt grafisch dar.

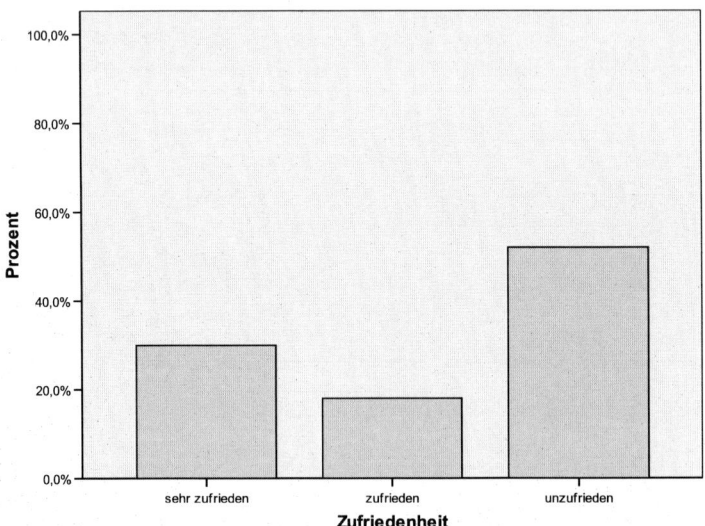

Abb. 8.8. Zufriedenheit mit der Situation im Unternehmen, worst case Analyse (Beispiel 8.1.7)

Eine im Sinne des Unternehmens *best case Analyse* erhält man, wenn von allen 110 fehlenden Daten angenommen wird, dass sie der Kategorie „sehr zufrieden" entsprechen. Das Ergebnis ist in Abbildung 8.7 dargestellt. Eine *worst case Anlayse* geht analog davon aus, dass alle 110 fehlenden Daten der Kategorie „unzufrieden" zugeordnet werden können. Das Ergebnis ist in Abbildung 8.8 dargestellt. Wir erhalten:

- Die Kategorie „sehr zufrieden" hat im besten Fall einen Anteil von 52%, im schlechtesten Fall 30%.
- Die mittlere Kategorie „zufrieden" hat bei beiden Betrachtungen den gleichen Anteile von 18%.
- Die Kategorie „unzufrieden" hat im besten Fall einen Anteil von 30%, im schlechtesten Fall einen Anteil von 52%.

Die *Annahme zufälligen Fehlens* läßt sich in analoger Weise wie in Abschnitt 8.1.1 anwenden, indem wir die fehlenden Daten in etwa *gemäß der Anteile der beobachteten Daten* auf die verschiedenen Merkmalsausprägungen aufteilen. In unserem Fall sind die beobachteten Anteile 38.46% für „sehr zufrieden", 23.08% für „zufrieden" und 38.46% für „unzufrieden". Eine Aufteilung der 110 fehlenden Werte gemäß dieser Anteile ergibt sich näherungsweise dadurch, dass wir 42 Personen als „sehr zufrieden", 26 Personen als „zufrieden" und 42 Personen als „unzufrieden" einstufen.

Sinngemäß kann auch *Vorwissen* über die Fehlendanteile verwendet werden.

Für eine *Imputation der fehlenden Daten durch Lagemaße* bieten sich für ordinale Daten grundsätzlich der Modus und der Median der beobachteten

Daten an. Das arithmetische Mittel ist eher nicht zu empfehlen, wenngleich auch wir wissen, dass es häufig für ordinale Daten verwendet wird (Beispiel Schulnoten).

Der Modus ist in unserem Beispiel nicht eindeutig definiert, da sowohl die Kategorie „sehr zufrieden" als auch die Kategorie „unzufrieden" die gleiche Anzahl von Beobachtungen (150) haben. Grundsätzlich ist aber der Effekt einer Ersetzung durch den Modus, sofern er eindeutig wäre, leicht zu beschreiben: die in den beobachteten Daten am stärksten besetzte Kategorie wird bezüglich ihres Anteils im Verhältnis zu allen anderen Kategorien auf ihren maximalen Wert erhöht, ähnlich der best/worst case Analyse.

Für die Ersetzung durch den Median dient folgende Überlegung: Für die Rangordnung „unzufrieden" $\prec$ „zufrieden" $\prec$ „sehr zufrieden" und Kodierung

$$x_i = \begin{cases} 1 \text{ wenn der Mitarbeiter „unzufrieden" ist} \\ 2 \text{ wenn der Mitarbeiter „zufrieden" ist} \\ 3 \text{ wenn der Mitarbeiter „sehr zufrieden" ist} \end{cases}$$

ergibt sich die Rangreihe der beobachteten Daten als

$$1 = x_{(1)} = \ldots = x_{(150)} < 2 = x_{(151)} = \ldots = x_{(240)} < 3 = x_{(241)} = \ldots = x_{(390)} .$$

Damit ist der Median $\tilde{x}_{0.5} = \frac{1}{2}(x_{(195)} + x_{(196)}) = 2$. Die Ersetzung durch den Median ist also äquivalent dazu, alle 110 fehlenden Daten der Kategorie „zufrieden" zuzuordnen. Entsprechend erhält man dadurch die Anteile

- 30% „unzufriedene" Mitarbeiter
- 40% „zufriedene" Mitarbeiter
- 30% „sehr zufriedene" Mitarbeiter

im imputierten Datensatz.

Ähnlich der zu kleinen Varianz bei Ersetzung durch das arithmetische Mittel im Abschnitt 8.1.1 kann man diesen Effekt bei der Ersetzung durch den Median in Bezug auf das Streuungsmaß *mittlere absolute Abweichung vom Median* beobachten. Die Imputation mit dem Median führt hier (ohne Beweis) zur kleinsten mittleren absoluten Abweichung vom Median, die sich bei allen möglichen Imputationen ergeben kann. Es gilt für die beobachteten Daten: $\tilde{d}_{0.5} = \frac{1}{390}(150 + 0 + 150) = 0.769$. Ersetzt man alle fehlenden Werte durch den Median 2, erhält man: $\tilde{d}_{0.5} = \frac{1}{500}(150 + 0 + 150) = 0.6$.

Anmerkung: Ist man einer Kategorie im Speziellen interessiert, so lassen sich die Daten entsprechend binarisieren. Sind wir beispielsweise besonders am Anteil der Kategorie „sehr zufrieden" interessiert, so können wir die Daten gemäß „sehr zufrieden" und „nicht sehr zufrieden" aufteilen und anschließend alle Betrachtungen aus Abschnitt 8.1.1 durchführen.

Auch hier können wir also zusammenfassend feststellen:

- Das Ignorieren fehlender Daten führt zu Informationsverlust.

- Die Bestimmung der relativen Häufigkeiten der einzelnen Merkmalsausprägungen mittels der vollständigen Daten kann irreführend sein.
- Die relativen Häufigkeiten nehmen ohne weitere Annahmen keine eindeutige Zahl mehr an, sondern können in einem Bereich (Intervall) liegen. Die Intervallgrenzen werden durch verschiedene best und worst case Szenarien bestimmt.
- Durch zusätzliche Annahmen kann eine Präzisierung erreicht werden. Allerdings ist immer zu beachten, dass die Annahmen nicht aus den Daten abgeleitet werden können, sondern als zusätzliche Information (Vorwissen) benutzt werden. Dies gilt sowohl für die Annahme, dass die Daten zufällig fehlen, als auch für die Annahme, dass sich die Anteile in der Gruppe der Nichtantworter anders verhalten als in der Gruppe der Antworter.
- Imputation durch den Median führt zur kleinst möglichen mittleren absoluten Abweichung vom Median $\tilde{d}_{0.5}$.

8.1.4 Behandlung fehlender Daten für ein metrisches Merkmal

Wir erinnern uns an die Definition der metrischen Skala in Abschnitt 1.2. Metrisch skalierte Merkmale können intervallskaliert, verhältnisskaliert oder absolut skaliert sein. Dabei müssen metrisch skalierte Merkmale nicht immer (quasi-)stetige Merkmale sein. Auch Anzahlen, beispielsweise die Anzahl von Verkehrsunfällen mit Fußgängern im Jahr 2005 in Deutschland, sind metrisch skaliert. Als einfaches Beispiel wollen wir nochmals die Gehaltsdaten aus Beispiel 3.1.8 heranziehen.

Beispiel 8.1.8 (Fortsetzung von Beispiel 3.1.8). Dort wurde als Merkmal X das 'monatliche Gehalt (in EUR) in einem Unternehmen an 6 Führungskräften betrachtet. Die beobachteten Merkmalsausprägungen x_i sind im Folgenden nochmals angegeben.

$$
\begin{array}{cc}
i & x_i \\
\begin{pmatrix} 1 \\ 2 \\ 3 \\ 4 \\ 5 \\ 6 \end{pmatrix} & \begin{matrix} 3\,442 \\ 2\,195 \\ 4\,500 \\ 3\,871 \\ 2\,810 \\ 4\,150 \end{matrix}
\end{array}
$$

Als durchschnittliches Gehalt je Mitarbeiter hatten wir $\bar{x} = 3\,494.67$ EUR errechnet. Wir wollen nun im Folgenden annehmen, dass die Daten nicht beim Unternehmen direkt erhoben wurden, sondern durch eine Befragung der 6 Personen. Typischerweise gehören Fragen nach dem Einkommen zu den „sensiblen" Fragen, wo damit zu rechnen ist, dass die Selbstauskunft aus der Sicht der befragten Personen unerwünscht ist und daher diese Fragen (zum Beispiel als Teil eines umfangreicheren Fragebogens) gar nicht oder nicht wahrheitsgemäß beantwortet werden. Wie in den vorherigen Abschnitten wollen wir nur den Fall betrachten, dass einige Personen die Auskunft verweigern, nicht aber den Fall einer Falschauskunft. Die *geordnete* Beobachtungsreihe lautet dann

$$
\begin{array}{cc}
i & x_{(i)} \\
\begin{pmatrix}
1 & 2\,195 \\
2 & 2\,810 \\
3 & 3\,442 \\
4 & 3\,871 \\
5 & 4\,150 \\
6 & 4\,500
\end{pmatrix}
\end{array}
$$

Wir nennen diese Beobachtungsreihe im Folgenden die „hypothetisch vollständigen Daten". Hypothetisch meint, dass diese Reihe den „wahren" Daten im Unternehmen entspricht, welche wir aber nicht vollständig beobachten können. Wir wollen also nun annehmen, dass einer oder mehrere der Mitarbeiter die Auskunft verweigern und wieder verschiedene Szenarien diskutieren.

Verhalten wichtiger statistischer Kennzahlen bei Ersetzung fehlender Werte. Während bei Merkmalen mit wenigen diskreten Ausprägungen eine Best/Worst Case Analyse möglich ist (wenngleich nur sinnvoll für binäre und ordinale Merkmale), ist dies bei einem metrischen Merkmal durch folgenden Sachverhalt erschwert: wir kennen nicht alle tatsächlich möglichen Ausprägungen, insbesondere oft nicht die minimal beziehungsweise maximal möglichen Ausprägungen. Daher wird eine solche Analyse nur durch zusätzliche Annahmen möglich.

Beispiel 8.1.9 (Fortsetzung von Beispiel 3.1.8). Angenommen, (nur) die Führungskraft mit dem höchsten Gehalt (4500 EUR) weigert sich, Auskunft zu geben. Da wir ja diesen „wahren" Wert nicht kennen, haben wir wieder im einfachsten Fall die Möglichkeit, nur die *vollständig beobachteten* Fälle zu verarbeiten. D.h. unsere beobachtete Reihe ist jetzt

$$
\begin{array}{ccc}
i & x_{(i)} & \text{Status o: beobachtet, m: fehlend} \\
\begin{pmatrix}
1 & 2\,195 & o \\
2 & 2\,810 & o \\
3 & 3\,442 & o \\
4 & 3\,871 & o \\
5 & 4\,150 & o \\
6 & ? & m
\end{pmatrix}
\end{array}
$$

In Tabelle 8.1 haben wir die Kenngrößen arithmetisches Mittel, Varianz, Median und mittlere absolute Abweichung vom Median gegenübergestellt. Erwartungsgemäß, da ja gerade der größte Wert nicht beobachtet wurde, sind arithmetisches Mittel und Median zu klein im Vergleich zu den wahren Daten. Gleiches trifft für die Varianz und die mittlere absolute Abweichung vom Median zu. Selbst wenn wir nun, zum Beispiel durch externes Vorwissen, davon ausgehen, dass eher gutbezahlte Führungskräfte die Auskunft verweigern,

Tabelle 8.1. Kennzahlen aller 6 Gehälter und nur der 5 Gehälter ohne die Führungskraft mit dem höchsten Gehalt

Szenario	Mittelwert	Varianz	Median	Mittlere absolute Abweichung vom Median
6 Gehälter	3494.67	623743.20	3656.50	679.00
5 Gehälter	3293.60	505925.00	3442.00	603.20

hilft uns dies für unsere gewünschte Analyse, zum Beispiel die Berechnung einer Obergrenze für den Gehaltsdurchschnitt, nicht viel weiter, solange wir nicht eine sinnvolle Obergrenze für das Gehalt kennen. Entsprechende Überlegungen in die andere Richtung sind analog: angenommen, unser Vorwissen ist dahingehend, dass eher niedrig bezahlte Führungskräfte die Auskunft verweigern, so benötigen wir für die Berechnung eventueller Untergrenzen für den Gehaltsdurchschnitt Annahmen für ein minimales Gehalt. Zwar existiert in diesem Fall die natürliche Untergrenze 0, die aber vermutlich nicht sehr realistisch ist.

Abbildung 8.9 zeigt die Funktion für das *arithmetische Mittel*, wenn wir für den fehlenden Wert nur Werte im Bereich von 2000 EUR bis 5000 EUR zulassen, also ein Intervall vorgeben, indem sich der fehlende Wert befinden soll. Diese Funktion ist linear im fehlenden Wert x_6^m, denn es gilt:

$$\bar{x} = \frac{1}{6}\sum_{i=1}^{6} x_i = \frac{1}{6}\left(\sum_{i=1}^{5} x_i^o + x_6^m\right)$$
$$= \frac{1}{6}\sum_{i=1}^{5} x_i^o + \frac{1}{6}x_6^m = \frac{1}{6}16468 + \frac{1}{6}x_6^m$$
$$= 2744.67 + \frac{1}{6}x_6^m \ .$$

Das Minimum des arithmetischen Mittels wird bei einem angenommenen fehlenden Wert von 2000 EUR erreicht, nämlich 3078 EUR, das Maximum 3578 EUR bei einem angenommenen fehlenden Wert von 5000 EUR. Das Fehlen eines einzelnen Werts kann also, trotz plausibler Annahmen über den Bereich, in dem sich dieser Wert befinden soll, erhebliche Unschärfe erzeugen.

Analoge Überlegungen für den *Median*, basierend auf dem gleichen Intervall von 2000 EUR bis 5000 EUR führen zu Abbildung 8.10. Der Kurvenverlauf ergibt sich durch die Definition des Medians. Bei 6 Werten ist dieser definiert durch $\tilde{x}_{0.5} = \frac{1}{2}(x_{(3)} + x_{(4)})$. Man erhält in diesem Beispiel den „wahren" Median von 3656.50 EUR, also den Median aus unserer hypothetisch vollständigen Beobachtungsreihe genau dann, wenn der ersetzte Wert größer oder gleich $x_{(4)}$ (3871 EUR) ist, da sich in diesem Bereich $x_{(3)}$ und $x_{(4)}$ nicht ändern. Hier zeigt sich wieder die Robustheitseigenschaft des Medians. Selbst wenn das fehlende Gehalt in Wirklichkeit 1 000 000 EUR beträgt, würden wir immer diesen Wert erhalten. Im Bereich kleiner als 3871

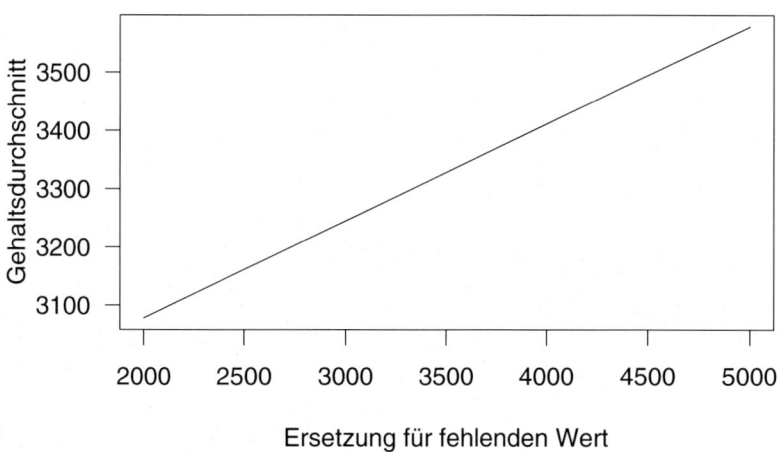

Abb. 8.9. Artihmetisches Mittel der Gehälter in Abhängigkeit des ersetzten Werts, wobei ein zulässiger Bereich von 2000 EUR bis 5000 EUR angenommen wurde (Beispiel 8.1.9)

EUR allerdings ändern sich $x_{(3)}$ und/oder $x_{(4)}$ und wir erhalten ein abweichendes Ergebnis. Beispielsweise erhält man bei Ersetzung mit dem Wert 2000 EUR die geordnete Reihe $(2\,000, 2\,195, 2\,810, 3\,442, 3\,871, 4\,150)$ und damit als Median $\tilde{x}_{0.5} = \frac{1}{2}(2810 + 3442) = 3126$ (EUR). Wir erhalten in diesem Beispiel also auch für den Median einen großen Unschärfebereich.

Abschließend wollen wir noch die entsprechenden Abbildungen für die *Varianz* beziehungsweise die *Standardabweichung* und die *mittlere absolute Abweichung* betrachten. Abbildung 8.11 zeigt den Effekt, dass eine Ersetzung des fehlenden Werts durch das arithmetische Mittel der *beobachteten* Daten zur kleinsten Varianz (Standardabweichung) führt: 421604.20 EUR^2 (649.31 EUR) gegenüber dem „wahren" Wert von 623743.20 EUR^2 (789.77 EUR). Auch dies kann durch mathematisch einfache Berechnungen hergeleitet werden. Abbildung 8.12 zeigt die mittlere absolute Abweichung vom Median. Hier ergibt sich das Minimum 502.67 EUR beim Median der *beobachteten* Daten, also bei 3442 EUR. Also auch die Ersetzung fehlender Werte durch den Median der beobachteten Daten führt zu einer zu kleinen Streuung, wenn man das dem Median angemessene Streuungsmaß verwendet. Ausserdem erkennt man, dass dieses Streuungsmaß nicht mehr die dem Median zugeschriebene Robustheitseigenschaft besitzt, da auch die mittlere absolute Abweichung vom Median „rechts" vom Minimum je größer wird, je größer der angenommene ersetzte Wert ist.

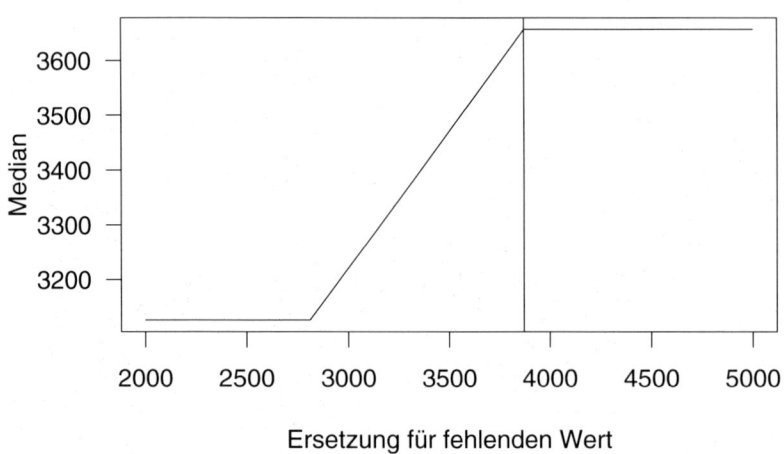

Abb. 8.10. Median der Gehälter in Abhängigkeit des ersetzten Werts, wobei ein zulässiger Bereich von 2000 EUR bis 5000 EUR angenommen wurde. Die senkrechte Linie ist bei 3871 EUR. (Beispiel 8.1.9)

Ersetzung fehlender Werte unter der Annahme zufälligen Fehlens.
Für binäre, nominale und ordinale Daten hatten wir bisher so argumentiert, dass die Annahme zufälligen Fehlens bedeutet, dass die relativen Häufigkeiten in den fehlenden Daten etwa denen bei den beobachteten Daten entsprechen. Für metrische Merkmale brauchen wir einen anderen Zugang, da relative Häufigkeiten hier wenig Sinn machen. Eine Idee ist, auf die empirische Verteilungsfunktion der beobachteten Daten zurückzugreifen. Man kann dann zufälliges Fehlen dahingehend interpretieren, dass die empirische Verteilung in den fehlenden Daten „ähnlich" verläuft wie in den beobachteten Daten. Die konkrete Umsetzung eines solchen Verfahrens erfordert in der Regel (ausser bei sehr kleinen Stichprobenumfängen) die Verwendung eines Zufallszahlengenerators. Wir „ziehen" dann zufällige Ersetzungswerte, welche der empirisch beobachteten Verteilung folgen. Solche Verfahren sind als sogenannte *Bootstrap–Verfahren* bekannt. Eine genauere Beschreibung dieser Verfahren würde allerdings den Umfang dieser Einführung übersteigen.

Zusammenfassend halten wir fest:

• Sensitivitätsanalysen bei metrischen Merkmalen sind schwer bis unmöglich, wenn keine weiteren Zusatzinformationen verfügbar sind, wie zum Beispiel Intervalle, in denen die fehlenden Beobachtungen sinnvollerweise liegen müssen. Sind diese Intervalle groß, so ist auch die Unschärfe möglicherweise sehr hoch.

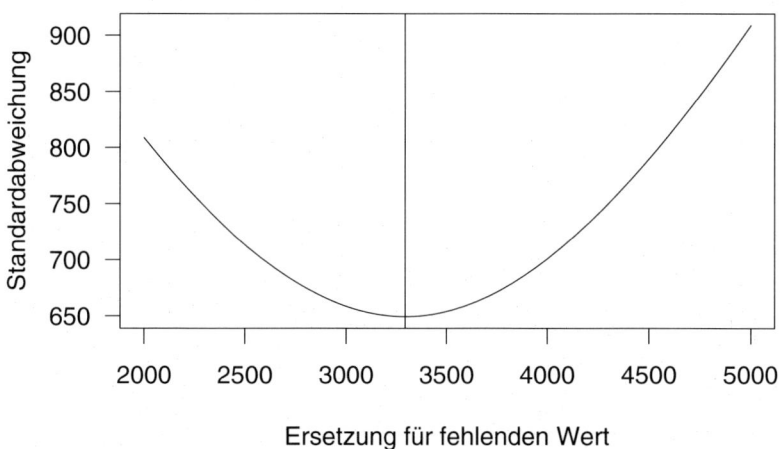

Abb. 8.11. Standardabweichung der Gehälter in Abhängigkeit des ersetzten Werts, wobei ein zulässiger Bereich von 2000 EUR bis 5000 EUR angenommen wurde. Die senkrechte Linie ist beim artihmetischen Mittel der beobachteten Daten: 3293.60 EUR (Beispiel 8.1.9)

- Zusatzannahmen wie zufälliges Fehlen können kaum mehr elementar, das heisst ohne Zuhilfenahme eines Computers, behandelt werden. Im Prinzip handelt es sich um kombinatorische Probleme, die nur bei kleinem Stichprobenumfang exakt gelöst werden können.
- Ersetzung fehlender Werte durch Lagemaße wie arithmetisches Mittel oder Median ergibt zu kleine Streuungsmaße.

8.2 Betrachtung zweier Merkmale

Betrachten wir zwei Merkmale X und Y simultan, so können drei Fälle auftreten, wobei n jeweils die Gesamtzahl der Beobachtungspaare darstellt:

- X vollständig beobachtet (n Werte beobachtet), fehlende Daten in Y (nur $m < n$ Werte beobachtet)
- Fehlende Daten in X (nur $m < n$ Werte beobachtet), Y vollständig beobachtet (n Werte beobachtet)
- Fehlende Daten in X (nur $m_1 < n$ Werte beobachtet) und Y (nur $m_2 < n$ Werte beobachtet)

Diese drei Situationen sind in Abbildung 8.13 dargestellt. Wollen wir über

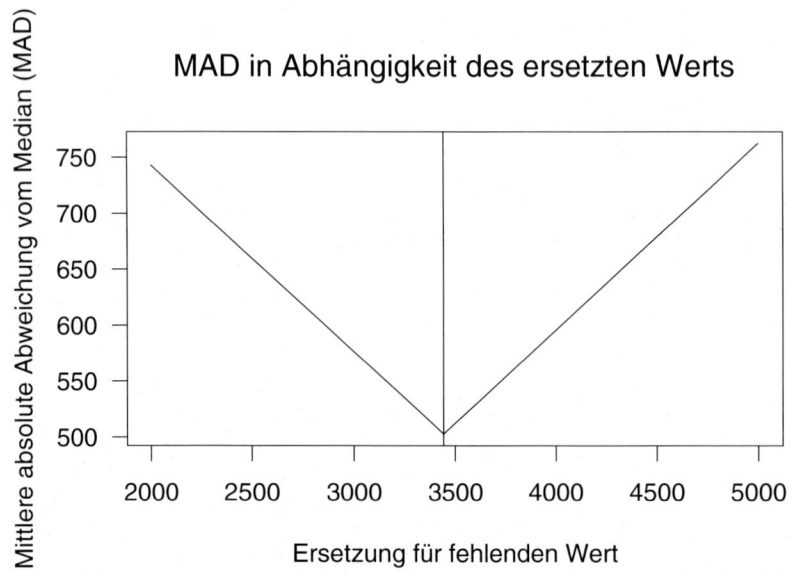

Abb. 8.12. Mittlere absolute Abweichung vom Median der Gehälter in Abhängigkeit des ersetzten Werts, wobei ein zulässiger Bereich von 2000 EUR bis 5000 EUR angenommen wurde. Die senkrechte Linie ist beim Median der beobachteten Daten: 3442 EUR. (Beispiel 8.1.9)

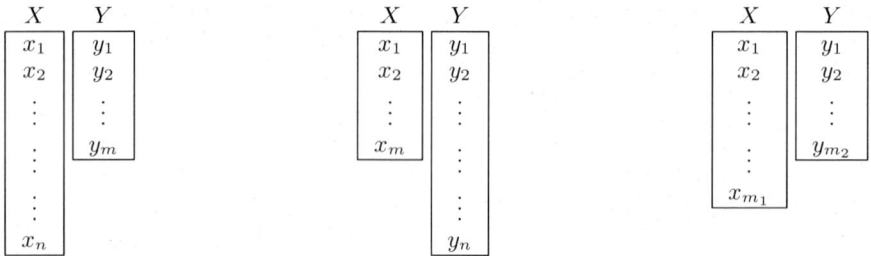

Abb. 8.13. Drei verschiedene Fehlendmuster, siehe Text für die Beschreibung.

die separate Betrachtung jedes Merkmals wie in Abschnitt 8.1 hinausgehen, so müssen wir versuchen, einen eventuell vorhandenen *Zusammenhang* der beiden Merkmale X und Y auszunutzen. Dabei wollen wir der Einfachheit halber nur den Fall betrachten, dass eines der beiden Merkmale fehlende Werte aufweist. Natürlich müssen wir wieder das Skalenniveau der beiden Merkmale beachten. Wir beschränken uns auf áusgewählte Fälle, nämlich dass beide Merkmale binär sind und der Odds Ratio als Zusammenhangsmaß von Interesse ist und den Fall, dass beide Merkmale metrisch sind.

8.2.1 Zwei binäre Merkmale

Zwei binäre Merkmale kann man in einer 2×2-Kontingenztafel darstellen. Oft interessiert dann der Odds Ratio (oder ein anderes Maß aus Kapitel 4) als Maß für den Zusammenhang. Sei Y immer beobachtet und X teilweise fehlend. Die Situation kann dann folgendermaßen veranschaulicht werden:

	X		X ?
Y	1	0	
1	n_{11}	n_{10}	m_1
0	n_{01}	n_{00}	m_0

Die 2×2-Tafel besteht gerade aus den Beobachtungen, wo X und Y zusammen beobachtet wurden. Beispielsweise weisen n_{10} Beobachtungen die Ausprägung 1 für Y und 0 für X auf. Darüber hinaus sind in der zweiten „Tafel" die Beobachtungen versammelt, bei denen nur der Wert für Y, aber kein Wert für X bekannt ist. Beispielsweise haben m_1 Beobachtungen die Ausprägung 1 für Y, die Ausprägung für X wurde nicht beobachtet. Zur Illustration wandeln wir Beipsiel 4.2.8 und die dazu in Abbildung 4.21 angegebene Kontingenztafel etwas ab.

Beispiel 8.2.1 (Abwandlung von Beispiel 4.2.8). Dort wollten wir untersuchen, ob Studenten, die kein Bafög erhalten, eher einer Nebentätigkeit nachgehen als Bafög-Empfänger. Wir nehmen an, dass uns statt der „wahren" Kontingenztafel aus Abbildung 4.21 nur die folgenden Tafeln zur Verfügung stehen, was signalisiert, dass der Status „Nebenbei jobben" nicht für alle Studenten bekannt ist:

	Nebenbei jobben		Nebenbei jobben?
Bafög–Empfänger	ja	nein	
ja	12	50	40
nein	84	7	60

Der Odds Ratio wurde in Beispiel 4.2.9 berechnet als $OR = 0.007$, woraus ein starker negativer Zusammenhang abgeleitet wurde: das „Risiko" für einen Bafög–Empfänger zu arbeiten ist wesentlich geringer als für einen Studenten, der kein Bafög erhält. Betrachten wir nun unsere abgewandelten Tafeln, so ergibt sich für den Odds Ratio, basierend auf den vollständigen Beobachtungen, ein Wert von

$$OR = \frac{12 \cdot 7}{50 \cdot 84} = 0.02 \ .$$

Eine Möglichkeit, das Problem fehlender Werte zu behandeln, besteht wiederum in einer Sensitivitätsanalyse.

Sensitivitätsanalyse für den Odds Ratio. Wir betrachten dazu wieder Beispiel 8.2.1.

Beispiel 8.2.2 (Fortsetzung von Beispiel 8.2.1). Wir stellen uns dazu vor, dass die Beobachtungen, bei denen nur das Merkmal Bafög–Empfänger beobachtet wurde, in einer hypothetischen Tafel verteilt werden:

	Nebenbei jobben	
Bafög–Empfänger	ja	nein
ja	12	50
nein	84	7

	Nebenbei jobben	
Bafög–Empfänger	ja	nein
ja	m_{11}	m_{10}
nein	m_{01}	m_{00}

mit den Randbedingungen

$$m_{11} + m_{10} = 40$$
$$m_{01} + m_{00} = 60 \ .$$

Prinzipiell ist, ohne Einbringen von Vorwissen, jede Konstellation denkbar, bei der die Randbedingungen erfüllt sind, zum Beispiel auch folgende Konstellation:

	Nebenbei jobben	
Bafög–Empfänger	ja	nein
ja	12	50
nein	84	7

	Nebenbei jobben	
Bafög–Empfänger	ja	nein
ja	28	12
nein	18	42

Bei dieser Konstellation ergäbe sich der Odds Ratio dann durch die additive Überlagerung beider Tafeln als:

$$OR = \frac{(12 + 28) \cdot (7 + 42)}{(50 + 12) \cdot (84 + 18)} = \frac{40 \cdot 49}{62 \cdot 102} = 0.31 \ ,$$

was eine deutliche Abschwächung des negativen Zusammenhangs bedeuten würde.

Maximal möglicher Odds Ratio. Eine einfache Überlegung sagt uns, dass der maximale Odds Ratio dann erreicht wird, wenn folgende Konstellation angenommen wird, da dann der Zähler maximal und der Nenner minimal werden:

	Nebenbei jobben	
Bafög–Empfänger	ja	nein
ja	12	50
nein	84	7

	Nebenbei jobben	
Bafög–Empfänger	ja	nein
ja	40	0
nein	0	60

Bei dieser Konstellation ergäbe sich der Odds Ratio dann wiederum durch die additive Überlagerung beider Tafeln als:

$$OR = \frac{(12+40)\cdot(7+60)}{(50+0)\cdot(84+0)} = \frac{52\cdot 67}{50\cdot 84} = 0.83\ ,$$

was eine noch deutlichere Abschwächung des negativen Zusammenhangs bedeuten und bereits in Richtung eines Odds Ratios von 1 (kein Zusammenhang) tendieren würde.

Minimal möglicher Odds Ratio. Analoge Überlegungen führen dazu, dass der minimale Odds Ratio bei folgender Konstellation erreicht wird:

	Nebenbei jobben	
Bafög–Empfänger	ja	nein
ja	12	50
nein	84	7

	Nebenbei jobben	
Bafög–Empfänger	ja	nein
ja	0	40
nein	60	0

Die additive Überlagerung beider Tafeln liefert:

$$OR = \frac{(12+0)\cdot(7+0)}{(50+40)\cdot(84+60)} = \frac{12\cdot 7}{90\cdot 144} = 0.0065\ ,$$

was fast dem ursprünglichen Odds Ratio von 0.007 aus dem ursprünglichen Beispiel 4.2.8 enspricht.

Odds Ratio bei Annahme zufälligen Fehlens. Wir wollen die grundsätzliche Idee an Beispiel 8.2.1 erläutern.

Beispiel 8.2.3 (Fortsetzung von Beispiel 8.2.1). Zunächst könnte man auf die Idee kommen, die Fälle mit fehlendem Jobstatus einfach jeweils 50-50 aufzuteilen. Dies entspricht jedoch nicht der bisherigen Vorgehensweise, dass zufälliges Fehlen bedeutet, dass bei den fehlenden Daten die Verhälnisse ähnlich wie bei den beobachteten Daten gelagert sind. Dies erreicht man durch die Annahme, dass die relativen *bedingten* Häufigkeiten in der Gruppe der

Bafög–Empfänger und die relativen *bedingten* Häufigkeitem in der Gruppe der Nicht–Bafög–Empfänger sich auch in den fehlenden Daten (in etwa) widerspiegeln:

- In der Gruppe der Bafög–Empfänger erhalten wir für die beobachteten Daten:

$$f(\text{Nebenbei jobben=ja}|\text{Bafög–Empfänger=ja}) = \frac{12}{62} = 0.19$$

$$f(\text{Nebenbei jobben=nein}|\text{Bafög–Empfänger=ja}) = \frac{50}{62} = 0.81 \ .$$

- In der Gruppe der Studenten, die kein Bafög bekommen, erhalten wir für die beobachteten Daten:

$$f(\text{Nebenbei jobben=ja}|\text{Bafög–Empfänger=nein}) = \frac{84}{91} = 0.92$$

$$f(\text{Nebenbei jobben=nein}|\text{Bafög–Empfänger=nein}) = \frac{7}{91} = 0.08 \ .$$

- Wir teilen also die 40 Fälle, bei denen nur bekannt ist, dass sie Bafög–Empfänger sind, gemäß den Anteilen 0.19 und 0.81 auf, also etwa 8 und 32.
- Wir teilen die 60 Fälle, bei denen nur bekannt ist, dass sie keine Bafög–Empfänger sind, gemäß den Anteilen 0.92 und 0.08 auf, also etwa 55 und 5.

Dies führt zu folgender Konstellation:

	Nebenbei jobben	
Bafög–Empfänger	ja	nein
ja	12	50
nein	84	7

	Nebenbei jobben	
Bafög–Empfänger	ja	nein
ja	8	32
nein	55	5

Die additive Überlagerung beider Tafeln liefert:

$$OR = \frac{(12 + 8) \cdot (7 + 5)}{(50 + 32) \cdot (84 + 55)} = \frac{20 \cdot 12}{82 \cdot 139} = 0.02 \ ,$$

was in keiner Weise dem ursprünglichen „wahren"Odds Ratio von 0.007 aus Beispiel 4.2.8 enspricht. Deshalb sei folgende Anmerkung erlaubt:

Anmerkung: Das Ergebnis zeigt, dass unser abgewandeltes Beispiel gerade nicht den Fall zufälligen Fehlens simulierte. So fehlen in der Gruppe der Bafög–Empfänger hauptsächlich (bis auf einen Studenten) die Antworten der Nicht–Jobber, während in der Gruppe der Studenten, die kein Bafög erhalten, ausschließlich Antworten der Jobber fehlen.

Zusammenfassend halten wir für den Odds Ratio exemplarisch fest:

- Das Ignorieren fehlender Daten führt zu Informationsverlust.
- Der Informationsverlust kann dazu führen, dass bei Betrachtung aller möglichen Konstellationen sowohl „kein Zusammenhang" als auch „Zusammenhang" möglich sind, wir also ohne Zusatzinformation eventuell keine Aussage dahingehend treffen können.

8.2.2 Zwei metrische Merkmale

Sind X und Y beide metrisch, so ist zunächst für jedes Merkmal eine univariate Herangehensweise wie in Abschnitt 8.1.4 möglich. Die Nachteile wurden dort ausführlich diskutiert. Wir beschränken uns in der folgenden Darstellung auf den Fall, dass Y vollständig beobachtet wurde mit n Fällen, während X fehlende Werte aufweist, also nur in $m < n$ Fällen beobachtet wurde. Diese Situation ist im mittleren Fehlendmuster in Abbildung 8.13 dargestellt. Der einfachste Fall der Analyse nur der vollständigen Fälle sei erwähnt, aber nicht weiter untersucht.

Bedingte Mittelwertsimputation oder Regressionsimputation. Die bedingte Mittelwertimputation, im Englischen auch *first order regression (FOR), conditional mean imputation* oder ganz allgemein *regression imputation* genannt, benötigt ein Hilfs(regressions)modell zur Ersetzung der fehlenden Werte. Die Idee besteht darin, den jeweils fehlenden Wert basierend auf einem Hilfsregressionsmodell vorherzusagen. Dabei nutzt man die Schätzungen eines Modells, bei dem die unvollständige Variable auf zu bestimmende unabhängige Variablen regressiert wird, ausgehend von der Stichprobe der vollständigen Fälle. Man könnte im übertragenen Sinne davon sprechen, die Struktur innerhalb der Variablen im Sinne korrelativer Information ausnutzen zu wollen. Zur Veranschaulichung wollen wir eine Abwandlung von Beispiel 5.4.2 betrachten.

Beispiel 8.2.4 (Abwandlung von Beispiel 5.4.2). Wir gehen von folgenden Daten aus, bei denen zwei Werte von X, nämlich die ursprünglich bekannten Werte $x_4 = 2.5$ und $x_7 = 4.0$, nicht beobachtet wurden:

i	x_i	y_i
1	1.5	2.0
2	2.0	3.0
3	3.5	6.0
4	?	5.0
5	0.5	1.0
6	4.5	6.0
7	?	5.0
8	5.5	11.0
9	7.5	14.0
10	8.5	17.0

Die Idee der Regressonsimputation besteht darin, eine Hilfsregression, in diesem Fall von X auf Y zu berechnen, wobei nur die vollständigen 8 Beobachtungen einbezogen werden. Wir berechnen also zum Beispiel ein Modell

$$x_i = \alpha + \beta y_i \qquad i = 1, 2, 3, 5, 6, 8, 9, 10 \ ,$$

in diesem Falle also ein lineares Modell, und erhalten daraus Schätzungen
für $\hat{\alpha}$ und $\hat{\beta}$, die einen eventuell vorhandenen linearen Zusammenhang von
X und Y quantitativ beschreiben. Wir erinnern uns, dass in diesem Beispiel
ursprünglich die lineare Regression von Y auf X von Interesse war. Deshalb
hat die Bezeichnung „Hilfsregression" ihre Berechtigung. Sie dient lediglich
der Ersetzung der fehlenden Werte durch Hilfs– oder Ersatzwerte. Sind die
Schätzungen der Parameter der Hilfsregression berechnet, so erfolgt eine Ersetzung der fehlenden Werte im einfachten Fall durch die Prognosen

$$\hat{x}_4 = \hat{\alpha} + \hat{\beta} y_4$$
$$\hat{x}_7 = \hat{\alpha} + \hat{\beta} y_7 \ ,$$

wobei $y_4 = 5.0$ und $y_7 = 5.0$ beobachtete Werte sind. In obigem Beispiel
erhält man die Schätzungen (gerundet) $\hat{\alpha} = 0.58$ und $\hat{\beta} = 0.48$. Damit lauten
die Ersetzungswerte

$$\hat{x}_4 = 0.58 + 0.48 \cdot 5.0 = 2.98$$
$$\hat{x}_7 = 0.58 + 0.48 \cdot 5.0 = 2.98 \ .$$

Ergebnisse: für die vollständigen Daten aus Beispiel 5.4.2 erhält man

$$\hat{\alpha} = -1.0 \qquad \hat{\beta} = 2.0 \ ,$$

bei Verwendung nur der vollständigen acht Fälle erhält man

$$\hat{\alpha} = -0.97 \qquad \hat{\beta} = 2.02 \ ,$$

nach Ersetzung durch Regressionsimputation

$$\hat{\alpha} = -0.99 \qquad \hat{\beta} = 2.02 \ .$$

Analoge Überlegungen und Berechnungen lassen sich für den Korrelationskoeffizienten (Bravais–Pearson oder Spearman) anstellen.

Wir wollen noch einige Hinweise zu diesem Verfahren geben und auftretende
Probleme ansprechen:

- In unserer Darstellung wurde nicht explizit unterschieden, ob es sich bei
  dem zu imputierenden Merkmal um eine Response– oder Einflussvariable
  handelt, d.h. X und Y wurden symmetrisch betrachtet. Oftmals ist die
  wissenschaftliche Fragestellung so angelegt, dass als primäres statistisches

Verfahren eine Regression in Frage kommt, wobei meistens eine Response-variable Y mehreren Einflussgrößen $X_1, \ldots, X_p$ gegenübersteht. Die FOR–Methode wird dann üblicherweise so angewandt, dass fehlende Werte in den X–Variablen durch Hilfsregressionen ohne Einbeziehung der Responsevariablen ersetzt werden. Fehlende Werte in Y werden meist durch ein zugrundeliegendes *statistisches Modell* ersetzt. Gleiches gilt für den Fall, dass es sich bei einer Einflussgröße mit fehlenden Werten um eine binäre, nominale oder ordinale Variable handelt. Dies kann jedoch an dieser Stelle nicht weiter ausgeführt werden.

- Die Regressionsimputation kann auch kompliziertere als lineare Beziehungen in den Variablen unterstellen. Die Frage ist dann: welche Beziehung beschreibt den Zusammenhang adäquat?

- Die *Ursache* des Fehlens (zufällig oder nicht zufällig) beeinflusst auch die Güte und Validität der Regressionsimputation.

- Die Imputationen können „zu glatt" sein, da die ersetzten Werte praktisch „auf der Regressionsgeraden" der vollständigen Beobachtungen liegen und die Streuung damit nicht adäquat berücksichtigt wird.

Hot Deck und Cold Deck Imputation. Bei der Hot Deck und Cold Deck Imputation werden fehlende Werte einer Untersuchungseinheit durch Werte einer anderen Untersuchungseinheit ersetzt. Dabei sollen diese beiden Untersuchungseinheiten bezüglich sogenannter *Matchingvariablen* übereinstimmen oder zumindest „sehr ähnlich" sein, wobei „Ähnlichkeit" dann adäquat operationalisiert werden muss (man denke an unterschiedliche Skalenniveaus der Variablen!). Die Matchingvariablen müssen dann natürlich für alle Untersuchungseinheiten vorhanden sein. Gibt es mehrere Untersuchungseinheiten, die bezüglich der Matchingvariablen übereinstimmen, kann zufällig eine Einheit ausgewählt werden, deren Werte zur Ersetzung dienen oder es kann eine Maßzahl, berechnet aus allen Einheiten (zum Beispiel Mittelwert) verwendet werden. Damit das Matching funktioniert, werden stetige Matchingvariablen meist kategorisiert. Weitere Varianten, bei denen einige Matchingvariablen wichtiger als andere angesehen werden, sind ebenfalls denkbar. Hot Deck und Cold Deck Imputation unterscheiden sich dadurch, dass bei der Hot Deck Imputation Untersuchungseinheiten der gleichen Erhebung verwendet werden, während bei der Cold Deck Imputation Einheiten aus anderen, zum Beispiel früheren, Erhebungen verwendet werden. Wir wollen anmerken, dass die implizit gemachte Annahme, dass zwei Untersuchungseinheiten sich in allen Merkmalen gleichen, wenn sie in den Matchingvariablen übereinstimmen, auch auf Plausibilität überprüft werden muss.

Nächste Nachbarn Imputation. Ein in der Praxis eher selten angewendetes Verfahren ist die *nearest neighbor imputation* (NNI), die Imputation des nächsten Nachbarn. Es vermeidet die bei der Hot Deck und Cold Deck Imputation notwendige Kategorisierung stetiger Matchingvariablen. Gehen wir erneut von m fehlenden Werten für $i = n - m + 1, \ldots, n$ aus, also einer Situation

$$\underbrace{x_1, \ldots, x_{n-m}}_{\text{beobachtet}}, \underbrace{x_{n-m+1}, \ldots, x_n}_{\text{fehlend}} \quad \text{und}$$

(8.1)

$$\underbrace{y_1, \ldots, y_{n-m}, y_{n-m+1}, \ldots, y_n}_{\text{beobachtet}} \quad .$$

(8.2)

Dann wird ein fehlender Wert x_j, $j = n - m + 1, \ldots, n$, durch denjenigen Wert x_i ersetzt, $1 \leq i \leq n - m$, der der nächste Nachbar—im Sinne einer zu spezifizierenden Metrik—von x_j ist. In einem einfachen Zusammenhang zweier Variablen bezieht sich das Distanzmaß zur Bestimmung des nächsten Nachbarn auf y–Werte, so dass i die Bedingung

$$| y_i - y_j | = \min_{1 \leq l \leq n-m} | y_l - y_j |$$

(8.3)

erfüllt. Gegenüber den bisher genannten Verfahren hat die NNI einige Vorteile: Etwa werden Werte imputiert, die in der beobachteten Stichprobe tatsächlich vorkommen und demzufolge eine gewisse Sinnhaftigkeit offenbaren, vorausgesetzt, man hat meßfehlerfreie Daten. Als sogenanntes nichtparametrisches Verfahren ist auch eine gewisse Robustheit gegenüber Verletzungen von Modellannahmen zu erwarten. Jedoch gestaltet sich eine Erweiterung der NNI auf den mehrdimensionalen Fall nicht einfach und ist für den Laien demzufolge auch schwer zu implementieren.

Weitere Verfahren. Es gibt eine Reihe weiterer Verfahren, die hier nicht weiter behandelt werden können. Dazu zählen *modellbasierte Verfahren*, beispielsweise Likelihood– und Bayes–Ansätze. Diese erlauben auch eine Formalisierung des Begriffs des nichtzufälligen Fehlens.

Eine weitere Idee besteht darin, fehlende Werte mehrfach zu ersetzen (*multiple Imputation*), um somit mehrere vervollständigte Datensätze zu erhalten. Diese werden dann mit der gewünschten statistischen Methode analysiert und die Ergebnisse in geeigneter Weise kombiniert und zusammengefasst. Mittels multipler Imputation kann, wenngleich auch nicht ohne gewisse Vorannahmen, eine Sensitivitätsanalyse durchgeführt werden. Man kann also die Auswirkung verschiedener Annahmen über die Ursache des Fehlens auf die Ergebnisse der statistischen Analyse studieren.

Schliesslich wurden auch Gewichtungsmethoden vorgeschlagen. Hierbei werden die vollständigen Fälle in geeigneter Weise so gewichtet, dass sie die fehlenden Untersuchungseinheiten mit repräsentieren. Auch dies erfordert mehr oder weniger starke Annahmen, die überprüft werden müssen, was in der Praxis allerdings oft schwierig ist.

9. Einführung in SPSS

SPSS ist ein statistisches Softwarepaket und in seiner ursprünglichen Version ("Statistical Package for the Social Sciences") als anwendungsorientiertes Analyseinstrument für die Sozialwissenschaften konzipiert. Heutzutage steht das Kürzel SPSS für "Statistical Product and Service Solution" und zielt damit auf die Integration zwischen Statistik und Service ab.

Im Vergleich zu anderen statistischen Softwarepaketen wie S-Plus, R, SAS, MINITAB, etc. ist SPSS noch immer im Wesentlichen auf den Anwender fokussiert und erlaubt dadurch statistische Instrumente einfach und interaktiv einzusetzen. Dies bringt viele Vorteile, jedoch auch einige Nachteile, mit sich. Prinzipiell ist SPSS intuitiv und einfach bedienbar, es existieren eine gute Online Hilfe sowie gute Handbücher, SPSS ist Windows-konform und erstellt automatisch Programmcodes (Syntax).
Leider birgt die einfache Bedienung auch Gefahren, so werden schnell falsche Methoden angewandt und interpretiert. Auch ist die automatische Manipulation von Grafiken nur beschränkt möglich. Neben typischen Programmierwerkzeugen wie beispielsweise Schleifen fehlen auch statistische Verfahren, die in anderen Programmpaketen implementiert sind. Einzelne Prozeduren weisen Inkonsistenzen auf. Wer mit dem Textsatzprogramm Latex arbeitet wird schnell bemerken, dass ein Einbinden der Grafiken oft sehr mühselig ist.

9.1 Grundaufbau des Programms

SPSS besteht im Wesentlichen aus drei verschiedenen Fenstern bzw. Dateien:

1. Datendatei.*sav* → Hier werden die Daten entweder eingelesen oder eingegeben. Variablen können modifiziert werden, Berechnungen sind möglich und Anweisungen werden hier erteilt.
2. Ausgabedatei.*spo* → Hier werden Grafiken und Berechnungen ausgegeben. Per Mausklick können die Ausgabegrafiken und Tabellen noch verändert werden.
3. Syntaxdatei.*sps* → Hier kann der Programmcode (also die Syntax) eingesehen, gespeichert und modifiziert werden. Um Speicherplatz zu sparen wird meist die Syntax anstelle der Outputs gespeichert.

9.1.1 Das Datenfenster

Das Datenfenster spaltet sich in zwei Teile auf, die "Variablenansicht" und die "Datenansicht".

Datenansicht. Im Datenfenster mit Datenansicht können im Wesentlichen Daten eingelesen und ausgewertet werden. Typisch ist die Datenbankform der Daten:

> Die Spalten beschreiben dabei Variablen bzw. Merkmale,
> die Zeilen stehen für die Untersuchungseinheiten.

Werden die Daten nicht eingetippt sondern liegen schon als Datei vor, so öffnet man sie über

Datei → Öffnen → Daten.

Liegen die Daten bereits als *.sav*-Datei vor, so erscheinen sofort alle Werte, ansonsten müssen noch interaktiv Fragen zu dem Datenfile beantwortet werden (z.B.: Wie sind die einzelnen Werte voneinander getrennt?).

Für die Datenanalyse wird die obere Schaltleiste benützt. Durch Mausklick können folgende Menüs aufgerufen werden:

Datei	→	Hier können mit allen *.sav, .sps, .spo* Dateien administrative Dinge wie Speichern, Laden und Umbenennen erledigt werden.
Bearbeiten	→	Ermöglicht im Wesentlichen Kopier- und Einfügearbeiten.
Ansicht	→	Regelt die visuelle Ausrichtung der Datenansicht.
Daten	→	Ermöglicht die Strukturierung eines Datenfiles. Verschiedene Datensätze können verschmolzen und (Fall-)Bedingungen ausgewählt werden.
Transformieren	→	Erlaubt die Transformation oder Umkodierung von Variablen.
Analysieren	→	Das Herzstück von SPSS. Alle statistischen Prozeduren werden hier ausgewählt.
Grafiken	→	Grafiken, speziell im Bereich deskriptiver Analysen, können hier ausgewählt werden.
Extras	→	Einige zusätzliche Optionen.
Fenster	→	Ermöglicht verschiedene Ansichten der Fenster.
Hilfe	→	Hilfe zu Themen und Syntax.

Variablenansicht. In der Variablenansicht werden die Eigenschaften der Merkmale angegeben. Auch hier können interaktiv alle erforderlichen Dinge angegeben werden:

Name	→	Der Name der Variable.
Typ	→	Ist meine Variable numerisch oder ein Wort (also ein 'String')? Liegen die Ausprägungen als Zahl, als Datum oder gar als Währung vor?
Spaltenformat	→	Hier kann die Anzahl der angezeigten Zahlen pro Feld ausgewählt werden.
Dezimalstellen	→	Wieviele Dezimalstellen sind für meine Variable relevant?
Variablenlabel	→	Wird hier ein zusätzlicher Name eingetragen, so erscheint dieser bei den ausgegebenen Grafiken und Analysen.
Wertelabels	→	Sehr wichtig und hilfreich. Speziell für binäre oder kategoriale Variablen können die Kodierungen in Worte übersetzt werden. So kann SPSS beispielsweise mitgeteilt werden, dass die Zahl '0' für männlich steht, die Zahl '1' dagegen für weiblich. Bei Outputs wird dies berücksichtigt.
Fehlende Werte	→	Zum Auswählen von Bereichen oder Werten, die fehlende Daten kodieren.
Spalten	→	Hier kann die Breite eines Feldes reguliert werden.
Ausrichtung	→	es kann ausgewählt werden ob der Text (bzw. die Werte) mittig, links oder rechts stehen soll.
Messniveau	→	es kann zwischen 'nominal', 'ordinal' und 'metrisch' gewählt werden.

9.1.2 Das Grafikfenster

Das Grafikfenster besteht im Wesentlichen aus drei Teilen: Die obere Schaltleiste ermöglicht die Analyse eines Datensatzes und unterscheidet sich nur unwesentlich von der Leiste des Datenfensters. Speziell für kurze Analysen ist so ein ständiges Wechseln zwischen den einzelnen Fenstern nicht unbedingt notwendig.

Der Großteil des Fensters besteht natürlich aus den Ausgaben selbst, also Tabellen und Grafiken. Per doppeltem Mausklick können vor allem die Grafiken editiert werden. Sehr schnell lassen sich so Farbe, Achsenskalierung und Beschriftungen ändern. Sollen Grafiken separat abgespeichert werden, so können unter *Rechte Maustaste → Exportieren* viele gängige Grafikformate ausgewählt werden.

Auf der linken Leiste des Fensters sind übersichtlich alle bisherigen Outputs angeordnet. Diese können per Mausklick schnell aufgerufen, editiert bzw. gelöscht werden.

9.1.3 Das Syntaxfenster

Um sich einen schnellen Überblick zu verschaffen, genügt es oft über eine Bestätigung per Mausklick ('OK') Grafiken und Tabellen ins Outputfenster zu schicken. Damit Ergebnisse nicht verloren gehen, kann selbstverständlich der gesamte Output abgespeichert werden (.spo). Leider ist dies sehr speicherplatzintensiv und bietet auch nicht die Möglichkeit im Nachhinein nachzuvollziehen wie Grafiken und Tabellen produziert wurden.

Als Lösung bietet es sich an, anstelle der Ausgabe die Syntax zu speichern. Hierfür wird einfach anstelle der einfachen Bestätigung (also 'OK') der Button 'Einfügen' angeklickt. Es öffnet sich ein neues Fenster (das Syntaxfenster) mit dem Programmcode. Durch Klicken auf den ▷ - Button wird der *markierte* Teil der Syntax ausgeführt.

Durch *Kopieren* und *Einfügen* können so auch sehr schnell ähnliche Operationen durchgeführt werden.

9.2 Ein praktisches Beispiel

Wir betrachten den Datensatz 'autodatensatz.sav' (entspricht dem SPSS-Datensatz 'cars.sav'). Dieser ist auch unter

'www.stat.uni-muenchen.de/institut/ag/toutenb/daten'

zu finden. An verschiedenen Autos wurden die Merkmale 'mpg' (Gefahrene Meilen pro Gallone), 'Hubraum', 'PS', 'Gewicht', 'Beschleunigung', 'Baujahr', 'Herkunftsland' und 'Zylinder' erhoben. Tabelle 9.1 zeigt einen Auszug aus dem Datensatz.

Tabelle 9.1. Auszug aus dem Datensatz

ID	mpg	Hubraum	PS	Gewicht	Beschl.	Baujahr	Land	Zylinder
.	.	.	.	.	.	.	.	.
.	.	.	.	.	.	.	.	.
3	18	307	130	3504	12	70	1	8
4	15	350	165	3693	12	70	1	8
5	18	318	150	3436	11	70	1	8
6	16	304	150	3433	12	70	1	8
7	17	302	140	3449	11	70	1	8
.	.	.	.	.	.	.	.	.
.	.	.	.	.	.	.	.	.

Ziel der Untersuchung ist unter anderem das Auffinden von Merkmalen, die einen Einfluss auf die Variable 'mpg' besitzen. Das Interesse liegt demnach in der Identifikation von Variablen, die den Verbrauch der Autos erhöhen bzw. vermindern.

Wir wollen nun systematisch erläutern, analog zum Aufbau des Buches, wie SPSS in Bezug auf diese Fragestellung angewendet werden werden kann.

9.2.1 Aufbau des Datensatzes

Wie in **Kapitel 1** beschrieben wollen wir uns zuallererst Gedanken über unsere Daten machen. Wir wissen, dass die einzelnen Autos unsere Untersuchungseinheiten darstellen und durch die Zeilen in SPSS repräsentiert werden. Die einzelnen Merkmale finden wir in den Spalten von SPSS.

Wir stellen fest, dass sowohl metrische Merkmale vorliegen (wie beispielsweise 'Beschleunigung') als auch kategoriale ('Herkunftsland'). Um dieses Wissen SPSS mitzuteilen wechseln wir in die *Variablenansicht* und geben in der letzten Spalte das Messniveau ein. 'Herstellungsland', 'Baujahr' und 'Zylinder' werden dabei als nominal bzw. ordinal gekennzeichnet, die übrigen Variablen als metrisch.

Unter dem Unterpunkt 'Wertelabels' können wir nun die Codierung der Variable 'Herkunftsland' angeben: '1' steht für alle amerikanischen Autos, '2' für alle europäischen und '3' für Autos japanischer Herkunft. Die Daten liegen also vor und sind sachgerecht aufgearbeitet worden, so dass mit der Analyse begonnen werden kann.

9.2.2 Deskriptive Analyse

Wir wollen nun einige der Verfahren aus **Kapitel 2** und **Kapitel 3** anwenden um einen ersten Überblick über die Daten zu erhalten.

Deskriptive Analyse für einzelne Variablen. In SPSS existieren viele Möglichkeiten zur deskriptiven Analyse eines Datensatzes. Wir wollen nun exemplarisch vorstellen, welche Analyseinstrumente häufig verwendet werden und wie ihre Outputs interpretiert werden können. Für einen ersten Eindruck verwendet man

Analysieren $\rightarrow$ Deskriptive Statistiken $\rightarrow$ Häufigkeiten

- für diskrete Variablen,
- um eine Häufigkeitstabelle auszugeben,
- um Lage- und Streuungsmaße auszugeben.

Man benützt

Analysieren $\rightarrow$ Deskriptive Statistiken $\rightarrow$ Deskriptive Statistiken

- für stetige Variablen,
- um standardisierte Variablen zu berechnen.

Leider fehlen bei dieser Option Masszahlen wie der Modus und der Median, die auch für stetige Variablen sinnvoll interpretiert werden können.

Beispiel 9.2.1. Wir betrachten weiterhin unseren 'autodatensatz.sav' und erläutern ein mögliches Vorgehen für (i) diskrete Variablen und (ii) stetige Variablen.

(i) Für die ordinale Variable 'Anzahl Zylinder' erhalten wir von SPSS unter anderem folgende Outputs:

Anzahl der Zylinder

N	Gültig	405
	Fehlend	1
Mittelwert		5.47
Median		4.00
Modus		4
Standardabweichung		1.710
Varianz		2.923

		Häufigkeit	Prozent	Gültige Prozente	Kumulierte Prozente
Gültig	3 Zylinder	4	1.0	1.0	1.0
	4 Zylinder	207	51.0	51.1	52.1
	5 Zylinder	3	.7	.7	52.8
	6 Zylinder	84	20.7	20.7	73.6
	8 Zylinder	107	26.4	26.4	100.0
	Gesamt	405	99.8	100.0	
Fehlend	System	1	.2		
Gesamt		406	100.0		

Abb. 9.1. Deskriptive Statistiken für die Variable 'Zylinder'

Wir können nun alle relevanten Informationen der Variable ablesen. Zuerst erkennen wir Mittelwert, Median, Modus, Standardabweichung und Varianz. Das arithmetische Mittel, die Standardabweichung und die Varianz können hier aber nicht sinnvoll interpretiert werden, da es sich um ein ordinales Merkmal handelt, Modus und Median vermitteln jedoch einen ersten Eindruck über die 'Anzahl der Zylinder'. Mit Hilfe der kumulierten Prozente könnten wir auch eine Verteilungsfunktion zeichnen. Wir sehen in Abbildung 9.1, dass die Autos im wesentlichen 4, 6 oder 8 Zylinder aufweisen. Möglicherweise können Autos mit 3 bzw. 5 Zylindern für eine einfache Analyse mit einer anderen Kategorie zusammengefasst werden. Darauf kommen wir später noch einmal zurück.

Anmerkung: Optional wäre es natürlich auch möglich gewesen sich weitere Maße zur Streuung, Schiefe, Kurtosis u.ä. ausgeben zu lassen. Im

Unterpunkt 'Optionen' kann aus einer Liste möglicher Kennzahlen ausgewählt werden.

(ii) Für die stetigen Variablen des Datensatzes erhalten wir folgenden Output:

	N	Minimum	Maximum	Mittelwert	Standardab weichung
Gefahrene Meilen pro Gallone	398	9	47	23.51	7.816
Hubraum (cu. inches)	406	4	455	194.04	105.207
PS	400	46	230	104.83	38.522
Gewicht (lbs.)	406	732	5140	2969.56	849.827
Beschleunigung von 0 auf 100 km/h (sec.)	406	8	25	15.50	2.821
Gültige Werte (Listenweise)	392				

Abb. 9.2. Deskriptive Statistiken für die Variable 'Hubraum'

Mittelwerte und Standardabweichung geben einen ersten Eindruck über die Variablen; besonders auffallend ist die große Streuung beim 'Hubraum' und beim 'Gewicht'.

Kreuztabellen. Man verwendet

Analysieren → Deskriptive Statistiken → Kreuztabellen

um sich eine Kreuztabelle ausgeben zu lassen. Dafür benötigt man zwei diskrete Variablen und erhält als output eine zweidimensionale Tabelle. Optional können auch weitere Schichtungsvariablen verwendet bzw. Assoziationsstatistiken (wie z.B. der Kontingenzkoeffizient) berechnet werden. Darauf kommen wir später noch einmal zurück.

Beispiel 9.2.2. Für unseren Autodatensatz wollen wir die beiden (diskreten) Merkmale 'Herstellungsland' und 'Zylinder' in einer Kreuztabelle auflisten, um zu sehen ob ein Zusammenhang vermutet werden kann. Wir erhalten folgenden Output:

		Herstellungsland			Gesamt
		Amerika	Europa	Japan	
Anzahl der Zylinder	3 Zylinder	0	0	4	4
	4 Zylinder	72	66	69	207
	5 Zylinder	0	3	0	3
	6 Zylinder	74	4	6	84
	8 Zylinder	107	0	0	107
Gesamt		253	73	79	405

Abb. 9.3. Kreuztabelle der Variablen 'Zylinder' und 'Herstellungsland'

Es scheint, als würden Autos mit 6 und 8 Zylindern im Wesentlichen in Amerika gebaut werden, 4 Zylinder-Autos dagegen eher in Europa und Japan. Um diese Vermutung zu bestätigen, brauchen wir Assoziationsmaße wie beispielsweise den Kontingenzkoeffizienten. In den Optionen kann auch eingestellt werden, diese Werte mit auszugeben. Auf die Details werden wir später noch einmal zu sprechen kommen.

Explorative Analyse. Eine explorative Datenanalyse kann unter

Analysieren → Deskriptive Statistiken → Explorative Datenanalyse

durchgeführt werden. Interessant ist v.a. die Möglichkeit zur Erstellung von Stamm - und - Blatt Diagrammen.

Grafiken. Häufig verwendete Grafiken wie Stabdiagramme, Kreisdiagramme oder Histogramme können in SPSS ganz einfach über die Unterpunkte des Menüs 'Grafiken' erstellt werden.
Ob die Auswertung über die Kategorien einer Variablen gehen soll oder über verschiedene Variablen kann ausgewählt werden.

Beispiel 9.2.3. Eine schöne Eigenschaft von SPSS ist, dass Auswertungen sehr leicht und in sehr vielen Fällen für verschiedene Untergruppen durchgeführt werden können. Wir betrachten zuerst das Balkendiagramm der Variable 'Zylinder' in Abbildung 9.4. Wir erkennen erneut, dass vor allem 4, 6 und 8-zylindrige Autos hergestellt werden.

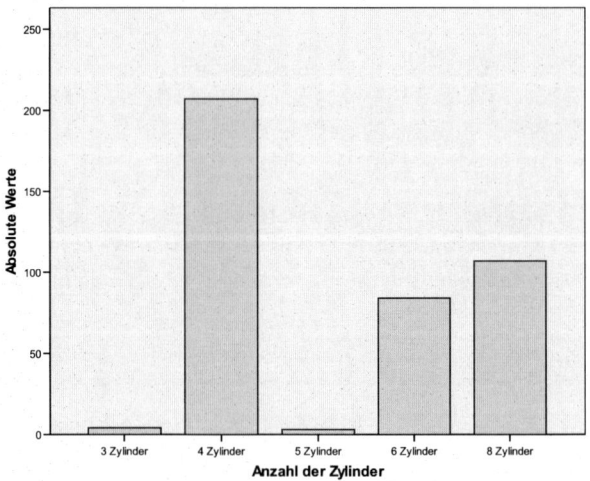

Abb. 9.4. Balkendiagramm der Variable 'Zylinder'

Wollen wir uns nun das Balkendiagramm aufgeteilt nach dem Herkunftsland anschauen, so geben wir zuerst an, dass wir das Balkendiagramm *gruppiert* haben wollen, also *nicht einfach*. Für die Kategorienachse wählen wir die Variable 'Zylinder', für die Gruppenvariable die Variable 'Herkunftsland'. Das Ergebnis ist in Abbildung 9.5 zu sehen. Unsere Vermutung der Kreuztabelle wird auch hier noch einmal deskriptiv bestätigt. Eine geringere Zylinderanzahl ist vor allem im europäischen und japanischen Raum vertreten, eine hohe Anzahl dagegen vor allem in den USA.

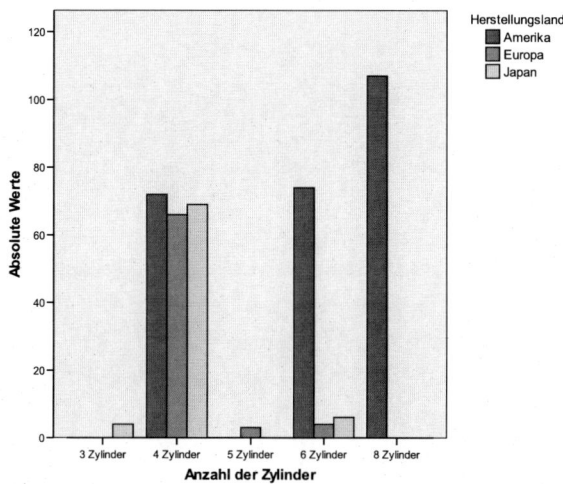

Abb. 9.5. Balkendiagramm der Variable 'Zylinder' aufgesplittet nach dem Herkunftsland

Für stetige Daten kann selbstverständlich auch ein Histogramm erstellt werden. Leider bietet SPSS nicht die Möglichkeit einfach und variabel die Klassengröße zu definieren. So ist die Breite der Klassen in der Voreinstellung immer gleich groß. Im Zweifelsfall bieten andere Softwarepakete wie R (Kapitel 10) eine gute Alternative um das gewünschte Histogramm zu erhalten. Abbildung 9.6 zeigt ein Histogramm der Variablen 'mpg'. Ein Blick auf die interessierende Zielgröße gibt ein erstes Gefühl in welchem Wertebereich wir uns befinden und ermöglicht im weiteren Verlauf einen besseren Einblick in die Ergebnisse der Regressionsanalyse. Ausreißer sind nicht zu erkennen.

Boxplots. Ein beliebtes Instrument während der ersten Analyse sind auch Boxplots. Unter

Grafiken → Boxplots

können einfache oder gruppierte Boxplots ausgewählt werden.

Beispiel 9.2.4. Wir öffnen unseren Autodatensatz und wählen den einfachen (also nicht gruppierten) Fall aus und bestimmen 'mpg' als unsere Variable,

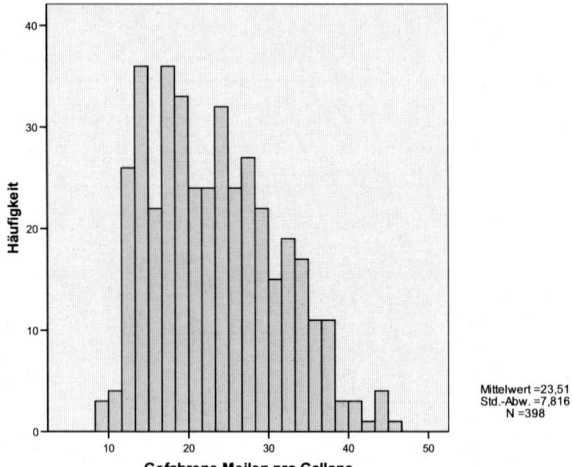

Abb. 9.6. Histogramm der Variable 'mpg'

sowie das 'Herkunftsland' als Kategorienachse. SPSS liefert uns einen Output wie in Abbildung 9.7 zu sehen.

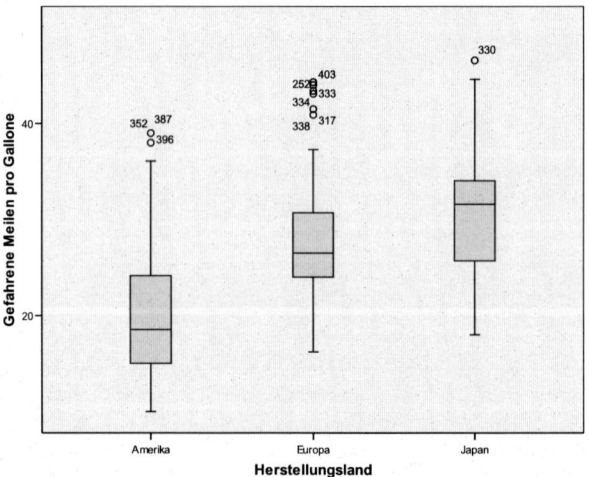

Abb. 9.7. Boxplot der Variable 'mpg' aufgesplittet nach dem Herkunftsland

Man kann sehr schön die Rangfolge der Boxplots erkennen. Der amerikanische Median liegt deutlich unter dem europäischen, dieser wiederum deutlich unter dem japanischen. Wir erwarten daher bei den amerikanischen Autos also einen deutlich höheren Verbrauch (weniger gefahrene Meilen pro Gallone

Benzin) als bei bei den europäischen bzw. japanischen Autos. Um die Fragestellung unterschiedlicher Mediane in den Gruppen genauer zu untersuchen,
werden jedoch Methoden der induktiven Statistik benötigt.

9.2.3 Zusammenhangsanalyse

Analog zu **Kapitel 4** wollen wir nun den Zusammenhang zweier Merkmale
untersuchen.

Korrelation. Um einen ersten Überblick über den Zusammenhang verschiedener Variablen zu bekommen können wir uns über

$$\text{Analysieren} \rightarrow \text{Korrelation} \rightarrow \text{Bivariat}$$

die Korrelationen ausgeben lassen. Optional kann angegeben werden, welcher
Korrelationskoeffizient benützt werden soll. Für metrische Daten empfiehlt
sich der Koeffizient nach Bravais-Pearson, für ordinale dagegen der von Spearman.

Beispiel 9.2.5. Für unseren Autodatensatz ist vor allem die Zielvariable
'mpg' interessant. Ein Auszug aus der Korrelationstabelle von SPSS liefert
folgende Ergebnisse:

	Meilen	PS	Gewicht	Beschl.	Baujahr	Zylinder
Meilen	1	-0.771	-0.807	0.434	0.576	-0.774
PS	-0.771	1	0.859	-0.701	-0.419	0.844
Gewicht	-0.807	0.859	1	-0.415	-0.310	0.895
Beschl.	0.434	-0.701	-0.415	1	0.308	-0.528
Baujahr	0.576	-0.419	-0.310	0.308	1	-0.357
Zylinder	-0.774	0.844	0.895	-0.528	-0.357	1

Wir stellen fest, dass mit 'mpg' vor allem die Variablen 'PS', 'Gewicht' und
'Anzahl der Zylinder' negativ korreliert sind. Je größer die Werte dieser Variablen sind, desto geringer ist die Zahl der mit einer bestimmten Benzin-
menge zurückgelegten Meilen. Positiv korreliert mit 'mpg' sind die Merkmale
'Beschleunigung' und 'Baujahr'. Sie stehen für technischen Fortschritt und
erhöhen die Leistungsfähigkeit des Autos. Besonders große paarweise Korrelationen finden wir bei:

$$\text{(PS, Gewicht)} \quad \text{(PS, Zylinder)} \quad \text{(Gewicht, Zylinder)}$$

Wir erkennen, dass unter den drei Einflussgrößen 'PS', 'Anzahl Zylinder' und
'Gewicht' hohe Korrelationen auftreten, was auf eine starke Abhängigkeit
hindeutet.

Streudiagramme. Ein weiteres wichtiges Werkzeug bei der Untersuchung von Zusammenhängen sind Streudiagramme. In SPSS wählt man

Grafiken → Streudiagramm

um sie zu erzeugen. Neben normalen Streudiagrammen zweier Variablen können auch ganze Diagramm-Matrizen erzeugt werden. Hat man viele Variablen, die für einen Zusammenhang in Frage kommen, so kann man sich einen einfachen und schnellen Überblick verschaffen.
Mit einem Doppelklick auf den Output und anschließender Auswahl von 'Elemente' und 'Anpassungslinie' kann dem Streudiagramm eine Regressionsgerade hinzugefügt werden.

Beispiel 9.2.6. Wir lassen uns von SPSS verschiedenste Streudiagramme ausgeben und erhalten die Grafiken aus Abbildung 9.8.

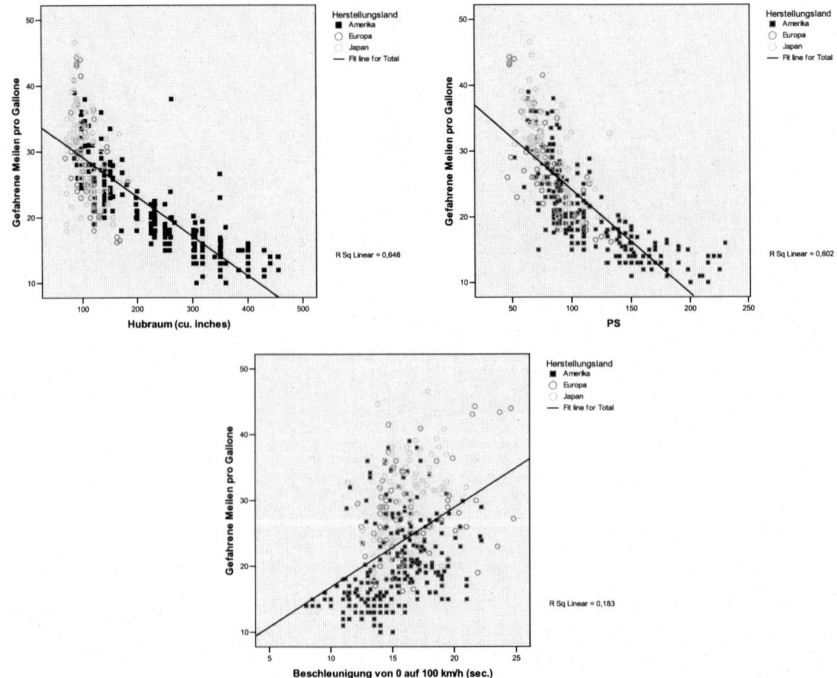

Abb. 9.8. Zusammenhang zwischen 'Gefahrene Meilen' und den Variablen 'Hubraum', 'PS' und 'Beschleunigung'

Die Grafiken zeigen die negativen Korrelationen (mpg, Hubraum), (mpg, PS) und die positive Korrelation (mpg, Beschleunigung) - aufgesplittet nach dem Herstellungsland. Die USA scheinen dabei Autos mit der geringsten

Leistungsfähigkeit ('mpg'), also dem höchsten Verbrauch, herzustellen. Ob jedoch noch eine weitere verdeckte Variable wie beispielsweise 'Gewicht' das Ergebnis beeinflusst hat, wäre eine interessante Fragestellung und im weiteren Verlauf der Analyse zu klären.

Assoziationsmaße. In Kapitel 4 wurden die wichtigsten Zusammenhangs-maße wie χ^2, der Kontingenzkoeffizient und Modifikationen davon bespro-chen. Selbstverständlich bietet SPSS die Möglichkeit alle diese Maße auch wirklich anzuwenden. Man definiert sich eine Kreuztabelle unter

Analysieren $\rightarrow$ Deskriptive Statistiken $\rightarrow$ Kreuztabellen

und wählt dann unter dem Punkt 'Statistik' die in Frage kommenden Maße aus.

Beispiel 9.2.7. Wir betrachten erneut Beispiel 9.2.2. Für die dortige Kreuz-tabelle liefert uns SPSS u.a. folgende Zusammenhangsmaße:

Maß	χ^2	C	Φ	Cramer-V
Wert	185.79	0.561	0.677	0.479

Wir erkennen, dass trotz feiner Unterschiede alle Maße einen mittelstarken Zusammenhang zwischen der 'Anzahl an Zylinder' und dem 'Herstellungs-land' feststellen.

9.2.4 Lineare Regression

Wie in **Kapitel 5** beschrieben, lässt sich der Zusammenhang zweier Varia-blen mit Hilfe einer einfachen linearen Regression quantifizieren. SPSS bietet hierfür die Möglichkeit unter

Analysieren $\rightarrow$ Regression $\rightarrow$ Linear

Sehr einfach können hier Zielgröße und Einflussvariable ausgewählt werden.

Beispiel 9.2.8. Wir interessieren uns dafür, ob die Zielgröße 'mpg' von der Variable 'PS' beeinflusst wird. Dazu fitten wir in SPSS ein einfaches lineares Modell der Form:

$$\text{Meilen pro Gallone} = a + b \cdot \text{PS}$$

SPSS liefert uns u.a. folgende Outputs

Model	R	R square	Adj. R-Sq	Std. Error
1	0.771	0.595	0.594	4.974

Model		B	Std. Error	t	Sig.
1	(Constant)	39.855	.730	54.578	0.000
	PS	-.157	.007	-23.931	.000

Im ersten Output erkennen wir die Güte der Anpassung. Das R^2 liegt bei 0.595, der Anteil der von der Regression erklärten Streuung liegt also bei etwa 60%.

Im zweiten Output erkennen wir die Schätzungen für die Koeffizienten ($a = 39.855$, $b = -0.157$). SPSS schlägt also folgendes Modell vor:

$$\text{Meilen pro Gallone} = 39.855 - 0.157 \cdot \text{PS}$$

Je PS-Einheit verringert sich die Strecke, die mit einer Gallone Benzin gefahren werden kann, also um 0.157 Meilen.

Für eine genauere Interpretation der gesamten Outputs ist ein Wissen über *multiple* lineare Regression notwendig (siehe dazu Toutenburg, *Induktive Statistik*). Die Analyse des Datensatzes in Bezug auf die Regression ist keinesfalls vollständig und bedarf weiterer Untersuchungen.

9.2.5 Logistische Regression

Wir wollen für das Beipiel aus Tabelle 5.3 ein saturiertes logistisches Regressionsmodell gemäß der Ausführungen in Abschnitt 5.11.2 mit SPSS berechnen:

$$\text{Analysieren} \rightarrow \text{Regression} \rightarrow \text{Binär Logistisch}$$

Zunächst kodieren wir die Einfußgröße „Blutdruck" (X) gemäß einer Dummykodierung. Die Kodierung ist in Abbildung 9.9 gegeben. Es ist zu sehen, dass die Kategorie „> 186" als Referenzkategorie gewählt wurde. Anschließend berechnen wir ein logistisches Regressionsmodell mit „Herzkrankheit" als abhängiger Variable Y. Wir erhalten die Ausgabe wie in Abbildung 9.10. Wie in Abschnitt 5.11.2 dargelegt, ergibt sich die Schätzung für die Konstante dann gerade als

$$\hat{b}_0 = \log\left(\frac{8}{35}\right) = -1.476 \ .$$

Der entsprechende Wert findet sich in der Ausgabe in Abbildung 9.10. Die anderen Koeffizenten ergeben sich dann als logarithmierte Odds Ratios, wobei man sich jeweils auf die Referenzkategorie bezieht. So erhält man den Koeffizienten, der in der Ausgabe als „Bludruck(4)" beschrieben ist und zur Kategorie „137-146" der Einflußgröße gehört, gerade als

$$\hat{b}_4 = \log\left(\frac{\frac{16}{255}}{\frac{8}{35}}\right) = \log\left(\frac{16 \cdot 35}{255 \cdot 8}\right) = -1.293 \ .$$

Insgesamt lässt sich das Ergebnis so interpretieren: alle zur Variablen „Blutdruck" gehörenden Koeffizienten sind negativ, d.h. im Vergleich zur Referenzkategorie (diese Gruppe weist die höchsten Blutdruckwerte auf) erhält man immer eine Verminderung des Herzinfarktrisikos. Tendenziell ist die Risikoverminderung stärker (absolut größere Koeffizienten), je geringer der Blutdruck ist. Die strenge Monotonie wird allerdings durch den Koeffizienten von „Blutdruck(2)" gestört.

Codierungen kategorialer Variablen

		Häufigkeit	Parametercodierung						
			(1)	(2)	(3)	(4)	(5)	(6)	(7)
Blutdruck	< 117	2	1,000	,000	,000	,000	,000	,000	,000
	117-126	2	,000	1,000	,000	,000	,000	,000	,000
	127-136	2	,000	,000	1,000	,000	,000	,000	,000
	137-146	2	,000	,000	,000	1,000	,000	,000	,000
	147-156	2	,000	,000	,000	,000	1,000	,000	,000
	157-166	2	,000	,000	,000	,000	,000	1,000	,000
	167-186	2	,000	,000	,000	,000	,000	,000	1,000
	> 186	2	,000	,000	,000	,000	,000	,000	,000

Abb. 9.9. Dummykodierung des logistischen Regressionsmodells für die Daten aus Tabelle 5.3

Variablen in der Gleichung

		RegressionskoeffizientB	Standardfehler	Wald	df	Sig.	Exp(B)
Schritt 1	Blutdruck			28,840	7	,000	
	Blutdruck(1)	-2,456	,702	12,223	1	,000	,086
	Blutdruck(2)	-1,150	,465	6,109	1	,013	,316
	Blutdruck(3)	-1,645	,490	11,248	1	,001	,193
	Blutdruck(4)	-1,293	,469	7,597	1	,006	,275
	Blutdruck(5)	-,883	,495	3,188	1	,074	,413
	Blutdruck(6)	-,788	,540	2,132	1	,144	,455
	Blutdruck(7)	-,170	,478	,127	1	,721	,843
	Konstante	-1,476	,392	14,184	1	,000	,229

Abb. 9.10. Koeffizienten des logistischen Regressionsmodells für die Daten aus Tabelle 5.3

9.2.6 Weiterführende Analysen

In diesem Beispiel haben Sie ein erstes Gefühl für den Umgang mit SPSS bekommen. Die Devise lautet 'Learning by doing', selbstverständlich bietet SPSS noch mehr Möglichkeiten als die bisher beschriebenen. Dazu ist aber auch oft ein detaillierteres Wissen über die induktive Statistik notwendig. Das Lehrbuch *Induktive Statistik* von Toutenburg beinhaltet zwei ausführliche und gut kommentierte Kapitel zur statistischen Analyse mit SPSS und R. Die sorgfältige Auswertung und Interpretation eines Datensatzes wird dort an einem durchgängigen Beispiel adäquat behandelt. Im *Arbeitsbuch zur deskriptiven und induktiven Statistik* von Toutenburg, Schomaker, Wißmann und Heumann (2009) ermöglicht ein durchgängiges Beispiel dem Leser den gesamten Stoff der deskriptiven *und* induktiven Statistik selbst mit SPSS zu üben und vertiefen.

Für die in Kapitel 6 beschriebenen Methoden zu Zeitreihen betrachten Sie bitte Kapitel 6.7, ein ausführliches Beispiel mit SPSS finden Sie dort. Das statistische Softwarepaket R bietet ebenfalls eine Vielzahl an Möglichkeiten zur Umsetzung dieser Thematik.

Hilfsmittel für die in Kapitel 7 beschriebenen Verhältniszahlen und Indizes finden Sie nicht in SPSS, ebenso wie eine *adäquate* Auswahlmöglichkeit an Methoden zu fehlenden Daten (Kapitel 8). Hierfür bieten sich vor allem Programmpakete wie R oder S-Plus an.

10. Einführung in R

R (R Development Core Team, 2007) ist ein statistisches Softwarepaket, das über das Internet zur Verfügung gestellt wird. Es handelt sich um ein sogenanntes *open source* Projekt, bei dem der komplette Quelltext der Software eingesehen werden kann und das unter der GNU General Public License steht. Dadurch kann es auf unterschiedlichen Betriebssystemen verwendet werden, u.a. Apple Mac OS X, Linux, Sun Solaris und Microsoft Windows. Während bei dem in Kapitel 9 eingeführten statistischen Softwarepaket SPSS die einfache Handhabung fest implementierter Prozeduren über eine grafische Benutzeroberfläche im Vordergrund steht, zeichnet sich R durch eine praktisch unbegrenzt mögliche Erweiterung durch neue Funktionen und Verfahren aus. Neben dem gut ausgetesteten Basispaket, welches bereits eine hohe Funktionalität hinsichtlich statistischer Verfahren und grafischer Darstellungsmöglichkeiten für Daten besitzt, gibt es eine große Anzahl an zusätzlichen R-Paketen mit modernsten statistischen Verfahren für die unterschiedlichsten Datensituationen und Einsatzzwecke. Dazu zählen auch Methoden, die weit über die in diesem Buch besprochenen Verfahren hinausgehen, wie z.B. modernste Verfahren zur statistischen Modellierung, zur Zeitreihenanalyse und zu datengesteuerten multivariaten Analysen mit sogenannten Data Mining Methoden. Mit Hilfe solcher Zusatzpakete kann jeder, der es wünscht, der gesamten R Benutzergemeinde neue Funktionalität zugänglich machen. Für einen Abriß der Geschichte von R, sowie Hintergründe zur Programmiersprache S, welche durch R im wesentlichen implementiert wurde, verweisen wir auf die Bücher von Ligges (2007), Dalgaard (2002) und Venables und Ripley (2002).

10.1 Installation und Grundaufbau des Programmpakets R

Der Einfachheit halber beschränken wir uns hier auf die Beschreibung der Version für das Betriebssystem Microsoft Windows. Wie bereits erwähnt, wird die Software über das Internet zur Verfügung gestellt. Einstiegspunkt ist die Webseite http://www.r-project.org/. Von dort bewegt man sich weiter zum sogenannten *Comprehensive R Archive Network (CRAN)*. Dort

wählt man einen Spiegelserver aus, von wo aus man zunächst auf eine weitere
Seite gelangt, die die Auswahl *base* (Basispaket) oder *contrib* (Zusatzpakete) erlaubt. Nach Auswahl von *base* gelangt man auf die Seite, welche die
Installationsroutine für die Windows Version verlinkt. Diese hat die Gestalt
R-2.x.y-win32.exe, wobei x den Major Revision Stand angibt und y den Mi-
nor Revision Stand (in der Regel 0 oder 1). Die Versionen mit y gleich 1 sind
in der Regel die stabileren Versionen, bei denen Fehler der Versionen mit y
gleich 0 bereits bereinigt wurden. Nach Herunterladen dieser ausführbaren
Datei wird die Installation durch einen Doppelklick auf die Datei *R-2.x.y-
win32.exe* gestartet. Nach der Installation ist R über das Start Menü von
Windows ausführbar. Es gibt auch eine eigene R for Windows FAQ (fre-
quently asked questions) Liste, wo Windows-spezifische Tipps gegeben werden bzw. Probleme und deren Lösung behandelt werden. Nach dem Start des
Programms öffnet sich ein Fenster, das sogenannte Kommandofenster mit
dem „Größerzeichen" > als Eingabeaufforderung. Im Prinzip kann R damit
als „überdimensionierter" Taschenrechner benutzt werden. Dazu wollen wir
im folgenden Abschnitt einige Beispiele angeben. Für die Programmierung
in R sollte man sich allerdings einen benutzerfreundlichen Texteditor besor-
gen, der mindestens Syntax–Highlighting für R Quelltext besitzt. Für Windows gibt es unter `http://www.sciviews.org/Tinn-R/` einen Editor, der
weitergehende Integration mit R anbietet. So können einzelne Zeilen, markierte Blöcke oder ganze Dateien mit R Kommandos direkt aus dem Editor
Tinn-R heraus in R ausgeführt werden. Wenn man Hilfe zu einer bekannten
R–Funktion sucht, so kann man diese durch die Eingabe „?Funktion" erhalten. Im Folgenden werden wir Funktionen aus sogenannten Paketen oder
Bibliotheken verwenden, die nicht im Basispaket enthalten sind. Verfügt man
über Internetzugang, so können diese leicht über den Menüpunkt „Pakete"
innerhalb der Bentzeroberfläche von R nachinstalliert werden.

10.1.1 R als überdimensionierter Taschenrechner

Die Eingabe eines arithmetischen Ausdrucks erfolgt mit den auch in anderen
Programmiersprachen üblichen Operatoren $(+, -, *, /)$. Die Eingabe von

```
> 3*4
```

liefert das erwartete Ergebnis 12 und in der nächsten Zeile wartet R an der
Eingabeaufforderung auf eine erneute Eingabe.

```
> 3*4
[1] 12
>
```

Die [1] ist hier ohne Bedeutung und spielt erst bei Rückgabewerten wie
Vektoren, Listen und Matrizen eine Rolle. Es handelt sich dann um den Index
des ersten Elements in dieser Zeile. Beispielsweise lässt sich ein Vektor mit
Hilfe des Bindungsbefehls `c()` erzeugen. Arithmetische Operationen werden

dann auf jedes Element des Vektors angewendet. Im folgenden Beispiel wird jedes Element des Vektors $(3, 4, 5)$ quadriert.

```
> c(3,4,5)^2
[1]  9 16 25
```

Die sogenannte Recycling-Eigenschaft von R lässt auch Befehle der folgenden Art zu, die man als *vektorisierte Arithmetik* bezeichnet.

```
> c(3,4,5,6) * c(2,7)
[1]  6 28 10 42
```

Dies ist also äquivalent zu

```
> c(3,4,5,6) * c(2,7,2,7)
[1]  6 28 10 42
```

Natürlich stehen auch mathematische Funktionen, wie Wurzelfunktion, Sinusfunktion, Cosinusfunktion, Logarithmus oder Exponentialfunktion zur Verfügung. Der natürliche Logarithmus wird zum Beispiel durch die Funktion log() definiert, die Exponentialfunktion durch exp() und die Wurzelfunktion durch sqrt().

```
> log(4)
[1] 1.386294
> exp(log(4))
[1] 4
> sqrt(2)
[1] 1.414214
```

Hilfe zu dieser Funktion erhält man durch

```
?sqrt
```

10.1.2 Programmiersprache R

Mit R lassen sich nicht nur einfache Kalkulationen wie im vorigen Abschnitt durchführen sondern R erlaubt die Programmierung komplexer Funktionen. Dabei stehen die üblicherweise in einer Programmiersprache vorhandenen Konstrukte wie Schleifen (for, while, repeat), bedingte Ausführungen (if, else) und Funktionen (function()) zur Verfügung. Zuweisungen an Variablen erfolgen durch die Operatoren <- oder =.

```
> x <- 5
> y = c(8,9,10)
> print(x)
[1] 5
> print(y)
[1]  8  9 10
> x+y
[1] 13 14 15
```

310   10. Einführung in R

In der Kommandozeile kann man den `print()`–Befehl auch weglassen.

```
> x
[1] 5
> y
[1]  8  9 10
```

Eine Funktion, die das arithmetische Mittel berechnet, könnte so aussehen (es gibt bereits die Standardfunktion `mean` in R, welche das und noch mehr erledigt). Wir nehmen dazu einen Editor unserer Wahl (Windows Wordpad geht auch) und tippen ein:

```
mein.mittelwert <- function(x){
    n <- length(x)
    if (n>=1)
        return( sum(x)/n ) # berechne arithmetisches Mittel
    else
        return (NULL)
}
```

Mit Hilfe des Zeichens `#` wird ein Kommentar eingeleitet. Mittels cut/paste kann man diese Funktion jetzt R bekannt machen:

```
> mein.mittelwert <- function(x){
+ n <- length(x)
+ if (n>=1)
+    return( sum(x)/n )
+ else return (NULL) }
>
```

Bemerkung: Die +–Zeichen am Beginn einer Zeile deuten auf die Fortsetzung des Befehls einer vorhergehenden Zeile an. Dies wird uns später noch oft begegnen.

Die `sum()`–Funktion übernimmt die Hauptaufgabe, alle Elemente des Vektors x zu summieren, der der Funktion mit dem Namen `mein.mittelwert` übergeben wird. Die Funktion `length()` liefert die Länge des Vektors (die Anzahl der Elemente des Vektors) zurück. Das folgende Beispiel liefert das erwartete Ergebnis, das auch mit der Standardfunktion `mean()` übereinstimmt.

```
> x =c(8,9,13)
> mein.mittelwert(x)
[1] 10
> mean(x)
[1] 10
```

Wie man sieht, können Funktionen– und Variablennamen einen Punkt enthalten.

10.2 Einige praktische Beispiele

Hier wollen wir nun die praktischen Beispiele aus Kapitel 9, insbesondere den in Abschnitt 9.2 verwendeten Datensatz, mit R analysieren.

10.2.1 Einlesen der Daten

Dazu wandeln wir den von SPSS mitgelieferten Datensatz *'cars.sav'* in eine sogenannte *tab-delimited* (tabulator-getrennte) Textdatei mit Namen *'auto-datensatz.dat'* um. D.h. die einzelnen Felder der erhobenen Variablen (Hubraum, PS, etc.) werden durch ein Tabulatorzeichen getrennt. Solche Dateien können dann einfach in R eingelesen werden. Probleme beruhen meist darauf, dass es unterschiedliche Länderkonventionen gibt, was als Dezimalzeichen und Tausender–Trennzeichen verwendet wird. Die flexible R–Funktion `read.table()` lässt sich entsprechend anpassen. Hier ist ein Auszug der Hilfe zu dieser Funktion:

```
read.table(
file, header = FALSE, sep = "", quote = "\"'", dec = ".",
row.names, col.names, as.is = FALSE, na.strings = "NA",
colClasses = NA, nrows = -1,
skip = 0, check.names = TRUE, fill = !blank.lines.skip,
strip.white = FALSE, blank.lines.skip = TRUE,
comment.char = "#")
```

Über den Parameter `dec` lässt sich steuern, welches Zeichen als Dezimalzeichen verwendet wird. Standardmäßig wird der Dezimalpunkt verwendet. Ist die Datei in eine tabulator–getrennte Datei umgewandelt und abgespeichert, so kann sie jetzt in R eingelesen werden. Übrigens kann man über die Befehle `getwd()` und `setwd()` herausfinden, in welchem aktuellen Verzeichnis sich R befindet bzw. dieses Verzeichnis setzen. Zum Beispiel wechselt

```
setwd("C:/R/proj/buch/")
```

in das entsprechende Verzeichnis. Man beachte, dass nicht die Windows/DOS–spezifische Variante mit \ für die Pfadangaben verwendet werden muss, sondern dass die auch unter Linux/UNIX verwendete Variante mit / verwendet werden kann. Es ist vielmehr so, dass man in der Windows–Variante den doppelten \\ verwenden muss, also

```
setwd("C:\\R\\proj\\buch")
```

Jetzt können wir den Datensatz einfach einlesen (d.h. wir nehmen an, der Datensatz befindet sich im Verzeichnis welches durch `getwd()` angezeigt wird):

```
> daten <- read.table("autodatensatz.dat", header=TRUE,
+ sep="\t", dec=",")
```

Die Angabe `sep="\t"` weist R an, von einer tabulator–getrennten Datei aus-
zugehen. Im Datensatz wurde Komma als Dezimaltrennzeichen verwendet,
daher die Option `dec=","`. Das +-Zeichen bedeutet hier eine Fortsetzung
der Eingabe in einer neuen Zeile. Die Variable enthält jetzt den kompletten
Datensatz. Die ersten 5 Zeilen erhält man durch

```
> daten[1:5,]
  mpg hubraum  ps gewicht beschleu baujahr land zylinder
1  18     307 130    3504     12.0      70    1        8
2  15     350 165    3693     11.5      70    1        8
3  18     318 150    3436     11.0      70    1        8
4  16     304 150    3433     12.0      70    1        8
5  17     302 140    3449     10.5      70    1        8
```

Aus der Variablen `daten` kann also durch 2 Indizes (Zeilenindex: entspricht
den Fällen; Spaltenindex: entspricht den Variablen) selektiert werden. Im
obigen Fall wurden die Zeilen 1-5 selektiert und alle Spalten (daher keine
Angabe nach dem Komma in der Indexierung `[1:5,]`. Über den Befehl

```
> colnames(daten)
[1] "mpg"      "hubraum"  "ps"       "gewicht"
[5] "beschleu" "baujahr"  "land"     "zylinder"
```

erhalten wir Auskunft über die Variablennamen. Dazu hatten wir

- SPSS angewiesen, die Variablennamen in die erste Zeile der tabulator–
  getrennten Datei zu schreiben
- R angewiesen, beim Einlesen die erste Zeile als Variablennamen zu interpretieren (durch den Parameter `header=TRUE`)

Um beispielsweise die mittlere PS-Zahl zu berechnen, führen wir folgenden
Befehl aus:

```
> mean(daten$ps, na.rm=TRUE)
[1] 104.8325
```

Die Option `na.rm=TRUE` zeigt an, dass fehlende Werte in dieser Variablen bei
der Berechnung des Mittelwerts ignoriert werden sollen (ansonsten wäre ja
unklar, wie der Mittelwert zu berechnen ist). Dies stimmt mit der Berechnung
in SPSS überein, siehe Abbildung 9.2. Der Zugriff auf einzelne Variablen
erfolgt über $. Allerdings kann man dies vereinfachen, in dem man die Daten
in den sogenannten Suchpfad aufnimmt. Nach Ausführung von

```
> attach(daten)
```

kann man jetzt direkt auf die Variablen zugreifen:

```
> mean(ps, na.rm=TRUE)
[1] 104.8325
```

Analog wird `attach(daten)` durch `detach(daten)` wieder rückgängig gemacht.

10.2.2 Deskriptive Analyse

Wir wollen das Vorgehen in Beispiel 9.2.1 in analoger Weise mit R durchführen.

Deskriptive Analyse für einzelne Variablen. Im Prinzip steht in R dafür die Funktion `summary()` zur Verfügung. Allerdings sollten diskrete Variablen vorher als solche gekennzeichnet werde, damit R die richtige `summary` Variante auswählt.

Beispiel 10.2.1 (Fortsetzung von 9.2.1). Um diskrete Variablen zu kennzeichnen besitzt R die Funktion `factor()` und die Abwandlungen `is.factor()` und `as.factor`. Für ordinale Daten steht der Befehl `ordered()` zur Verfügung. Wenden wir diesen Befehl zum Beispiel auf die Variable 'Anzahl Zylinder' an, erhalten wir

```
> daten$zylinder <- ordered(daten$zylinder)
  [1] 8    8
  ...
  [401] 4    4    4    4    4    4
  Levels: 3 < 4 < 5 < 6 < 8
```

Der Befehl `summary()` liefert uns nun die Häufigkeitsverteilung dieser Variablen.

```
> summary(daten$zylinder)
    3    4    5    6    8 NA's
    4  207    3   84  107    1
```

Also 4 Autos beitzen 3 Zylinder, 207 Autos 4 Zylinder, etc. Die Zylinderzahl eines Autos fehlt (NA: not available). Das Ergebnis stimmt mit der SPSS Ausgabe in Abbildung 9.1 überein. Auch Quantile lassen sich dann ausgeben:

```
> quantile(daten$zylinder, na.rm=TRUE)
  0%  25%  50%  75% 100%
   3    4    4    8    8
  Levels: 3 < 4 < 5 < 6 < 8
```

Der Median ist also zum Beispiel bei 4.

Ohne Umwandlung in eine ordinale Variable liefert `summary()` die üblichen deskriptiven Statistiken für stetige und quasi-stetig Variablen. Dazu lesen wir der Einfachheit halber den Datensatz neu ein.

```
> daten <- read.table("autodatensatz.dat", header=TRUE,
+ sep="\t", dec=",")
> summary(daten$zylinder)
   Min. 1st Qu.  Median    Mean 3rd Qu.    Max.   NA's
  3.000   4.000   4.000   5.469   8.000   8.000  1.000
```

Hier liefert `summary()` die sogenannte 5–Punkte Zusammenfassung, die auch für die Konstruktion einfacher Boxplots gebraucht wird plus das arithmetische Mittel. Die Standardabweichung und die Varianz, allerdings in einer modifizierten Version wie sie erst in Statistik II verwendet wird, erhält man durch die Funktionen `sd()` + `var()`. Die Modifizierung besteht darin, dass statt durch n durch $n - 1$ geteilt wird. Da n in unserem Fall recht groß ist,

```
> nrow(daten)
[1] 406
```

nämlich $n = 406$ und maximal 8 fehlende Werte pro Variable vorkommen, siehe folgende Ausgabe, welche alle 5–Punkte Zusammenfassungen und arthmetische Mittel ausgibt,

```
> summary(daten)
      mpg            hubraum            ps            gewicht
 Min.   : 9.00   Min.   :  4.0   Min.   : 46.00   Min.   : 732
 1st Qu.:17.50   1st Qu.:104.2   1st Qu.: 75.75   1st Qu.:2224
 Median :23.00   Median :148.5   Median : 95.00   Median :2811
 Mean   :23.51   Mean   :194.0   Mean   :104.83   Mean   :2970
 3rd Qu.:29.00   3rd Qu.:293.2   3rd Qu.:129.25   3rd Qu.:3612
 Max.   :46.60   Max.   :455.0   Max.   :230.00   Max.   :5140
 NA's   : 8.00                   NA's   :  6.00
    beschleu          baujahr           land           zylinder
 Min.   : 8.00   Min.   : 0.00   Min.   :1.000   Min.   :3.000
 1st Qu.:13.62   1st Qu.:73.00   1st Qu.:1.000   1st Qu.:4.000
 Median :15.50   Median :76.00   Median :1.000   Median :4.000
 Mean   :15.50   Mean   :75.75   Mean   :1.570   Mean   :5.469
 3rd Qu.:17.07   3rd Qu.:79.00   3rd Qu.:2.000   3rd Qu.:8.000
 Max.   :24.80   Max.   :82.00   Max.   :3.000   Max.   :8.000
                                 NA's   :1.000   NA's   :1.000
```

wollen wir dies hier vernachlässigen (eine einfache Korrektur ist natürlich, den erhaltenen Wert mit dem Bruch $\frac{n-1}{n}$ zu multiplizieren). Wir erhalten also für Standardabweichung und Varianz:

```
> sd(daten$zylinder, na.rm=TRUE)
[1] 1.709658
> var(daten$zylinder, na.rm=TRUE)
[1] 2.922931
```

Abschließend zeigen wir noch, wie man in etwa eine Tabelle wie in Abbildung 9.2 erhalten kann. Dabei nutzen wir aus, dass es sich genau um die ersten 5 Spalten des Datensatzes handelt. Das +-Zeichen deutet übrigens an, dass der Befehl in der nächsten Zeile fortgesetzt wird.

```
> tabelle <- array( dim=c(6,6) )
> tabelle[1,1] <- "Variable"
```

```
> tabelle[1,2] <- "N"
> tabelle[1,3] <- "Minimum"
> tabelle[1,4] <- "Maximum"
> tabelle[1,5] <- "Mittelwert"
> tabelle[1,6] <- "Standardab"
> n <- nrow(daten)
> for ( i in 1:5 ){
+   tabelle[i+1,1] <- colnames(daten)[i]
+   tabelle[i+1,2] <- n - sum(is.na( daten[,i] ))
+   tabelle[i+1,3] <- format(min(daten[,i], na.rm=T),
+                            width=7,
+                            digits=2,
+                            justify="right",
+                            trim=T)
+   tabelle[i+1,4] <- format(max(daten[,i], na.rm=T),
+                            width=7,
+                            digits=2,
+                            justify="right",
+                            trim=T)
+   tabelle[i+1,5] <- format( mean(daten[,i], na.rm=T ),
+                            width=10,
+                            digits=5,
+                            nsmall=2,
+                            justify="right",
+                            trim=T)
+   tabelle[i+1,6] <- format(sd(daten[,i], na.rm=T ),
+                            width=10,
+                            digits=5,
+                            nsmall=2,
+                            justify="right",
+                            trim=T)
+ }
> print(tabelle, quote=FALSE)
      [,1]      [,2] [,3]    [,4]    [,5]       [,6]
[1,] Variable N    Minimum Maximum Mittelwert Standardab
[2,] mpg      398        9      47    23.515      7.816
[3,] hubraum  406        4     455    194.04     105.21
[4,] ps       400       46     230    104.83     38.522
[5,] gewicht  406      732    5140   2969.56     849.83
[6,] beschleu 406        8      25    15.495      2.821
```

Man erkennt hier, wie man

- einen zweidimensionalen Array mit dem Befehl array() anlegt,
- eine Schleife mit for() schreiben kann,
- den Befehl format() zum Formatieren der Ausgabe einsetzen kann,

• die Anzahl der gültigen Fälle ohne fehlende Werte berechnet

```
n - sum(is.na( daten[,i] ),
```

wobei n vorher mit dem Befehl nrow(daten) belegt wurde, also der Anzahl Zeilen (Fälle) im Datensatz),
• die Option quote verwenden kann,
• die Bezeichner für TRUE und FALSE abkürzen kann mit T und F.

Kontingenztabellen. Hierfür stellt R u.a. die table()–Funktion zur Verfügung.

Beispiel 10.2.2 (Fortsetzung von Beispiel 9.2.2). Eine einfache Kreuztabelle der Merkmale 'Zylinder' und 'Herstellungsland' liefert der table()-Befehl.

```
> attach(daten)
> table(zylinder,land)
        land
zylinder  1   2   3
       3  0   0   4
       4 72  66  69
       5  0   3   0
       6 74   4   6
       8 107  0   0
> detach(daten)
```

Natürlich ist die Ausgabe nicht so schön wie mit SPSS, wo man in der Regel sehr intensiv von den Label-Funktionen Gebrauch macht. Dies können wir beheben, indem wir die Variablen in Faktoren umwandeln und die labels-Option einsetzen:

```
> attach(daten)
> zylfac <- factor(zylinder, labels=c("3 Zylinder",
+ "4 Zylinder", + "5 Zylinder", "6 Zylinder", "8 Zylinder"),
+ exclude=NA )
> landfac <- factor(land, labels=c("Amerika", "Europa",
+ "Japan") )
> kontingenztabelle <- table(zylfac,landfac)
> print(kontingenztabelle)
              landfac
zylfac        Amerika Europa Japan
   3 Zylinder       0      0     4
   4 Zylinder      72     66    69
   5 Zylinder       0      3     0
   6 Zylinder      74      4     6
   8 Zylinder     107      0     0
> detach(daten)
```

Die Randverteilungen erhält man durch

```
> margin.table(kontingenztabelle,1)
zylfac
3 Zylinder 4 Zylinder 5 Zylinder 6 Zylinder 8 Zylinder
         4        207          3         84        107
> margin.table(kontingenztabelle,2)
landfac
Amerika  Europa   Japan
    253      73      79
```

Der Befehl prop.table() erlaubt die Berechnung der relativen Häufigkeiten

```
> prop.table(kontingenztabelle)
            landfac
zylfac         Amerika       Europa        Japan
  3 Zylinder 0.000000000 0.000000000 0.009876543
  4 Zylinder 0.177777778 0.162962963 0.170370370
  5 Zylinder 0.000000000 0.007407407 0.000000000
  6 Zylinder 0.182716049 0.009876543 0.014814815
  8 Zylinder 0.264197531 0.000000000 0.000000000
```

und bedingter relativer Häufigkeiten:

```
> prop.table(kontingenztabelle,1)
            landfac
zylfac        Amerika     Europa      Japan
  3 Zylinder 0.00000000 0.00000000 1.00000000
  4 Zylinder 0.34782609 0.31884058 0.33333333
  5 Zylinder 0.00000000 1.00000000 0.00000000
  6 Zylinder 0.88095238 0.04761905 0.07142857
  8 Zylinder 1.00000000 0.00000000 0.00000000
> prop.table(kontingenztabelle,2)
            landfac
zylfac        Amerika     Europa      Japan
  3 Zylinder 0.00000000 0.00000000 0.05063291
  4 Zylinder 0.28458498 0.90410959 0.87341772
  5 Zylinder 0.00000000 0.04109589 0.00000000
  6 Zylinder 0.29249012 0.05479452 0.07594937
  8 Zylinder 0.42292490 0.00000000 0.00000000
```

D.h. im ersten Fall summieren sich die relativen Zeilenhäufigkeiten (bedingte relative Verteilungen von Land gegeben Zylinder), im zweiten Fall die Spalten (bedingte relative Verteilungen von Zylinder gegeben Land).

Weitere Funktionen für mehrdimensionale Tabellen existieren, z.b. xtabs() und ftable().

Grafiken: Balkendiagramm. Für häufig verwendete Grafiken wie Stabdiagramme, Kreisdiagramme oder Histogramme stellt R bereits Funktionen zur Verfügung.

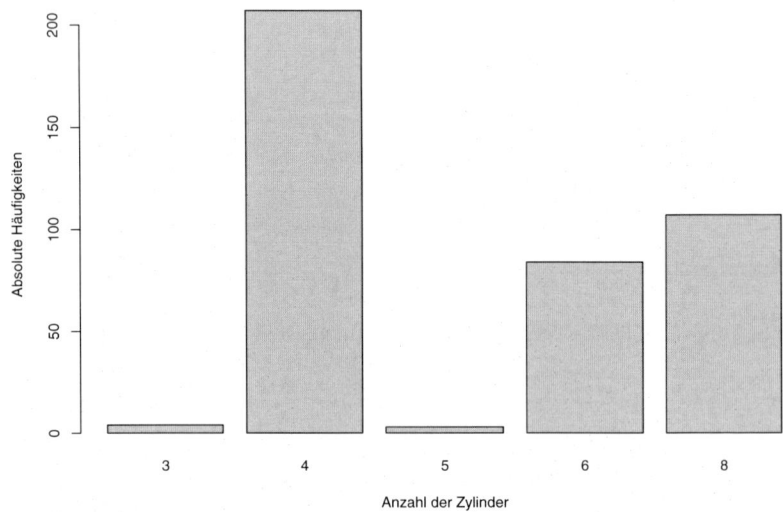

Abb. 10.1. Balkendiagramm der Variable 'Zylinder'

Beispiel 10.2.3 (Fortsetzung von Beispiel 9.2.3). Ein Balkendiagramm für die Variable 'Zylinder' erhält man alternativ

- durch Erstellen einer geordneten Faktorvariable und anschließender Verwendung des Befehls `plot()`.
- oder durch den Befehl `barplot()`. Allerdings muss auch hier die Variable als Faktorvariable gekennzeichnet und z.B. mittels `table()` die Häufigkeiten berechnet sein.

```
> barplot(table(as.factor(daten$zylinder)))
```

liefert ein Balkendiagramm. Die Grafik kann in verschiedenen Formaten abgespeichert werden, zum Beispiel im pdf–Format, postscript–Format oder als jpeg–Datei:

```
> pdf("balken1.pdf")
> par(cex=1.2)
> barplot(table(as.factor(daten$zylinder)),
+ xlab="Anzahl der Zylinder",
+ ylab="Absolute Häufigkeiten")
> dev.off()
```

oder

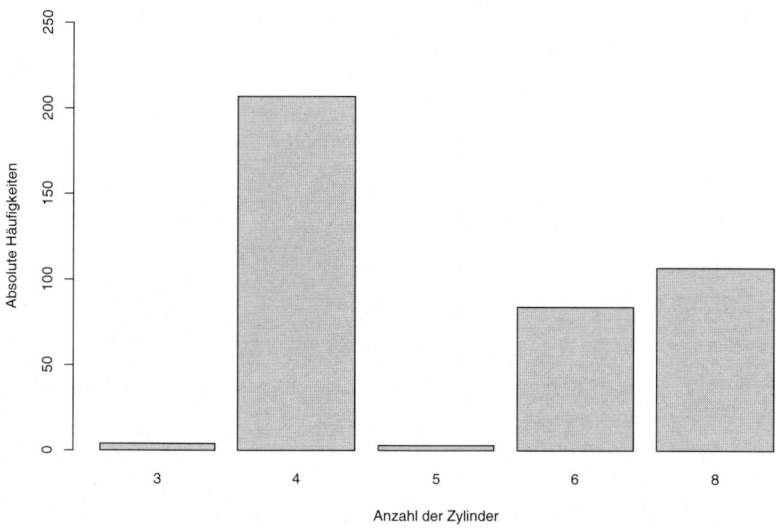

Abb. 10.2. Balkendiagramm der Variable 'Zylinder'

```
> postscript("balken1.ps")
> par(cex=1.2)
> barplot(table(as.factor(daten$zylinder)),
+ xlab="Anzahl der Zylinder",
+ ylab="Absolute Häufigkeiten")
> dev.off()
```

oder

```
> jpeg("balken1.jpg")
> par(cex=1.2)
> barplot(table(as.factor(daten$zylinder)),
+ xlab="Anzahl der Zylinder",
+ ylab="Absolute Häufigkeiten")
> dev.off()
```

Der Befehl `par(cex=1.2)` sorgt dafür, dass die Schrift etwas vergrößert ist, so dass sie eventuell noch lesbar ist wenn die Grafik verkleinert in einem Dokument erscheint. Mit den Optionen `xlab` und `ylab` kann die Grafik beschriftet werden. Mit `getwd()` finden man heraus, in welchem Verzeichnis die Grafiken abgespeichert wurden bzw. welches das aktuelle Arbeitsverzeichnis ist. Das Resultat ist in Abbildung 10.1 zu sehen. Nicht so elegant ist die Tatsache, dass der höchste Balken höher ist als die entsprechende y-Achse des Diagramms. Die Häufigkeitstabelle ist

```
> table(as.factor(daten$zylinder))
  3   4   5   6   8
  4 207   3  84 107
```

Mittels der Option `ylim` kann die Skala der y-Achse entsprechend verändert werden:

```
>barplot(table(as.factor(daten$zylinder)),
+ xlab="Anzahl der Zylinder",
+ ylab="Absolute Häufigkeiten",
+ ylim=c(0,250))
```

Das Ergebnis ist in Abbildung 10.2 zu sehen. Ein gruppiertes Balkendiagramm ist ebenfalls möglich:

```
> barplot(table(as.factor(daten$land),
+ as.factor(daten$zylinder)),
+ beside=TRUE,
+ xlab="Anzahl der Zylinder",
+ ylab="Absolute Häufigkeiten",
+ legend.text=c("Amerika","Europa","Japan"),
+ ylim=c(0,120))
> dev.off()
```

Das Ergebnis ist in Abbildung 10.3 zu sehen. Eine ausführliche Beschreibung der `barplot()`–Funktion findet sich in der Hilfe.

Grafiken: Histogramm. Für stetige Daten kann ein Histogramm erstellt werden. Als Beispiel dient die Variable 'mpg'. Die Option `breaks` kann mehrere Rollen übernehmen. Hier wird nur angegeben, wieviel „Zellen" das Histogramm haben soll. Das Ergebnis ist in Abbildung 10.4 zu sehen.

```
> hist(daten$mpg, breaks=20)
```

Man beachte, dass auf der y–Achse die absoluten Häufigkeiten abgetragen sind. Dies lässt ändern durch die Option `freq=FALSE`, siehe Abbildung 10.5. Alternativ kann die Funktion `truehist()`verwendet werden. `truehist()` garantiert, dass sich die Rechtecksflächen zu 1 aufsummieren, so wie es auch in der Theorie gefordert wird. Dazu ist vorher die Bibliothek `MASS` zu laden:

```
> truehist(daten$mpg, xlab="Gefahrene Meilen per Gallone",
+ nbins=20,xlim=c(0,50), col="white")
```

Das Histogramm ist in Abbildung 10.6 zu betrachten.

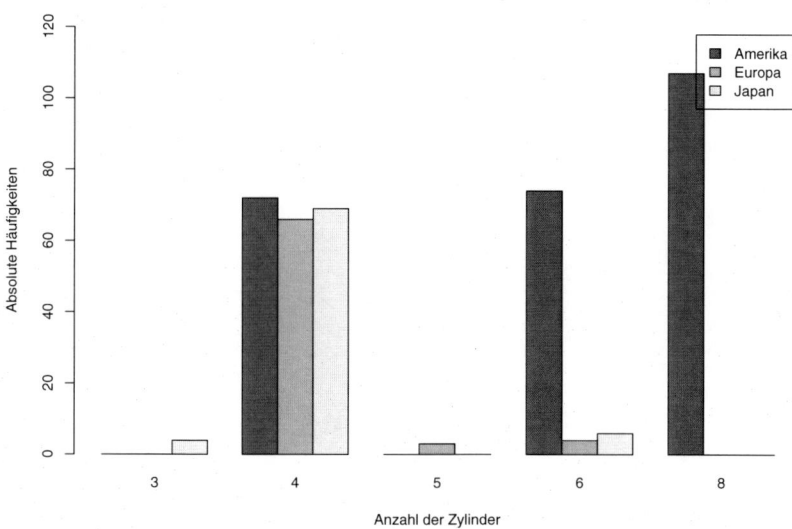

Abb. 10.3. Balkendiagramm der Variable 'Zylinder' aufgesplittet nach dem Herkunftsland

Grafiken: Boxplot.

Beispiel 10.2.4 (Fortsetzung von Beispiel 9.2.4). Wiederum soll die Variable 'mpg' analysiert werden. Ein einfacher Boxplot lässt sich durch

```
> boxplot(daten$mpg, xlab="Gefahrene Meilen per Gallone",
+ ylim=c(0,50) )
```

zeichnen, siehe Abbildung 10.7. Einen gruppierten Boxplot von 'mpg', gruppiert nach Herkunftsland, erhält man durch

```
> boxplot(daten$mpg~daten$land,
+ xlab="Herkunftsland",
+ ylab="Gefahrene Meilen per Gallone", ylim=c(0,50),
+ names=c("Amerika","Europa","Japan"))
```

Siehe Abbildung 10.8.

10.2.3 Zusammenhangsanalyse

Den (lineare oder monotone) Zusammenhang zweier Merkmale kann durch den Korrelationskoffizienten gemessen werden (Koeffizient nach Bravais–Pearson für lineare, Koeffizient nach Spearman für monotone Zusammenhänge).

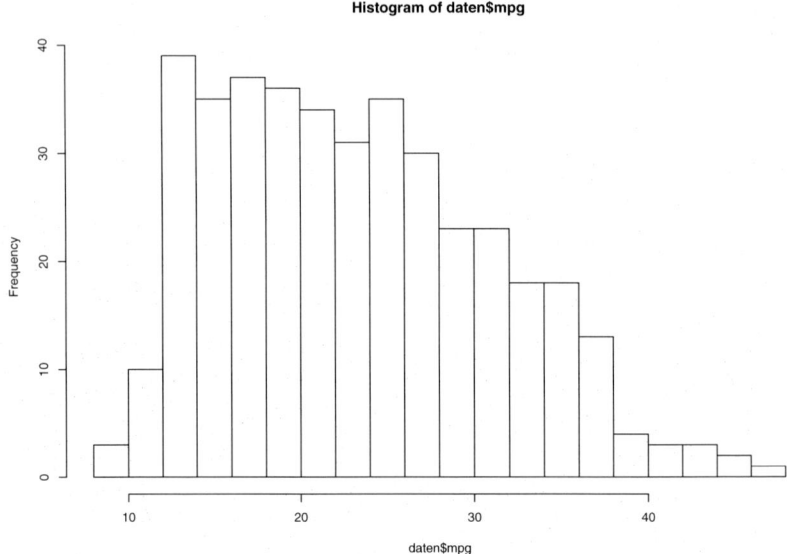

Abb. 10.4. Histogramm der Variable 'mpg'

Korrelation. Hierfür steht der `cor()`-Befehl zur Verfügung. Als Optionen sind u.a. vorhanden der Typ des Korrelationskoeffizienten über die Option `method` (Voreinstellung: Bravais–Pearson) und eine Option `use`, wie fehlende Werte (NA) behandelt werden sollen.

Beispiel 10.2.5 (Fortsetzung von Beispiel 9.2.5). Im Beispieldatensatz wollen wir den Korrelationskoeffizienten für alle Variablen ausser 'land' bestimmen. Man kann sich eine sogenannte Korrelationsmatrix ausgeben lassen. Zunächst wählen wir die Option `use="complete.obs"` so, dass alle Fälle, bei denen eine Variable fehlende Werte in der übergebenen Datenmatrix aufweist, für die Auswertung ignoriert werden:

```
> print(
+ format(
+ cor(daten[,c(-2,-7)], use="complete.obs"),
+ digits=3),
+ quote=FALSE )
             mpg     ps  gewicht beschleu baujahr zylinder
mpg        1.000 -0.776  -0.831    0.431   0.577   -0.776
ps        -0.776  1.000   0.863   -0.701  -0.411    0.842
gewicht   -0.831  0.863   1.000   -0.425  -0.303    0.897
beschleu   0.431 -0.701  -0.425    1.000   0.296   -0.511
```

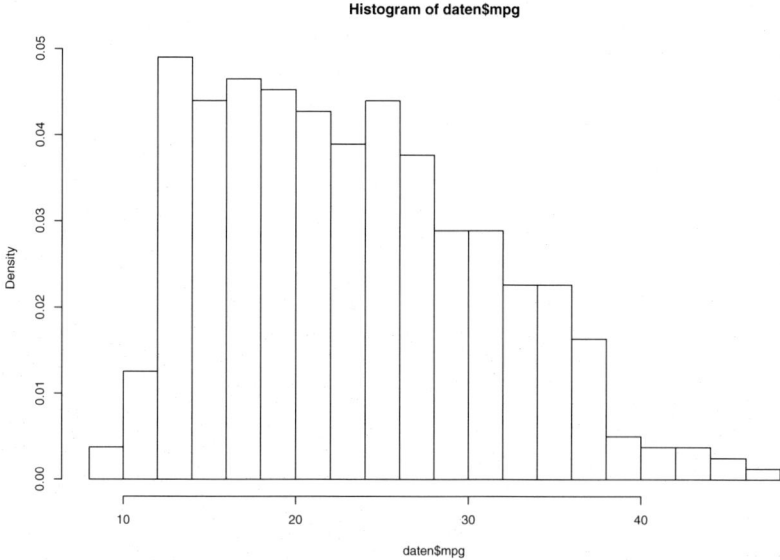

Abb. 10.5. Histogramm der Variable 'mpg'

```
baujahr    0.577  -0.411  -0.303   0.296   1.000  -0.342
zylinder  -0.776   0.842   0.897  -0.511  -0.342   1.000
```

Bemerkung: `daten[,-7]` bewirkt, dass die 7. Spalte (Variable 'land') nicht berücksichtigt wird. Man erkennt sofort, dass die Ergebnisse von der SPSS–Ausgabe in Beispiel 9.2.5 abweichen. Exakt die gleichen Ergebnisse wie dort erhalten wir, wenn die fehlenden Werte paarweise eliminiert werden, d.h. jeweils alle Fälle, bei denen beide Variablen beobachtet wurden, werden zur Berechnung des Korrelationskoeffizienten herangezogen. Dazu wählen wir die Option `use="pairwise.complete.obs"`:

```
> print(
+ format(
+ cor(daten[,c(-2,-7)], use="pairwise.complete.obs"),
+ digits=3),
+ quote=FALSE )
          mpg     ps   gewicht beschleu baujahr zylinder
mpg      1.000  -0.771  -0.807   0.434   0.466  -0.774
ps      -0.771   1.000   0.859  -0.701  -0.283   0.844
gewicht -0.807   0.859   1.000  -0.415  -0.123   0.895
beschleu 0.434  -0.701  -0.415   1.000   0.302  -0.528
baujahr  0.466  -0.283  -0.123   0.302   1.000  -0.357
```

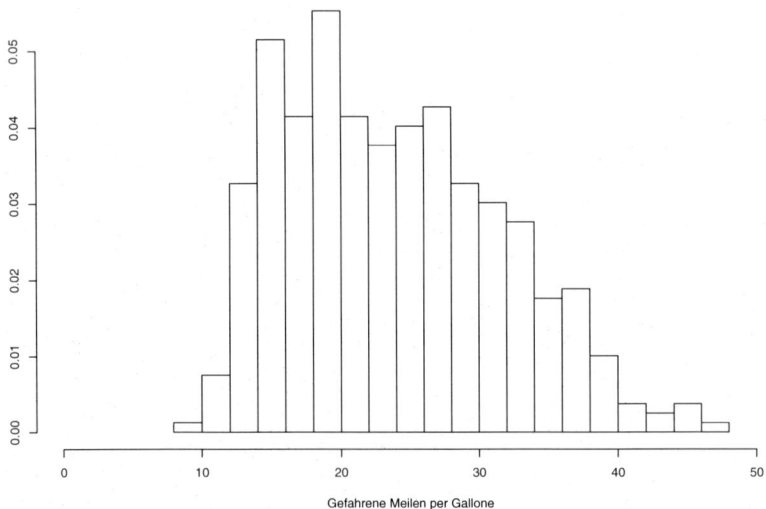

Abb. 10.6. Histogramm der Variable 'mpg'

```
zylinder -0.774  0.844  0.895  -0.528   -0.357  1.000
```

Für die Interpretation verweisen wir auf die Ausführungen in Beispiel 9.2.5.

Streudiagramme. Die einfachste Art, Streudiagramme zu erhalten ist eine Streudiagramm–Matrix zu erzeugen.

Beispiel 10.2.6 (Fortsetzung von Beispiel 9.2.6). Folgender Befehl erstellt eine solche Matrix für die Variablen 'mpg', 'hubraum', 'ps' und 'beschleu-(nigung)'. Wir verwenden dazu die Funktion `splom()` aus dem Paket `lattice`:

```
> library(lattice)
> splom( daten[,c(1,2,3,5)], col="black" )
```

Bemerkung: Die Indizierung `c(1,2,3,5)` wählt genau die entsprechenden Variablen (Spalten) im Datensatz aus. Abbildung 10.9 zeigt das Ergebnis des Befehls. In dieser 4×4–Matrix sind alle paarweisen Streudiagramme vereint. Möchte man z.B. die Variable 'mpg' als abhängige Variable (y–Achse) und alle anderen als Einflussgrößen interpretieren (x–Achse), so muss man in Abbildung 10.9 die letzte (unterste) Zeile der Matrix betrachten. Eindeutig erkennt man zum Beispiel, dass je größer der Hubraum und je höher die PS–Zahl ist, desto geringer ist die Anzahl gefahrener Meilen pro Gallone.

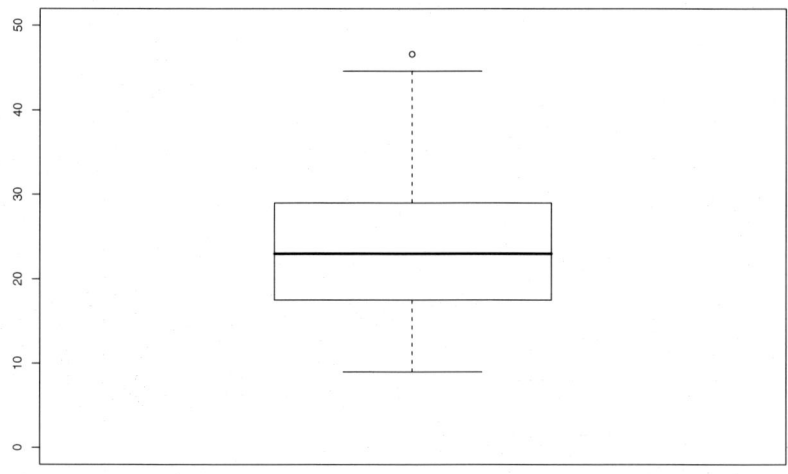

Gefahrene Meilen per Gallone

Abb. 10.7. Boxplot der Variable 'mpg'

Assoziationsmaße. Mittels der Funktion `assocstats` in der Bibliothek `vcd` sind gängige Assoziationsmaße sofort verfügbar.

Beispiel 10.2.7 (Fortsetzung von Beispiel 10.2.2 und Beispiel 9.2.7). Eine einfache Kreuztabelle der Merkmale 'Zylinder' und 'Herstellungsland' lieferte der `table()`-Befehl. Die Assoziationsmaße für dieses Beispiel sind:

```
> library(vcd)
> assocstats(table(zylfac,landfac))
                    X^2 df P(> X^2)
Likelihood Ratio 217.12  8        0
Pearson          185.79  8        0

Phi-Coefficient   : 0.677
Contingency Coeff.: 0.561
Cramer's V        : 0.479
```

Die Statistik „Pearson" entspricht dem χ^2–Wert der SPSS–Ausgabe in Beispiel 9.2.7. Die Berechnungen stimmen auch für die anderen Koeffizienten überein. Die „Likelihood Ratio"–Statistik kann an dieser Stelle nicht erläutert werden.

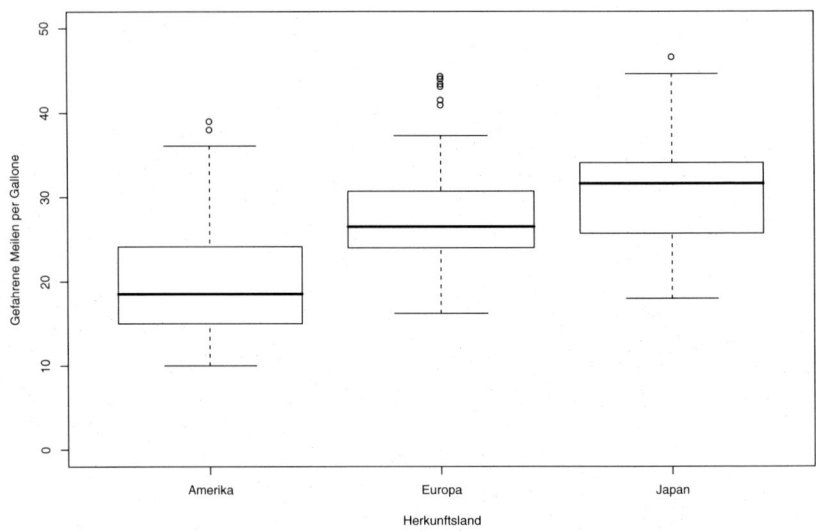

Abb. 10.8. Boxplot der Variable 'mpg' aufgesplittet nach dem Herkunftsland

10.2.4 Lineare Regression

Der Zusammenhang zweier Variablen lässt sich u.a. mit Hilfe einer einfachen linearen Regression quantifizieren, wenn eine Variable als Zielvariable und eine andere Variable als Einflussvariable ausgezeichnet ist. R bietet hierfür die Funktion `lm()`.

Beispiel 10.2.8 (Fortsetzung von Beispiel 9.2.8). Wir interessieren uns dafür, ob die Zielgröße 'mpg' von der Variable 'ps' beeinflusst wird. Dazu fitten wir in R ein einfaches lineares Modell der Form:

$$\text{Meilen pro Gallone} = a + b \cdot \text{PS}$$

```
> modell1 <- lm(daten$mpg~daten$ps)
> summary(modell1)

Call:
lm(formula = daten$mpg ~ daten$ps)

Residuals:
     Min       1Q   Median       3Q      Max
-16.2116  -3.2368  -0.3114   2.8149  16.9797
```

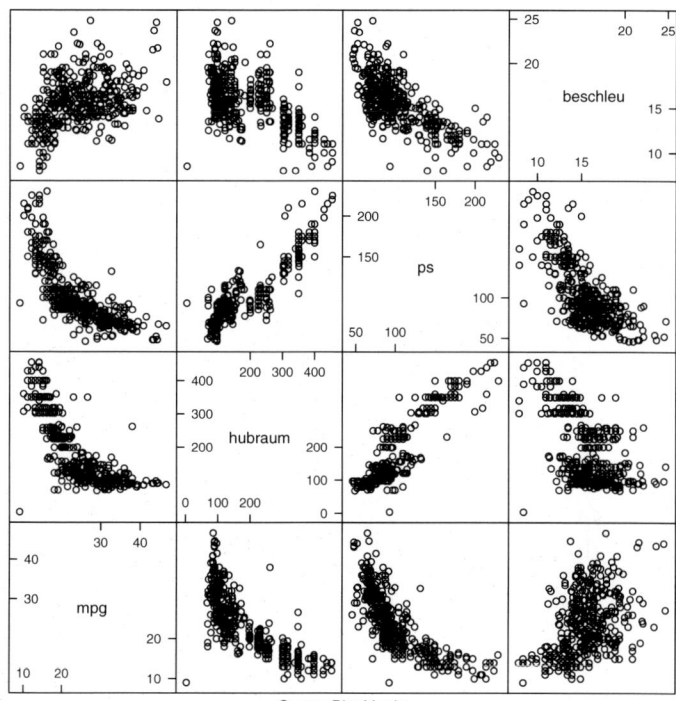

Scatter Plot Matrix

Abb. 10.9. Zusammenhang zwischen 'Gefahrene Meilen', 'Hubraum', 'PS' und 'Beschleunigung'

```
Coefficients:
             Estimate Std. Error t value Pr(>|t|)
(Intercept) 39.854717   0.730238   54.58   <2e-16 ***
daten$ps    -0.157452   0.006579  -23.93   <2e-16 ***
---
Signif. codes:  0 '***' 0.001 '**' 0.01 '*' 0.05 '.' 0.1 ' ' 1

Residual standard error: 4.974 on 390 degrees of freedom
   (14 observations deleted due to missingness)
Multiple R-Squared: 0.5949,     Adjusted R-squared: 0.5939
F-statistic: 572.7 on 1 and 390 DF,  p-value: < 2.2e-16
```

Um die Regressionsgerade grafisch darzustellen, führen wir zunächst die lineare Regression mittels der Funktion lm() durch. Die Regressionsformel wird dabei in der Form mpg~ps angegeben, was anzeigt, dass mpg die abhängige Variable oder Zielvariable darstellt und ps die Einflussgröße. Die Konstante (Intercept) β_0 wird automatisch berücksichtigt. Die summary()-Funktion gibt sofort einen Überblick über die wesentlichen Kenngrößen der Regression. Die Parameterschätzungen $\hat{\beta}_0$ und $\hat{\beta}_1$ erhält man mit der Funktion coefficients. Die abline()-Funktion fügt dann die Gerade zu der Grafik hinzu.

```
> betadach <- coefficients(modell1)
> plot(daten$ps, daten$mpg, xlab="PS",
+ ylab="Gefahrene Meilen pro Gallone")
> abline(a=betadach[1], b=betadach[2] )
```

Das Ergebnis ist in Abbildung 10.10 illustriert. Alternativ kann zum Ein-

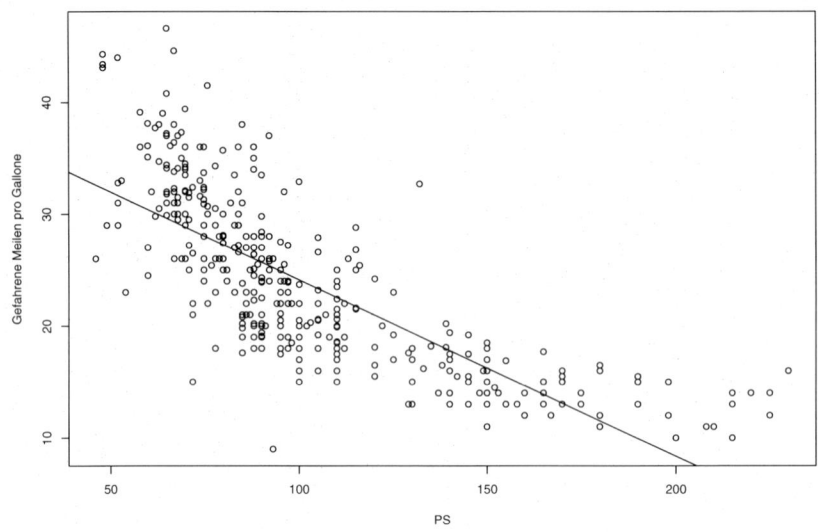

Abb. 10.10. Lineare Regression von 'Gefahrene Meilen pro Gallone' auf 'PS'

zeichnen der Gerade der lines()-Befehl verwendet werden. Die Gerade ist ja durch die Regressonsgleichung bestimmt:

```
plot(daten$ps, daten$mpg, xlab="PS",
+ ylab="Gefahrene Meilen pro Gallone")
lines(daten$ps, betadach[1] + betadach[2] * daten$ps )
```

Bemerkung: Man erkennt, dass ein einfaches lineares Modell die Daten besonders für kleine und für große PS–Werte nicht gut beschreibt. Ein quadratisches Modell liefert eine deutlich bessere Anpassung:

```
> ps2 <- daten$ps^2
> modell2 <- lm(daten$mpg~daten$ps + ps2)
> summary(modell2)


Call:
lm(formula = daten$mpg ~ daten$ps + ps2)


Residuals:
      Min        1Q    Median        3Q       Max
-15.13253  -2.53847  -0.05091   2.27275  15.93445


Coefficients:
              Estimate Std. Error t value Pr(>|t|)
(Intercept) 57.0304143  1.8274532   31.21   <2e-16 ***
daten$ps    -0.4698805  0.0316080  -14.87   <2e-16 ***
ps2          0.0012488  0.0001241   10.06   <2e-16 ***
---
Signif. codes:0 '***' 0.001 '**' 0.01 '*' 0.05 '.' 0.1 ' ' 1


Residual standard error: 4.437 on 389 degrees of freedom
   (14 observations deleted due to missingness)
Multiple R-Squared: 0.6785,     Adjusted R-squared: 0.6769
F-statistic: 410.5 on 2 and 389 DF,  p-value: < 2.2e-16
```

Die Daten, sowie die angepasste Funktion erhält man beispielsweise mit

```
> betadach <- coefficients(modell2)
# Zur Darstellung der quadratischen Funktion
> regrfunc <- function(x){
+   return( betadach[1] + betadach[2] * x + betadach[3]*x^2)
+ }
>
> plot(daten$ps, daten$mpg, xlab="PS",
+ ylab="Gefahrene Meilen pro Gallone",
+ xlim=c(0,250) )
> curve( regrfunc(x), from=46, to=230, add=TRUE)
```

und sie ist in Abbildung 10.11 illustriert.

10.2.5 Logistische Regression

Wir wollen für das Beipiel aus Tabelle 5.3 ein saturiertes logistisches Regressionsmodell gemäß der Ausführungen in Abschnitt 5.11.2 mit R berechnen.

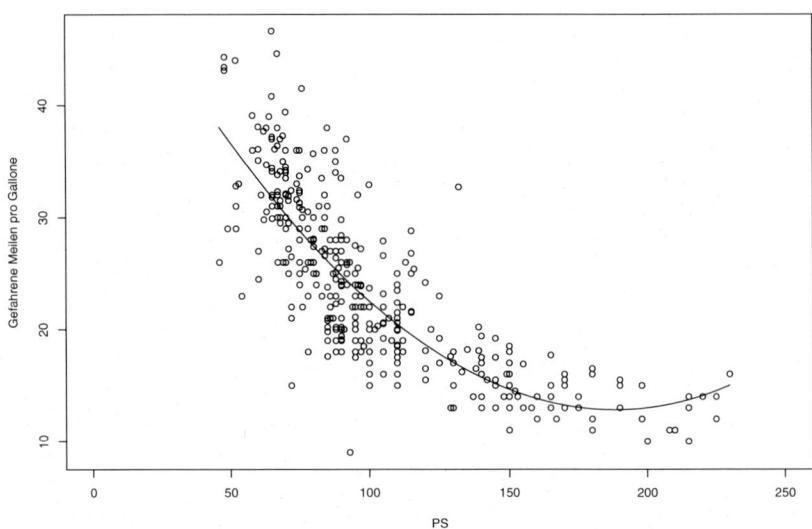

Abb. 10.11. Quadratische Regression von 'Gefahrene Meilen pro Gallone' auf 'PS'

R bietet hierfür die Funktion `glm()`. R bietet mittels des `as.factor`-Befehls die Möglichkeit, eine Variable automatisch mit Dummyvariablen zu kodieren. Die Befehlsabfolge für dieses Beispiel lautet:

```
# Kategoriale Kovariable
x <- factor(
c(1,2,3,4,5,6,7,8),
labels=c("<117", "117-126","127-136", "137-146",
          "147-156","157-166","167-186",
      ">186")
)
# Letzte Kategorie als Referenzkategorie
x <- relevel(x, 8)

# Response
yja <- c(3,17,12,16,12,8,16,8)
ynein <- c(153,235,272,255,127,77,83,35)

# Modell berechnen
m1 <- glm( cbind(yja,ynein) ~ x, family=binomial)
```

```
# Ausgabe
print(summary(m1))
```

Man beachte, dass mittels des `relevel()`–Befehls die Kodierung so wie im gleichen Beispiel in SPSS hergestellt wird (letzte Kategorie Referenzkategorie). Die Ausgabe liefert folgendes Ergebnis:

```
Call:
glm(formula = cbind(yja, ynein) ~ x, family = binomial)

Deviance Residuals:
[1]  0  0  0  0  0  0  0  0

Coefficients:
             Estimate Std. Error z value Pr(>|z|)
(Intercept)   -1.4759     0.3919  -3.766 0.000166 ***
x<117         -2.4559     0.7025  -3.496 0.000472 ***
x117-126      -1.1505     0.4655  -2.472 0.013448 *
x127-136      -1.6450     0.4905  -3.354 0.000797 ***
x137-146      -1.2928     0.4690  -2.756 0.005847 **
x147-156      -0.8834     0.4948  -1.785 0.074182 .
x157-166      -0.7885     0.5400  -1.460 0.144232
x167-186      -0.1703     0.4776  -0.357 0.721350
---
Signif. codes:  0 '***' 0.001 '**' 0.01 '*' 0.05 '.' 0.1 ' ' 1

(Dispersion parameter for binomial family taken to be 1)

    Null deviance: 3.0023e+01  on 7  degrees of freedom
Residual deviance: 2.8866e-15  on 0  degrees of freedom
AIC: 48.701

Number of Fisher Scoring iterations: 4
```

Die Interpretation des Ergebnisses ist in Abschnitt 9.2.5 zu finden.

Lösungen zu den Übungsaufgaben

Vorbemerkungen

Wir stellen im Folgenden mögliche Lösungswege zu den Übungsaufgaben dieses Buches vor. Gibt es mehrere Lösungswege, so beschränken wir uns auf einen. Zu den theoretischen Aufgaben, die dem Leser zur Kontrolle des Stoffs dienen sollen, werden im allgemeinen keine Lösungen angegeben. Der Leser sei hierzu auf das entsprechende Kapitel verwiesen. Bei der Lösung der Übungsaufgaben geben wir die zugrundeliegende Formel nur durch die entsprechende Gleichungsnummer an. Sind in einem Lösungsweg Zwischenergebnisse angegeben, so sollen diese dem Leser zur Kontrolle dienen. Es wird jedoch nicht immer mit den gerundeten Zwischenergebnissen weitergerechnet, sondern häufig mit dem exakten Wert.

Lösung zu Aufgabe 1.1:

a) Die Grundgesamtheit besteht aus allen Mitarbeitern des Unternehmens. Dazu zählen Angestellte, Arbeiter, Aushilfskräfte. Jeder einzelne Mitarbeiter ist eine Untersuchungseinheit.
b) Die Grundgesamtheit besteht aus allen Studenten, die an der Klausur teilgenommen haben. Der einzelne Student ist die Untersuchungseinheit.
c) Zur Grundgesamtheit zählen alle Personen im Untersuchungsgebiet (Stadt, Landkreis, Bundesland, ...), die an Bluthochdruck leiden. Die einzelne Person ist dann die Untersuchungseinheit. Es wird in der Regel keine Vollerhebung sondern nur eine Stichprobenerhebung durchgeführt.

Lösung zu Aufgabe 1.3:

a) Bewegungsmasse
b) Bestandsmasse
c) Bewegungsmasse
d) Bewegungsmasse
e) Bestandsmasse

Lösung zu Aufgabe 1.5:

a) nominalskaliert, mögliche Ausprägungen sind 'blau', 'braun', und 'sonstige'.
b) metrisch skaliert (Verhältnisskala), die Ausprägungen werden in Zeiteinheiten (min., Std., Tage) gemessen, der natürliche Nullpunkt ist der Produktionsbeginn;
c) metrisch skaliert (Verhältnisskala), die Ausprägungen werden in Jahren gemessen, der natürliche Nullpunkt ist die Geburt;
d) metrisch skaliert (Intervallskala), die Ausprägungen werden in Jahren gemessen, das Jahr Null (Geburt Christi) ist kein natürlicher Nullpunkt;
e) metrisch skaliert. Da EUR keine natürliche Einheit ist, liegt eine Verhältnisskala vor.
f) nominal skaliert, da die Ziffern nur als Zeichen bzw. Identifikationsnummer zu interpretieren sind;
g) metrisch skaliert. Da cm keine natürliche Einheit ist, liegt eine Verhältnisskala vor.
h) ordinalskaliert, da die Platzierungen nur eine Rangordnung angeben;
i) metrisch skaliert (Verhältnisskala), da kg keine natürliche Einheit sind;
j) ordinalskaliert, da die Schwierigkeitsgrade nur eine Reihenfolge erstellen;
k) ordinalskaliert, falls die Ausprägungen die Windstärken 0, 1, 2, ... (in Beaufort) sind; Das Merkmal ist verhältnisskaliert, falls die Windgeschwindigkeit in m/s gemessen wird.

Lösung zu Aufgabe 1.6:

Verkehrsmittel ist ein qualitatives, diskretes Merkmal, das auf einer Nominalskala gemessen wird.

Fahrzeit ist ein quantitatives, metrisch skaliertes Merkmal, das in Minuten und damit diskret gemessen wird. Gibt es sehr viele Ausprägungen, so kann die Fahrzeit auch als (quasi-)stetiges Merkmal aufgefasst werden. Gemessen wird die Fahrzeit auf einer Verhältnisskala.

Studienfach ist wieder ein qualitatives nominalskaliertes Merkmal.

Studienordnung ist ebenfalls ein qualitatives, nominalskaliertes Merkmal. Hierbei ist das Besondere, dass die Merkmalsausprägung für alle Studenten, die nicht BWL oder VWL studieren, automatisch 'fehlend' ist, da für diese Studenten das Merkmal nicht erhoben werden kann, da die Unterscheidung in alte und neue Prüfungsordnung nur für BWL und VWL existiert.

Anzahl der Versuche ist ein quantitatives, metrisch skaliertes, diskretes Merkmal. Da die Anzahl eine natürliche Einheit ist, wird das Merkmal auf einer Absolutskala gemessen.

Studienbeginn stellt eine Sonderform dar. Es handelt sich hierbei um zwei Merkmale. Erstens das qualitative, nominalskalierte Merkmal 'Semester' (Sommersemester oder Wintersemester) und zweitens das Jahr des Studienbeginns, das ein quantitatives, metrisch skaliertes Merkmal ist, welches auf einer Intervallskala gemessen wird. Die Kombination beider Merkmale zu Ausprägungen der Form 'April 1996' für 'Sommersemester' und '1996', bzw. 'Oktober 1996' ('Wintersemester', '1996') ergibt ein intervallskaliertes Merkmal.

Semesterwochenstunden ist ein quantitatives, metrisch skaliertes, diskretes Merkmal. Analog zur Fahrzeit kann auch die Anzahl der Semesterwochenstunden als (quasi-)stetig aufgefasst werden. Gemessen wird auf einer Absolutskala, da die Anzahl eine natürliche Einheit ist.

Mathematische Vorkenntnisse ist ein qualitatives, ordinalskaliertes Merkmal in dem Sinne, dass die einzelnen Ausprägungen einer Rangordnung unterliegen, wenn man davon ausgeht, dass der Lehrplan im 'Leistungskurs Mathematik' den Lehrplan im 'Grundkurs Mathematik' einschließt und die 'Vorlesung Mathematik' noch umfangreicher ist.

Bafög-Empfänger und *Nebenbei jobben* sind qualitative, nominalskalierte Merkmale. Da nur zwei Merkmalsausprägungen vorkommen, werden diese Merkmale auch als **binäre** Merkmale bezeichnet.

Monatliche Kaltmiete ist ein quantitatives, metrisch skaliertes, stetiges Merkmal, das auf einer Verhältnisskala gemessen wird.

Geschlecht ist ein qualitatives, nominalskaliertes Merkmal mit zwei möglichen Ausprägungen, also ein binäres Merkmal.

Familienstand ist ein qualitatives, nominalskaliertes Merkmal.

Alter, Körpergröße und *Körpergewicht* sind quantitative, metrisch skalierte, diskrete Merkmale. Da bei allen drei Merkmalen jedoch sehr viele Merkmalsausprägungen vorkommen, können wir diese Merkmale auch als (quasi-)stetig auffassen. Alle drei Merkmale sind verhältnisskaliert.

Lösung zu Aufgabe 1.9:

a) Die Mitarbeiterzufriedenheit könnte anhand einer Befragung erhoben werden. Mögliche Merkmale für die Zufriedenheit wären 'Verhältnis zu den Kollegen', 'Verhältnis zu Vorgesetzten', 'persönliche Einschätzung der Zufriedenheit'. Dies sind alles ordinale Merkmale, die auf einer entsprechenden Skala zu messen wären. Um diese Antworten sinnvoll einschätzen zu können, müssen die Untersuchungseinheiten (Mitarbeiter) auch möglichst gut charakterisiert werden. Neben allgemeinen demografischen Merkmalen wie 'Alter', 'Geschlecht', ... sind daher Merkmale wie 'Abteilung', 'Position', 'Gehalt' 'Dauer der Zugehörigkeit zum Unternehmen', ... wichtig.

b) Die Untersuchung des Einflusses von Bewässerung und Düngung auf den Ertrag verschiedener Getreidesorten ist ein klassisches Beispiel für ein Experiment. Zunächst muss geklärt werden, welche Bewässerungsmengen und welche Düngearten und -mengen in Frage kommen. Darauf basierend ist ein Versuchsplan zu erstellen, der Kombinationen Bewässerung/Düngung festlegt. Diese festgelegten Wertekombinationen werden dann in dem Experiment erprobt und der so gewonnene Ertrag wird festgehalten.

c) Die Eignung von Spielgeräten für Kleinkinder könnte durch eine Beobachtung geprüft werden. Während die Kinder die Spielsachen benutzen, werden Merkmale wie 'Greifbarkeit der Gegenstände', 'Handhabung durch das Kind', 'Gefahren beim Umgang mit den Gegenständen', 'Welche Spielsachen sind interessanter' erhoben. Um die Ergebnisse einschätzen zu können, sind wiederum Merkmale wie 'Alter', 'soziales Umfeld', 'Geschlecht', 'Körpergröße', ..., die die Untersuchungseinheiten charakterisieren, wichtig.

d) Als Erhebungstechnik bietet sich eine Befragung von Personalchefs an, wobei evtl. auch auf Sekundärerhebungen zurückgegriffen werden muss. Die Arbeitsmarktsituation lässt sich durch Merkmale wie 'Anzahl offener Stellen', 'Anzahl der Bewerber je Stelle', 'wichtige Einstellungskriterien', ... beschreiben. Wichtige Einstellungskriterien wären beispielsweise 'Auslandserfahrung', 'Fremdsprachenkenntnisse', 'EDV-Kenntnisse', ... Darüber hinaus sind auch demografische Merkmale wichtig.

e) Die Konjunktursituation könnte durch eine Befragung von Kleinbetrieben erhoben werden. Wichtige Merkmale sind 'Einschätzung der Konjunktur durch die Kleinbetriebe', 'Auftragslage', 'Gewinnspanne'. Die Charakterisierung der Untersuchungseinheiten kann durch 'Branche', 'Beschäftigtenzahl', 'Umsatz', ... erfolgen.

Lösung zu Aufgabe 1.10: Wir kodieren die Merkmalsausprägungen der qualitativen Merkmale wie in Tabelle L.1 angegeben.

SPSS behandelt fehlende Einträge in der Datenmatrix automatisch als sogenannte 'System-Missing'-Werte. Daher ist in diesem Fall keine spezielle Kodierung notwendig. Die Ausprägungen der nominalen und ordinalen Merkmale werden entsprechend der Reihenfolge im Fragebogen beginnend mit '1'

Tabelle L.1. Kodierliste

Merkmal	Merkmalsausprägung	Kodierung
Verkehrsmittel	Deutsche Bahn	1
	öffentlicher Nahverkehr	2
	Pkw, Motorrad, Mofa	3
	Fahrrad	4
	anderes	5
Studienfach	BWL	1
	VWL	2
	anderes	3
Prüfungsordnung	APO	1
	NPO	2
Studienbeginn (Semester)	Wintersemester	1
	Sommersemester	2
Math. Vorkenntnisse	kein Vorwissen	1
	Grundkurs Mathematik	2
	Leistungskurs Mathematik	3
	Vorlesung Mathematik	4
Bafög-Empfänger	ja	1
	nein	2
Nebenbei jobben	ja	1
	nein	2
Geschlecht	weiblich	1
	männlich	2
Familienstand	ledig	1
	verheiratet	2
	geschieden	3
	verwitwet	4

fortlaufend kodiert. Eine besondere Rolle kommt dem Merkmal 'Prüfungsordnung' zu. Da diese Frage nur von BWL- und VWL-Studenten beantwortet werden kann, haben alle anderen Untersuchungseinheiten hier keine Merkmalsausprägung. Diese 'fehlend'-Ausprägung ist jedoch nicht mit einer 'fehlend'-Ausprägung gleichzusetzen, falls ein BWL-Student die Frage nicht beantwortet hat. Daher sollte diese Ausprägung auch eine spezielle Kodierung, z. B. die '−1' erhalten.

Lösung zu Aufgabe 2.2:

a) Das Merkmal X 'Punkte' ist quantitativ diskret. Daher ist ein Stab- oder Balkendiagramm die geeignete Darstellung, da die Ordnung des Merkmals berücksichtigt werden kann. Abbildung L.1 zeigt ein mit SPSS erzeugtes Balkendiagramm. SPSS zeigt dabei nur die Balken mit einer absoluten Häufigkeit größer als Null an, deshalb ist die Achsenskalierung falsch, der Wert '3' fehlt auf der x-Achse.

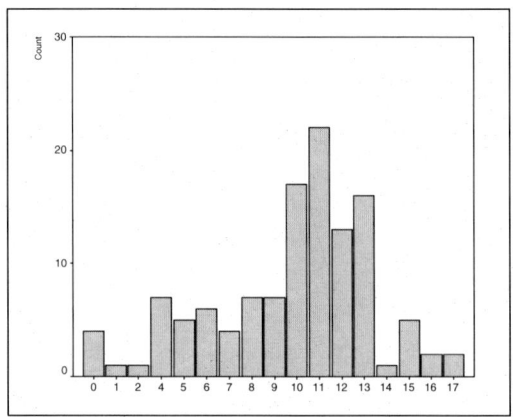

Abb. L.1. Balkendiagramm der erreichten Punkte

Schauen wir uns noch das Stabdiagramm mit der richtigen Achsenskalierung in Abbildung L.2 zum Vergleich an.

b) Es ist $n = \sum_{j=1}^{18} n_j = 120$. Wir berechnen mit (2.2) die relativen Häufigkeiten und erhalten mit (2.3) die empirische Verteilungsfunktion $F(x)$ an den Stellen a_j wie in Tabelle L.2 angegeben.

Tabelle L.2. Berechnung der empirischen Verteilungsfunktion des Merkmals 'Punkte'

a_j	0	1	2	3	4	5	6	7
$f(a_j)$	4/120	1/120	1/120	0	7/120	5/120	6/120	4/120
$F(a_j)$	4/120	5/120	6/120	6/120	13/120	18/120	24/120	28/120

a_j	8	9	10	11	12	13	14
$f(a_j)$	7/120	7/120	17/120	22/120	13/120	16/120	1/120
$F(a_j)$	35/120	42/120	59/120	81/120	94/120	110/120	111/120

a_j	15	16	17	18
$f(a_j)$	5/120	2/120	2/120	0
$F(a_j)$	116/120	118/120	120/120	120/120

Abbildung L.3 zeigt die Darstellung der Verteilungsfunktion mit SPSS. Die Spalte 'Cumulative Percent' gibt die Werte an. Dabei ist zu beach-

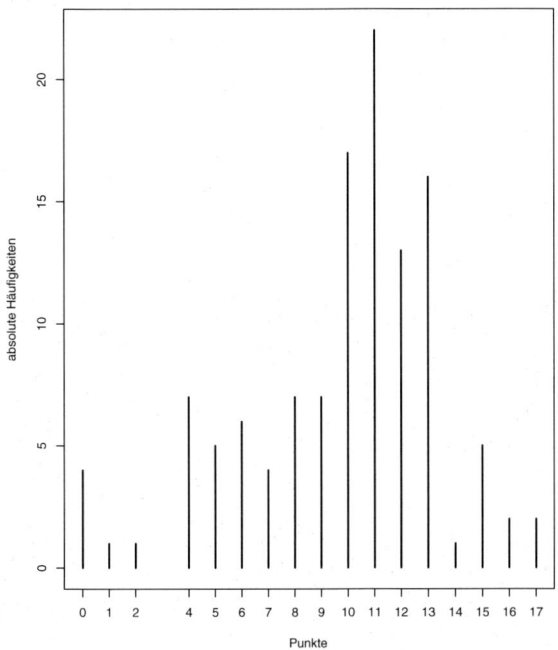

Abb. L.2. Stabdiagramm der erreichten Punkte

ten, dass Merkmalsausprägungen a_j, die nicht beobachtet wurden, in der Tabelle nicht erscheinen. Es ist z. B. $F(3) = F(2) = 0.05$ (5 %).

Da das Merkmal 'Punkte' diskret ist, ist die empirische Verteilungsfunktion eine Treppenfunktion. Abbildung L.4 stellt die Treppenfunktion dar. Eine entsprechende Darstellung in SPSS gibt es nicht.

c) Die Klausur ist nicht bestanden, falls weniger als fünf Punkte erreicht werden. Damit erhalten wir

$$H(x < 5) = H(x \le 4) = F(4) = \frac{13}{120} = 0.108\,.$$

Lösung zu Aufgabe 2.4:

a) Wir erstellen die folgende Arbeitstabelle zur Berechnung der Verteilungsfunktion. Dabei sind die Grenzen e_j die vorgegebenen Intervallgrenzen des gruppierten Monatseinkommens und die n_j die Anzahl der Haushalte mit dem jeweiligen Monatseinkommen.

PUNKTE

		Frequency	Percent	Valid Percent	Cumulative Percent
Valid	0	4	3.3	3.3	3.3
	1	1	.8	.8	4.2
	2	1	.8	.8	5.0
	4	7	5.8	5.8	10.8
	5	5	4.2	4.2	15.0
	6	6	5.0	5.0	20.0
	7	4	3.3	3.3	23.3
	8	7	5.8	5.8	29.2
	9	7	5.8	5.8	35.0
	10	17	14.2	14.2	49.2
	11	22	18.3	18.3	67.5
	12	13	10.8	10.8	78.3
	13	16	13.3	13.3	91.7
	14	1	.8	.8	92.5
	15	5	4.2	4.2	96.7
	16	2	1.7	1.7	98.3
	17	2	1.7	1.7	100.0
	Total	120	100.0	100.0	
Total		120	100.0		

Abb. L.3. SPSS-Listing der empirischen Verteilungsfunktion

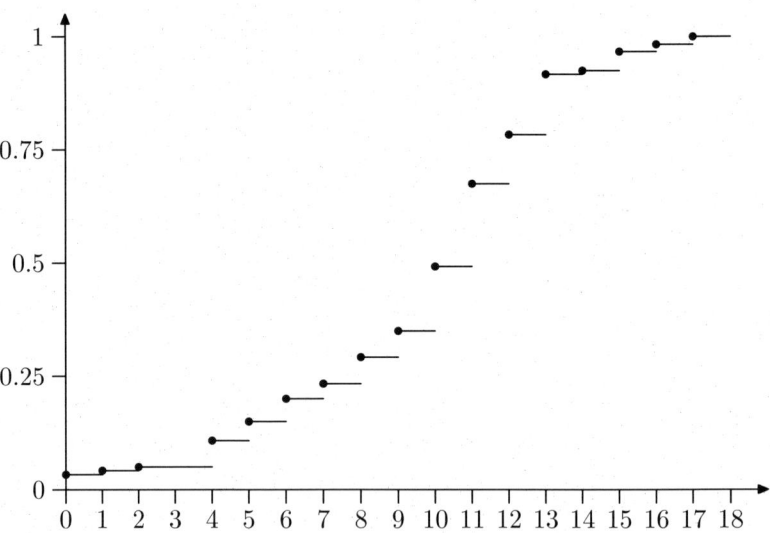

Abb. L.4. Empirische Verteilungsfunktion der Punktzahlen

j	e_{j-1}	e_j	n_j	f_j	$F(e_j)$
1	0	1 200	4 500	0.204	0.204
2	1 200	1 800	5 200	0.235	0.439
3	1 800	3 000	5 000	0.226	0.665
4	3 000	5 000	2 700	0.122	0.787
5	5 000	10 000	3 400	0.154	0.941
6	10 000	mehr	1 300	0.059	1.000
$\sum$			22 100	1	

Wir nehmen an, dass die Merkmalsausprägungen innerhalb einer Klasse gleichverteilt sind. Abbildung L.5 stellt den Polygonzug dar. Da die Klasse 6 offen ist, ist hier die Verteilungsfunktion nicht eindeutig definiert. Wir haben daher den Polygonzug nur bis $(10\,000, 0.941)$ gezeichnet.

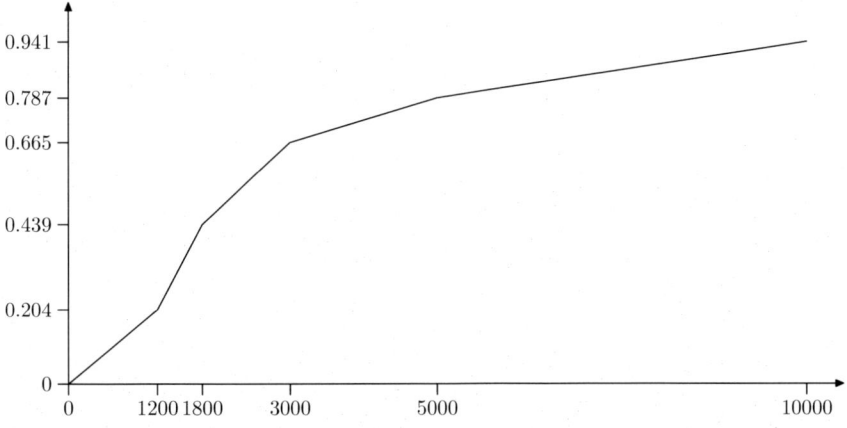

Abb. L.5. Verteilungsfunktion des Merkmals 'Einkommen'

b) Die gesuchten Anteile der Haushalte berechnen sich wie folgt:

$$H(X \le 1\,500) = F(1\,500)$$
$$= \left(f_1 + \frac{1\,500 - 1\,200}{600} f_2 \right)$$
$$= 0.204 + \frac{1}{2} \cdot 0.235 = 0.322 \,,$$

$$H(X > 5\,400) = 1 - H(X \le 5\,400) = 1 - F(5\,400)$$
$$= 1 - \left(F(5\,000) + \frac{5\,400 - 5\,000}{5\,000} f_5 \right)$$
$$= 1 - (0.787 + 0.08 \cdot 0.154) = 0.201 \,,$$

$$H(1\,500 \le X \le 3\,500) = H(X \le 3\,500) - H(X < 1\,500)$$
$$= F(3\,500) - F(1\,500)$$
$$= \left(F(3\,000) + \frac{3\,500 - 3\,000}{2\,000} f_4 \right) - 0.322$$
$$= 0.665 + 0.0305 - 0.322 = 0.374 \,.$$

Lösung zu Aufgabe 2.5:

a) Wir erstellen die Arbeitstabelle zur Berechnung der absoluten Häufigkeiten n_j aus den gegebenen Werten der empirischen Verteilungsfunktion

$F(x)$. Aus den Differenzen der Werte der empirischen Verteilungsfunktion erhalten wir die relativen Häufigkeiten f_j der einzelnen Klassen. Die Multiplikation mit dem Gesamtumfang der Erhebung $n = 200$ ergibt die absoluten Häufigkeiten n_j. Mit Hilfe der relativen Häufigkeiten bestimmen wir noch die Höhen für das Histogramm.

Klasse	e_{j-1}	e_j	d_j	$F(e_j)$	f_j	$n_j = nf_j$	h_j
1	0	2	2	0.25	0.25	50	0.125
2	2	4	2	0.65	0.40	80	0.2
3	4	8	4	0.75	0.10	20	0.025
4	8	12	4	0.95	0.20	40	0.05
5	12	20	8	1.00	0.05	10	0.006
$\sum$					1	200	

b) Das Histogramm ist in Abbildung L.6 abgebildet.

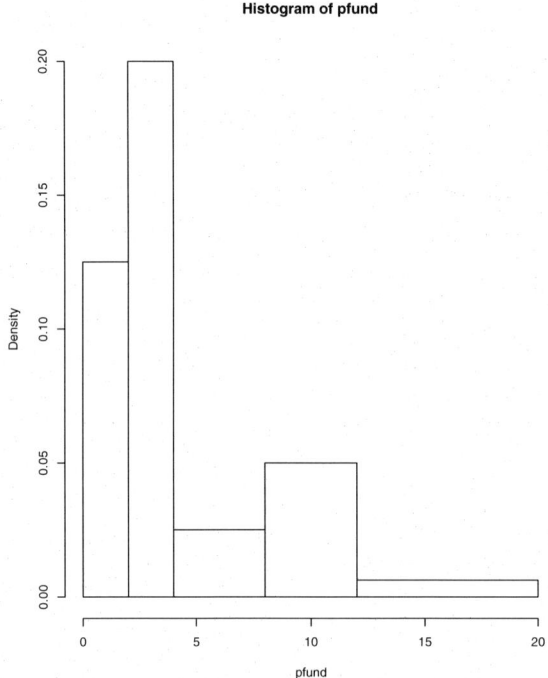

Abb. L.6. Histogramm der verlorenen Pfunde

c) Wir berechnen

$$H(x \geq 9) = 1 - H(x \leq 9) = 1 - F(9)$$

$$= 1 - \left(\sum_{j=1}^{3} f_j + \frac{9-8}{4} f_4 \right)$$

$$= 1 - (0.75 + \frac{1}{4} \cdot 0.2) = 0.2 \, ,$$

d. h. 20% der Personen haben mindestens 9 Pfund abgenommen.

d) Es ist

$$H(2 \le x \le 6) = H(x \le 6) - H(X < 2) = F(6) - F(2)$$

$$= \left(\sum_{j=1}^{2} f_j + \frac{6-4}{4} 0.1 \right) - 0.25$$

$$= 0.65 + 0.05 - 0.25 = 0.45 \, ,$$

d. h. 45% der Personen haben zwischen 2 und 6 Pfund abgenommen.

Lösung zu Aufgabe 2.6:

a) Das Diagramm ist ein Histogramm. Da die Fläche und nicht die Höhe proportional zur relativen Häufigkeit ist, gibt die Höhe allein keinen Hinweis auf die relative Häufigkeit der Dauer von Gesprächen. Bei gleicher Klassenbreite $(d_i = d_j)$ ist aber $h_i/h_j = f_i/f_j$. Hier betrifft das die ersten fünf Klassen.

b) Die Klasse der größten Häufigkeit ist die Klasse mit Gesprächen einer Dauer von 0 bis 1.5 Minuten (= 90 Sekunden). Der alte Preis für ein Gespräch aus dieser Klasse betrug 23 Cent, der neue Preis beträgt 12 Cent. Die relative Preisänderung beträgt damit

$$\frac{12 - 23}{23} 100\% = -\frac{11}{23} 100\% = -47.8\%$$

Das heißt, es ist eine Preissenkung um etwa 48% für diese Gespräche eingetreten.

Lösung zu Aufgabe 2.7:

a) Das Merkmal 'Wartezeit auf den nächsten Kunden' ist stetig, deshalb bietet sich die klassierte Häufigkeitstabelle an.

j	$[e_{j-1}, e_j)$	d_j	n_j	f_j	h_j	$F(e_j)$
1	$[0, 8.5)$	8.5	5	0.25	0.029	0.25
2	$[8.5, 23)$	14.5	5	0.25	0.017	0.5
3	$[23, 46)$	23	5	0.25	0.011	0.75
4	$[46, 119)$	73	5	0.25	0.003	1
$\sum$			20	1		

In jede Klasse fallen gleich viele Beobachtungen.

b) Das Histogramm ist in Abbildung L.7 dargestellt.

Histogramm

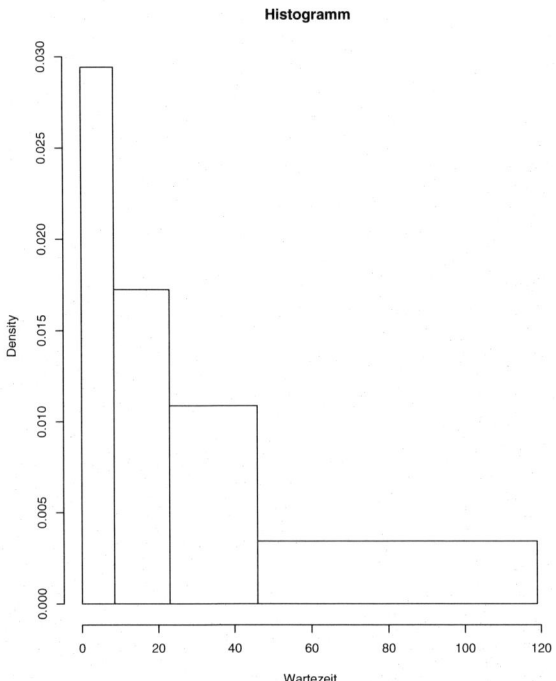

Abb. L.7. Histogramm der Wartezeiten

c) Die Klassengrenzen sind die sogenannten Quartile, vgl. die Definition der Quartile mit den Informationen der empirischen Verteilungsfunktion in der Häufigkeitstabelle oder berechne die Quartile aus der Urliste. Also würde ein Boxplot der Urliste das gleiche darstellen wie die Abbildung L.7 außer das im Boxplot noch die '118' als Ausreißer markiert werden würde. (Bestimmen Sie als Übung den Boxplot der Daten!)

d) Die Wartezeiten sind die Minuten, die er auf den nächsten Kunden wartet. Diese hat er an einem Tag erhoben, also hatte er an diesem Tag $\frac{(56+2+7+...+64)}{60} = 10.45$ Stunden mindestens geöffnet.

Lösung zu Aufgabe 2.8:

a) Das Merkmal 'Unternehmensart' ist nominalskaliert. Mögliche grafische Darstellungen sind also Kreis- oder Balkendiagramm. Wobei das Kreisdiagramm bevorzugt wird, da es keine Ordnung darstellt. Der Umsatz ist ein quantitativ stetiges, also metrisch skaliertes Merkmal, die geeignete Darstellungsform ist das Histogramm. Das Merkmal 'Einschätzung 2007' ist ordinalskaliert und sollte deshalb durch ein Balkendiagramm dargestellt werden, da hier die Ordnung in der Grafik erhalten bleibt.

b) Wir erstellen die folgende Arbeitstabelle:

Klasse	e_{j-1}	e_j	n_j	f_j	$F(e_j)$
1	0	500	3	0.3	0.3
2	500	1 000	5	0.5	0.8
3	1 000		2	0.2	1
$\sum$			10	1.0	

Wir erhalten für die gesuchte Klasse

$$H(400 < x \le 600) = H(x \le 600) - H(X \le 400) = F(600) - F(400)$$
$$= \left(f_1 + \frac{600 - 500}{500} 0.5 \right) - \frac{400 - 0}{500} 0.3$$
$$= 0.3 + 0.1 - 0.24 = 0.16 \,.$$

Bei Verwendung der Originaldaten erhalten wir einen Anteil von 0.4, 4 von 10 Unternehmen haben einen Umsatz von mehr als 400 aber höchstens 600 TDM. Die Annahme der Gleichverteilung innerhalb der Klassen widerspricht in dieser Situation also den tatsächlichen Beobachtungen.

Lösung zu Aufgabe 2.9: Es gilt $f_j = h_j \cdot d_j$. Aus den gegebenen Rechteckshöhen h_j und den aus $e_j - e_{j-1}$ ermittelten d_j berechnen wir die relativen Häufigkeiten f_j. Durch Multiplikation mit dem Umfang der Erhebung $n = 100$ erhalten wir die absoluten Häufigkeiten n_j:

j	e_{j-1}	e_j	h_j	d_j	f_j	n_j
1	0	0.5	1.28	0.5	0.64	64
2	0.5	1.0	0.32	0.5	0.16	16
3	1.0	3.0	0.08	2.0	0.16	16
4	3.0	7.0	0.01	4.0	0.04	4

Lösung zu Aufgabe 2.10: Abb. L.8 zeigt das Stamm-und-Blatt-Diagramm, das wir mit SPSS erhalten. Der Stamm besteht aus den 10er-Stellen 7–9, was durch 'Stem width: 10' angegeben wird. Die Einerbereiche 0–4 und 5–9 der Blätter sind zeilenweise zusammengefasst worden, so gibt z. B. der erste Stamm '7' alle Werte zwischen 70 und 74 an, der zweite Stamm '7' listet alle Werte von 75 bis 79 auf.

```
Bearbeitungszeit in Minuten Stem-and-Leaf Plot
 Frequency    Stem &  Leaf
     3.00       7  .  134
     2.00       7  .  79
     1.00       8  .  2
     3.00       8  .  789
     2.00       9  .  13
     3.00       9  .  568
 Stem width:        10
 Each leaf:     1 case(s)
```

Abb. L.8. Stamm-und-Blatt-Diagramm der Bearbeitungszeit

Lösung zu Aufgabe 2.11: Abb. L.9 zeigt das Stamm-und-Blatt-Diagramm, das wir mit SPSS erhalten. Der Stamm besteht hier aus den 10er-Stellen. Die angegebenen Ausreißer sind analog zum Box-Plot definiert (vgl. Abschnitt 3.4).

```
erreichte Punktzahl Stem-and-Leaf Plot
Frequency    Stem &  Leaf
   2.00 Extremes    (=<46)
   1.00      5 .  8
   3.00      6 .  399
   4.00      7 .  3578
   5.00      8 .  12444
   4.00      9 .  2478
Stem width:       10
Each leaf:     1 case(s)
```

Abb. L.9. Stamm-und-Blatt-Diagramm der Punktzahl

Lösung zu Aufgabe 2.12:

Verkehrsmittel ist nominalskaliert, daher ist ein Kreis- oder Balkendiagramm passend. Wegen der fehlenden Ordnung wählt man das Kreisdiagramm.

Fahrzeit ist metrisch skaliert, deshalb sollte ein Histogramm gewählt werden.

Studienfach ist wieder nominalskaliert: Kreis- oder Balkendiagramm.

Studienordnung ist nominalskaliert. Da jedoch nur zwei Ausprägungen vorkommen, ist eine Grafik nicht übersichtlicher als der direkte Vergleich der relativen Häufigkeiten.

Anzahl der Versuche ist metrisch skaliert. Da jedoch nur wenige, diskrete Ausprägungen vorkommen, ist ein Balkendiagramm am sinnvollsten.

Studienbeginn ist zwar metrisch skaliert. Da auch hier nur wenige diskrete Ausprägungen vorliegen, erscheint ebenfalls das Balkendiagramm am sinnvollsten.

Semesterwochenstunden ist metrisch skaliert, das Histogramm ist zu wählen.

Mathematische Vorkenntnisse ist ordinalskaliert, daher ist ein Balkendiagramm passend.

Bafög-Empfänger und Nebenbei jobben sind nominalskalierte Merkmale mit jeweils nur zwei Ausprägungen. Deshalb ist die relative Häufigkeit ausreichend.

Monatliche Kaltmiete ist metrisch skaliert, daher ist das Histogramm die geeignete Darstellungsform.

Geschlecht ist nominalskaliert, binär und damit ist die Angabe der relativen Häufigkeit ausreichend.

Familienstand ist ebenfalls nominalskaliert, daher ist ein Kreis- oder Balkendiagramm zu wählen.

Alter, Körpergröße und Körpergewicht sind metrische, (quasi-)stetige Merkmale. Deshalb sind Histogramme zu erstellen.

Lösung zu Aufgabe 3.2: Das Merkmal 'Punkte' ist quantitativ diskret und wird auf einer Intervallskala gemessen, daher sind Modus, Median und arithmetisches Mittel mögliche Lagemaße. Der Modus ist $\bar{x}_M = 11$, da 11 die Merkmalsausprägung mit der größten Häufigkeit ist. Da die Verteilung jedoch nicht unimodal ist, lässt sich der Modus nicht sinnvoll interpretieren. Die Anzahl der Beobachtungen $n = 120$ ist gerade. Damit gilt für den Median mit (3.4)

$$\tilde{x}_{0.5} = \frac{1}{2}(x_{(60)} + x_{(61)}) = \frac{1}{2}(11 + 11) = 11 \,.$$

Das arithmetische Mittel berechnet sich gemäß (3.10) als

$$\bar{x} = \frac{1}{120}(4 \cdot 0 + 1 \cdot 1 + \ldots + 18 \cdot 0) = \frac{1}{120} 1\,170 = 9.75 \,.$$

Als Streuungsparameter können Spannweite, Quartilsabstand, Varianz und Standardabweichung berechnet werden. Mit $x_{(1)} = 0$ und $x_{(n)} = 17$ erhalten wir

$$R = 17 - 0 = 17 \,.$$

Für den Quartilsabstand bestimmen wir zunächst das untere und obere Quartil gemäß (3.7) mit $\alpha = 0.25$ bzw. $\alpha = 0.75$:

$$\tilde{x}_{0.25} = \frac{1}{2}(x_{(30)} + x_{(31)}) = \frac{1}{2}(8 + 8) = 8 \,,$$

$$\tilde{x}_{0.75} = \frac{1}{2}(x_{(90)} + x_{(91)}) = \frac{1}{2}(12 + 12) = 12 \,.$$

Der Quartilsabstand ist damit $d_Q = 12 - 8 = 4$.
Für die Varianz gilt mit (3.29)

$$s^2 = \frac{1}{120}(4 \cdot 0^2 + 1 \cdot 1^2 + 1 \cdot 2^2 + \ldots + 2 \cdot 17^2 + 0 \cdot 18^2) - 9.75^2 = 13.42 \,.$$

Daraus ergibt sich die Standardabweichung als $s = \sqrt{13.42} = 3.66$.
    Abbildung L.10 zeigt den entsprechenden SPSS-Output. Da SPSS bei der Varianz mit dem Faktor $\frac{1}{n-1}$ anstatt $\frac{1}{n}$ rechnet, kommt es zu den leicht unterschiedlichen Ergebnissen bei Varianz und Standardabweichung.

Lösung zu Aufgabe 3.3: Es liegen zwei Erhebungen für Kaffeepreise in verschiedenen Währungen vor. Deshalb können die beiden Verteilungen nicht mit den üblichen Lage- und Streuungsmaßen direkt verglichen werden. Eine Möglichkeit wäre die Transformation der Kaffeepreise von DM in öS mit der linearen Transformation 7·Preis in DM = Preis in öS (bei einem angenommenem Wechselkurs von 7 öS = 1 DM). Nach dieser Transformation können die für stetige Merkmale geeigneten Lage- und Streuungsmaße verwendet werden. Zum gleichen Ergebnis bezüglich $\bar{x}$ und s kommt man aber auch, indem man aus den angegebenen Preisen $\bar{x}_{\text{München}}$ bzw. $s_{\text{München}}$ berechnet und dann $7 \cdot \bar{x}_{\text{München}}$ bzw. $7 \cdot s_{\text{München}}$ bildet. Will man die Verteilungen ohne

		PUNKTE
N	Valid	120
	Missing	0
Mean		9.75
Median		11.00
Mode		11
Std. Deviation		3.68
Variance		13.53
Range		17
Minimum		0
Maximum		17
Percentiles	25	8.00
	50	11.00
	75	12.00

Abb. L.10. Lage- und Streuungsmaße der Punkteverteilung

Transformation vergleichen, so ist der Variationskoeffizient die einzig sinnvolle Maßzahl. Dazu berechnen wir zunächst das arithmetische Mittel der Kaffeepreise in beiden Erhebungen mit (3.9)

$$\bar{x}_{\text{München}} = \frac{1}{8}(4.20 + 3.90 + \ldots + 4.00) = \frac{1}{8}31.10 = 3.89\,\text{DM}\,,$$

$$\bar{x}_{\text{Wien}} = \frac{1}{7}(28 + 32 + \ldots + 32) = \frac{1}{7}248 = 35.43\,\text{öS}$$

und die Varianzen mit (3.27)

$$s^2_{\text{München}} = \frac{1}{8}(4.20^2 + 3.90^2 + \ldots + 4.00^2) - 3.89^2 = \frac{1}{8}\,121.95 - 3.89^2 = 0.11\,,$$

$$s^2_{\text{Wien}} = \frac{1}{7}(28^2 + 32^2 + \ldots + 32^2) - 35.43^2 = \frac{1}{7}\,8\,936 - 35.43^2 = 21.29\,.$$

Die Variationskoeffizienten berechnen sich dann mit (3.40) als

$$v_{\text{München}} = \frac{\sqrt{0.11}}{3.89} = \frac{0.33}{3.89} = 0.08\,,$$

$$v_{\text{Wien}} = \frac{\sqrt{21.29}}{35.43} = \frac{4.61}{35.43} = 0.13\,.$$

Die Streuung der Wiener Kaffeepreise ist –gemessen mit dem Variationskoeffizienten– also wesentlich größer als die der Münchener Preise.

Lösung zu Aufgabe 3.4:

a) Bezeichne $n_{\text{M}} = 12$ die Anzahl der Praktikanten in München und $n_{\text{D}} = 10$ die Anzahl der Praktikanten in Dresden. Mit (3.9) und (3.4) berechnen wir arithmetisches Mittel und Median

$$\bar{x}_{\text{München}} = \frac{1}{12}(8 + 9.5 + \ldots + 18) = \frac{1}{12}156 = 13\,,$$

$$\tilde{x}_{0.5}^{\text{München}} = \frac{1}{2}(x_{(6)} + x_{(7)}) = \frac{1}{2}(13 + 14) = 13.5\,,$$

$$\bar{x}_{\text{Dresden}} = \frac{1}{10}(6 + 8.5 + \ldots + 15.5) = 9\,,$$

$$\tilde{x}_{0.5}^{\text{Dresden}} = \frac{1}{2}(x_{(5)} + x_{(6)}) = \frac{1}{2}(8 + 8.5) = 8.25\,.$$

Das arithmetische Mittel aller Werte berechnen wir mit (3.10) als gewichtetes Mittel der arithmetischen Mittel in beiden Erhebungen:

$$\bar{x}_{\text{ges}} = \frac{1}{22}(12 \cdot 13 + 10 \cdot 9) = 11.18\,.$$

b) Wir berechnen zunächst die Quartile für die beiden Erhebungen gemäß (3.7) mit $\alpha = 0.25$ bzw. $\alpha = 0.75$:

$$\tilde{x}_{0.25}^{\text{München}} = \frac{1}{2}(x_{(3)} + x_{(4)}) = \frac{1}{2}(9.5 + 9.5) = 9.5\,,$$

$$\tilde{x}_{0.75}^{\text{München}} = \frac{1}{2}(x_{(9)} + x_{(10)}) = \frac{1}{2}(17 + 18) = 17.5\,,$$

$$\tilde{x}_{0.25}^{\text{Dresden}} = x_{(3)} = 6\,,$$

$$\tilde{x}_{0.75}^{\text{Dresden}} = x_{(8)} = 13\,.$$

Abbildung L.11 stellt den Q-Q-Plot dar.

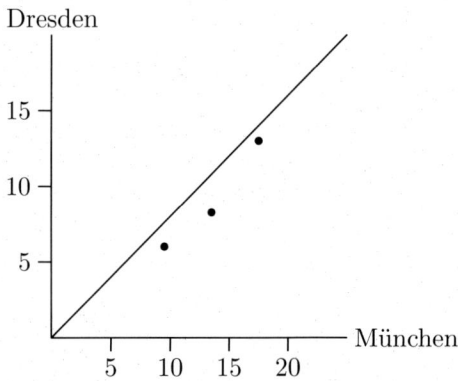

Abb. L.11. Q-Q-Plot der Stundenlöhne

Die Verteilung der Stundenlöhne in München ist gegenüber der Verteilung der Stundenlöhne in Dresden nach rechts verschoben. Die Stundenlöhne in München sind systematisch größer.

c) Die Berechnung der Standardabweichungen gemäß (3.27) ergibt

$$s^2_{\text{München}} = \frac{1}{12}(8^2 + 9.5^2 + \ldots + 18^2) - 13^2 = 30.25\,,$$

$$s_{\text{München}} = \sqrt{s^2_{\text{München}}} = 5.5\,,$$

$$s^2_{\text{Dresden}} = \frac{1}{10}(6^2 + 8.5^2 + \ldots + 15.5^2) - 9^2 = 36\,,$$

$$s_{\text{Dresden}} = 6\,.$$

Ein direkter Vergleich ist ungerechtfertigt, da die Stundenlöhne in Dresden systematisch kleiner sind. Da alle Werte ≥ 0 sind, sollte der Variationskoeffizient als geeignete Streuungsmaßzahl verwendet werden.

Lösung zu Aufgabe 3.5:

a) Unternehmensart ist ein nominalskaliertes Merkmal. Als Lagemaß ist nur der Modus sinnvoll, ein sinnvolles Streuungsmaß existiert nicht. Aus der Häufigkeitsverteilung

a_j	Gaststätten	Einzelhandel	Handwerk
n_j	3	4	3

   ermitteln wir die Ausprägung 'Einzelhandel' als häufigsten Wert.
   Umsatz 2006 ist ein stetiges Merkmal. Das arithmetische Mittel ist damit das gebräuchliche Lagemaß, die Standardabweichung das entsprechende Streuungsmaß.

$$\bar{x} = \frac{1}{10}(1\,050 + 800 + \ldots + 550) = 650\,,$$

$$s^2 = \frac{1}{10}(1\,050^2 + 800^2 + \ldots + 550^2) - 650^2 = 61\,500\,,$$

$$s = 247.99\,.$$

   Einschätzung 2007 ist ein ordinalskaliertes Merkmal. Wir können den Ausprägungen 'sehr gut', ..., 'schlecht' zwar die Zahlen '1' bis '4' zuordnen, dies dient jedoch nur der einfacheren Darstellung. Wir betrachten zunächst die Häufigkeitsverteilung

a_j	sehr gut	gut	normal	schlecht
n_j	0	2	4	4

   Der Modus ist in diesem Fall nicht eindeutig definiert. Da die beiden mittleren Werte $x_{(5)}$ und $x_{(6)}$ die gleiche Ausprägung haben, ist der Median definiert ($\tilde{x}_{0.5} =$ 'normal') und das einzig berechenbare Lagemaß. Die Spannweite ist das einzig sinnvolle Streuungsmaß und es gilt $R = 4-2 = 2$. Das heißt, die Spannweite beträgt zwei Skaleneinheiten.

b) Das arithmetische Mittel aller Beobachtungen berechnet sich mit (3.10) als gewichtetes arithmetisches Mittel.

$$\bar{x}_{\text{ges}} = \frac{10}{100}650 + \frac{90}{100}700 = 695\,.$$

Die Standardabweichung aller Beobachtungen erhalten wir mit (3.33), (3.35) und (3.36) als

$$s_{\text{ges}}^2 = \frac{1}{100}\left(10(650 - 695)^2 + 90(700 - 695)^2\right)$$

$$+ \frac{1}{100}(10 \cdot 61\,500 + 90 \cdot 40\,000)$$

$$= 225 + 42\,150 = 42\,375\,,$$

$$s = 205.85\,.$$

Lösung zu Aufgabe 3.6: In Tabelle L.3 ist jeweils das gebräuchlichste Lage- und Streuungsmaß für die einzelnen Merkmale angegeben. Die Zahl der Versuche ist quantitativ diskret und damit sind arithmetisches Mittel und Standardabweichung zulässige Maßzahlen. Da jedoch nur die Werte 1, 2 und 3 vorkommen können, sind Modus, Median und Quartilsabstand ebenfalls gebräuchlich. Der Studienbeginn kann zwar als stetiges, klassiertes Merkmal aufgefasst werden, wenn wir aber die Information Sommersemester/Wintersemester und Jahr getrennt betrachten, so ist nur der Modalwert sinnvoll. Die Vorkenntnisse in Mathematik sind ordinal, es ist aber nur der Modalwert sinnvoll interpretierbar. Bafög und Nebenjob sind binäre Merkmale, es ist also allenfalls der Modalwert sinnvoll. Die Datenreduktion von der Verteilung zum Modalwert ist hier jedoch nur gering. Kaltmiete ist stetig, so dass das arithmetische Mittel und die Standardabweichung am gebräuchlichsten sind. Dies gilt auch für die Merkmale Alter, Gewicht und Körpergröße. Das Geschlecht ist binär, es ist also höchstens der Modalwert sinnvoll.

Tabelle L.3. Gebräuchliche Lage- und Streuungsmaße für die Merkmale der Studentenbefragung

Merkmal	Art	$\bar{x}_M$	$\tilde{x}_{0.5}$	$\bar{x}$	R	d_Q	s
Verkehrsmittel	nominalskaliert	×					
Fahrzeit	(quasi-)stetig			×			×
Studienfach	nominalskaliert	×					
Studienordnung	nominalskaliert	×					
Zahl der Versuche	quantitativ diskret			×			×
Studienbeginn	stetig, klassiert	×					
Semesterwochenstunden	(quasi-)stetig			×			×
Vorkenntnisse Mathematik	ordinal	×					
Bafögempfänger	binär	×					
Nebenjob	binär	×					
Kaltmiete	stetig			×			×
Geschlecht	binär	×					
Familienstand	nominal	×					
Alter	(quasi-)stetig			×			×
Körpergröße	(quasi-)stetig			×			×
Körpergewicht	(quasi-)stetig			×			×

Lösung zu Aufgabe 3.7: Wir ermitteln zunächst

$$n_B = n_{\text{ges}} - n_W - n_S = 100 - 50 - 30 = 20 \, .$$

Auflösen von $\bar{x}_{\text{ges}}$ nach dem gesuchten $\bar{x}_B$ ergibt mit

$$\bar{x}_{\text{ges}} = \frac{1}{n_{\text{ges}}}(n_W \bar{x}_W + n_S \bar{x}_S + n_B \bar{x}_B) \, ,$$

$$\begin{aligned}
\bar{x}_B &= \frac{1}{n_B}(n_{\text{ges}} \bar{x}_{\text{ges}} - n_W \bar{x}_W - n_S \bar{x}_S) \\
&= \frac{1}{20}(100 \cdot 112 - 50 \cdot 120 - 30 \cdot 100) = 110 \, .
\end{aligned}$$

Die Ermittlung der Standardabweichung s_B geschieht nach dem gleichen Schema:

$$\begin{aligned}
s_{\text{ges}}^2 &= \frac{1}{n_{\text{ges}}}(n_W s_W^2 + n_S s_S^2 + n_B s_B^2) \\
&\quad + \frac{1}{n_{\text{ges}}}\left(n_W(\bar{x}_W - \bar{x}_{\text{ges}})^2 + n_S(\bar{x}_S - \bar{x}_{\text{ges}})^2 + n_B(\bar{x}_B - \bar{x}_{\text{ges}})^2\right) \, , \\
n_B s_B^2 &= n_{\text{ges}} s_{\text{ges}}^2 - n_W s_W^2 - n_S s_S^2 \\
&\quad - n_W(\bar{x}_W - \bar{x}_{\text{ges}})^2 - n_S(\bar{x}_S - \bar{x}_{\text{ges}})^2 - n_B(\bar{x}_B - \bar{x}_{\text{ges}})^2 \, , \\
s_B^2 &= \frac{1}{n_B}\big[n_{\text{ges}} s_{\text{ges}}^2 - n_W s_W^2 - n_S s_S^2 \\
&\quad - n_W(\bar{x}_W - \bar{x}_{\text{ges}})^2 - n_S(\bar{x}_S - \bar{x}_{\text{ges}})^2 - n_B(\bar{x}_B - \bar{x}_{\text{ges}})^2\big] \\
&= \frac{1}{20}\left[100 \cdot 100 - 50 \cdot 20 - 30 \cdot 30 - 50 \cdot 8^2 - 30 \cdot 12^2 - 20 \cdot 2^2\right] \\
&= 25 \, .
\end{aligned}$$

Es gilt also $n_B = 20$, $\bar{x}_B = 110$ und $s_B = 5$.

Lösung zu Aufgabe 3.8: Die Umsatzänderung gegenüber dem Vorjahr in % ist die Wachstumsrate. Zur Berechnung der durchschnittlichen Umsatzänderung benötigen wir zunächst die Wachstumsfaktoren x_t, die wir aus den Wachstumsraten r_t mit $x_t = r_t/100 + 1$ erhalten:

Periode t	1	2	3	4	5	6
x_t	0.97	0.98	1.02	1.10	1.18	1.12

Der durchschnittliche Wachstumsfaktor wird mit dem geometrischen Mittel (3.14) berechnet:

$$\bar{x}_G = (0.97 \cdot 0.98 \cdot 1.02 \cdot 1.10 \cdot 1.18 \cdot 1.12)^{\frac{1}{6}} = 1.06 \, .$$

Die durchschnittliche jährliche Umsatzsteigerung beträgt damit 6%.

Lösung zu Aufgabe 3.9:

a) Aus den Mitgliedsbeständen berechnen wir zunächst die Wachstumsfaktoren $x_t = B_t/B_{t-1}$

Jahr	1998	1990	1991	1992	2002
Wachstumsfaktor x_t		1.2	1.125	1.0	0.8

Mit dem geometrischen Mittel erhalten wir für den durchschnittlichen Wachstumsfaktor

$$\bar{x}_G = (1.2 \cdot 1.125 \cdot 1.0 \cdot 0.8)^{\frac{1}{4}} = 1.02 \,.$$

Die durchschnittliche Wachstumsrate beträgt also 2%.

b) Gehen wir davon aus, dass die Fortschreibung der Mitgliederbestände B_t mit dem geometrischen Mittel möglich ist, so erhalten wir

$$B_{03} = \bar{x}_G \cdot B_{02} = 1.02 \cdot 108 = 110;$$

Lösung zu Aufgabe 3.10:

a) Aus den Wachstumsraten r_t erhalten wir wieder die Wachstumsfaktoren x_t wie in Aufgabe 3.8. Damit berechnet sich das geometrische Mittel bei Gewichtung mit den Zeiträumen als

$$\bar{x}_G = (1.12 \cdot 1.05^4 \cdot 1.01^5)^{\frac{1}{10}} = 1.036 \,.$$

Die durchschnittliche Wachstumsrate beträgt 3.6%.

b) Wir berechnen zunächst die Teilflächen

$$\text{Gebiet}_\text{I} = \frac{9\,000\,000}{150} = 60\,000 \,,$$

$$\text{Gebiet}_\text{II} = \frac{900\,000}{10} = 90\,000 \,,$$

$$\text{Gebiet}_\text{III} = \frac{100\,000}{2} = 50\,000 \,.$$

Für die gesamte Besiedlungsdichte erhalten wir damit

$$\text{Besiedlungsdichte} = \frac{9\,000\,000 + 900\,000 + 100\,000}{60\,000 + 90\,000 + 50\,000} = 50 \,.$$

c) Die Einwohnerzahlen 1987 berechnen sich mit den Wachstumsfaktoren x_t aus

$$B_{1994} = B_{1987} \prod_{t=1988}^{1994} x_t \,,$$

$$B_{1987} = B_{1994} \frac{1}{\left(\prod_{t=1988}^{1994} x_t\right)} = B_{1994} \frac{1}{(1.05^2 \cdot 1.01^5)}$$

als

$$B^{\text{I}}_{1987} = 9\,000.000 \cdot \frac{1}{(1.05^2 \cdot 1.01^5)} = 7\,767\,067\,,$$

$$B^{\text{II}}_{1987} = 900\,000 \cdot \frac{1}{(1.05^2 \cdot 1.01^5)} = 776\,707\,,$$

$$B^{\text{III}}_{1987} = 100\,000 \cdot \frac{1}{(1.05^2 \cdot 1.01^5)} = 86\,301\,.$$

Daraus erhalten wir die Besiedlungdichten

$$\text{Gebiet}_{\text{I}} : \frac{7\,767\,067}{60\,000} = 129.45\,,$$

$$\text{Gebiet}_{\text{II}} : \frac{776\,707}{90\,000} = 8.63\,,$$

$$\text{Gebiet}_{\text{III}} : \frac{86\,301}{50\,000} = 1.73\,.$$

Diese könnten auch direkt berechnet werden, indem die Wachstumsfaktoren in obiger Weise auf die gegebenen Besiedlungsdichten von 1994 'angewendet' werden. Es ist z. B. die Besiedlungsdichte für Gebiet I in 1987

$$\frac{150}{\prod_{t=1988}^{1994} x_t} = 129.45\,.$$

Lösung zu Aufgabe 3.11: Wir verwenden zur Berechnung der Durchschnittsgeschwindigkeit das harmonische Mittel. Da die Strecken gleich sind, erhalten wir für die Gewichte w_i in (3.20) jeweils $\frac{1}{2}$, ohne ihre Länge kennen zu müssen. Dadurch ändert sich die Durchschittsgeschwindigkeit durch Verdoppelung der Entfernung von A nach B von 20 km auf 40 km nicht:

$$\bar{x}_H = \frac{1}{\frac{1/2}{30} + \frac{1/2}{60}} = 40\,\text{km/h}\,.$$

Lösung zu Aufgabe 3.12: Wir berechnen zunächst den Median und die Quantile (vgl. Abbildung L.12)

	N		Percentiles			
	Valid	Missing	Median	25	50	75
Zeit in Minuten	14	0	87.50	76.25	87.50	93.50

Abb. L.12. Maßzahlen des Merkmals 'Zeit'

Unter Anwendung unserer Rechenvorschrift (vgl. die Hinweise zur anderen Verfahrensweise von SPSS) erhalten wir mit $d_Q = 93 - 77 = 16$ die Grenzen

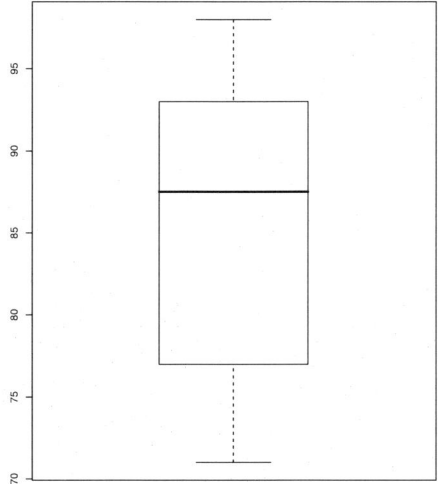

Abb. L.13. Boxplot des Merkmals 'Zeit'

für die Einstufung der Werte als extreme Werte bzw. Ausreißer. Mit $d_Q \cdot 1.5 = 24$ und $\tilde{x}_{0.75} = 93$ erhalten wir z. B. für die obere Grenze zur Einstufung als Ausreißer den Wert $93 + 24 = 117$. Der obere Strich wird dann durch den größten beobachteten Wert bestimmt, der kleiner als 117 ist. Dies ist der Wert 98. Da dies zugleich auch der größte beobachtete Wert ist, gibt es keine Ausreißer bzw. extremen Werte (nach oben). In analoger Weise wird der untere Strich für den Wert 71 (kleinster Wert, der größer als $77 - 24 = 53$ ist) ermittelt. Auch hier gibt es keine Ausreißer oder extremen Werte. Damit erhalten wir den Box-Plot in Abbildung L.13.

Lösung zu Aufgabe 3.13: Wir berechnen zunächst den Median und die Quantile. Als Quantile erhalten wir:

$$x_{.25} = 96, \ x_{.5} = 99, \ x_{.75} = 101$$

Damit finden wir wie in Aufgabe 3.12 die Grenzen für die Beurteilung der Werte als Ausreißer bzw. extreme Werte und erhalten damit den Box-Plot in Abbildung L.14.

Schön zu erkennen ist der Ausreisser unterhalb des Wertes 90, der sichtbar unter der eineinhalbfachen Länge der Box liegt.

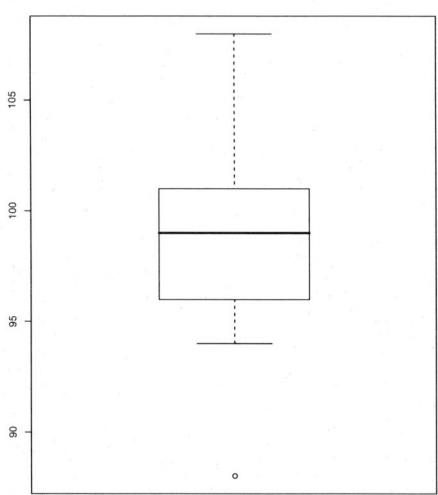

Abb. L.14. Boxplot des Merkmals 'Sexualproportion'

Lösung zu Aufgabe 3.14:

a) Aus den Angaben berechnen wir mit (3.49) und (3.51) die Punkte $(\tilde{u}_i, \tilde{v}_i)$ der Lorenzkurve:

Klasse	n_j	f_j	$\tilde{u}_i$	$n_j a_j$	$\tilde{v}_i$
klein	5	0.5	0.5	600 000	0.2
mittel	4	0.4	0.9	1 200 000	0.6
groß	1	0.1	1.0	1 200 000	1.0
	10			3 000 000	

b) Der Ginikoeffizient berechnet sich mit (3.55) als

$$G = 1 - \frac{1}{10}\big(5(0 + 0.2) + 4(0.2 + 0.6) + 1(0.6 + 1.0)\big) = 1 - 0.58 = 0.42\,.$$

Lösung zu Aufgabe 3.15: Die oberen 28 % aller landwirtschaftlichen Betriebe besaßen 67 % der landwirtschaftlichen Fläche. Damit besaßen die unteren 72 % aller landwirtschaftlichen Betriebe 33 % der landwirtschaftlichen Fläche. Es sind also folgende Punkte der Lorenzkurve in Abbildung L.16 gegeben:

$$(u_0, v_0) = (0,0) \qquad (u_1, v_1) = (0.72, 0.33) \qquad (u_2, v_2) = (1,1)\,.$$

Für den Lorenz-Münzner-Koeffizienten gilt $G^+ = \frac{n}{n-1}\, G$. Da wir eine bundesweite Erhebung betrachten, können wir n als 'groß' ansehen, d. h. es gilt $G^+ \approx G$. Wir erhalten

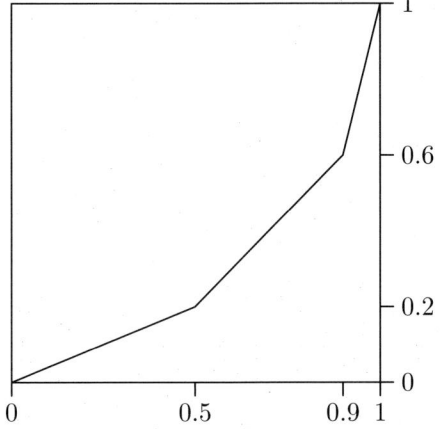

Abb. L.15. Lorenzkurve zu Aufgabe 3.14

$$G = 1 - \big(0.72 \cdot (0 + 0.33) + (1 - 0.72)(0.33 + 1)\big) = 1 - 0.61 = 0.39\,.$$

Ist mehr Information über die Verteilung der Betriebe gegeben, so wird die Fläche zwischen der Lorenzkurve und der Diagonalen und damit der Lorenz-Münzner-Koeffizient größer. Die ursprünglich gegebene Gruppierung geht von einer Gleichverteilung innerhalb der gegebenen Gruppen aus, d. h. innerhalb der Gruppen herrscht keine Konzentration. Steht nun Information über die Verteilung innerhalb der Gruppen zur Verfügung, so beschreibt diese die Konzentration innerhalb der Gruppen, die zur bereits ermittelten Konzentration hinzukommt. Das Konzentrationsmaß wird deshalb größer.

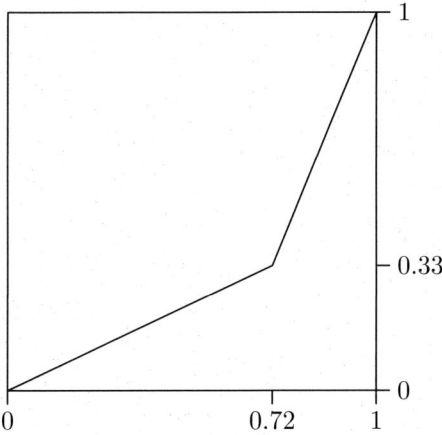

Abb. L.16. Lorenzkurve zu Aufgabe 3.15

Lösung zu Aufgabe 3.16:

a) Mit der in der Lösung zu Aufgabe 2.8 erstellten Arbeitstabelle berechnen wir mit (3.11) das arithmetische Mittel:

$$\bar{x} = 0.64 \cdot 0.25 + 0.16 \cdot 0.75 + 0.16 \cdot 2.0 + 0.04 \cdot 5.0 = 0.8$$

und mit (3.33) die Varianz

$$s_0^2 = \frac{1}{100}\left(64(0.25-0.8)^2 + 16(0.75-0.8)^2 + 16(2-0.8)^2 + 4(5-0.8)^2\right) = 1.13,$$

wobei die Varianzen innerhalb der Klassen nicht berücksichtigt werden. Es ergibt sich die Standardabweichung $s = \sqrt{1.13} = 1.063$

b) Wir erstellen die Arbeitstabelle zur Berechnung der Lorenzkurve. Aus den in Aufgabe 2.8 berechneten f_j berechnen wir die $\tilde{u}_i$. Die Umsätze der Klassen 1 und 4 (12 bzw 0.25·80=20) sind gegeben. Ist x der Umsatz der Klasse 2, dann gilt $x + 3x = 80 - (12 + 20)$, also $x = 12$. Damit erhalten wir:

	f_j	$\tilde{u}_i$	Umsatz	$\tilde{v}_i$
1	0.64	0.64	12	0.15
2	0.16	0.80	12	0.30
3	0.16	0.96	36	0.75
4	0.04	1.00	20	1.000
$\sum$			80	

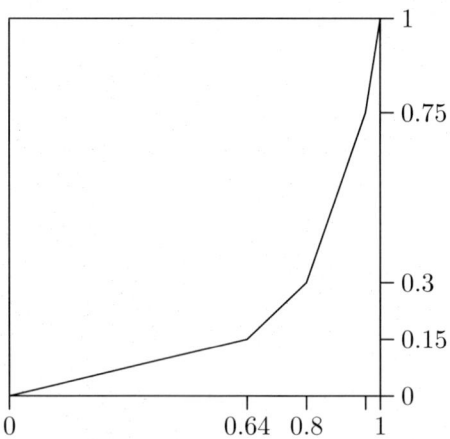

Abb. L.17. Lorenzkurve zu Aufgabe 3.16

Lösung zu Aufgabe 3.17:

a) Die Gesamtzahl n der Personen ist

$$n = 5\,\mathrm{HH} \cdot 1\,\frac{\mathrm{Person}}{\mathrm{HH}} + 5\,\mathrm{HH} \cdot 2\,\frac{\mathrm{Person}}{\mathrm{HH}} + 5\,\mathrm{HH} \cdot 3\,\frac{\mathrm{Person}}{\mathrm{HH}} = 30\,\mathrm{Personen}\,.$$

b) Damit ergeben sich die relativen Häufigkeiten:

HH-Größe	1	2	3
f_j	$\frac{5}{30}$	$\frac{5\cdot 2}{30}$	$\frac{5\cdot 3}{30}$

c) Wir berechnen die Wertepaare $(\tilde{u}_i, \tilde{v}_i)$ als $(\frac{1}{3}, \frac{1}{6})$, $(\frac{2}{3}, \frac{1}{2})$, $(1,1)$ und erhalten damit die Lorenzkurve in Abbildung L.18.

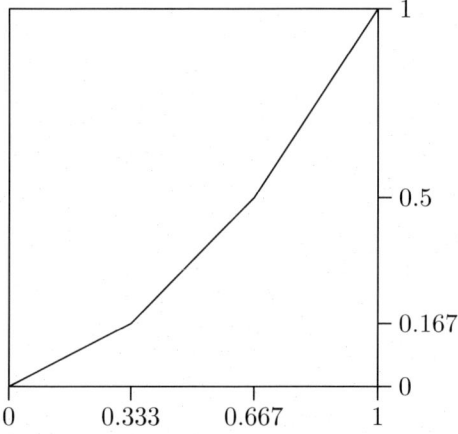

Abb. L.18. Lorenzkurve zu Aufgabe 3.17c)

d) Verteilen sich die 30 Personen gleichmäßig auf die 15 Haushalte, so erhalten wir 15 2-Personen-Haushalte. Die entsprechende Lorenzkurve ist in Abbildung L.19 dargestellt.

Lösung zu Aufgabe 3.18:

a) Wir bestimmen die $(\tilde{u}_i, \tilde{v}_i)$ als $(0.8, 0.1)$ und $(1,1)$. Damit ergibt sich die Lorenzkurve in Abbildung L.20.
b) Die Oberschicht hat ihren Besitz verloren, damit sind nun 20 % der Bevölkerung ohne Besitz. Die restlichen 80 % der Bevölkerung besitzen gleichmäßig verteilt das ganze Land. Die Koordinaten der Lorenzkurve ergeben sich damit als $(0.2, 0)$ und $(1,1)$. Sie ist in Abbildung L.21 dargestellt.
c) Da die enteignete Oberschicht das Land verlässt, vermindert sich die Bevölkerung, d. h. die Basis für die Berechnung der $\tilde{u}_i$ verändert sich.

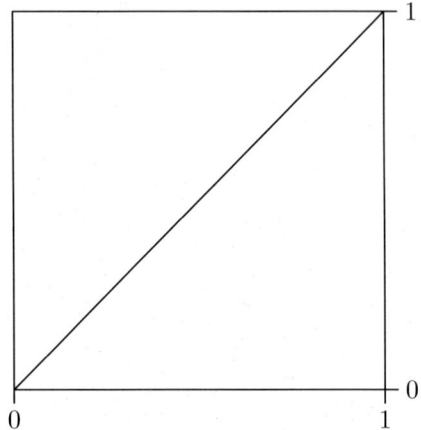

Abb. L.19. Lorenzkurve zu Aufgabe 3.17d)

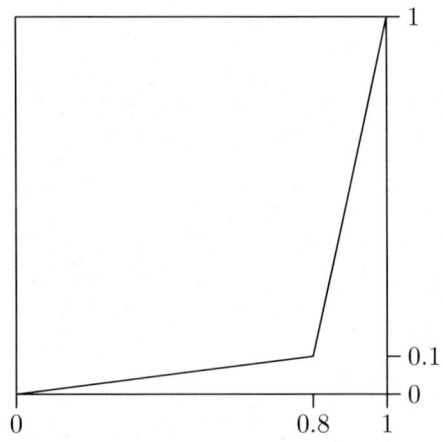

Abb. L.20. Lorenzkurve zu Aufgabe 3.18 a)

100 % der Bevölkerung besitzen nun gleichmäßig verteilt 100 % des Landes. Es ergibt sich das Bild in Abbildung L.22, das keine Konzentration darstellt.

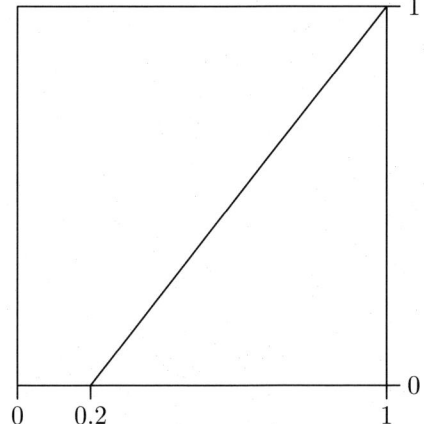

Abb. L.21. Lorenzkurve zu Aufgabe 3.18 b)

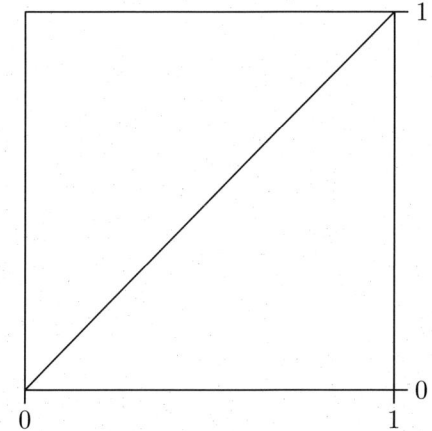

Abb. L.22. Lorenzkurve zu Aufgabe 3.18 c)

Lösung zu Aufgabe 4.1: Mit (4.5) berechnen wir den χ^2-Wert in einer Vier-Felder-Tafel. Die weiteren Maßzahlen berechnen wir mit (4.8), (4.13) und (4.23):

$$\chi^2 = \frac{1\,000(480 \cdot 130 - 70 \cdot 320)^2}{800 \cdot 200 \cdot 550 \cdot 450} = 40.4$$

$$\Phi = +\sqrt{\frac{40.4}{1\,000}} = 0.201$$

$$C = \sqrt{\frac{40.4}{40.4 + 1000}} = 0.197$$

$$C_{\text{korr}} = \sqrt{\frac{2}{2-1}}\sqrt{\frac{40.4}{40.4 + 1\,000}} = 0.279$$

$$OR = \frac{480 \cdot 130}{70 \cdot 320} = 2.786$$

Das entsprechende SPSS-Listing findet man in Abbildung L.23. C_{korr} wird von SPSS nicht berechnet. Der Maximalwert der χ^2-Statistik ist in diesem Fall $1\,000(2-1) = 1\,000$, der Maximalwert des Phi-Koeffizienten und des korrigierten Kontingenzkoeffizienten ist Eins. Es liegt also nur ein schwacher Zusammenhang zwischen dem Familienstand und dem Geschlecht vor. Der Zusammenhang ist positiv, da der Odds-Ratio größer als Eins ist. Eheliche Kinder sind damit eher männlich, uneheliche Geburten eher weiblich. Dieses Ergebnis erhalten wir durch die Berechnungen, rein sachlogisch ist ein derartiger Zusammenhang jedoch nicht begründbar. Es handelt sich also um eine Scheinkorrelation.

Lösung zu Aufgabe 4.2:

a) Wir berechnen zunächst die unter der Annahme der Unabhängigkeit zu erwartenden Zellhäufigkeiten. Das Ergebnis ist in Abbildung L.24 zu sehen.
   Damit berechnen wir zunächst den χ^2-Wert gemäß (4.4) und danach den korrigierten Kontingenzkoeffizienten mit (4.13).

$$\chi^2 = \frac{(50-30)^2}{30} + \frac{(40-25)^2}{25} + \frac{(10-45)^2}{45}$$
$$+ \frac{(10-30)^2}{30} + \frac{(10-25)^2}{25} + \frac{(80-45)^2}{45}$$
$$= 99.11$$

$$C = \sqrt{\frac{99.11}{99.11 + 200}} = 0.576$$

$$C_{\text{korr}} = \sqrt{\frac{2}{2-1}}\sqrt{\frac{99.11}{99.11 + 200}} = 0.814$$

Chi-Square Tests

	Value	df	Asymp. Sig. (2-sided)	Exact Sig. (2-sided)	Exact Sig. (1-sided)
Pearson Chi-Square	40.404[b]	1	.000		
Continuity Correction[a]	39.400	1	.000		
Likelihood Ratio	40.480	1	.000		
Fisher's Exact Test				.000	.000
Linear-by-Linear Association	40.364	1	.000		
N of Valid Cases	1000				

a. Computed only for a 2x2 table

b. 0 cells (.0%) have expected count less than 5. The minimum expected count is 90.00.

Symmetric Measures

		Value	Approx. Sig.
Nominal by Nominal	Phi	.201	.000
	Cramer's V	.201	.000
	Contingency Coefficient	.197	.000
N of Valid Cases		1000	

Risk Estimate

	Value	95% Confidence Interval Lower	95% Confidence Interval Upper
Odds Ratio for Familienstand (ehelich / unehelich)	2.786	2.016	3.848
For cohort Geschlecht = männlich	1.714	1.408	2.088
For cohort Geschlecht = weiblich	.615	.539	.703
N of Valid Cases	1000		

Abb. L.23. SPSS-Output zu Aufgabe 4.1

			Therapie Med. A	Therapie Med. B	Therapie Placebo	Total
Kreislaufbeschwerden	nein	Count	50	40	10	100
		Expected Count	30.0	25.0	45.0	100.0
	ja	Count	10	10	80	100
		Expected Count	30.0	25.0	45.0	100.0
Total		Count	60	50	90	200
		Expected Count	60.0	50.0	90.0	200.0

Abb. L.24. Beobachtete und erwartete absolute Häufigkeiten zu Aufgabe 4.2

Es liegt also ein starker Zusammenhang zwischen der Therapieart und den Kreislaufbeschwerden vor. Die entsprechenden SPSS-Listings findet man in Abbildung L.25.

b) Die zusammengefasste Kontingenztafel ist in Abbildung L.26 zu sehen.

	Value	df	Asymp. Sig. (2-sided)	Exact Sig. (2-sided)	Exact Sig. (1-sided)	Point Probability
Pearson Chi-Square	99.111[a]	2	.000	.000		
Likelihood Ratio	110.362	2	.000	.000		
Fisher's Exact Test	108.448			.000		
Linear-by-Linear Association	82.746[b]	1	.000	.000	.000	.000
N of Valid Cases	200					

a. 0 cells (.0%) have expected count less than 5. The minimum expected count is 25.00.

b. The standardized statistic is 9.096.

		Value	Approx. Sig.	Exact Sig.
Nominal by Nominal	Phi	.704	.000	.000
	Cramer's V	.704	.000	.000
	Contingency Coefficient	.576	.000	.000
N of Valid Cases		200		

a. Not assuming the null hypothesis.

b. Using the asymptotic standard error assuming the null hypothesis.

Abb. L.25. SPSS-Output zu Aufgabe 4.2 a)

		Therapie		
		Med. A/B	Placebo	Total
Kreislaufbeschwerden	nein	90	10	100
	ja	20	80	100
Total		110	90	200

Abb. L.26. Kontingenztafel nach Zusammenfassung

Da wir den Zusammenhang in der zusammengefassten Kontingenztafel mit dem Zusammenhang in der ursprünglichen Tafel vergleichen wollen, berechnen wir für die zusammengefasste Tafel ebenfalls den korrigierten Kontingenzkoeffizienten gemäß (4.13), unter Verwendung der χ^2-Statistik (4.5). Zur Beurteilung der Richtung des Zusammenhangs berechnen wir zusätzlich den Odds-Ratio mit (4.23).

$$\chi^2 = \frac{200(90 \cdot 80 - 20 \cdot 10)^2}{100 \cdot 100 \cdot 110 \cdot 90} = 98.99$$

$$C_{\text{korr}} = \sqrt{\frac{2}{2-1}} \sqrt{\frac{98.99}{98.99 + 200}} = 0.814$$

$$OR = \frac{90 \cdot 80}{20 \cdot 10} = \frac{7\,200}{200} = 36$$

Die entsprechenden SPSS-Listings findet man in Abbildung L.27. In a) haben wir einen starken Zusammenhang zwischen der Therapieart und Kreislaufbeschwerden festgestellt. Die Richtung des Zusammenhangs kann nur an den Zellhäufigkeiten abgelesen werden. Daran erkennt man, dass Medikamente A und B zu einem Therapieerfolg führen (keine Beschwer-

	Value	df	Asymp. Sig. (2-sided)	Exact Sig. (2-sided)	Exact Sig. (1-sided)	Point Probability
Pearson Chi-Square	98.990[b]	1	.000	.000	.000	
Continuity Correction[a]	96.182	1	.000			
Likelihood Ratio	110.158	1	.000	.000	.000	
Fisher's Exact Test				.000	.000	
Linear-by-Linear Association	98.495[c]	1	.000	.000	.000	.000
N of Valid Cases	200					

a. Computed only for a 2x2 table

b. 0 cells (.0%) have expected count less than 5. The minimum expected count is 45.00.

c. The standardized statistic is 9.924.

		Value	Approx. Sig.	Exact Sig.
Nominal by Nominal	Phi	.704	.000	.000
	Cramer's V	.704	.000	.000
	Contingency Coefficient	.575	.000	.000
N of Valid Cases		200		

a. Not assuming the null hypothesis.

b. Using the asymptotic standard error assuming the null hypothesis.

	Value	95% Confidence Interval Lower	95% Confidence Interval Upper
Odds Ratio for Kreislaufbeschwerden (nein / ja)	36.000	15.909	81.465
For cohort Therapie = Med. A/B	4.500	3.024	6.696
For cohort Therapie = Placebo	.125	.069	.227
N of Valid Cases	200		

Abb. L.27. SPSS-Output zu Aufgabe 4.2 b)

den), während beim Placebo kein Therapieerfolg eintritt. Nach dem Zusammenfassen der Tafeln ändert sich der Wert des korrigierten Kontingenzkoeffizienten nicht, d. h., der Zusammenhang ist nach Zusammenfassung unverändert. Der Odds-Ratio ist größer als Eins, es besteht also ein positiver Zusammenhang. Die Einnahme der Medikamente wirkt unabhängig davon ob A oder B genommen wurde im Vergleich zum Placebo 'kreislaufbeschwerdesenkend'. Zusätzlich entnehmen wir dem SPSS-Listing die relativen Risiken: bei der Gruppe der Personen mit Medikamenteneinnahme ist das Verhältnis Beschwerden : keine Beschwerden 1:4.5, bei den Personen mit Placebo 8:1.

Lösung zu Aufgabe 4.3: Die Ausprägung 'sehr gut' für die Einschätzung wurde nie angekreuzt. Daher lassen wir sie in der Kontingenztafel weg und erhalten die Kontingenztafel in Abbildung L.28.

Wir berechnen die λ-Maße mit (4.15), (4.16) und (4.17). Zusätzlich berechnen wir Goodmans und Kruskals τ mit (4.19):

$$\lambda_{\text{Unternehmensart}} = \frac{1 + 2 + 2 - 4}{10 - 4} = \frac{1}{6} = 0.167$$

$$\lambda_{\text{Einschätzung 1997}} = \frac{2 + 2 + 2 - 4}{10 - 4} = \frac{1}{3} = 0.33$$

		Einschätzung 1997			Total
		gut	normal	schlecht	
Unternehmensart	Gaststätte	1		2	3
	Einzelhandel		2	2	4
	Handwerk	1	2		3
Total		2	4	4	10

Abb. L.28. Beobachtete absolute Häufigkeiten

$$\lambda = \frac{5+6-4-4}{2 \cdot 10 - (4+4)} = \frac{1}{4} = 0.25$$

$$
\tau_{\text{Unt.art}} = \frac{10 \left(\frac{1^2}{2} + \frac{0^2}{2} + \frac{1^2}{2} + \frac{0^2}{4} + \frac{2^2}{4} + \frac{2^2}{4} + \frac{2^2}{4} + \frac{2^2}{4} + \frac{0^2}{4} \right) - \left(3^2 + 4^2 + 3^2 \right)}{10^2 - \left(3^2 + 4^2 + 3^2 \right)}
$$
$$
= \frac{10 \cdot 5 - 34}{100 - 34} = 0.242
$$

$$
\tau_{\text{Einsch.}} = \frac{10 \left(\frac{1^2}{3} + \frac{0^2}{3} + \frac{2^2}{3} + \frac{0^2}{4} + \frac{2^2}{4} + \frac{2^2}{4} + \frac{1^2}{3} + \frac{2^2}{3} + \frac{0^2}{4} \right) - \left(2^2 + 4^2 + 4^2 \right)}{10^2 - \left(2^2 + 4^2 + 4^2 \right)}
$$
$$
= \frac{10 \cdot \frac{16}{3} - 36}{100 - 36} = 0.271
$$

Directional Measures

			Value	Asymp. Std. Error[a]	Approx. T[b]	Approx. Sig.
Nominal by Nominal	Lambda	Symmetric	.250	.239	.944	.345
		Unternehmensart Dependent	.167	.340	.452	.651
		Einschätzung 1997 Dependent	.333	.192	1.581	.114
	Goodman and Kruskal tau	Unternehmensart Dependent	.242	.032		.359[c]
		Einschätzung 1997 Dependent	.271	.068		.300[c]

a. Not assuming the null hypothesis.

b. Using the asymptotic standard error assuming the null hypothesis.

c. Based on chi-square approximation

Abb. L.29. SPSS-Output zu Aufgabe 4.3

Der entsprechende SPSS-Output ist in Abbildung L.29 gegeben. Wir sehen, dass die Vorhersage für die Einschätzung stets höher ist als die Vorhersage für die Unternehmensart. Dies wird auch deutlich, wenn wir die Kontingenztafel betrachten. Bei gegebener Einschätzung gibt es keine modale

Unternehmensart, bei gegebener Unternehmensart liegt meist eine modale Einschätzung vor. Der Wert der λ- bzw. τ-Maße zeigt jedoch nur einen schwachen Zusammenhang.

Lösung zu Aufgabe 4.4: Die Angabe in der Kontingenztafel ist in 100, d. h., die Werte sind mit 100 zu multiplizieren. Dies ist bei der Berechnung des χ^2-Werts durch Multiplikation mit dem Faktor A zu berücksichtigen. Bei Verwendung von SPSS sind die Originalwerte zu verwenden.

a) Die Kontingenztafel der beobachteten und erwarteten Zellhäufigkeiten ist in Abbildung L.30 gegeben. Als Maßzahl für den Vergleich von Kontingenztafeln eignet sich das Kontingenzmaß von Cramer bzw. der korrigierte Kontingenzkoeffizient, da beide Maßzahlen sowohl vom Erhebungsumfang als auch von der Dimension der Kontingenztafel unabhängig sind. Wir berechnen zunächst den χ^2-Wert gemäß (4.6) und (4.7)

$$\chi^2 =$$
$$= 100^2 \left[\left(\frac{30^2}{40 \cdot 45} + \frac{10^2}{40 \cdot 55} + \frac{5^2}{20 \cdot 45} + \frac{15^2}{20 \cdot 55} + \frac{10^2}{40 \cdot 45} + \frac{30^2}{40 \cdot 55} - 1 \right) \right]$$
$$= 2\,424.24$$

und mit Hilfe von (4.10) und (4.13) Cramers V und C_{korr}:

$$V = \sqrt{\frac{2\,424.24}{10\,000(2-1)}} = 0.492$$

$$C = \sqrt{\frac{2\,424.24}{2\,424.24 + 10\,000}} = 0.442$$

$$C_{\text{korr}} = \sqrt{\frac{2}{2-1}} \cdot C = 0.625$$

Studienfach				Bafoeg		
---	---	---	---	ja	nein	Total
Studienfach	BWL		Count	3000	1000	4000
			Expected Count	1800.0	2200.0	4000.0
	VWL		Count	500	1500	2000
			Expected Count	900.0	1100.0	2000.0
	Naturwissenschaften		Count	1000	3000	4000
			Expected Count	1800.0	2200.0	4000.0
Total			Count	4500	5500	10000
			Expected Count	4500.0	5500.0	10000.0

Abb. L.30. Beobachtete und erwartete absolute Häufigkeiten

b) Wir erhalten nach Zusammenfassung folgende Kontingenztafel:

	Value	df	Asymp. Sig. (2-sided)
Pearson Chi-Square	2424.242[a]	2	.000
Likelihood Ratio	2516.073	2	.000
Linear-by-Linear Association	2020.000	1	.000
N of Valid Cases	10000		

a. 0 cells (.0%) have expected count less than 5. The minimum expected count is 900.00.

Symmetric Measures

		Value	Approx. Sig.
Nominal by Nominal	Phi	.492	.000
	Cramer's V	.492	.000
	Contingency Coefficient	.442	.000
N of Valid Cases		10000	

Abb. L.31. SPSS-Output zu Aufgabe 4.4 a)

	Bafög	kein Bafög
Wirtschaftswissenschaften	3500	2500
Naturwissenschaften	1000	3000

Wir berechnen wieder mit (4.13) den korrigierten Kontingenzkoeffizienten und zusätzlich mit (4.23) den Odds-Ratio:

$$\chi^2 = \frac{10000(35 \cdot 30 - 25 \cdot 10)^2}{60 \cdot 40 \cdot 45 \cdot 55} = 1077.41$$

$$C = \sqrt{\frac{2}{2-1}} \sqrt{\frac{1077.41}{1077.41 + 10000}} = 0.312$$

$$C_{korr} = \sqrt{\frac{2}{2-1}} \cdot C = 0.441$$

$$OR = \frac{35 \cdot 30}{25 \cdot 10} = 4.2$$

Die mit SPSS erzeugte Kontingenztafel findet man in Abbildung L.32. Abbildung L.33 enthält das SPSS-Listing.

c) Es besteht ein Zusammenhang zwischen dem Empfang von Bafög und dem Studienfach. Nach Zusammenfassung ist dieser Zusammenhang schwächer, was auf ein 'falsches' Zusammenfassen schließen lässt. Bei der zusammengefassten Tafel gilt: Naturwissenschaftler erhalten eher 'kein Bafög', Wirtschaftswissenschaftler erhalten eher 'Bafög'. Dies wird auch anhand der angegebenen relativen Risiken deutlich.

			Bafoeg		Total
			ja	nein	
Studienfach	Wirtschaftswissensch aften	Count	3500	2500	6000
		Expected Count	2700.0	3300.0	6000.0
	Naturwissenschaften	Count	1000	3000	4000
		Expected Count	1800.0	2200.0	4000.0
Total		Count	4500	5500	10000
		Expected Count	4500.0	5500.0	10000.0

Abb. L.32. Beobachtete und erwartete absolute Häufigkeiten nach Zusammenfassung

	Value	df	Asymp. Sig. (2-sided)
Pearson Chi-Square	1077.441[b]	1	.000
Likelihood Ratio	1113.776	1	.000
Linear-by-Linear Association	1077.333	1	.000
N of Valid Cases	10000		

b. 0 cells (.0%) have expected count less than 5. The minimum expected count is 1800.00.

Symmetric Measures

		Value	Approx. Sig.
Nominal by Nominal	Contingency Coefficient	.312	.000
N of Valid Cases		10000	

Risk Estimate

	Value	95% Confidence Interval	
		Lower	Upper
Odds Ratio for Bafoeg (ja / nein)	4.200	3.846	4.587
For cohort Studienfach = Wirtschaftswissenschaften	1.711	1.656	1.768
For cohort Studienfach = Naturwissenschaften	.407	.384	.432
N of Valid Cases	10000		

Abb. L.33. SPSS-Output zu Aufgabe 4.4 b)

Lösung zu Aufgabe 4.5:

a) Die Angabe wurde in 1 000 gemacht, so dass wir eine Konstante $A = 1 000$ haben. Wir können auch zur Rechenvereinfachung $A = 10 000$ wählen und dies in der Kontingenztafel berücksichtigen:

	Erwerbstätig	Erwerbslos	Nichterwerbspersonen
männlich	1 695	105	1 178
weiblich	1 080	110	2 020

Geeignete Zusammenhangsmaße sind wiederum Cramers V oder der korrigierte Kontingenzkoeffizient. Wir berechnen zunächst den χ^2-Wert mit (4.7) und (4.6) und anschließend den Kontingenzkoeffizienten mit (4.13):

$$\chi^2 = 10\,000 \cdot 6\,188 \left(\frac{1\,695^2}{2\,978 \cdot 2\,775} + \ldots + \frac{2\,020^2}{3\,210 \cdot 3\,198} - 1 \right)$$

$$= 349.897 \cdot 10\,000$$

$$C_{\text{korr}} = \sqrt{\frac{2}{2-1}} \sqrt{\frac{349.897 \cdot 10\,000}{349.897 \cdot 10\,000 + 6\,188 \cdot 10\,000}} = 0.327$$

Es liegt also ein schwacher Zusammenhang zwischen dem Geschlecht und der Erwerbstätigkeit vor.

b) Nach der Zusammenfassung erhalten wir folgende Tafel:

	Erwerbspersonen	Nichterwerbspersonen	$\sum$
männlich	1 800	1 178	2 978
weiblich	1 190	2 020	3 210
$\sum$	2 990	3 198	6 188

Wir berechnen analog zu Teilaufgabe a) den χ^2-Wert und daraus den korrigierten Kontingenzkoeffizienten, sowie mit (4.8) den Phi-Koeffizienten:

$$\chi^2 = 10\,000 \cdot \frac{6\,188(1\,800 \cdot 2\,020 - 1\,190 \cdot 1\,178)^2}{2\,978 \cdot 3\,210 \cdot 2\,990 \cdot 3\,198} = 337.915 \cdot 10000$$

$$C_{\text{korr}} = \sqrt{\frac{2}{2-1}} \sqrt{\frac{337.915 \cdot 10\,000}{337.915 \cdot 10\,000 + 6\,188 \cdot 10\,000}} = 0.322$$

$$\Phi = +\sqrt{\frac{337.915 \cdot 10\,000}{6\,188 \cdot 10\,000}} = 0.234$$

Nach Zusammenfassung wird der Zusammenhang schwächer, weiterhin gilt $ad > bc$. Der Zusammenhang ist also positiv, d. h., Frauen sind eher Nichterwerbspersonen, Männer eher Erwerbspersonen.

Lösung zu Aufgabe 4.6:

a) Die Merkmale 'Note in Statistik' und 'Note in Mathematik' sind ordinal. Geeignete Maßzahlen sind damit die γ- oder τ-Maße, die das ordinale Skalenniveau berücksichtigen. Wir berechnen zunächst die Anzahl der konkordanten und diskordanten Paare gemäß (4.24) und (4.25) und die Anzahl der Bindungen.

$$K = 5(6 + 9 + 40 + 10 + 10 + 10) + 5(40 + 10 + 10 + 10)$$
$$+ 4(9 + 40 + 10 + 10 + 10) + 6(40 + 10 + 10 + 10)$$
$$+ 1(10 + 10 + 10) + 9(10 + 10 + 10) + 40(10 + 10 + 10)$$
$$= 3\,011$$

$$D = 5 \cdot 4 + 5 \cdot 1 + 6 \cdot 1 + 10 \cdot 10 = 131$$

$$T_{\text{Statistik}} = 5 \cdot 5 + 4 \cdot 6 + 1(9 + 40) + 9 \cdot 40 + 10 \cdot 10 = 558$$

$$T_{\text{Mathematik}} = 5(4 + 1) + 1 \cdot 4 + 5(6 + 9) + 6 \cdot 9 + 10 \cdot 10 = 258$$

Mit (4.26), (4.27) und (4.28) erhalten wir

$$\gamma = \frac{3\,011 - 131}{3\,011 + 131} = 0.917$$

$$\tau_b = \frac{3\,011 - 131}{\sqrt{(3\,011 + 131 + 558)(3\,011 + 131 + 258)}} = 0.812$$

$$\tau_c = \frac{2 \cdot 5(3\,011 - 131)}{100^2 \cdot 4} = 0.72$$

Das entsprechende SPSS-Listing ist in Abbildung L.34 gegeben.

Symmetric Measures

		Value	Asymp. Std. Error[a]	Approx. T[b]	Approx. Sig.
Ordinal by Ordinal	Kendall's tau-b	.812	.024	23.296	.000
	Kendall's tau-c	.720	.031	23.296	.000
	Gamma	.917	.024	23.296	.000
N of Valid Cases		100			

a. Not assuming the null hypothesis.
b. Using the asymptotic standard error assuming the null hypothesis.

Abb. L.34. SPSS-Listing zu Aufgabe 4.6 a)

b) Nach Zusammenfassung erhalten wir folgende Kontingenztafel:

		Ergebnis Mathematik	
		bestanden	nicht bestanden
Note	bestanden	70	10
Statistik	nicht bestanden	10	10

Wir erhalten analog zu Teilaufgabe a)

$$K = 70 \cdot 10 = 700$$

$$D = 10 \cdot 10 = 100$$

$$T_{\text{Statistik}} = 70 \cdot 10 + 10 \cdot 10 = 800$$

$$T_{\text{Mathematik}} = 70 \cdot 10 + 10 \cdot 10 = 800$$

und damit

$$\gamma = \frac{700 - 100}{700 + 100} = 0.75$$

$$\tau_b = \frac{700 - 100}{\sqrt{(700 + 100 + 800)(700 + 100 + 800)}} = 0.375$$

$$\tau_c = \frac{2 \cdot 2(700 - 100)}{100^2(2 - 1)} = 0.24$$

Symmetric Measures

		Value	Asymp. Std. Error[a]	Approx. T[b]	Approx. Sig.
Ordinal by Ordinal	Kendall's tau-b	.375	.113	2.873	.004
	Kendall's tau-c	.240	.084	2.873	.004
	Gamma	.750	.123	2.873	.004
N of Valid Cases		100			

a. Not assuming the null hypothesis.

b. Using the asymptotic standard error assuming the null hypothesis.

Abb. L.35. SPSS-Listing zu Aufgabe 4.6b)

Das entsprechende SPSS-Listing ist in Abbildung L.35 gegeben.

c) Der Zusammenhang ist in beiden Tafeln positiv. Die Tatsache, dass die τ-Maße stets kleiner sind als das γ-Maß deutet auf eine große Anzahl von Bindungen hin. Nach dem Zusammenfassen wird der Zusammenhang schwächer. Das heißt, Personen, die in Mathematik schlecht sind, sind auch in Statistik schlecht und umgekehrt. Betrachten wir nur das Merkmal Bestehen/Nichtbestehen, so ist dieser Zusammenhang nicht so stark, die Aussage der ordinalen Notenstruktur wird also abgeschwächt.

Lösung zu Aufgabe 4.7:

a) Geeignete Maßzahlen sind der korrigierte Kontingenzkoeffizient und der Odds-Ratio. Wir berechnen zunächst den χ^2-Wert gemäß (4.5):

$$\chi^2 = \frac{20(6 \cdot 8 - 4 \cdot 2)^2}{10 \cdot 10 \cdot 8 \cdot 12} = 3.33$$

und daraus

$$C_{\text{korr}} = \sqrt{\frac{2}{2-1}} \cdot C = \sqrt{\frac{2}{2-1}} \sqrt{\frac{3.33}{3.33+20}} = 0.535 \,.$$

Der Odds-Ratio berechnet sich zu

$$OR = \frac{6 \cdot 8}{4 \cdot 2} = 6 \,.$$

b) Wir erhalten nun die folgende Kontingenztafel

	fest	nicht fest
Hältimmer	18	12
Totalfest	2	8

Die Berechnungen analog zu Teilaufgabe a) ergeben:

$$\chi^2 = \frac{40(18 \cdot 8 - 12 \cdot 2)^2}{30 \cdot 10 \cdot 20 \cdot 20} = 4.8$$

$$C_{\text{korr}} = \sqrt{\frac{2}{2-1}} \sqrt{\frac{4.8}{4.8+40}} = 0.463$$

$$OR = \frac{18 \cdot 8}{12 \cdot 2} = 6$$

(Sind $n'_{ij}(f'_{ij})$ die neuen, $n_{ij}(f_{ij})$ die alten absoluten (relativen) Häufigkeiten, dann gilt also $n'_{11} = 3n_{11}$, $n'_{12} = 3n_{12}$, $n'_{21} = n_{21}$, $n'_{22} = n_{22}$, woraus $f'_{1j}/f'_{2j} = f_{1j}/f_{2j}$ für $j = 1, 2$ folgt.)

Lösung zu Aufgabe 4.8: Wir berechnen zunächst die Ränge der beiden Beobachtungsreihen sowie die Differenz in folgender Arbeitstabelle:

Metzgerei i	x_i	y_i	$R(x_i)$	$R(y_i)$	d_i^2
1	14	11	1	4	9
2	13	13	2	2.5	0.25
3	12	13	3	2.5	0.25
4	10	15	4	1	9
5	5	7	5	5	0

Da Bindungen vorliegen berechnen wir

$$\sum_{j=1}^{5} b_j(b_j^2 - 1) = 5 \cdot 1(1^2 - 1) = 0 \,,$$

$$\sum_{k=1}^{4} c_k(c_k^2 - 1) = 1(1^2 - 1) + 2(2^2 - 1) + 1 \cdot 1(1^2 - 1) + 1 \cdot 1(1^2 - 1) = 6 \,.$$

Damit erhalten wir gemäß (4.30)

$$R_{\text{korr}} = \frac{5(25-1) - \frac{1}{2} \cdot 0 - \frac{1}{2} \cdot 6 - 6 \cdot 18.5}{\sqrt{5(25-1) - 0}\sqrt{5(25-1) - 6}}$$

$$= \frac{120 - 3 - 111}{\sqrt{120}\sqrt{114}} = \frac{6}{116.96} = 0.051 \,.$$

Es liegt also kein Zusammenhang vor, d. h. die beiden Testesser beurteilen die Metzgereien völlig unterschiedlich. Den enstprechenden SPSS-Output findet man in Abbildung L.36.

Lösung zu Aufgabe 4.9:

a) Bezeichne X das Merkmal 'Verweildauer' und Y das Merkmal 'Reparaturzeit'. Zur Berechnung des Korrelationskoeffizienten benötigen wir zunächst die beiden arithmetischen Mittelwerte

			Testesser X	Testesser Y
Spearman's rho	Correlation Coefficient	Testesser X	1.000	.051
		Testesser Y	.051	1.000
	Sig. (2-tailed)	Testesser X	.	.935
		Testesser Y	.935	.
	N	Testesser X	5	5
		Testesser Y	5	5

Abb. L.36. SPSS-Output zu Aufgabe 4.8

$$\bar{x} = \frac{1}{6}\left(8 + 3 + 8 + 5 + 10 + 8\right) = 7$$

$$\bar{y} = \frac{1}{6}\left(1 + 2 + 2 + 0.5 + 1.5 + 2\right) = 1.5$$

und die Summen

$$\sum_{i=1}^{6} x_i y_i = 8 \cdot 1 + 3 \cdot 2 + 8 \cdot 2 + 5 \cdot 0.5 + 10 \cdot 1.5 + 8 \cdot 2$$

$$= 8 + 6 + 16 + 2.5 + 15 + 16 = 63.5$$

$$\sum_{i=1}^{6} x_i^2 = 8^2 + 3^2 + 8^2 + 5^2 + 10^2 + 8^2 = 326$$

$$\sum_{i=1}^{6} y_i^2 = 1^2 + 2^2 + 2^2 + 0.5^2 + 1.5^2 + 2^2 = 15.5$$

und erhalten damit gemäß (4.32)

$$r = \frac{63.5 - 6 \cdot 7 \cdot 1.5}{\sqrt{(326 - 6 \cdot 7^2)(15.5 - 6 \cdot 1.5^2)}} = \frac{63.5 - 63}{\sqrt{32 \cdot 2}}$$

$$= \frac{0.5}{\sqrt{64}} = \frac{0.5}{8} = 0.0625 \,.$$

Es besteht also kein linearer Zusammenhang.

b) Wir stellen zur Berechnung des Rangkorrelationskoeffizienten wiederum folgende Arbeitstabelle auf:

i	X	$R(x_i)$	Y	$R(y_i)$	d_i	d_i^2
1	8	4	1	2	2	4
2	3	1	2	5	-4	16
3	8	4	2	5	-1	1
4	5	2	0.5	1	1	1
5	10	6	1.5	3	3	9
6	8	4	2	5	-1	1
						32

		Verweildauer in Std.	Reparaturzeit in Std.
Pearson Correlation	Verweildauer in Std.	1.000	.062
	Reparaturzeit in Std.	.062	1.000
Sig. (2-tailed)	Verweildauer in Std.	.	.906
	Reparaturzeit in Std.	.906	.
N	Verweildauer in Std.	6	6
	Reparaturzeit in Std.	6	6

Abb. L.37. SPSS-Output zu Aufgabe 4.9 a)

In der X-Rangliste ist eine Bindung bei 4, in der Y-Rangliste ist eine Bindung bei 5. Damit ist

$$\sum_{j=1}^{6} b_j(b_j^2 - 1) = \sum_{k=1}^{6} c_k(c_k^2 - 1) = 3(3^2 - 1) = 24.$$

Wir berechnen damit den Rangkorrelationskoeffizienten unter Berücksichtigung der Bindungen gemäß (4.30):

$$\begin{aligned}
R_{\text{korr}} &= \frac{6 \cdot (6^2 - 1) - \frac{1}{2}\left[3 \cdot (3^2 - 1)\right] - \frac{1}{2}\left[3 \cdot (3^2 - 1)\right] - 6 \cdot 32}{\sqrt{6 \cdot (6^2 - 1) - 3 \cdot (3^2 - 1)}\sqrt{6 \cdot (6^2 - 1) - 3 \cdot (3^2 - 1)}} \\
&= \frac{210 - 12 - 12 - 192}{\sqrt{210 - 24}\sqrt{210 - 24}} = \frac{-6}{186} = -0.032.
\end{aligned}$$

Das entsprechende SPSS-Listing finden wir in Abbildung L.38.

			Verweildauer in Std.	Reparaturzeit in Std.
Spearman's rho	Correlation Coefficient	Verweildauer in Std.	1.000	-.032
		Reparaturzeit in Std.	-.032	1.000
	Sig. (2-tailed)	Verweildauer in Std.	.	.952
		Reparaturzeit in Std.	.952	.
	N	Verweildauer in Std.	6	6
		Reparaturzeit in Std.	6	6

Abb. L.38. SPSS-Output zu Aufgabe 4.9 b)

c) Bei Umkehrung der Rangbildung erhalten wir folgende Arbeitstabelle

$R(x_i)$	$R(y_i)$	d_i	d_i^2
4	5	-1	1
1	2	-1	1
4	2	2	4
2	6	-4	16
6	4	2	4
4	2	2	4
	30		

und damit

$$R_{\text{korr}}^* = \frac{210 - 12 - 12 - 180}{186} = \frac{6}{186} = 0.032 = -R_{\text{korr}}\,.$$

Lösung zu Aufgabe 4.10: Sei X das BSP und Y der PEV. Beide Merkmale sind quantitativ stetig. Daher verwenden wir den Korrelationskoeffizienten nach Bravais-Pearson. Hierfür berechnen wir zunächst

$$\sum_{i=1}^{10} x_i = 135 + 145 + 160 + 170 + \cdots + 270 = 1\,950$$

$$\sum_{i=1}^{10} y_i = 150 + 150 + 160 + 175 + \cdots + 220 = 1\,810$$

$$\sum_{i=1}^{10} x_i^2 = 135^2 + 145^2 + 160^2 + 170^2 + \cdots + 270^2 = 397\,750$$

$$\sum_{i=1}^{10} y_i^2 = 150^2 + 150^2 + 160^2 + 175^2 + \cdots + 220^2 = 332\,800$$

$$\sum_{i=1}^{10} x_i y_i = 135 \cdot 150 + 145 \cdot 150 + 160 \cdot 160 + \cdots + 270 \cdot 220 = 362\,150$$

und erhalten mit (4.32)

$$\begin{aligned}
r &= \frac{362\,150 - 10 \cdot 195 \cdot 181}{\sqrt{397\,750 - 10 \cdot 195^2}\sqrt{332\,800 - 10 \cdot 181^2}} \\
&= \frac{9\,200}{\sqrt{17\,500}\sqrt{5\,190}} \\
&= 0.97\,.
\end{aligned}$$

Es besteht ein starker linearer Zusammenhang.

Lösung zu Aufgabe 5.1:

a) Wir bezeichnen den PEV mit Y und das BSP mit X. Zur Berechnung der Schätzungen der Regressionskoeffizienten mittels (5.9) berechnen wir zunächst

$$\bar{x} = \frac{1}{10}\left(135 + 145 + \ldots + 270\right) = 195$$

$$\bar{y} = \frac{1}{10}\left(150 + 150 + \ldots + 220\right) = 181$$

$$\sum_{i=1}^{n} x_i y_i = \left(135 \cdot 150 + 145 \cdot 150 + \ldots + 270 \cdot 220\right) = 362\,150$$

$$\sum_{i=1}^{n} x_i^2 = \left(135^2 + 145^2 + \ldots + 270^2\right) = 397\,750\,.$$

Damit erhalten wir mit (5.9)

$$\hat{b} = \frac{362\,150 - 10 \cdot 195 \cdot 181}{397\,750 - 10 \cdot 195^2} = \frac{9200}{17500} = 0.53$$

$$\hat{a} = 181 - 0.53 \cdot 195 = 77.65\,.$$

Die Regressionsgerade lautet also

$$\hat{y}_i = 77.65 + 0.53\,x_i\,,$$

bei einer Erhöhung des BSP um 1 Mrd. DM steigt der PEV also um 0.53 Mrd. DM. (Hinweis: Durch die Rundung $\hat{b} = 0.53$ weicht $\hat{a} = 77.65$ vom SPSS-Wert 78.486 ab.)

b) Zur Berechnung des Bestimmtheitsmaßes (5.22) bestimmen wir zunächst zusätzlich zu den unter a) berechneten Größen noch

$$\sum_{i=1}^{n} y_i^2 = \left(150^2 + 150^2 + \ldots + 220^2\right) = 332\,800$$

und erhalten damit

$$R^2 = \frac{\left(362\,150 - 10 \cdot 195 \cdot 181\right)^2}{\left(397\,750 - 10 \cdot 195^2\right)\left(332\,800 - 10 \cdot 181^2\right)} = \frac{84\,640\,000}{90\,825\,000} = 0.932\,.$$

Das SPSS-Listung zu Teilaufgaben a) und b) findet man in Abbildung L.39, die grafische Darstellung in Abbildung L.40.

Lösung zu Aufgabe 5.2: Es gilt

$$r_{xy} = \frac{S_{xy}}{\sqrt{S_{xx}S_{yy}}} = \frac{\sum(x_i - \bar{x})(y_i - \bar{y})}{\sqrt{\sum(x_i - \bar{x})^2 \sum(y_i - \bar{y})^2}}$$

$$= \frac{n s_{xy}}{\sqrt{n s_x^2 n s_y^2}} = \frac{n s_{xy}}{n s_x s_y} = \frac{s_{xy}}{s_x s_y}\,.$$

Model Summary

Model	R	R Square	Adjusted R Square	Std. Error of the Estimate
1	.965[a]	.932	.923	6.65

a. Predictors: (Constant), BSP

Coefficients[a]

Model		Unstandardized Coefficients B	Std. Error	Standardized Coefficients Beta	t	Sig.
1	(Constant)	78.486	10.021		7.832	.000
	BSP	.526	.050	.965	10.463	.000

a. Dependent Variable: PEV

Abb. L.39. SPSS-Output zu Aufgabe 5.1

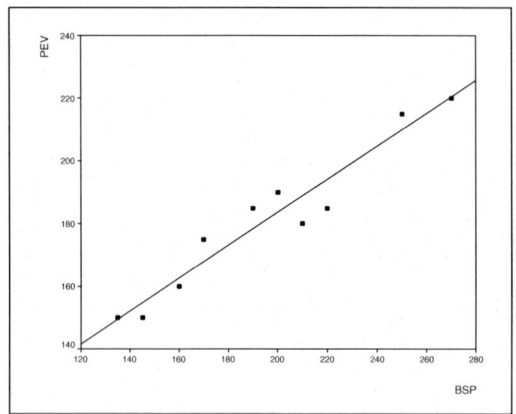

Abb. L.40. Regressionsgerade zu Aufgabe 5.1

Weiterhin gilt

$$n\, s_{xy}^{(\text{ges})} = S_{xy}^{(\text{ges})} = \sum_{i=1}^{20} x_i y_i - n\bar{x}_{\text{ges}}\bar{y}_{\text{ges}}$$

$$= \sum_{i=1}^{10} x_{1i}y_{1i} + \sum_{i=1}^{10} x_{2i}y_{2i} - n\bar{x}_{\text{ges}}\bar{y}_{\text{ges}}\,.$$

Für die Teilgesamtheit 1 gilt

$$\sum_{i=1}^{10} x_{1i}y_{1i} = \sum_{i=1}^{10} x_{1i}y_{1i} - \underbrace{n_1\bar{x}_1\bar{y}_1}_{=0,\ \text{da } \bar{x}_1=0} = n_1 s_{xy}^{(1)}\,.$$

Da $\bar{y}_2 = 0$ gilt für die Teilgesamtheit 2 analog

$$\sum_{i=1}^{10} x_{2i}y_{2i} = n_2 s_{xy}^{(2)}.$$

Wir berechnen

$$n_1 s_{xy}^{(1)} = n_1 r_{xy}^{(1)} s_x^{(1)} s_y^{(1)} = 180$$
$$n_2 s_{xy}^{(2)} = n_2 r_{xy}^{(2)} s_x^{(2)} s_y^{(2)} = 180$$
$$\bar{x}_{\text{ges}} = \frac{\bar{x}_1 + \bar{x}_2}{2} = 6$$
$$\bar{y}_{\text{ges}} = \frac{\bar{y}_1 + \bar{y}_2}{2} = 3$$
$$ns_{xy}^{(\text{ges})} = \sum_{i=1}^{10} x_{1i}y_{1i} + \sum_{i=1}^{10} x_{2i}y_{2i} - n\bar{x}_{\text{ges}}\bar{y}_{\text{ges}} = n_1 s_{xy}^{(1)} + n_2 s_{xy}^{(2)} - n\bar{x}_{\text{ges}}\bar{y}_{\text{ges}}$$
$$= 180 + 180 - 360 = 0$$
$$r_{xy}^{(\text{ges})} = 0.$$

Es liegt also ein linearer Zusammenhang in den Teilgesamtheiten vor, aber insgesamt gilt $r_{xy}^{(\text{ges})} = 0$, d. h., es besteht kein linearer Zusammenhang in der Gesamtheit.

Lösung zu Aufgabe 5.3:

a) Bezeichne X das Merkmal 'Subvention' und Y das Merkmal 'Umsatz'. Wir verwenden folgende Arbeitstabelle zur Berechnung der Schätzungen der Regressionskoeffizienten

Subvention			Umsatz			
x_i	$x_i - \bar{x}$	$(x_i - \bar{x})^2$	y_i	$y_i - \bar{y}$	$(y_i - \bar{y})^2$	$(x_i - \bar{x})(y_i - \bar{y})$
8	−4	16	20	−10	100	40
6	−6	36	10	−20	400	120
8	−4	16	10	−20	400	80
12	0	0	30	0	0	0
16	4	16	40	10	100	40
22	10	100	70	40	1 600	400
72		184	180		2 600	680

Wir erhalten aus der Arbeitstabelle $\bar{x} = 12$, $\bar{y} = 30$, $S_{xx} = 184$, $S_{yy} = 2\,600$ $S_{xy} = 680$. Mit (5.9) berechnen wir

$$\hat{b} = 3.6957$$
$$\hat{a} = 30 - 3.6957 \cdot 12 = -14.348.$$

Die Regressionsgerade lautet also

$$\hat{y} = -14.348 + 3.6957\,x.$$

b) Das Bestimmtheitsmaß wird mit den Ergebnissen aus a) gemäß (5.23) berechnet

$$R^2 = r^2 = 0.98^2 = 0.967 \,.$$

Der Anteil der durch die Regression erklärten Varianz an der Gesamtvarianz ist also nahezu 100%. Dies deutet auf einen linearen Zusammenhang zwischen Subventionen und Gewinn hin.

Die Ergebnisse der Berechnungen mit SPSS sind in Abbildung L.41 angegeben.

Coefficients[a]

Model		Unstandardized Coefficients		Standardized Coefficients	t	Sig.
		B	Std. Error	Beta		
1	(Constant)	-14,348	4,543		-3,158	,034
	SUBVENT	3,696	,344	,983	10,752	,000

a. Dependent Variable: UMSATZ

Model Summary

Model	R	R Square	Adjusted R Square	Std. Error of the Estimate
1	,983[a]	,967	,958	4,6625

a. Predictors: (Constant), SUBVENT

Abb. L.41. SPSS-Output zu Aufgabe 5.3

Lösung zu Aufgabe 5.4:

a) Die Merkmale 'Menge des Kraftfutters' und 'Milchertrag' sind metrisch. Die Beobachtungseinheiten sind die Bauernhöfe bzw. Ställe. Abbildung L.42 stellt die Werte anhand eines Scatterplots grafisch dar. Zusätzlich ist bei jedem Punkt die Stallbezeichnung angegeben.

Für die angegebenen Wertebereiche der beiden Merkmale, insbesondere des unabhängigen Merkmals X mit einem Wertebereich von 80 kg/Stall bis 400 kg/Stall kann ein annähernd linearer Zusammenhang zwischen X und Y angenommen werden.

b) Zur Berechnung der Regressionsgeraden benutzen wir folgende Arbeitstabelle:

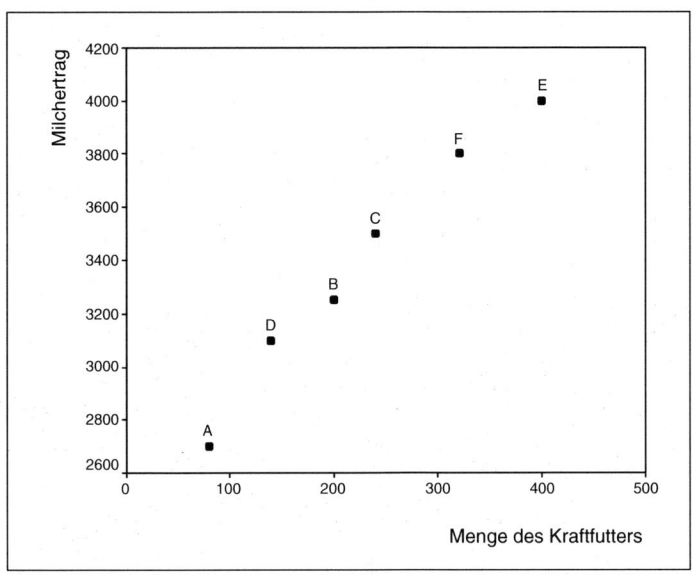

Abb. L.42. Scatterplot zu Aufgabe 5.4 a)

i	x_i	y_i	x_i^2	$x_i y_i$
1	80	2 700	6 400	216 000
2	200	3 250	40 000	650 000
3	240	3 500	57 600	840 000
4	140	3 100	19 600	434 000
5	400	4 000	160 000	1 600 000
6	320	3 800	102 400	1 216 000
$\sum$	1 380	20 350	386 000	4 956 000

Mit den Werten der Arbeitstabelle ergibt sich $\bar{y} = 3\,391.667$, $\bar{x} = 230$ und

$$s_{xy} = 826\,000 - 780\,083.41 = 45\,916.59$$
$$s_x^2 = 64\,333.333 - 52\,900 = 11\,433.333\,.$$

Damit sind die geschätzten Regressionskoeffizienten gemäß (5.9)

$$\hat{b} = \frac{45\,916.59}{11\,433.333} = 4.016$$
$$\hat{a} = 3\,391.667 - 4.016 \cdot 230 = 2\,467.987 = 2\,468\,.$$

Die Gleichung der Regressionsgeraden ist somit

$$\hat{y} = 2\,468 + 4.02\,x\,.$$

Der Wert $a = 2\,468$ l/Stall gibt den mittleren Milchertrag an, der – bei den ausgewählten Ställen – auch ohne Zugabe von Kraftfutter erzielbar ist, wenn die lineare Beziehung auch im Bereich $0 \leq x < 80$ gültig ist. Der Regressionskoeffizient $b = 4.02$ bedeutet, dass $1\,$kg Kraftfutter im Durchschnitt (dieser linearen Beziehung) eine Milchertragssteigerung von $4.02\,$l/Stall bewirkt.

c) Aus b) folgt, dass zusätzliche Kosten in Höhe von $0.80\,$DM/Stall für $1\,$kg Kraftfutter je Stall im Mittel einen zusätzlichen Milchertrag von $\hat{b}\,$l/Stall, d. h. von $4.02 \cdot 0.30 = 1.21\,$DM/Stall bewirken. Somit ist – im Wertebereich des Merkmals X – der Kraftfuttereinsatz ökonomisch sinnvoll.

d) Bei „globaler Gültigkeit" der oben bestimmten Regressionsgeraden könnte man bei einem Kraftfuttereinsatz von $1\,500\,$kg/Stall einen Stall-Ertrag von

$$\hat{y} = 2\,468 + 4.02 \cdot 1\,500 = 8\,498\text{l/Stall}$$

erwarten. Dieses Ergebnis ist jedoch völlig unrealistisch, weil der Zusammenhang zwischen der Menge des Kraftfutters und dem Ertrag für höhere Kraftfuttergaben sicherlich nicht mehr linear ist. Dieser Zusammenhang wird wohl dem klassischen Ertragsgesetz unterliegen, wonach ab einer bestimmten Sättigungsgrenze der Grenzertrag abnimmt und bei extrem hohen Gaben negativ ist. Mit $\hat{y} = 8\,498\,$l/Stall wird also der zu erwartende Ertrag erheblich überschätzt.

Lösung zu Aufgabe 5.5:

a) Die Datenlage wird mit einem Scatterplot dargestellt, der in Abbildung L.43 zu sehen ist.

b) Wie bereits in Aufgabe 4.9 berechnet, besteht kein linearer Zusammenhang zwischen der Reparaturzeit und der Verweildauer. Damit ist auch kein lineares Regressionsmodell gerechtfertigt. Dies wird auch am Scatterplot in Abbildung L.43 deutlich.

Lösung zu Aufgabe 5.6: Aus $SQ_{\text{Total}} = S_{yy} = \sum_{i=1}^{n}(y_i - \bar{y})^2 = 0$ folgt $y_i = \bar{y}$ für alle $i = 1, \ldots, n$, d. h. die y_i sind konstant. Die Punktwolke hat damit die Gestalt wie in Abbildung L.44 dargestellt.

Wegen $y_i = \bar{y}$ für $i = 1, \ldots, n$ folgt $y_i - \bar{y} = 0$ für $i = 1, \ldots, n$. Daraus folgt wiederum $S_{xy} = 0$ und damit $\hat{b} = 0$ und $\hat{a} = \bar{y}$. Die Regressionsgerade würde damit parallel zur x-Achse verlaufen. Alle Punkte liegen auf der Geraden. Ein Bestimmtheitsmaß ist jedoch nicht definiert, da R^2 den Anteil der erklärten Variabilität misst. Da $S_{yy} = 0$ ist, kann natürlich auch kein Anteil erklärt werden. Ein anderes Argument dafür ist die Tatsache, dass der Korrelationskoeffizient bei $S_{xx} = 0$ oder $S_{yy} = 0$ nicht definiert ist. Wegen $R^2 = r^2$ folgt wieder obige Argumentation, d. h. man kann weder von Nullanpassung noch von perfekter Anpassung sprechen.

Lösung zu Aufgabe 5.7: Da $s_e^2 = 0$ ist, gilt

$$s_e^2 = \frac{1}{n} \sum_{i=1}^{n} e_i^2 - \bar{e}_i^2 = 0$$

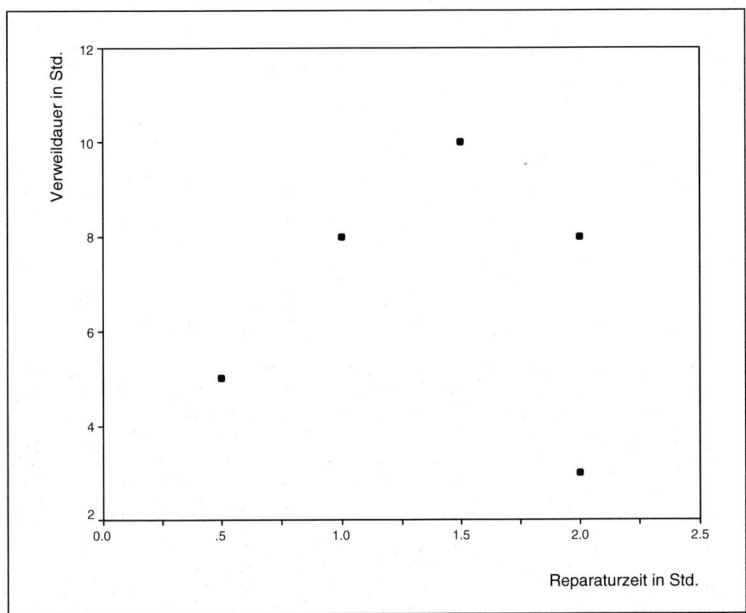

Abb. L.43. Scatterplot zu Aufgabe 5.5 a)

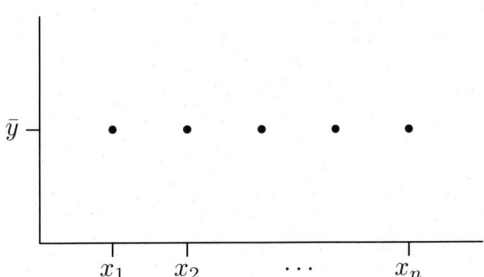

Abb. L.44. Punktwolke mit konstanten y_i

bzw. äquivalent dazu

$$\frac{1}{n}\sum_{i=1}^{n} e_i^2 - n\left(\frac{1}{n}\sum_{i=1}^{n} e_i\right)^2 = 0\,.$$

Daraus folgt mit $\sum_{i=1}^{n} e_i = 0$, dass

$$\frac{1}{n}\sum_{i=1}^{n} e_i^2 = 0\,,$$

d. h., für alle $i = 1,\ldots,n$ gilt $e_i = 0$. Alle Paare (x_i,y_i) liegen auf der Regressionsgeraden, es liegt also ein exakter linearer Zusammenhang vor. Damit ist

$r_{xy} = -1$. Alternativ hätten wir dies auch zeigen können wenn wir wie folgt argumentieren. Aus $s_e^2 = 0$ folgt, dass die e_i konstant sind. Da die Summe der e_i Null ergibt (s. o.) folgt $e_i = 0$ für $i = 1, \dots, n$. Damit liegen alle Punkte auf der Regressionsgeraden.

Lösung zu Aufgabe 5.8:

a) X und Y sind standardisiert. Damit ist $\bar{x} = 0$, $s_x^2 = 1$, $\bar{y} = 0$ und $s_y^2 = 1$. Wir berechnen daraus mit $s_{xy} = -0.5$:

$$r_{xy} = \frac{s_{xy}}{s_x s_y} = \frac{-0.5}{1} = -0.5 \,.$$

b) Mit $S_{xx} = n s_x^2$, $S_{xy} = n s_{xy}$ und $S_{yy} = n s_y^2$ erhalten wir mit (5.9)

$$\hat{b} = \frac{-0.5}{1} = -0.5 \,,$$

$$\hat{a} = \bar{y} - (-0.5)\bar{x} = 0 \,.$$

Die Regressionsgerade lautet damit

$$y = -0.5 \, x \,.$$

c) Bezeichnen wir mit s_{Residual}^2 die Varianz der Residualvariablen e:

$$s_{\text{Residual}}^2 = \frac{1}{n} \sum_{i=1}^{n} \left(y_i - (\hat{a} + \hat{b} x_i) \right)^2$$

$$= \frac{1}{n} \sum_{i=1}^{n} (y_i - \hat{y}_i)^2 = \frac{1}{n} SQ_{\text{Residual}} \,.$$

Aus

$$\frac{SQ_{\text{Regression}}}{SQ_{\text{Total}}} = R^2 = r^2 = \frac{s_{xy}^2}{s_x^2 s_y^2}$$

folgt mit $SQ_{\text{Total}} = n \cdot s_y^2$

$$SQ_{\text{Regression}} = \frac{s_{xy}^2}{s_x^2 s_y^2} n s_y^2$$

und mit $SQ_{\text{Total}} = SQ_{\text{Regression}} + SQ_{\text{Residual}}$

$$SQ_{\text{Residual}} = \left(s_y^2 - \frac{s_{xy}^2}{s_x^2} \right) n \,,$$

womit sich

$$s_{\text{Residual}}^2 = \frac{1}{n} SQ_{\text{Residual}} = 1 - 0.25 = 0.75$$

ergibt.

Lösung zu Aufgabe 5.9: Wir logarithmieren die Funktion $Y = AL^\alpha K^{1-\alpha}$ und erhalten

$$\ln(Y) = \ln(A) + \alpha \ln(L) + (1 - \alpha)\ln(K)$$

$$\ln(Y) = \underbrace{\ln(A) + \ln(K)}_{\text{Konstante}} + \underbrace{\alpha \ln\left(\frac{L}{K}\right)}_{x}.$$

α ist hier der zu schätzende Parameter. Das Problem besteht darin, dass diese Funktion nur für konstantes K linear ist.

Lösung zu Aufgabe 5.10:

- $y = \alpha + \beta x^\gamma$ kann nicht geeignet transformiert werden, da γ auch im Exponenten erscheint.
- Logarithmieren von $y = \alpha e^{\beta x}$ führt zur linearen Regression

$$\ln(y) = \ln(\alpha) + \beta x.$$

- Die Funktion $y = \alpha + \beta x_1 + \gamma x_2^2$ kann durch $\tilde{x}_2 = x_2^2$ in eine lineare Regression $y = \alpha + \beta x_1 + \gamma \tilde{x}_2$ transformiert werden.
- $y = k/(1 + \alpha e^{-\beta x})$ kann nicht linearisiert werden.

Lösung zu Aufgabe 6.3: Beim gleitenden 3er-Durchschnitt ist $k = 1$. Mit (6.2) berechnen wir z. B.

$$y_2^* = \frac{1}{3}(y_1 + y_2 + y_3) = \frac{1}{3}(5 + 7 + 6) = 6\,.$$

Wir erhalten

t	1	2	3	4	5	6	7	8	9	10	11
y_t	5	7	6	8	9	9	10	11	9	12	14
y_t^*	–	6.00	7.00	7.67	8.67	9.33	10.00	10.00	10.67	11.67	–

Beim gleitenden 4er-Durchschnitt ist $k = 2$ und mit (6.3) berechnen wir z. B.

$$y_3^* = \frac{1}{4}\left(\frac{1}{2}y_1 + (y_2 + y_3 + y_4) + \frac{1}{2}y_5\right) = \frac{1}{4}(2.5 + 7 + 6 + 8 + 4.5) = 7\,.$$

Wir erhalten

t	1	2	3	4	5	6	7	8	9	10	11
y_t	5	7	6	8	9	9	10	11	9	12	14
y_t^*	–	–	7.00	7.75	8.50	9.375	9.75	10.125	11.00	–	–

Lösung zu Aufgabe 6.4: Wir kodieren zunächst die Jahreszahlen 1952 bis 1961 in $t = 1, \ldots, 10$ um. Damit ist

$$\bar{t} = \frac{10 + 1}{2} = 5.5\,.$$

Wir berechnen weiter

$$\sum_{t=1}^{10}(t - \bar{t})^2 = (1 - 5.5)^2 + (2 - 5.5)^2 + \ldots + (10 - 5.5)^2 = 82.5\,,$$

$$\bar{y} = \frac{1}{10}(150 + \ldots + 210) = 180\,,$$

$$\sum_{t=1}^{10}(t - \bar{t})(y_i - \bar{y}) = 570\,.$$

Mit (6.9) und (6.10) erhalten wir

$$\hat{b} = \frac{570}{82.5} = 6.91\,,$$
$$\hat{a} = 180 - 6.91 \cdot 5.5 = 142\,.$$

Das lineare Trendmodell lautet also $\hat{y} = 142 + 6.91t$.

Lösung zu Aufgabe 6.5:

a) Wir kodieren die Quartals- und Jahresangaben um und erhalten folgende Arbeitstabelle

t	$t - \bar{t}$	y_t	$y_t - \bar{y}$	$(t - \bar{t})(y_t - \bar{y})$
1	-5.5	740	80	-440
2	-4.5	550	-110	495
3	-3.5	850	190	-665
4	-2.5	600	-60	150
5	-1.5	680	20	-30
6	-0.5	500	-160	80
7	0.5	850	190	95
8	1.5	580	-80	-120
9	2.5	640	-20	-50
10	3.5	510	-150	-525
11	4.5	840	180	810
12	5.5	580	-80	-440
$\sum$	0	7920	0	-640

Wir berechnen $\bar{y} = 660$, $\sum_{i=1}^{12}(t - \bar{t})^2 = 143$ und erhalten

$$\hat{b} = \frac{-640}{143} = -4.48\,,$$
$$\hat{a} = 660 - (-4.48) \cdot 6.5 = 689.09\,.$$

b) Bei dieser Datenlage ist ein saisonaler Effekt der Periode $p = 4$ zu vermuten. Wir führen also eine Glättung mit Durchschnitten 4. Ordnung durch und erhalten die geglättete Reihe y_t^*:

t	1	2	3	4	5	6	7	8	9	10	11	12
y_t	740	550	850	600	680	500	850	580	640	510	840	580
y_t^*	–	–	677.5	663.75	657.5	655	647.5	643.75	643.75	642.5	–	–

Im Gegensatz zu Teilaufgabe a) liegen die Paare (t, y_t^*) nur noch für 8 Zeitpunkte vor. Es dürfen auch nur diese Werte für das Trendmodell herangezogen werden. Mit $\bar{y} = 653.9$ und $\sum_{i=3}^{10}(t - \bar{t})^2 = 42$ erhalten wir

$$\hat{b} = \frac{-196.88}{42} = -4.69\,,$$
$$\hat{a} = 653.9 + 4.69 \cdot 6.5 = 684.37\,.$$

c) Die Trendgerade der geglätteten Werte entspricht – bis auf die Verschiebung – im Prinzip der ursprünglichen Trendgeraden. Während wir ohne Saisonbereinigung ein lineares Modell als nicht passend eingestuft hätten ($R^2 = 0.015$), so erkennen wir nach Saisonbereinigung, dass das lineare Modell durchaus passend ist ($R^2 = 0.883$). Liegt eine Saisonfigur vor, so sollte stets vor einer Modellbildung eine Bereinigung um die Saison durchgeführt werden.

Lösung zu Aufgabe 7.1: Mit (7.1) gilt

$$P_{81,t} = \frac{P_t}{P_{81}}$$

$$P_{85,t} = \frac{P_t}{P_{85}} = \frac{P_{81,t}}{P_{81,85}}$$

Damit berechen wir z. B.

$$P_{85,81} = \frac{1.00}{1.02} = 0.98$$

$$P_{85,82} = \frac{0.99}{1.02} = 0.97$$

und erhalten

Jahr	'81	'82	'83	'84	'85	'86	'87	'88	'89	'90
$P_{81,t}$	1.00	0.99	0.93	1.01	1.02	0.44	0.40	0.34	0.43	0.47
$P_{85,t}$	0.98	0.97	0,91	0.99	1.00	0.43	0.39	0.33	0.42	0.46

Lösung zu Aufgabe 7.2: Gegeben sind die Umsatzanteile (in Prozent) für das Jahr 1990, d. h. $\frac{p_0(i) \cdot q_0(i)}{p_0(i) \cdot q_0(i)} \cdot 100\%$. Weiterhin sind die Preismesszahlen $\frac{p_t(i)}{p_0(i)} \cdot 100\%$ gegeben. Formen wir (7.9) um, so erhalten wir

$$P_{0t}^L = \frac{\sum_{i=1}^n p_t(i) \cdot q_0(i)}{\sum_{i=1}^n p_0(i) \cdot q_0(i)} = \frac{\sum_{i=1}^n \frac{p_t(i)}{p_0(i)} \cdot q_0(i) \cdot p_0(i)}{\sum_{i=1}^n p_0(i) \cdot q_0(i)}$$
$$= 1.2 \cdot 0.1 + 1.3 \cdot 0.3 + 1.5 \cdot 0.6 = 1.41 \,.$$

Lösung zu Aufgabe 7.3: Der Gesamtpreisindex nach Laspeyres lässt sich als gewichtetes Mittel der Teilindizes darstellen, wobei die Ausgabenanteile die Gewichte sind:

$$P_{0t}^L = P_{0t}^L(\text{M}) \cdot w^{\text{M}} + P_{0t}^L(\text{E}) \cdot w^{\text{E}} \,.$$

Gegeben sind $P_{0t}^L = 109.7$, $P_{0t}^L(\text{M}) = 117.3$, $w^{\text{M}} = 0.71$ und $w^{\text{E}} = 1 - w^{\text{M}} = 0.29$. Daraus berechnen wir

$$P_{0t}^L(\text{E}) = \frac{P_{0t}^L - P_{0t}^L(\text{M}) \cdot w^{\text{M}}}{w^{\text{E}}} = \frac{109.7 - 117.3 \cdot 0.71}{0.29} = 91.09\% \,.$$

Würde der Ausgabenanteil für Wohnungsmiete nur 50% betragen, so ist $w^{\text{M}} = w^{\text{E}} = 0.5$. Damit wäre

$$P_{0t}^L = 117.3 \cdot 0.5 + 91.09 \cdot 0.5 = 104.195\% \,.$$

Lösung zu Aufgabe 7.4:

a) Mit (7.12) erhalten wir

$$Q_{12}^L = \frac{49 \cdot 3 + 79 \cdot 3}{49 \cdot 2 + 79 \cdot 6} = \frac{384}{572} = \frac{96}{143} = 0.671 \,,$$

$$Q_{13}^L = \frac{49 \cdot 4 + 79 \cdot 5}{49 \cdot 2 + 79 \cdot 6} = \frac{591}{572} = 1.033 \,.$$

b) Nein, weil bei Paasche im Vergleich zu Laspeyres zwar die Preise der Berichtsperiode herangezogen werden, die Preise aber konstant bleiben.

c) Da die Preise konstant sind und für die Mengen entweder die Berichtsperiode (Paasche) oder die Basisperiode (Laspeyres) verwendet wird, sind beide Indizes gleich 1.

Lösung zu Aufgabe 7.5: Wir berechnen $Q_t = q_t/q_0$ für $t = 1, 2, 3$:

t	0	1	2	3	4	5
q_t	100	150	300	400	440	396
Q_t	1	1.5	3	4	4.4	3.96

Zum Zeitpunkt 4 liegt eine 10 %ige Steigerung von Q_4 gegenüber Q_3 vor, also ist $Q_4 = 4.40$. Zum Zeitpunkt 5 liegt eine 10 %ige Senkung von Q_5 gegenüber Q_4 vor, also ist $Q_5 = 3.96$ und $q_5 = 396$. Der alte Zustand zum Zeitpunkt 3 ist also nicht wiederhergestellt.

Lösung zu Aufgabe 7.6: Es sollen ein Preis- und ein Mengenvergleich (1992–1997) ausgewählter Güter auf der Grundlage der Mengen- bzw. Preisstrukturen von 1997 durchgeführt werden. Dafür geeignete Maßzahlen sind der Preis- bzw. Mengenindex nach Paasche, weil die Strukturen von 1997 verwendet werden sollen.

a) Der Preisindex nach Paasche $P^P_{92,97}$ berechnet sich als

$$\frac{580 \cdot 1 + 1.1 \cdot 200 + 1.6 \cdot 46 + 5.0 \cdot 16 + 3.2 \cdot 4 + 15.8 \cdot 5 + 2.4 \cdot 9 + 5.0 \cdot 10}{560 \cdot 1 + 1.4 \cdot 200 + 1.3 \cdot 46 + 8 \cdot 16 + 1.8 \cdot 4 + 13.8 \cdot 5 + 1.7 \cdot 9 + 4.0 \cdot 10}$$
$$= \frac{1\,117.0}{1\,159.3} = 0.964 \, .$$

Die Preise für den aktuellen Warenkorb im Zeitraum von 1992 bis 1997 sind um durchschnittlich 3.6 % gesunken.

b) Beim Mengenindex $Q^P_{92,97}$ verändert sich im Vergleich zum Preisindex nur der Nenner:

$$\frac{1\,117.0}{1 \cdot 580 + 120 \cdot 1.1 + 32 \cdot 1.6 + 10 \cdot 5.0 + 8 \cdot 3.2 + 7 \cdot 15.8 + 14 \cdot 2.4 + 30 \cdot 5.0}$$
$$= \frac{1\,117.0}{1\,133.0} = 0.986$$

Der Verbrauch an (bestimmten) Gütern des täglichen Bedarfs hat also – gemessen mit dem Mengenindex nach Paasche – um durchschnittlich 1.5 % abgenommen.

Literatur

Ackermann-Liebrich, U., Gutzwiller, F., Keil, U. und Kunze, M. (1986). *Epidemiologie*, Medication Foundation.

Cohen, J. (1960). A coefficient of agreement for nominal scales, *Educational and Psychological Measurement 20:37-46* .

Cohen, J. (1968). Weighted kappa: Nominal scale agreement with provision for scaled disagreement or partial credit, *Psychological Bulletin 70:213-220* .

Dalgaard, P. (2002). *Introductory Statistics with R*, Springer, Berlin.

Ferschl, F. (1985). *Deskriptive Statistik*, Physica.

Gilchrist, W. (1976). *Statistical Forecasting*, Wiley.

Goodman, L. A. und Kruskal, W. H. (1954). Measures of association for cross classifications, *Journal of the American Statistical Association 49:732-64* .

Guttman, L. (1988). Eta, disco, odisco, and f, *Psychometrika 53:153-159* .

Hartung, J., Elpelt, B. und Klösener, K.-H. (1982). *Statistik: Lehr- und Handbuch der angewandten Statistik*, Oldenbourg.

Ligges, U. (2007). *Programmieren mit R*, Springer, Berlin.

Polasek, W. (1994). *EDA Explorative Datenanalyse*, Springer–Verlag.

R Development Core Team (2007). *R: A Language and Environment for Statistical Computing*, R Foundation for Statistical Computing, Vienna, Austria. ISBN 3-900051-07-0.
*http://www.R-project.org

Rao, C. R., Toutenburg, H., Shalabh und Heumann, C. (2008). *Linear Models and Generalizations: Least Squares and Alternatives*, Springer.

Rosenblatt, M. (1956). Remarks on some nonparametric estimates of a density function, *Annals of Mathematical Statistics 27:832-835* .

Schnell, D., Hill, P. B. und Esser, E. (1992). *Methoden der empirischen Sozialforschung*, Oldenbourg.

Stenger, H. (1986). *Stichproben*, Physica.

Toutenburg, H. (1994). *Versuchsplanung und Modellwahl*, Physica.

Toutenburg, H. (2002a). *Lineare Modelle*, Physica.

Toutenburg, H. (2002b). *Statistical Analysis of Designed Experiments*, Springer–Verlag.

Toutenburg, H., Gössl, R. und Kunert, J. (1997). *Quality Engineering – Eine Einführung in Taguchi-Methoden*, Prentice Hall.

Toutenburg, H. und Heumann, C. (2008). *Induktive Statistik*, Springer.

Toutenburg, H., Schomaker, M., Wißmann, M. und Heumann, C. (2009). *Arbeitsbuch zur deskriptiven und induktiven Statistik*, Springer-Verlag.

Tukey, J. W. (1977). *Exploratory Data Analysis*, Addison-Wesley.

Venables, W. N. und Ripley, B. D. (2002). *Modern Applied Statistics with S*, Springer, Berlin.

Woolson, R. F. (1987). *Statistical Methods for the Analysis of Biomedical Data*, Wiley.

Sachverzeichnis